AF904298

El diseñador de calzado de hoy en día tiene un gran número de opciones disponibles a la hora de escoger materiales para nuevos diseños de calzado. Aprender a seleccionar y especificar los materiales de calzado con precisión es una habilidad fundamental que necesitarás para convertirte en un diseñador de calzado profesional y con éxito. Las decisiones mal tomadas pueden arruinar el modelo, mientras que las decisiones bien tomadas pueden crear una obra maestra.

Debes tener mucho cuidado al elegir los materiales, teniendo en cuenta para la demanda de producto, el rendimiento y la fabricación. Elegir un material adecuado hará que tus diseños sean cómodos, atractivos y duraderos.

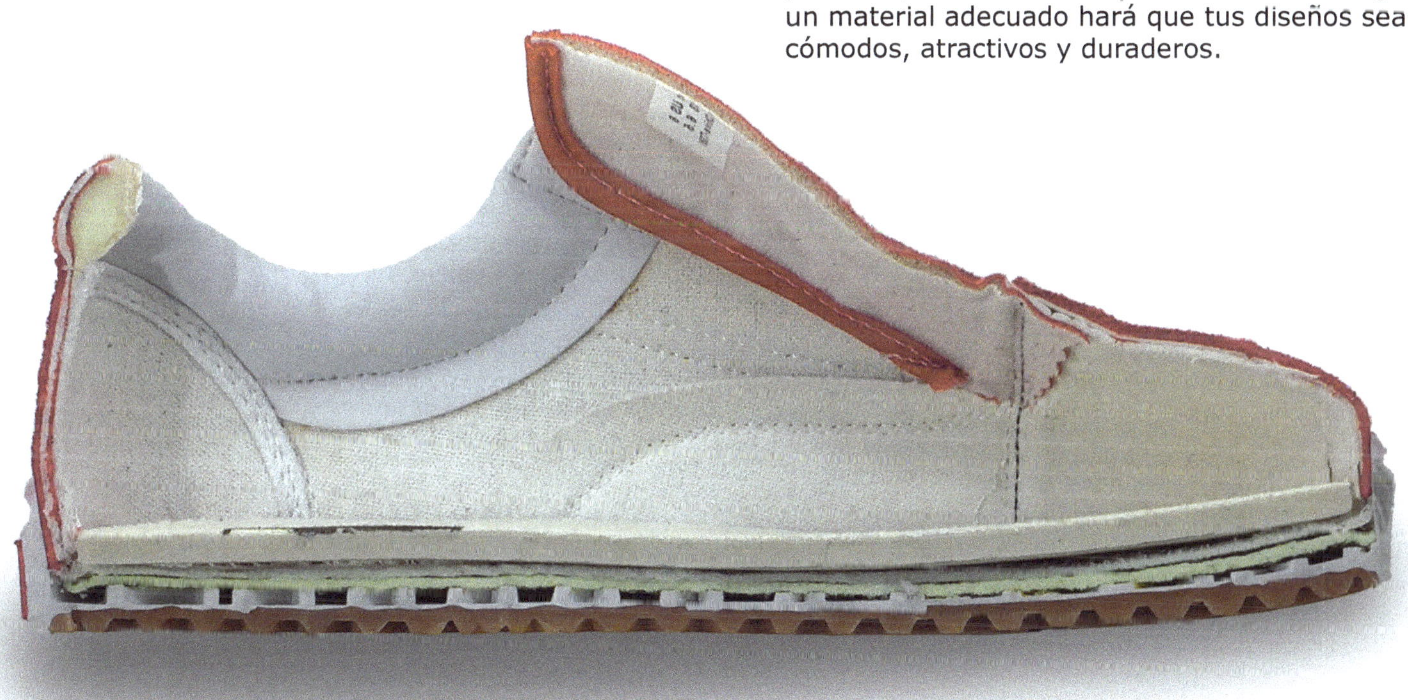

SHOEMAKERS ACADEMY

Ya disponible:
How Shoes are Made
Footwear Pattern Making and Last Design
Shoe Material Design Guide
How to Start Your Own Shoe Company
How to Spot Fake Sneakers
Cómo se hacen los zapatos
Cómo empezar tu propia empresa de calzado
Guía para el diseño de materiales de calzado
Patronaje de calzado y diseño de hormas
鞋子是怎样制成的

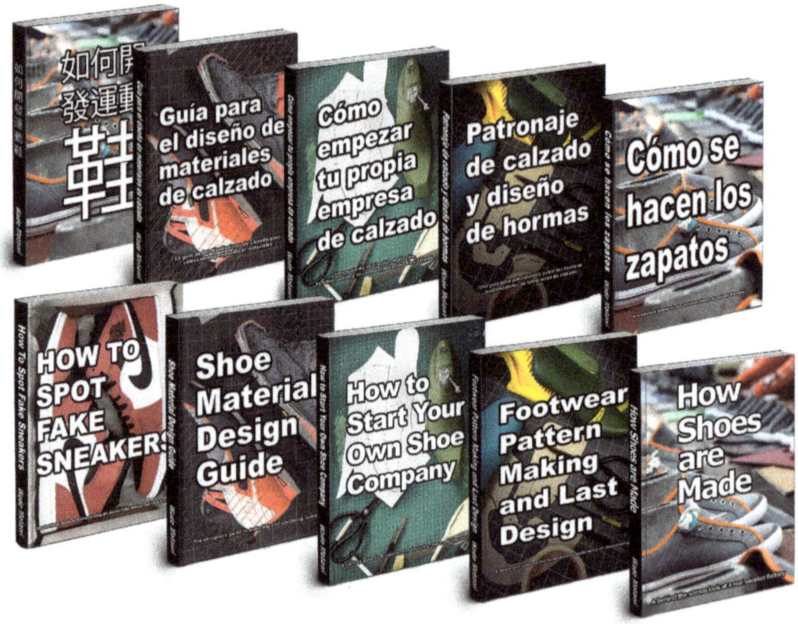

SHOEMAKERSACADEMY.COM
Guía para el diseño de materiales de calzado

Escrito y editado por
Wade y Andrea Motawi

Traducido por Enrique Puente

ISBN: 978-1-7358833-0-4

Querido lector,

Este libro fue escrito para educar, informar e inspirar a la próxima generación de zapateros, diseñadores, y desarrolladores de calzado. Nuestro objetivo es ayudar a las personas a conseguir una profesión gratificante en la industria del calzado.

Disfrutadlo

Agradecimientos:

Andrea, Alex y Erik, Karim, Halla, mamá y papá, Dave, Alfredo, Jason, David, Lizzie, Johnson, Steve, Lenny, Bernie, Simon, Ben, Chad, The Mint Project.

Gracias a todos mis compañeros de trabajo en Estados Unidos, China, Hong Kong, Corea, Taiwán y Europa.

Guía para el diseño de materiales de calzado

WADE MOTAWI

GUIA PARA EL DISEÑO DE MATERIAL DE CALZADO

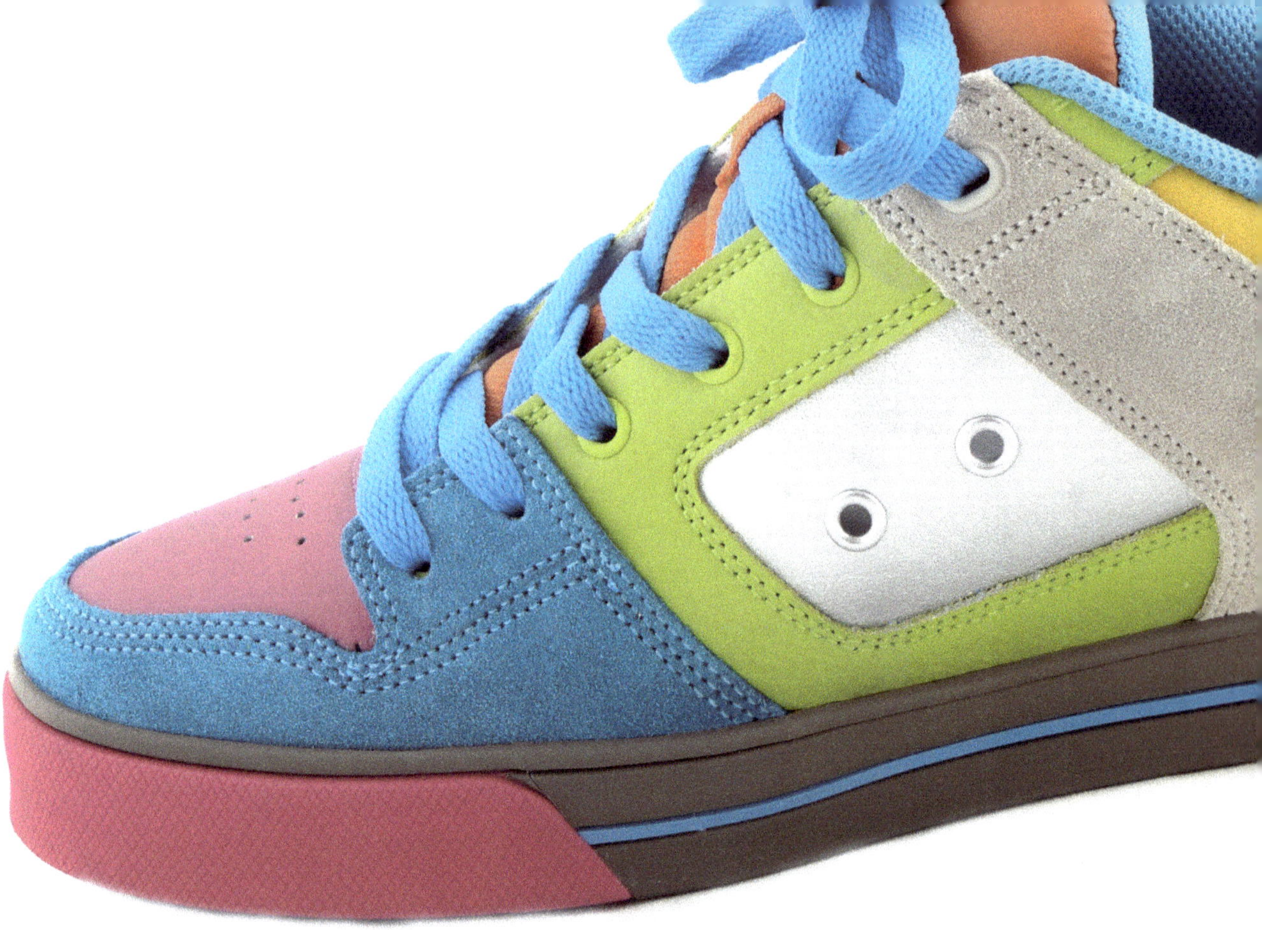

CÓMO USAR ESTE LIBRO

Cómo seleccionar los materiales más adecuados para tus zapatos
Este libro ha sido escrito para ayudar a los diseñadores de calzado, desarrolladores y estudiantes de calzado a seleccionar los mejores materiales para los proyectos de calzado. Después de leer este libro, entenderás mejor los tipos de materiales disponibles, y las muchas opciones para cada tipo de material.

Aprenderás a elegir los materiales, asegurándote de que cumplan los requisitos de tu diseño. Una vez que hayas seleccionado los materiales, deberás comunicar tus materiales a la fábrica.

Primera parte: Opciones de materiales para el diseñador de calzado
La primera parte del libro detalla los muchos materiales disponibles para el diseñador de calzado. Cada capítulo se centra en un tipo de material o componente específico. Se estudian los procesos de fabricación y las opciones disponibles para cada material. Una vez que comprendas las opciones de los materiales, revisaremos cómo usar cada tipo de material y maximizar el efecto en los diseños.

Segunda parte: Cómo escoger y especificar los materiales del calzado
La segunda parte del libro detalla cómo escoger y especificar los materiales. Explicamos cómo probar los materiales, gestionar las relaciones con los proveedores, y cómo crear tu biblioteca de materiales. También aprenderás sobre la dificultad del abastecimiento, pedidos y administración de la cadena de suministro del material de calzado.

Tercera parte: Cómo se utilizan los materiales en la producción del calzado
Para este módulo, hemos cortado a la mitad diferentes modelos de calzado para identificar qué materiales se utilizan, y dónde se aplican para hacer los modelos más clásicos y actuales del mercado. Utiliza este módulo como referencia para los materiales más utilizados para crear los diferentes tipos de calzado.

Cuarta parte: ¿Quién fabrica el mejor material de calzado?
Para ayudarte a encontrar a los mejores proveedores de materiales, enumeramos a los principales proveedores de las principales categorías de materiales.

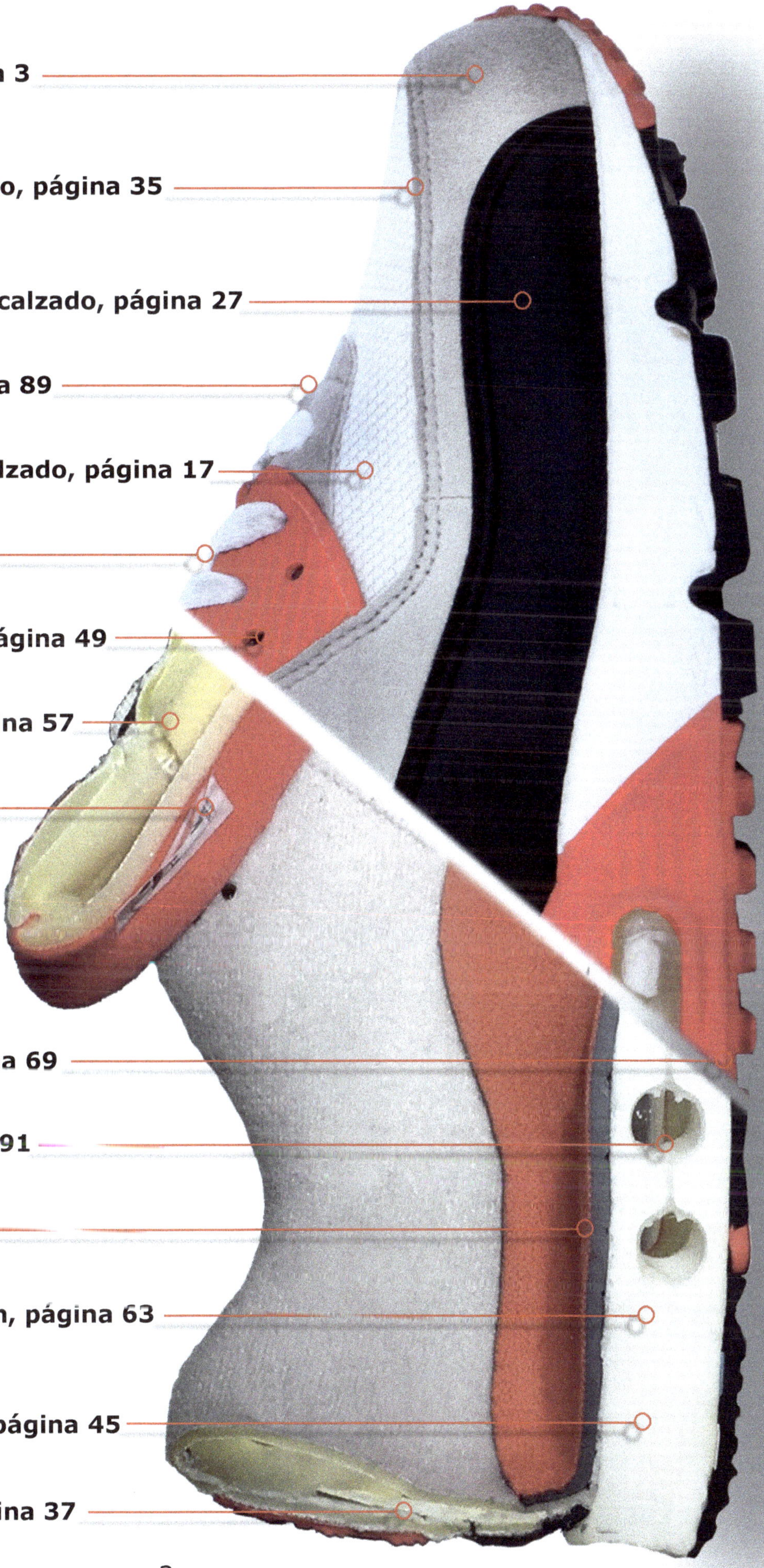
Cuero para calzado, página 3
Hilo del cosido para calzado, página 35
Materiales sintéticos para calzado, página 27
Cintas para calzado, página 89
Materiales textiles para calzado, página 17
Cordones, página 43
Fornituras para calzado, página 49
Espuma para calzado, página 57
Logotipos, página 53
Suelas para calzado, página 69
Piezas de plástico, página 91
Plantillas, página 81
Sistemas de amortiguación, página 63
Pegamento para calzado, página 45
Refuerzos de calzado, página 37

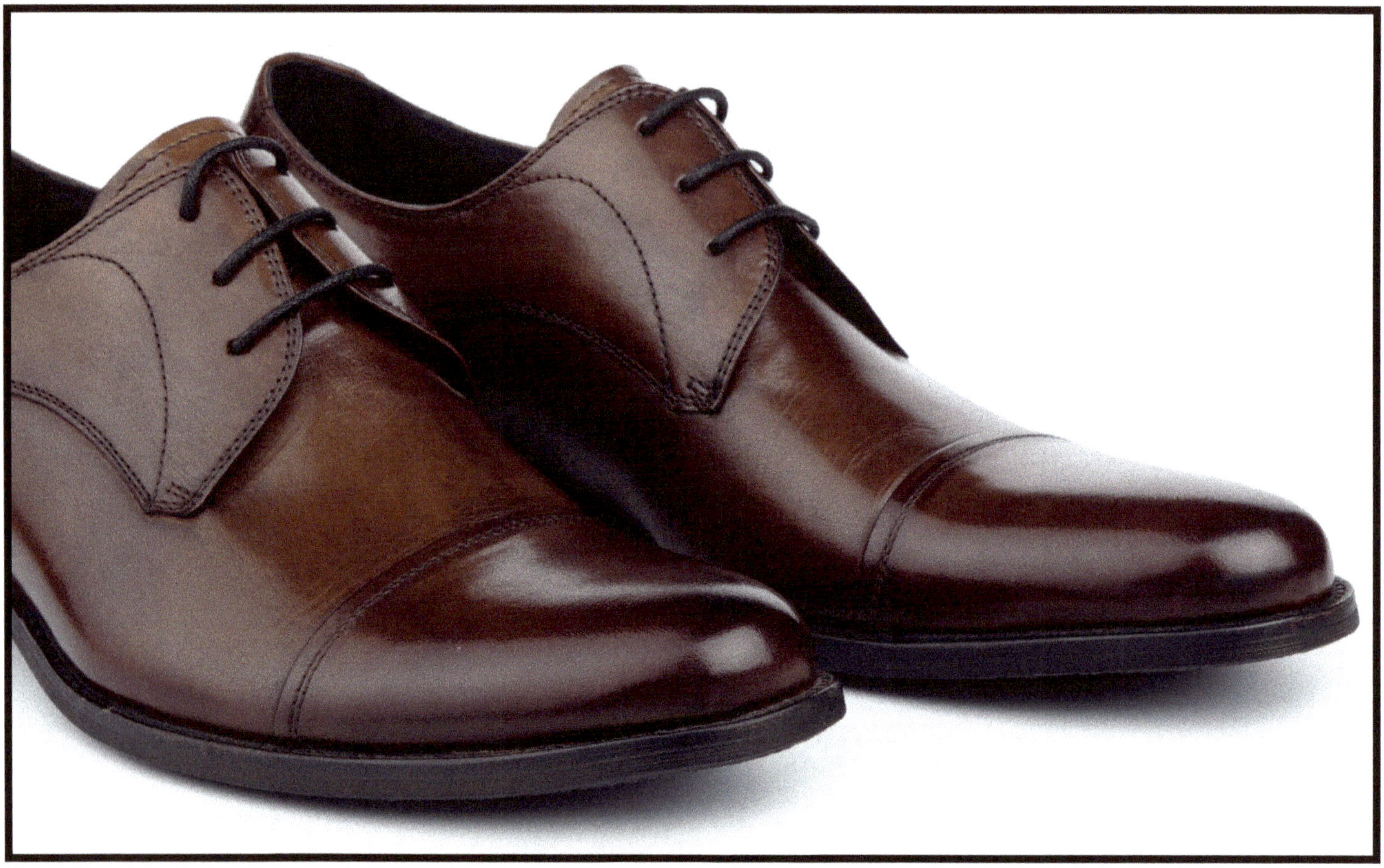

CAPÍTULO 1

CUERO PARA CALZADO

¿Por qué se utiliza el cuero para hacer calzado?
El cuero es el material más utilizado para la fabricación de calzado. Con la piel adecuada se pueden hacer zapatos bonitos, funcionales y a la moda. El cuero es un material duradero, flexible, transpirable y elástico que se adapta al usuario como ningún otro material. Envejece bien, adquiriendo una pátina que muestra su uso y la vida que ha tenido. Al calzado de cuero se le puede aplicar acabados únicos de pulido, esmerilado o tintado. Los modelos más caros, lujosos, exóticos y deseosos se fabrican con pieles creadas de manera artesanal.

La piel se puede conseguir en una infinidad de colores, estilos, acabados, y precios. Aunque el cuero es ideal para zapatos de vestir, modelos más casual, y de moda, tiene algunos inconvenientes. Puede ser pesado, caluroso y susceptible a daños por marcas de agua si no se tratan de manera correcta.

Hoy en día, el cuero se ha sustituido en muchos usos por materiales modernos creados de manera artificial, dejando la piel a un estatus concreto. Las zapatillas de baloncesto de gama alta están hechas de cuero de plena flor, y los *skaters* profesionales y aficionados prefieren la textura del serraje o del *split sude*. Una piel básica es un material relativamente caro si lo comparamos con un tejido u otros materiales creados por el hombre, pero el cuero tiene algunas ventajas en cuanto a importación.

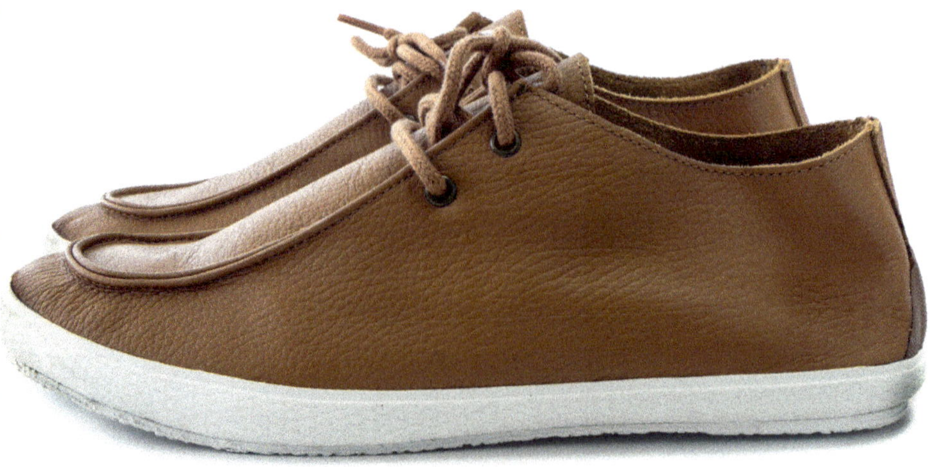

¿Cuál es el mejor cuero para calzado?
Hay muchos tipos de calzado, cada uno con unas características funcionales concretas; y hay un número igual de diferentes tipos de piel para cubrir estos requisitos.

Hoy en día, la mayoría del cuero viene del vacuno, pero hay muchos otros animales que también son viables para la producción de piel. El cordero o el venado se usan en prendas de alto precio por su suavidad. Junto al alce, estas pieles se utilizan para guantes de trabajo y calzado para estar por casa. La piel de cerdo se utiliza en prendas de vestir y en los asientos de sillas de montar. La piel de búfalo, cabra, cocodrilo, serpiente, avestruz, ternera, toro, buey y yak también se destina para su utilización en productos. Algunos pilotos de motociclismo prefieren la piel de canguro por su resistencia a la abrasión, y por su ligereza. También es muy utilizado en calzado de fútbol, y en sacos o peras de boxeo de velocidad.

Cada una de estas pieles tiene una textura o grano diferente, un grosor concreto, y el poro de las diferentes especies puede verse en el grano de la superficie de la piel.

La naturaleza del cuero
Al especificar el cuero, el diseñador debe considerar varios aspectos del carácter del cuero. Primero:
Es muy importante analizar las cualidades estéticas del color y la estructura del grano. Más allá de la estética, el diseñador necesita pensar en la funcionalidad del modelo. ¿Qué grosor y aspecto de la piel es lo más apropiado para el diseño?

Color
Los colores del cuero varían mucho según el animal, el tipo de curtido, el tintado o teñido, y las aplicaciones de los pigmentos. Las pieles se pueden trabajar para que tengan un color profundo, rico y brillante, con un aspecto natural; o se pueden recubrir y pigmentar para que parezcan un plástico rosa. Las pieles naturales pueden trabajarse con tintes que penetran la piel creando colores únicos, mientras que las pieles rociadas con pigmento pueden ser del color que se elija.

Grano
El grano del cuero es la capa superficial donde se ven las marcas de la piel del animal cuando estaba vivo. El grano de la vaca es muy diferente del grano de la cabra, el cerdo, la serpiente, o la avestruz. Es el grano lo que da al cuero su aspecto único. El grano de la piel puede dejarse en su estado natural, o también puede ser mejorado, corregido, e incluso crearlo a través de grabados o rodillos.

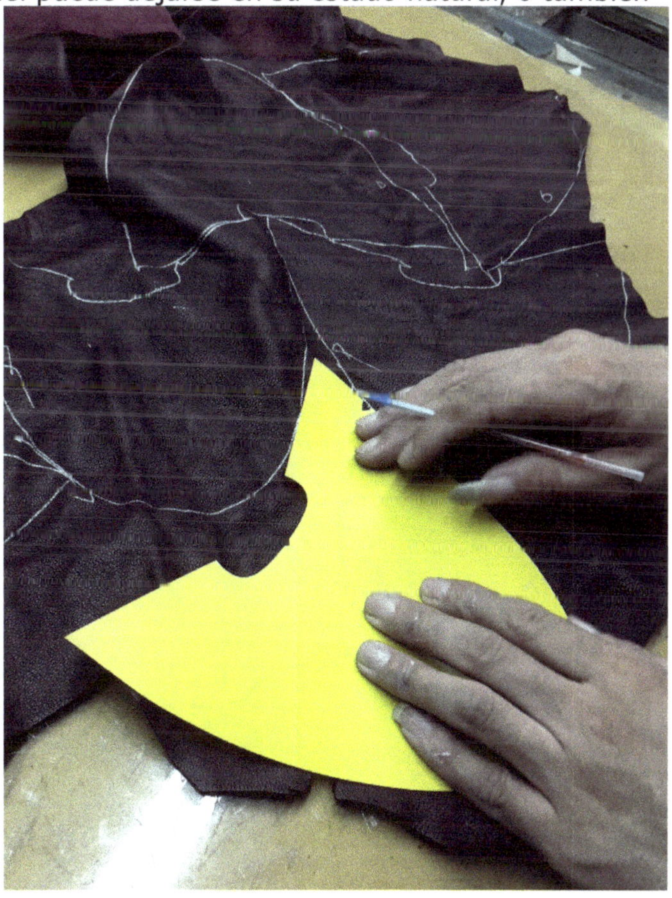

Grosor
El cuero está disponible en diferentes grosores, desde 0,4 mm para forros de piel de cabra suave y blanda, hasta el cuero de búfalo plena flor de 6,0 mm que se utiliza para suelas de botas. Las pieles plena flor y las pieles divididas más utilizadas suelen tener un grosor de entre 1,5 mm y 2,4 mm.

La mano del cuero
Este término hace referencia a la flexibilidad y la suavidad.

Una piel dura o alisada tiene unas características fuertes y rígidas, muy poca flexibilidad, y se usa para hacer suelas, tacones de entretapas, contrafuertes, cinturones y correas para sandalias.
El cuero más utilizado es ligeramente firme y no tiene rigidez. Estas pieles son suaves al tacto, pueden plegarse, y son perfectas para zapatos y botas.
El cuero blando es muy flexible y tierno; se utiliza para bolsos, zapatillas blandas y calzado de bebé.
El cuero suave es muy flexible y elástico. Se usa en calzado de bebé, calzado de estar por casa, guantes, prenda y tapicería.

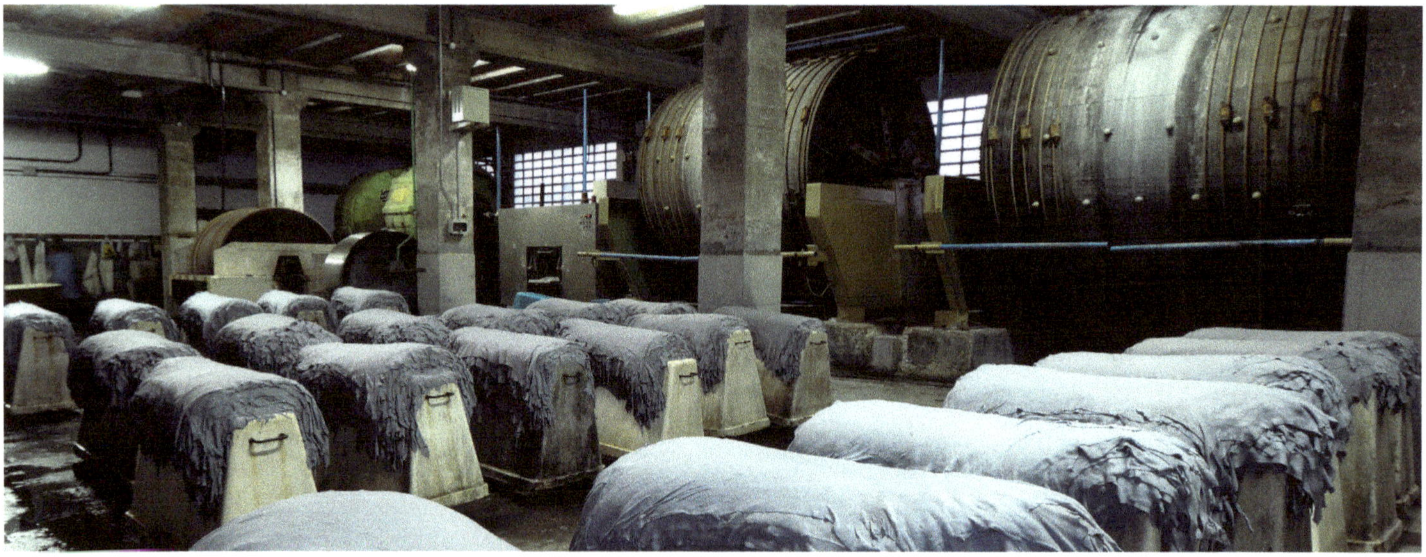

¿Qué es el cuero y cómo se hace?

El cuero puede provenir de casi cualquier piel animal. Las pieles más comunes son el cuero vacuno y ternera, seguido del cerdo, la cabra, el búfalo, la oveja, el cocodrilo, la avestruz, el lagarto y la serpiente. Incluso la piel de pescado se puede convertir en cuero. Cada tipo de piel requiere un procedimiento de curtición diferente, y crean cueros con características únicas según cada animal.

Ya que el cuero vacuno es el más utilizado, será nuestro enfoque. Las diferentes partes de la piel tendrán un grosor, una densidad de grano, y estiramiento diferente. La piel que sale de las hojas es densa y fuerte, óptimo para el corte del zapato, mientras que el cuero de las faldas es más suave, y suele destinarse para forros y adornos.

Si te imaginas la piel extendida sobre el animal, podrás comprender cómo el cuero tiene diferentes características dependiendo de la ubicación. El cuero de las hojas siempre está en tensión, ya que se estira desde la columna vertebral del animal; en cambio, la piel de las faldas cuelga sin tensión, siendo más suave y con una estructura de grano menos definida.

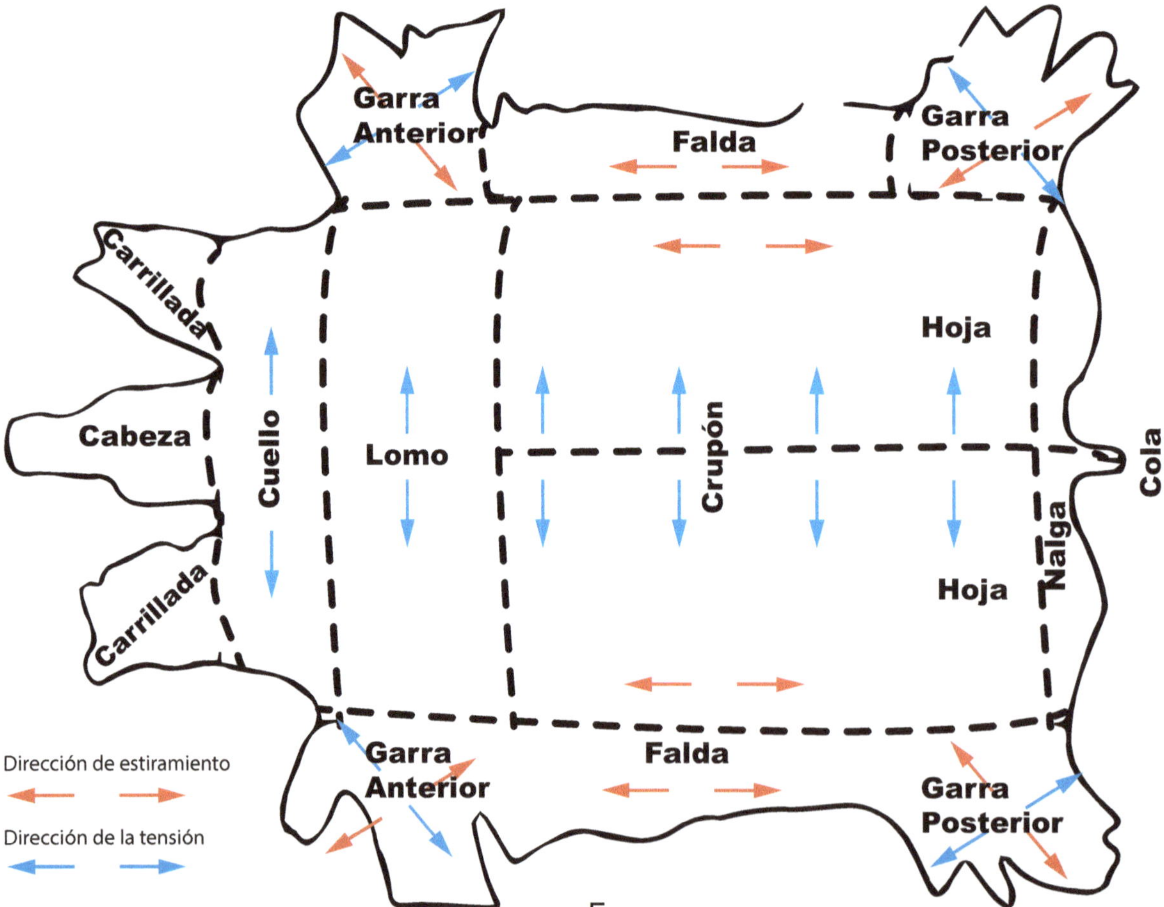

Dentro de la piel

Comenzando en la zona exterior de la piel, esta tiene tres capas.

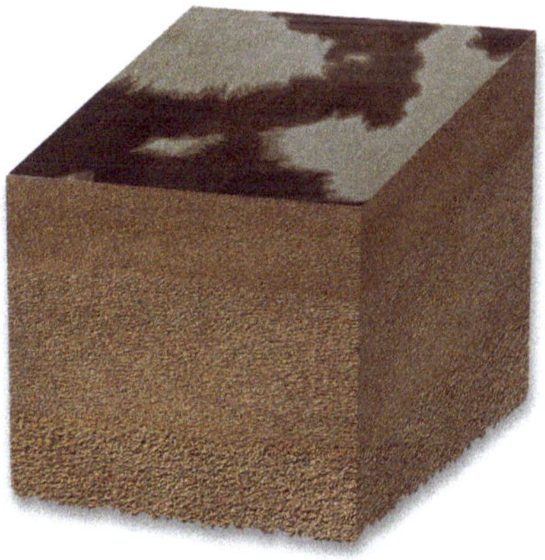

La epidermis es aproximadamente el 1% del grosor de la piel. Contiene el pelo, los folículos, las glándulas sebáceas y el sudor. Esta capa se elimina completamente durante el procesamiento del cuero.

La dermis es el 85% del grosor de la piel. Es la capa que se transforma en cuero durante el proceso de curtido. La dermis está hecha de conjuntos de fibras conectadas, que a su vez están formadas por fibrillas aún más pequeñas. Las fibrillas están entrelazadas para formar una especie de malla tridimensional. Estas fibrillas están compuestas por una proteína llamada colágeno. Del 30% al 35% de la dermis es colágeno. La proteína globulina mantiene las fibrillas de colágeno juntas.

La capa de carne subcutánea constituye el 14% restante de la piel. Esta capa está compuesta principalmente de tejido conectivo y grasa, y se elimina durante el procesado.

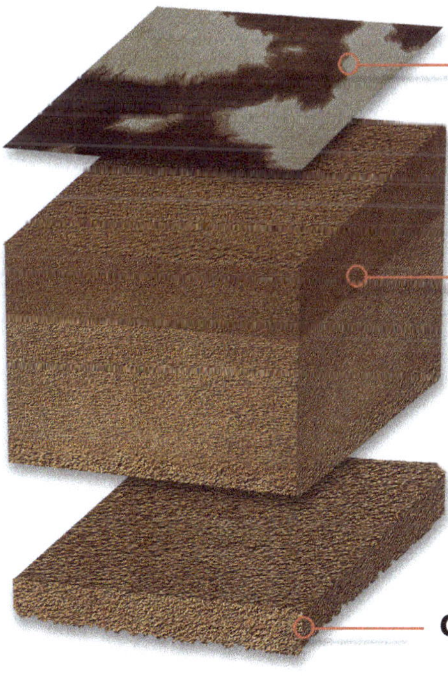

La dermis

El cuero que conocemos está hecho a partir de la capa de la dermis mediante el proceso de curtido de la materia prima de la piel. El colágeno es el elemento principal de la estructura de la dermis. El proceso del curtido convierte esta proteína de la piel en un material estable y duradero.

Los productos químicos para el curtido transforman la materia prima de la piel en cuero creando enlaces cruzados en la estructura del colágeno, a la vez que lo estabiliza contra los efectos de los diferentes ácidos, los álcalis, el calor, el agua y la acción de los microorganismos. El proceso se llama curtido (en inglés *tanning*) ya que el compuesto tanino, extraído de los robles, se utilizaba originalmente para favorecer la estabilidad de la proteína de colágeno.

Las conexiones de fibrillas en las capas superiores de la dermis son densas y fuertes. Esta parte de la piel se llama plena flor (*top grain*). Las pieles plena flor, semiflor y el serraje se obtienen de esta capa superior. Esta es la superficie más lisa del cuero y la zona con más valor de la piel. El cuero fino y de alta calidad se obtiene separando tan solo la superficie superior de la dermis.

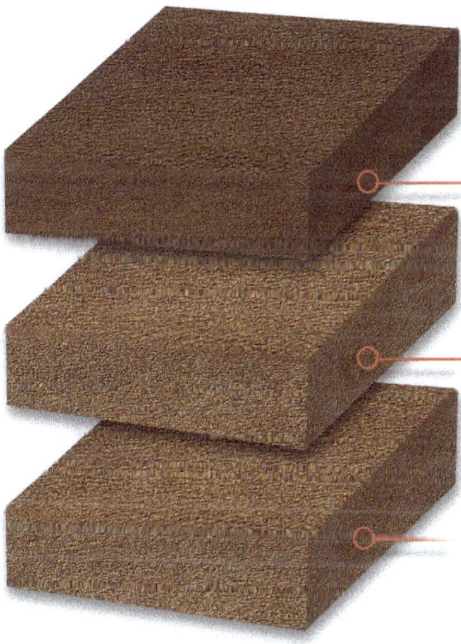

Las diferentes capas interiores de la dermis se denominan corium. Las conexiones de fibrillas en esta zona son menos densas, y no tienen la misma resistencia que las fibras de la semiflor. Las capas internas del corium se dividen de la piel para hacer serraje o *split suede*.

Una sola piel puede producir entre tres y cuatro capas de cuero, dependiendo del grosor de los divididos.

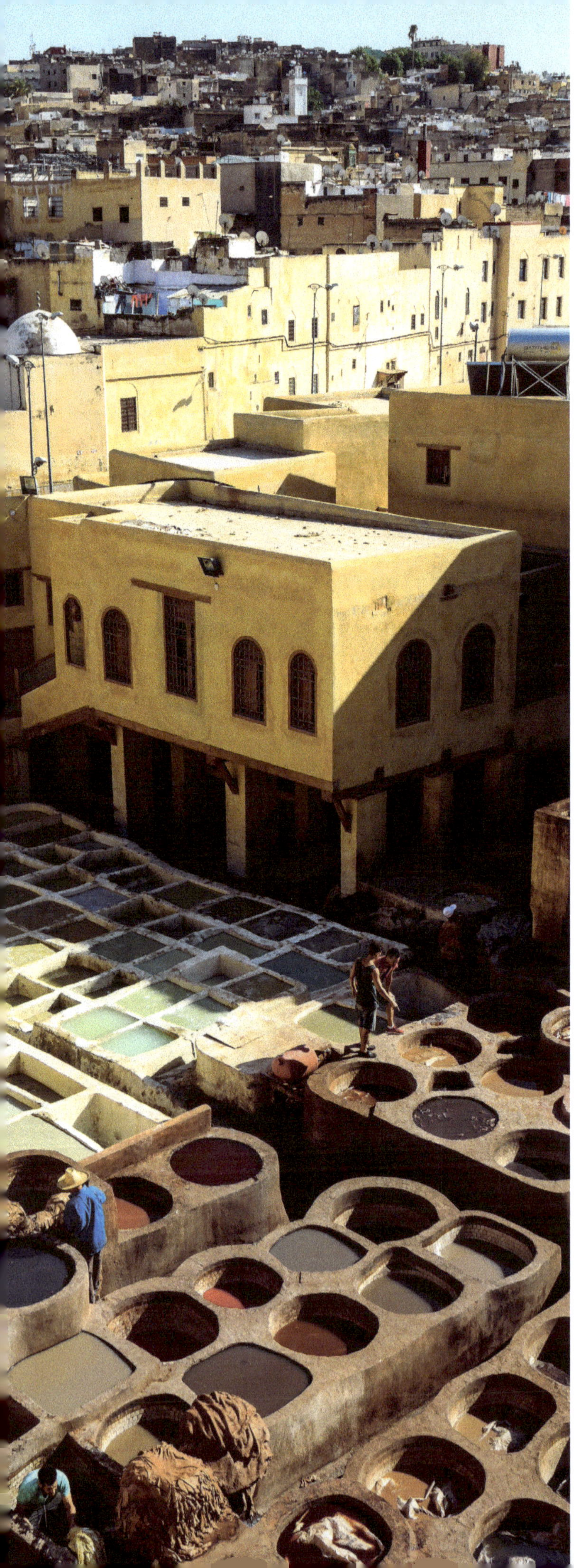

Cómo se hace el cuero: paso a paso

Hay muchas operaciones involucradas en el proceso del curtido. Se tarda cerca de diez días en transformar la piel de un animal vivo en una piel acabada y lista para la fábrica de calzado. La mayoría de las pieles crudas se transportan y se almacenan antes del procesado, una sola piel puede tardar varios meses en ser transformada de materia prima a cuero terminado. La cadena de suministro de la piel suele empezar con el aprovechamiento de la piel de los animales destinados a la alimentación en América del Sur o Australia. Estas pieles se procesan en China, y los zapatos terminados se envían de vuelta a América o Europa.

Curado

Las pieles crudas deben conservarse para evitar que se deterioren antes de comenzar el proceso de curtido del cuero. Las curtiembres de cuero muchas veces compran las pieles crudas a otros países. Estas pieles se deben curar antes de poder transportarlas. Los diferentes métodos de conservación pueden hacerse mediante sal, o congelación. Estas pieles se denominan *wet blue*. Al recorrer una curtiduría, es mejor evitar la *blue room*, ya que trabajar las pieles *wet blue* es un trabajo difícil, maloliente, húmedo y sucio.

Remojo

Cuando se seleccionan las saleas, o las pieles curadas con sal para el procesado, estas deben remojarse en agua para reemplazar el agua perdida durante el curado y el transporte. Las pieles pueden empaparse durante horas, o días. El remojo también ayudará a limpiar las pieles, eliminando la suciedad y las sales del curado que puedan interferir con el proceso del curtido.

Encalado o calero

La cal elimina la epidermis y el pelo de la piel. Este compuesto alcalino ayuda a que la piel se expanda mediante la rotura controlada de algunos de los enlaces químicos de las conexiones de las proteínas de colágeno. El pelo disuelto con los químicos se raspa, y después se lava la piel.

Descarnado

Después del encalado, la piel se pasa por una máquina para eliminar la carne del interior (el lado de la carnaza de la piel). Las pieles se pueden dividir en diferentes capas en esta operación, o después del curtido.

Desencalado

El proceso de desencalado se utiliza para neutralizar el pH alcalino en la piel. Unos niveles altos de álcali pueden dañar el colágeno, por lo que los niveles de pH deben controlarse cuidadosamente durante todo el proceso del curtido.

Macerado

El macerado es un proceso con enzimas que estabiliza todavía más la piel cruda, eliminando por completo los compuestos alcalinos y limpiando a fondo la piel. Al final de este proceso, la piel queda saturada de agua, plana, aflojada, limpia y lista para los procesos de piquelado y curtido.

Piquelado

La mayoría de los procesos de curtido necesitan un pH ligeramente ácido. Los ácidos y las soluciones salinas se utilizan para llevar la piel a un estado determinado, donde las pieles ya son estables y se pueden almacenar o transportar.

Desengrase

Antes de empezar las operaciones de curtido, se utilizan solventes o productos químicos a base de agua para eliminar el exceso de grasa de la piel.

Curtido

Una vez que la piel está preparada, se puede empezar el proceso de curtido de la piel para crear los enlaces cruzados de proteínas en el colágeno. Las pieles se cargan en un bombo giratorio junto con los productos químicos para el curtido. El proceso químico actual tarda tan solo unas pocas horas en penetrar la piel. Existen muchos métodos y productos químicos diferentes para curtir, y el proceso dependerá de la piel del animal, la finalidad del cuero y cualquier requisito especial.

Curtido al cromo

Hoy en día, entre el 80 y el 90% de todo el cuero se curte al cromo (proceso mineral). Inventado en 1858, se utiliza una solución quimica de ácidos y sales que incluye sulfato de cromo para transformar el colágeno. Este método ha reemplazado casi por completo el curtido vegetal debido a su capacidad para crear un producto de cuero flexible, suave y que no se decolore ni se deforme cuando se moja. Tiene la ventaja de ser relativamente rápido y económico. La sal de cromo deja un color azul pálido que puede verse antes teñir el cuero. En las pieles cubiertas, puede verse esta línea azul al cortar la piel. Este proceso suele tomar un día en completarse, y permite tener una gama de colores extensa. Casi todo el cuero para la producción de calzado se curte al cromo.

Curtido vegetal

Es el curtido más antiguo, y utiliza extractos de plantas en lugar de químicos artificiales para transformar el colágeno dentro de las fibras de la piel. El curtido vegetal utiliza el tanino que se encuentra en las diferentes materias vegetales, como la corteza de los árboles, madera, hojas, frutas y raíces. Estos materiales de curtido limitan el colorido final de la pieza a tonos marrones y negros. El curtido vegetal puede llevar hasta cuarenta días para producir una sola pieza de cuero teñida y acabada; por lo tanto, es un proceso más costoso. El cuero que ha sido curtido de manera vegetal no tiene estabilidad al agua, ya que se decolora. Si se deja en remojo y se seca, se encoge y quedará acartonado. Las pieles vegetales tienden a ser gruesas y firmes, y se utilizan para producir suelas, cinturones y forros de zapatos, bolsos y maletines.

Curtido con aldehído o *wet white*

El *wet white* es un método más reciente para curtir de manera orgánica. Se utilizan nuevos compuestos biosintéticos para estabilizar y transformar el colágeno. En las pieles curtidas con aldehído, se emplean compuestos de glutaraldehído u oxazolidina. La mayoría de los curtidores se refieren a este proceso como *wet white* por su color crema, o blanco pálido. Es el tipo de cuero más utilizado libre de cromo, y se utiliza en calzado para bebés e interiores de automóviles. El curtido con aldehído genera pieles muy suaves, con muy buen tacto en mano; y se puede utilizar para producir cuero apto para limpieza en seco y pieles lavables para la industria de la moda. El ante proveniente del rebeco (*chamois* o gamuza) se trabaja utilizando este proceso. Este método ha ganado popularidad debido a la preocupación actual del medio ambiente.

Otros métodos de curtición

Existen muchos otros procesos de curtición, como el *brain tanning* (con tejido cerebral), curtido con alumbre, con aceite, o el curtido con azufre, pero estos no se utilizan para la industria del calzado.

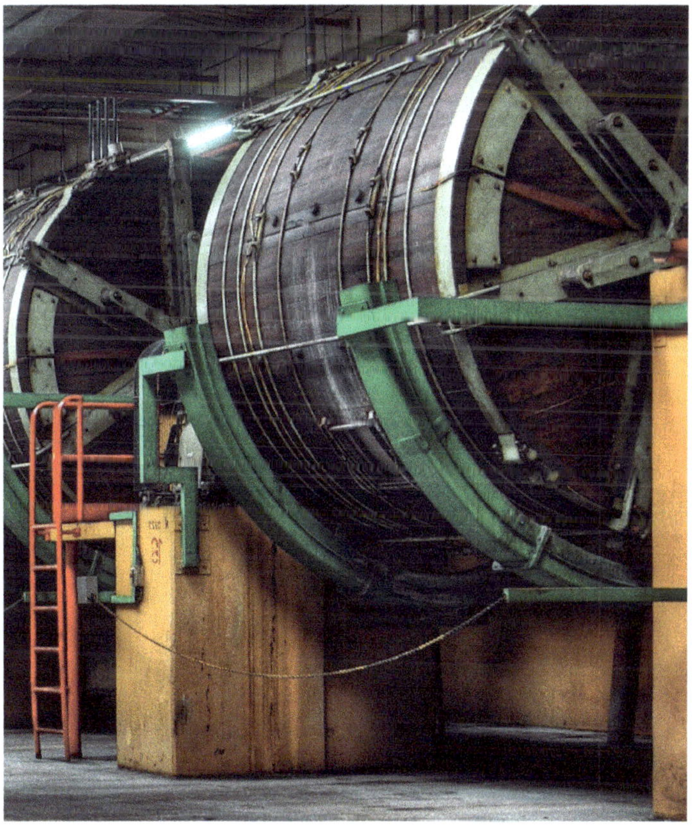

Dividido
Una vez que la fibra de cuero se ha estabilizada mediante la curtición, la piel se puede dividir en varias capas. Una máquina especial para dividir el cuero utiliza rodillos para guiar la pieza a una cuchilla de acero. Una piel gruesa se puede dividir creando una capa con la flor en la parte superior, y dejando una segunda pieza del dividido que puede trabajarse como serraje, o cubrirse para hacer *action leather*.

Rebajado
Para crear un cuero fino, con un espesor uniforme, se lleva a una máquina con cuchillas helicoidales montadas en un cilindro giratorio; esta máquina rebajará el lado inferior (el que no tiene grano) de la piel. Una máquina para dividir la piel no puede hacer las pieles más finas, por lo que se utiliza una máquina de rebajar para este minucioso trabajo.

Neutralizado
El neutralizado elimina los residuos químicos residuales del proceso del curtido de la piel. Este tratamiento detiene el proceso de curtición, estabilizando la piel para que quede lista para cualquier procesado y acabado adicional.

Teñido
El cuero ya está listo para el proceso de teñido. Existen muchos métodos y compuestos diferentes para esta fase. Es muy importante que el diseñador de calzado sepa si la piel está teñida en la superficie, o si el tinte penetra completamente en la piel. Por norma general, las pieles con textura pueden teñirse en la flor (parte superior), mientras que en el ante y el serraje, el tinte debe penetrar completamente.

Engrasado con licor craso
El licor craso introduce aceites para engrasar o lubricar las fibras para mantener el cuero flexible y suave. Sin estos aceites, la piel se volvería dura y perdería la flexibilidad a medida que se seque.

Escurrido (prensado)
Este proceso reduce el contenido de agua a aproximadamente el 55%, y puede lograrse mediante varias máquinas, la más utilizada suele ser una máquina con rodillos cubiertos de fieltro. El agua se extrae de la piel mediante presión.

Estirado
El cuero se estira y el lado de grano se alisa. Este proceso también reduce el contenido del agua a aproximadamente el 40%.

Secado
La piel pasa a secarse con un contenido de agua de entre el 10 a 20%. Esto se puede llevar a cabo de varias maneras, y cada método tiene un efecto diferente en el acabado final de la piel.

Ablandado
Una máquina de sacar arrugas ablanda el cuero para hacerlo suave y flexible, masajeándolo para separar las fibras. También se puede suavizar, secar y abatanar con la acción rotatoria del bombo.

Esmerilado y cepillado
La superficie de la carnaza se elimina por abrasión mecánica para producir un efecto afelpado (serraje) o para reducir el grosor. En algunos casos, la superficie del grano se esmerila para producir una piel muy suave, como por ejemplo el nobuck. Después del esmerilado, la piel se cepilla para eliminar el exceso de polvo generado.

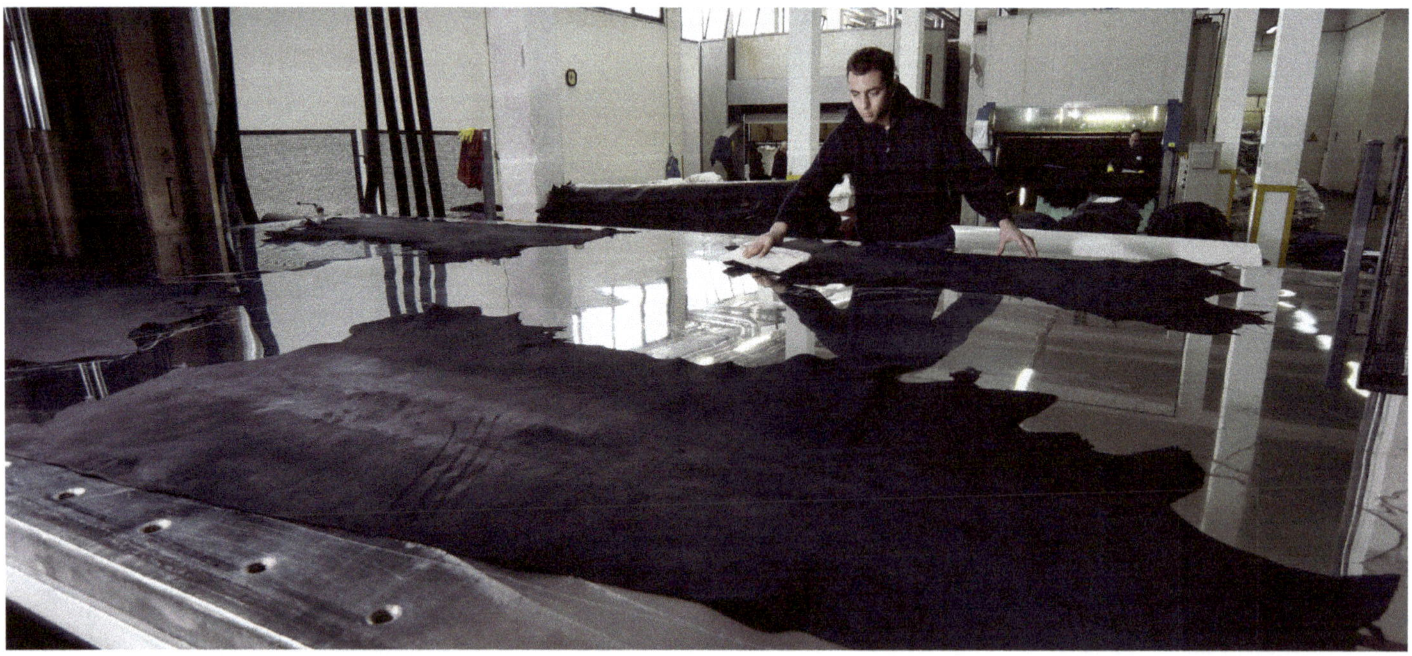

Operaciones de acabado de la piel

Los objetivos del acabado de la piel es igualar el color, cubrir los defectos del grano, controlar el brillo y dar un acabado que proteja del agua, los químicos, y la abrasión. Las operaciones de acabado pueden transformar mucho la superficie exterior de la piel. Algunos acabados son:

Engrasado
Cepillado
Grabado con pastilla
Abrillantado
Esmerilado
Pulverizado
Revestimiento por medio de rodillos
Recubrimiento a cortina
Pulido
Prensado
Grabado
Satinado
Planchado

En la mayoría de los casos, el diseñador selecciona el cuero del de la carta o del muestrario de la curtiduría. La fórmula y el orden de las operaciones de acabado suele ser un secreto.

Clasificado final

La piel se clasificará antes de enviarse al cliente. Esta clasificación tendrá en cuenta la intensidad y la uniformidad del color, la mano del cuero, la apariencia visual, el grosor, la suavidad, el diseño y los defectos naturales de la piel, como las cicatrices.

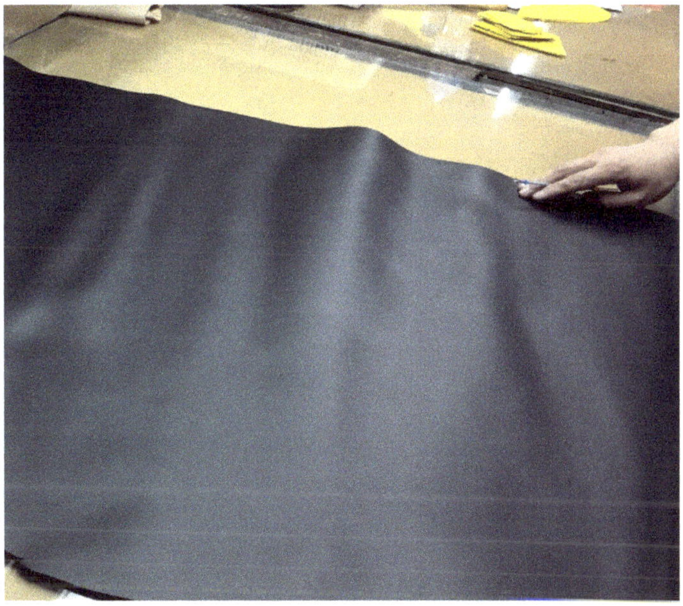

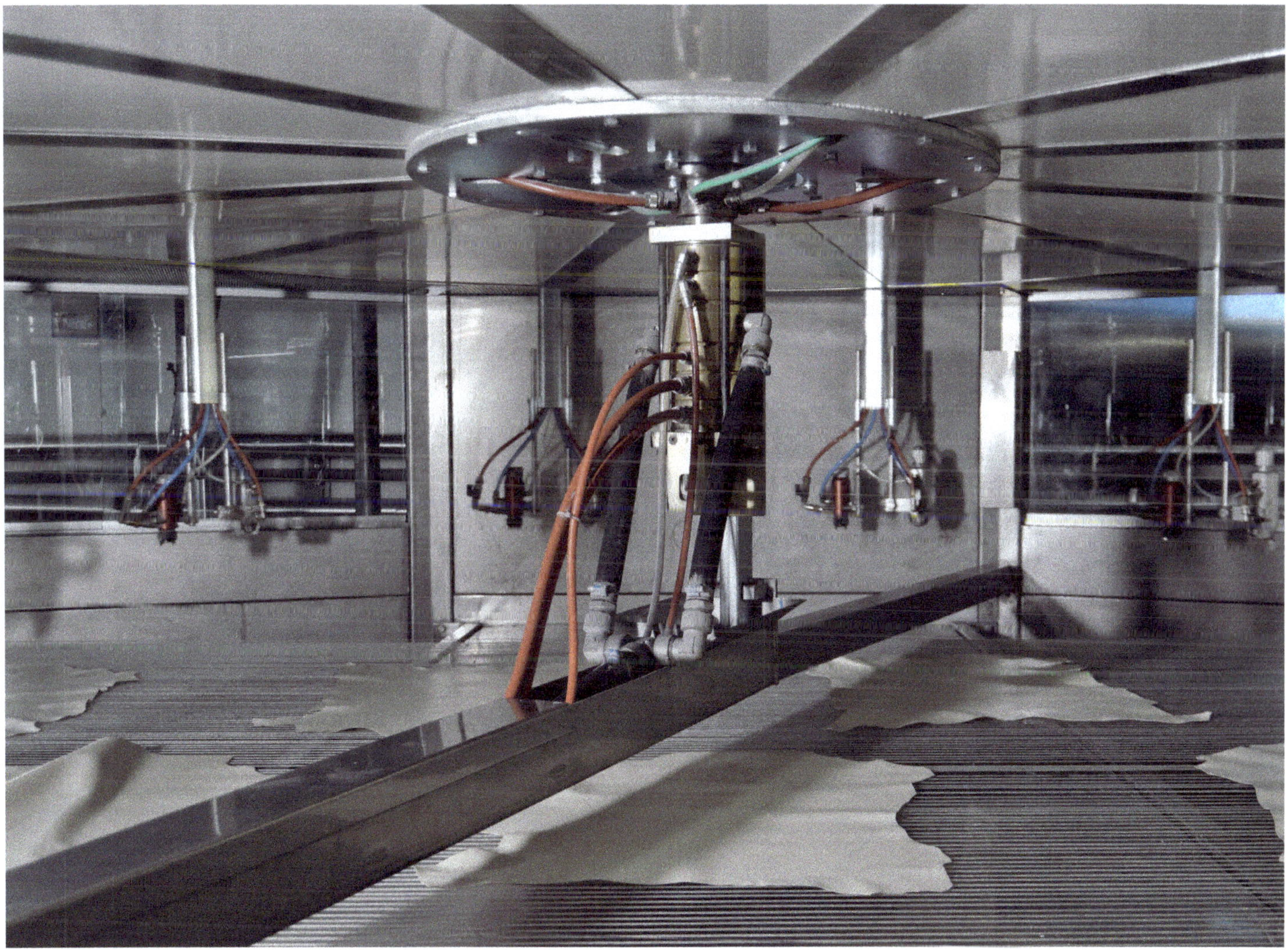

Tipos de cuero más utilizados en la fabricación de calzado.

El cuero plena flor se refiere a las pieles a las que no se les ha modificado la superficie de la flor mediante el esmerilado, pulido o grabado. El grano se mantiene, dando a las fibras resistencia y durabilidad. El grano también tiene transpirabilidad, lo que aporta una menor humedad por el uso prolongado. En lugar de desgastarse, desarrolla una pátina durante la vida útil de la piel. Los muebles y el calzado de cuero de alta calidad, suelen estar hechos de cuero de plena flor.

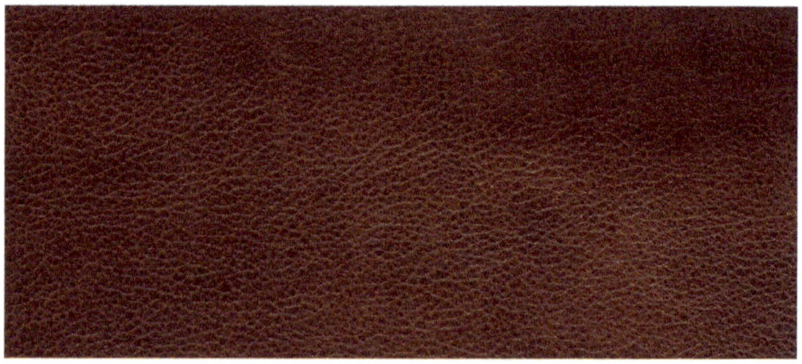

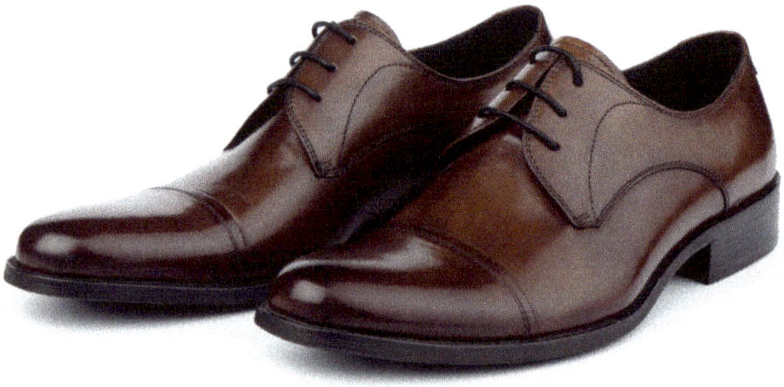

El cuero plena flor está disponibles con muchos tipos de acabado:

Cuero plena flor anilina

Plena flor anilina es la piel con el aspecto más natural. Las características superficiales únicas de la piel del animal permanecen visibles. Esta piel se tiñe de manera muy penetrante con colorantes solubles de anilina, y no con recubrimientos superficiales de polímeros y pigmentos. La piel anilina adquiere una pátina natural, y se oscurece con la edad. El calzado hecho con cuero anilina debe protegerse de los agentes externos. Se puede aplicar un esmerilado superficial para mejorar la apariencia y ofrecer más protección contra el agua y la suciedad.

Cuero semi-anilina

El cuero semi-anilina es más duradero que la anilina, y conserva la apariencia natural. Tiene una mayor durabilidad que se da mediante la aplicación de un ligero recubrimiento superficial que contiene una pequeña cantidad de pigmento. Este recubrimiento aporta un color uniforme, y hace que sea más resistente a las manchas. El calzado con piel semi-anilina es más fácil de cuidar y lograr que conserve el aspecto natural.

Cuero nobuck

El nobuck es una piel plena flor a la que se le ha dado un esmerilado en la superficie de grano. Una vez que se modifica la superficie lisa de la flor, las fibras proteicas de la flor le dan al cuero un tacto aterciopelado. Las pieles plena flor con superficies desiguales, o teñidas de manera irregular, pueden trabajarse con acabados nobuck. Para colores claros de alta calidad, solo se pueden usar las mejores pieles, y suelen tratarse con compuestos resistentes al agua, ya que se ensucia muy fácilmente.

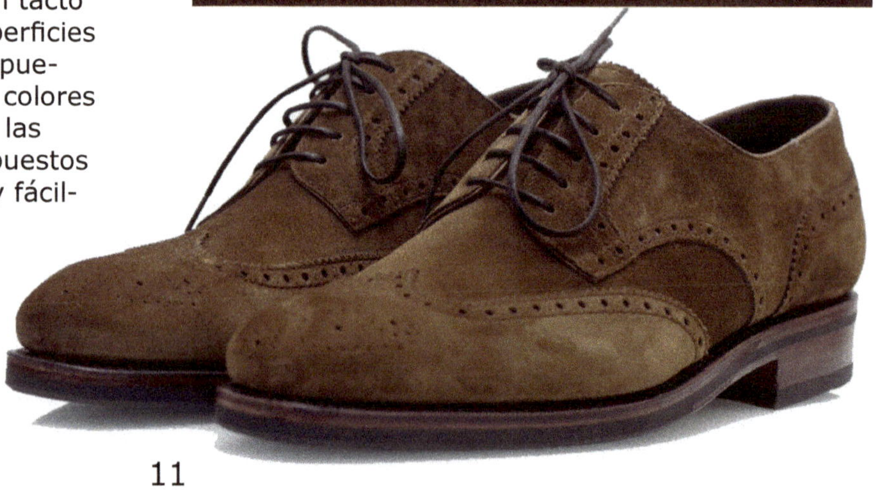

Cuero pigmentado

La piel pigmentada es la más duradera, y se utiliza en la mayoría de los muebles tapizados, y en casi todos los interiores de automóviles. La durabilidad la proporciona un recubrimiento de polímeros con pigmentos de color en la superficie. El acabado de la superficie permite al fabricante un mayor control sobre las propiedades del cuero, como la resistencia al desgaste o al desteñido. El cuero pigmentado se puede hacer en cualquier color, y por su tratamiento superficial, este tipo de cuero no desarrolla una pátina natural.

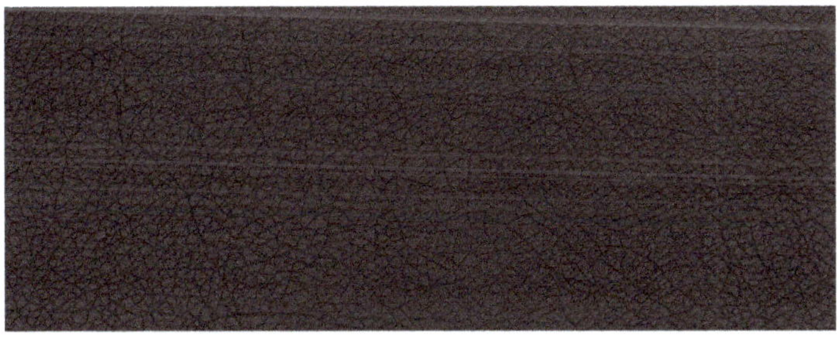

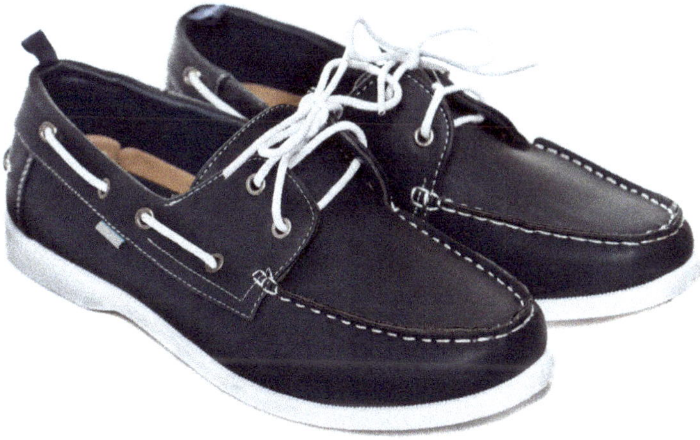

Cuero rectificado de flor pigmentado

La superficie natural del grano se deja intacta antes de aplicar el recubrimiento del polímero.

Cuero rectificado de flor o semiflor

Este tipo de piel es el más utilizado para hacer prendas de piel de alta gama. Todas las capas han sido divididas, y la mayor parte de la flor se ha separado, haciendo que esta piel sea más delgada y flexible que el cuero plena flor. Su superficie ha sido esmerilada o pulida, y se ha dado un acabado que da una sensación plástica más fría y menos transpirabilidad. La flor no desarrolla una pátina natural; es menos costoso y tiene una mayor resistencia a las manchas que el cuero plena flor si el acabado final permanece intacto.

Cuero rectificado

El cuero rectificado es cualquier piel a la que se le haya aplicado un grano artificial en su superficie con una pastilla. Las pieles utilizadas para el cuero rectificado no cumplen con los estándares para su uso como anilina. Las imperfecciones se corrigen, o lijan, y se graba un grano artificial en la superficie para después cubrirlo con tintes. La mayoría del cuero rectificado se usa para hacer cuero pigmentado, ya que el pigmento sólido ayuda a ocultar las correcciones, o las imperfecciones. Estas pieles se suelen comprar con dos tipos de acabado: semi-anilina y pigmentado.

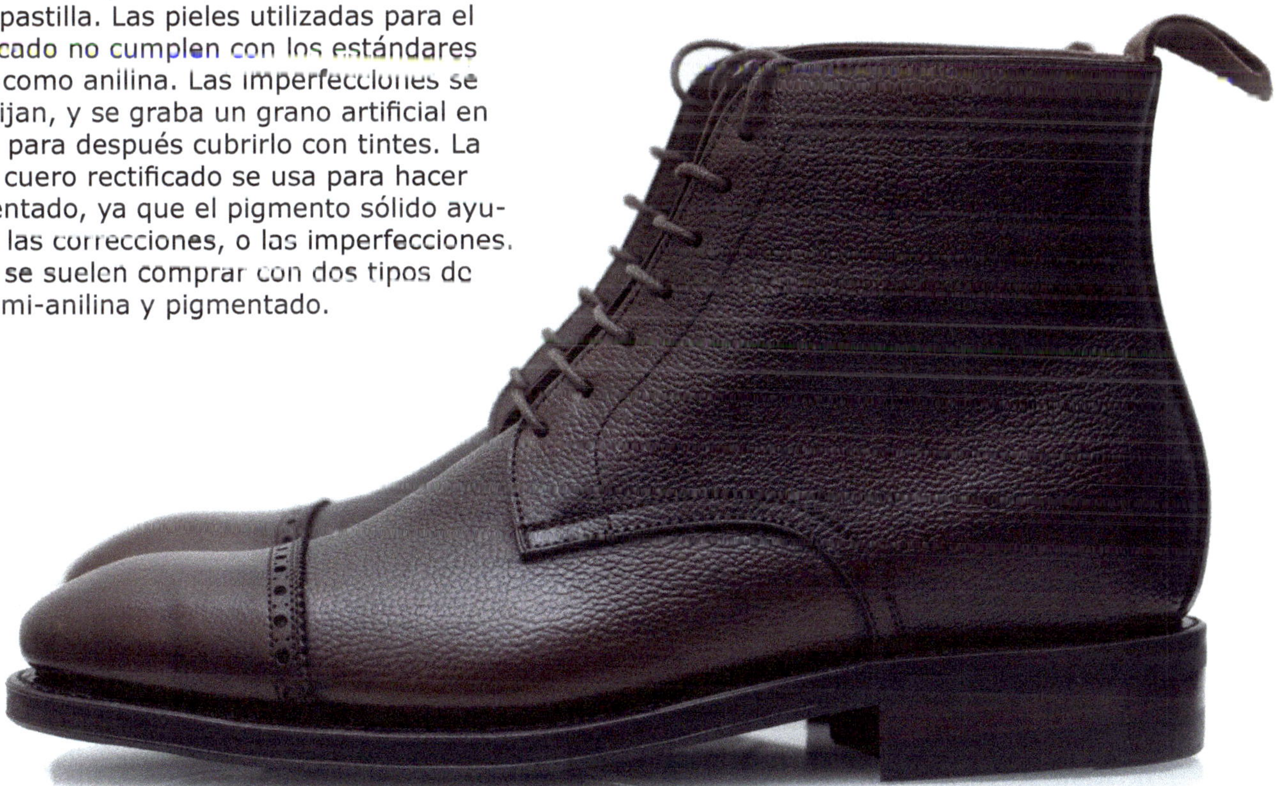

Cuero vacuno engrasado

En inglés denominado *crazy horse*. Para hacer cuero engrasado, se cepilla la piel plena flor de baja calidad para eliminar la textura del grano. El cuero se trata con un compuesto denso, con ceras y aceites que oscurece la piel creando una piel áspera y resistente. Es muy probable que se vean arañazos, picaduras de insectos, cicatrices y arrugas en la superficie; esta es una de las características de esta piel, al igual que cambia de color cuando se quiebra. El *crazy horse* es muy utilizado en botas de trabajo y calzado para deporte al aire libre.

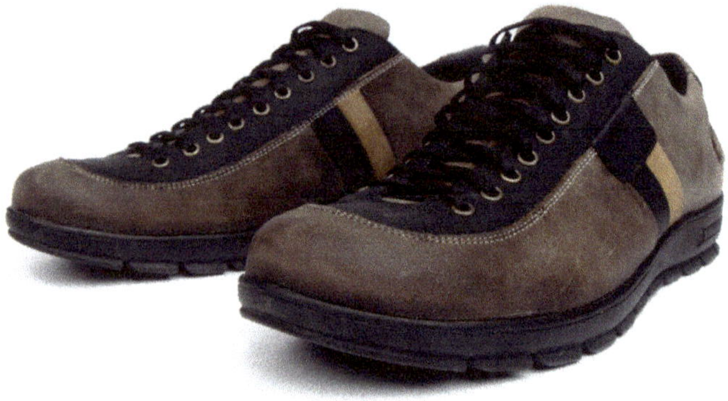

Divididos de la piel

Se pueden hacer otros tipos de piel a partir de las capas internas de la piel. Estos productos se desarrollan de lo restante una vez que la capa de la flor se ha dividido.

Serraje vacuno

Serraje y *split leather*

El serraje y el *split leather* es el cuero que se crea a partir de la parte fibrosa de la piel exenta de la flor. Durante la operación de dividido, la flor y el serraje se separan. La piel dividida (serraje) se puede dividir, según el grosor, en un dividido intermedio, y un dividido con el lado carne de la piel. En pieles muy gruesas, el serraje se puede dividir en varios divididos hasta que el grosor no permita más. Los mejores serrajes suelen estar hechos a partir de pieles con la flor eliminada, o de la división de la carne de la piel que se ha dividido para obtener el grosor requerido.

Serraje de cerdo

Piel vuelta

Son todas las pieles que se utilizan con la flor hacia dentro, dejando el serraje a la vista. Por ejemplo, en las correas de algunas sandalias se puede ver que por fuera es serraje, y el interior es suave porque conserva la flor.

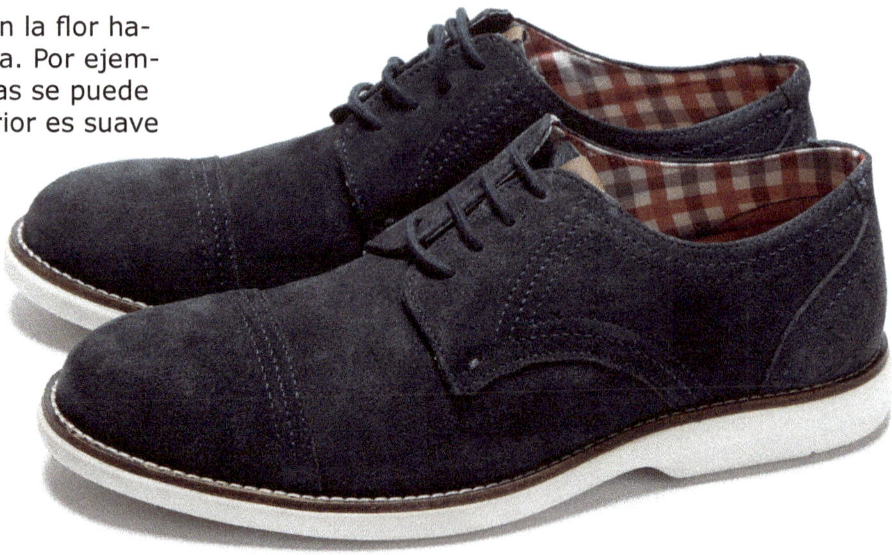

Charol

El charol es un material básico para los zapatos de alta moda y uniformes. El charol se crea trabajando la piel plena flor con un recubrimiento con mucho brillo. El inventor fue Seth Boyden, y desarrolló este proceso de acabado en Newark, Nueva Jersey, en 1818.

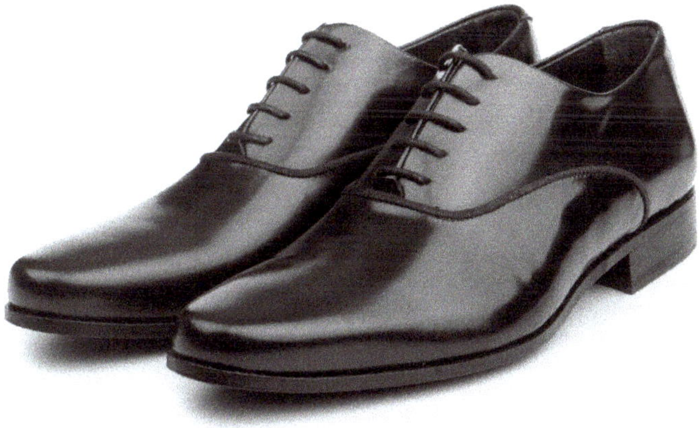

Hoy en día, el charol con mucho brillo se crea a partir de un revestimiento plástico, y se considera *bicast* o *action leather*. El acabado plástico puede tener una superficie brillante como un espejo que requiere de poco pulido. El charol actual cuesta aproximadamente una cuarta parte del precio del charol plena flor.

Action leather

El *action leather* es un dividido de la piel que ha sido laminado con una capa plástica de poliuretano en la superficie, y después grabada. Se creó para la industria del calzado, y después también fue adoptado por la industria del mobiliario y la tapicería. Este material artificial es ligeramente más rígido, tiene un color y textura de grano consistentes, y es mucho más barato que el cuero semiflor o rectificado de flor.

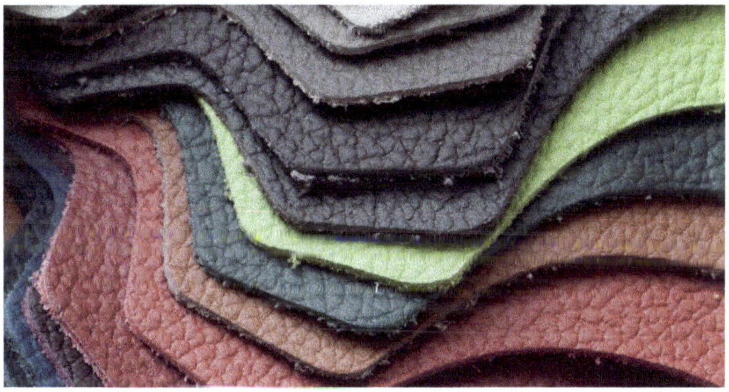

La superficie de la piel está completamente cubierta de plástico, por lo que es resistente al agua y fácil de limpiar y mantener. El *action leather* es la piel más barata del mercado, y al ser cuero, tiene un arancel de importación bajo; con lo cual, se utiliza sobre todo en botas tácticas, y calzado casual de bajo precio.

El *action leather* está disponible en una infinidad de colores y texturas o grabados diferentes. Suele ser un producto económico, aunque hay fábricas que producen este material con un precio mayor por utilizar revestimientos especiales y acabados de alta durabilidad.

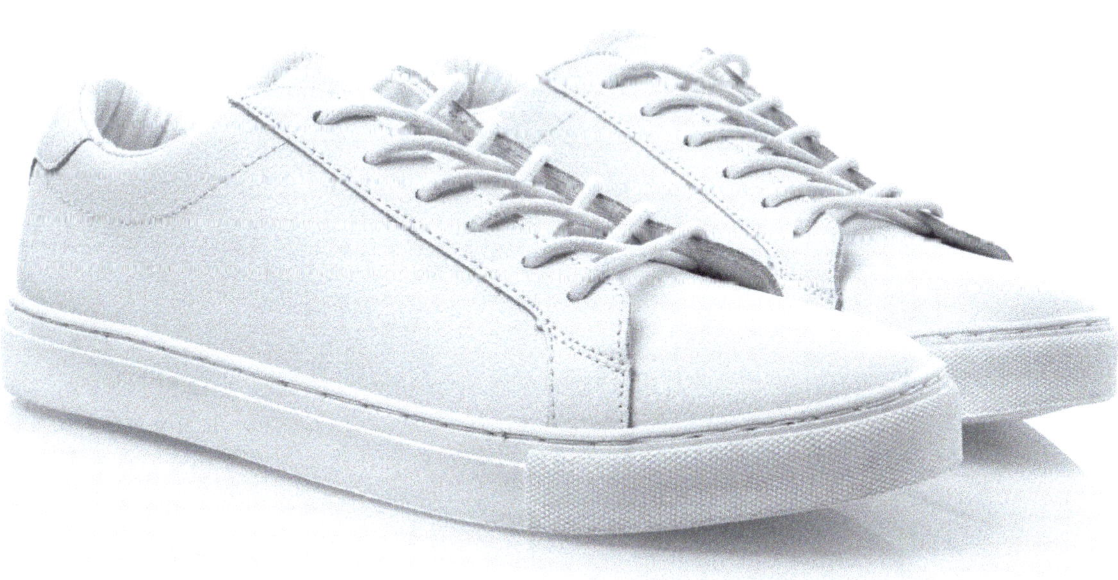

Diseñar calzado con cuero

Hace más de 6.000 años que se hicieron los primeros zapatos, y fueron hechos a partir de la piel de animales. La piel sigue siendo la opción preferida para el calzado actual. Su resistencia, durabilidad y comodidad son sus principales atributos.

Factores medioambientales

El cuero no es el perfecto para todo tipo de calzado; la superficie se raya con facilidad, y el agua le afecta penetrando en las fibras, siendo susceptible al estiramiento y a la deformación. La piel puede necesitar tratamientos especiales para adaptarse a los diferentes tipos de calzado; estudia el entorno que ocuparán tus zapatos para asegurarte de escoger el mejor material.

Unido o pegado

Dependiendo de la superficie de cuero, la fábrica de calzado necesitará ajustar este proceso. El ante y el serraje son fáciles de pegar, el halogenado (primer) y el pegamento penetran de manera rápida en la superficie porosa. El *action leather* necesitará rebastarse para eliminar su superficie plástica, ya que esta superficie de plástico resiste la penetración del pegamento (cemento), o puede crear una unión fuerte entre la capa plástica y el cemento, haciendo que la capa plástica se separe de la capa de cuero interior. Para pieles nobuck y plena flor, la unión entre capas se mejora considerablemente si se hace un rebastado o cardado.

El cuero encerado o engrasado también es difícil de pegar, pero se puede hacer de igual manera, rebastando o cardando la superficie a pegar. También hay que considerar utilizar construcciones que ayuden, como el calzado con cerco, para estos tipos de cuero que son difíciles de cementar.

Montado

Su flexibilidad y ajuste hace que la piel sea el material ideal para conseguir calzado delicado y elegante. Para asegurarse de que el cuero no se dañe y poder mantener el diseño final de manera fija, una pala de piel tendrá una pieza de tejido, o un refuerzo de plástico moldeable en el interior.

El desafío del cuero: el colorido

El cuero proviene de animales individuales. No importa cuánto cuidado se tenga en la curtiduría que prepara el cuero, siempre habrá variaciones de color entre las piezas. Las pieles naturales, incluyendo el nobuck y el *split leather*, pueden necesitar ser cortadas y emparejadas zapato por zapato. Esto significa que cada par de zapatos debe cortarse de la misma pieza para garantizar que cada pieza del modelo coincida en color; este paso adicional reduce la productividad de corte, y puede complicar las operaciones de aparado.

Acabados de la superficie (flor)

El calzado de piel suele tener algún tipo de acabado final, posterior al montado. A diferencia del calzado textil y sintético, estos pueden pulirse, engrasarse, cepillarse, rasparse, o teñirse para crear diferentes efectos de diseño en el modelo final.

Algunos acabados, como el encerado o la aplicación de aceites, interfieren con el pegado, por lo que deben realizarse una vez que el modelo está terminado. Las acciones de jalar y estirar la piel sobre la horma, el calor y la manipulación en la fabricación pueden dejar la piel áspera y seca, por eso suele necesitar un reacondicionamiento final.

Tratamientos de borde

El cuero, si se corta con cuidado, puede mantener un borde limpio que no requiera de ningún tratamiento especial. A diferencia del tejido, el cuero no tiene fibras sueltas que puedan deshilacharse.

Cuando uses cuero, debes pensar cómo terminar los bordes del corte. Necesitas saber si tu material está teñido al 100%. Algunas pieles que tienen la superficie tratada, no tendrán el canto o el borde coincidente con el color de la flor.

Por ejemplo, el *action leather* tiene un borde visible azulado por el curtido al cromo. Puedes decir a la fábrica que haga el lujado de los cantos, o que los tiña al color del corte colocando las piezas de piel y rociando con spray los bordes con un tinte que coincida con el color de piel.

El cuero tiene una ventaja frente al tejido: los cantos gruesos pueden ser rebajados para hacer un canto dobladillado (*folded edge*) para un acabado limpio, fino y del mismo color.

En esta imagen, la carrillera mezcla el canto dobladillado y al corte.

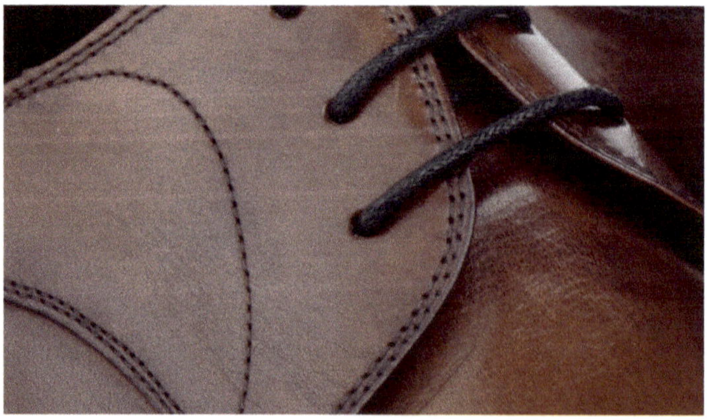

Los zapatos de piel suelen tener el borde trabajado con decoraciones tipo festoneado o en zigzag para fortalecer el canto de la piel. En otros casos, sobre todo en el calzado hecho a mano, el canto de la piel puede lujarse o quemarse.

Derechos de importación y aranceles

El calzado de piel tiene un tipo impositivo del 9,5% para importarlo a Estados Unidos y a Europa. Para aprovechar esta tasa relativamente bajo, las compañías diseñan modelos que tengan un 51% de cuero, y un 49% de PU o textil. Si tiene más del 51% de superficie textil, la tasa es del 20%.

Este modelo de zapatilla está diseñado para entrar dentro de la tasa impositiva más baja, evitando el coste extra al desarrollar el modelo entero en piel.

La puntera, la pala y las paredes son de *action leather*. Puedes ver los detalles perforados.

La bandeleta, o *mudgard*, y las capas superpuestas están hechas de PVC sintético con un entelado inferior de espuma. El PVC está moldeado por compresión para crear atractivo visual al modelo, siendo esta una forma eficiente y económica de hacer una deportiva de cuero.

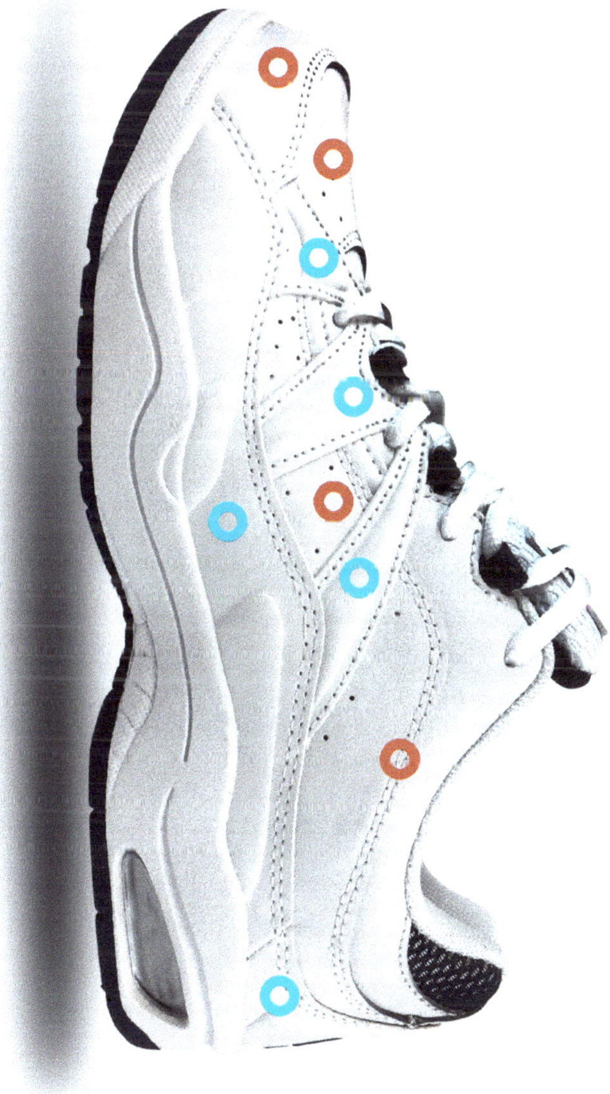

Cómo nominar la piel

A la hora de nominar la piel, hay que considerar algunos puntos básicos. Como diseñador, necesitas prestar atención al color y al grano o textura. Como desarrollador, el enfoque será el rendimiento, el comportamiento de la piel y el grosor. Trabajar directamente con la curtidora te dará la ventaja de su conocimiento y experiencia.

Especificar el colorido

La piel semiflor, el cuero rectificado, el *action leather* y casi cualquier cuero pigmentado puede trabajarse dando una referencia Pantone™. Las pieles sin superficies pigmentadas deberán especificarse mediante el número de color del fabricante, o las muestras proporcionadas. Pantone™ tiene muchos tonos marrones, pero la curtiduría puede tener dificultades para obtener los colores exactos. Recuerda, las pieles naturales tienen una gama de color determinada; y no hay dos pieles iguales. Si pides grandes cantidades, la curtiduría hará todo lo posible para hacer exactamente lo que pides; pero si tu pedido es pequeño, las opciones pueden estar limitadas a los artículos en *stock*, o a colores compartidos con otro cliente más grande.

Precio por pie cuadrado

El precio del cuero vacuno comienza sobre 1,30 dólares para el *action leather* en color blanco o negro. El *split leather* y el serraje suele estar entre 1,30 y 1,60 dólares, dependiendo del grosor, el color y la ubicación del corte. Las piezas del cuprón y las hojas tienen mayor valor que el lomo, cuello o las faldas. Los precios también varían según el clasificado y el acuerdo de compra al por mayor.

Action leather: $1,30 a $1,45
Serraje (vacuno): $1,30 a $1,65
Ante (cabra): $1,65
Ante de cerdo: $1,85
Vacuno engrasado: $2,85
Cuero plena flor grano impreso: $2,73
Cuero nobuck: $3,75
Impermeabilización: suma $0,50 y $1,00 por pie.

Tests para la piel

A diferencia del textil y de los sintéticos (PU), el proceso de curtición puede implicar el uso de químicos peligrosos. Es posible que se necesiten ensayos extra para garantizar que la piel que compres esté libre de subproductos químicos no deseados. Los tests más comunes para el cuero son:

Resistencia a la extensión (largo y ancho)
Alargamiento (largo y ancho)
Resistencia a la rotura 100N
Desgarro y rotura (largo y ancho)
Solidez del color al agua y a la transpiración
Estiramiento con carga
Frote en húmedo y seco

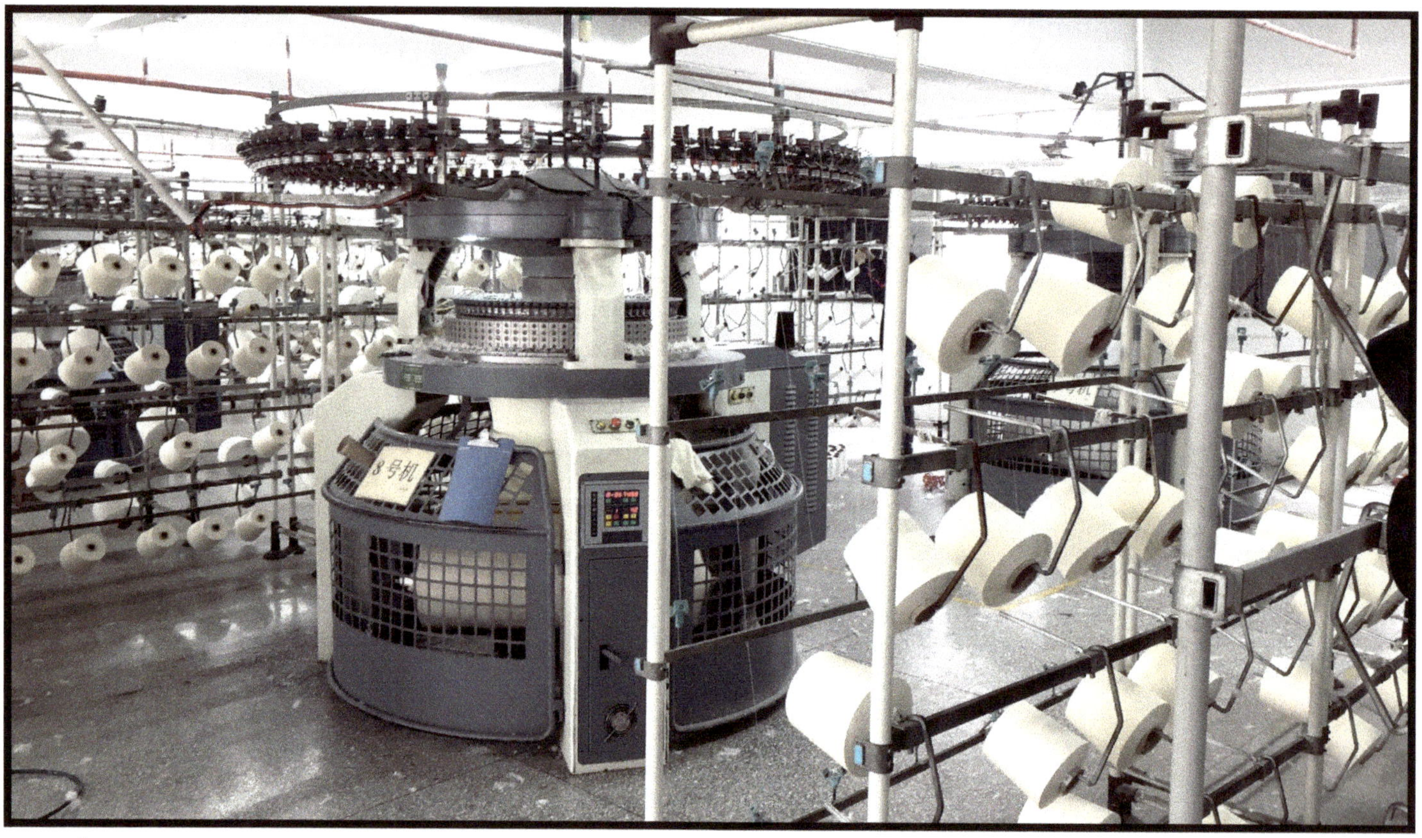

CAPÍTULO 2

MATERIALES TEXTILES PARA CALZADO

El textil es fuerte, liviano, resistente al clima, tiene larga duración, y es relativamente económico. Con una variedad infinita de estructuras, tejidos, colores, estampados, tratamientos, los materiales textiles tienen un lugar especial en el diseño de calzado. Para diseñar zapatos, debe comprender los textiles.

Verás que se utiliza en casi todo el modelo de calzado; tanto para el corte como para el forro, para la plantilla, refuerzos, o incluso en la planta. Las fibras con polímeros, como el nylon y el poliéster, son livianas y duraderas. La licra es elástica, y el tejido hecho de algodón es necesario para el vulcanizado.

Selección de textiles

Al considerar cualquier textil, hay que tener en cuenta las siguientes características: grosor del hilo, composición de la fibra, estructura, el material de refuerzo, el tamaño, y los tratamientos superficiales.

Tamaño del hilo

La parte esencial para la elaboración del tejido es el hilo. El denier es el equivalente al peso del hilo. 1 denier = 1 gramo por 9.000 metros lineales de hilo. El denier más común es de 110D para tejidos muy ligeros; de 420 a 600D son más comunes en tejidos destinados al calzado, y 1.000D para botas y bolsos.

Tipos de fibras

Los textiles para calzado están disponibles en muchos tipos de fibras, incluyendo algodón, lana, nylon, poliéster, polipropileno, rayón, licra y muchos más. Cada uno tiene su propio aspecto y propiedades físicas, como la higroscopicidad, elasticidad, la resistencia a rayos UV, o la solidez del color. En el diseño de calzado, el poliéster y el nylon son las composiciones más utilizadas. La licra elástica, y el spandex se utilizan a menudo para ribeteados y forros. El algodón es imprescindible para las zapatillas vulcanizadas, ya que las fibras sintéticas se derriten en los hornos de vulcanizado.

Las fibras naturales como el algodón o la lana, aceptan tratamientos de acabado; el corte hecho en lona de algodón puede lavarse con sal, o piedras antes del aparado para dar un aspecto especial. El algodón también puede trabajarse con un acabado encerado, pero debe hacerse después de montar la zapatilla; y hay que tener en cuenta que el material encerado no se adhiere fácilmente a la suela durante el montado.

Nylon

El nylon es el nombre genérico utilizado para la familia de los plásticos, poliamidas alifáticas o semi-aromáticas. Se utilizó por primera vez para fabricar cordones de paracaídas y medias de mujer; el nylon de que utilizamos hoy en día se puede moldear por inyección, o hilarlo en fibras para hacer tejidos fuertes, resistentes al moho, fáciles de teñir, resistentes a la decoloración; es óptimo para el exterior de las zapatillas. Estos tejidos se venden bajo el nombre comercial Cordura™. Curiosidad: la bandera de Estados Unidos que ondea en la luna está hecha de nylon.

Poliéster

El poliéster es el nombre comercial para un tipo de plástico llamado tereftalato de polietileno (PET). Al igual que el nylon, los tejidos de poliéster son duros, resistentes al moho, fáciles de teñir, resisten la decoloración, y apenas absorben agua. El poliéster es más resistente a los rayos UV, y tiene una temperatura de fundido más alta que el nylon. Las fibras son muy resistentes a las manchas, pero pueden ser difíciles de teñir. Tiene buenas propiedades de absorción de la humedad y puede ser tejido para crear estructuras elásticas y ligeras. Es más barato que el nylon, y está en todo el calzado actual; tanto por dentro, como por fuera.

Polipropileno

También conocido como propeno (PP), es un polímero termoplástico con una gran variedad de aplicaciones: cuerdas, ropa interior térmica, textiles... El polipropileno es robusto, e inusualmente resistente a muchos solventes químicos, bases y ácidos. Tiene una energía superficial relativamente baja (humectabilidad), lo que significa que muchos pegamentos funcionan con este material. Su uso es algo limitado en calzado debido a la complejidad del pegado.

Spandex™, Lycra™, Elastano™

Spandex es el nombre comercial de una fibra de copolímero de poliuretano sintético conocida por su gran elasticidad. Por peso, el spandex es más fuerte y más duradero que el caucho natural. Tiene una capacidad de estiramiento de más del 500% de su longitud, y vuelve a su forma original. Suele combinarse con otras fibras para crear tejidos resistentes y elásticos. Por su capacidad de estiramiento, el tejido spandex es óptimo para ribetes y su uso en el fuelle de la lengüeta.

Rayon™

El rayón es una fibra semi artificial fabricada con la pulpa de madera. La celulosa extraída de la pulpa de la madera se solidifica químicamente, dando como resultado la fibra sintética. Los tipos de rayón incluyen viscosa, modal y lyocell. El rayón tiene la característica escurridiza del nylon, pero es más absorbente y fresco. La alta temperatura de fundido del rayón lo hace óptimo como tejido resistente al calor. Su característica escurridiza también tiene función antiestática.

Kevlar™

Kevlar™ es la marca registrada de una fibra sintética de para-aramida. El Kevlar tiene una alta resistencia a la tracción, siendo cinco veces más fuerte que el acero. Cuando se teje en un material textil, es resistente a los cortes, a la abrasión, a los pinchazos y funciona a prueba de balas. El Kevlar se suele mezclar con nylon u otra fibra con alta resistencia para reducir el coste. Debido a su estructura molecular, el Kevlar no se puede teñir; y por su alta resistencia, el Kevlar puede ser difícil de troquelar.

La fibra Nomex™ está relacionada químicamente con el Kevlar, pero tiene una menor resistencia. Nomex tiene una gran resistencia térmica, química, y a la radiación, por lo que es el material elegido para productos ignífugos. El calzado que se utiliza para las carreras de coches, suelen estar hechos de ante o serraje ignífugo y tejido Nomex.

Lino

El lino es un tejido hecho a partir de las fibras de la planta del lino. Es algo difícil de fabricar, y el tejido hecho de lino se utiliza mucho en climas cálidos por su frescura, ya que la fibra es muy absorbente. En calzado, se pueden encontrar detalles de lino en calzado casual de alta gama, pero no en calzado deportivo de alto rendimiento.

Seda

La seda es una fibra natural fabricada a partir de la proteína producida por la larva, y puede ser tejida. El aspecto brillante de la seda se debe a la estructura triangular en forma de prisma de la propia fibra de seda, que permite que el tejido refleje la luz en diferentes ángulos, produciendo así diferentes colores. La seda es cara y resistente, aunque pierde el 20% de su resistencia cuando está mojado. La seda tiene algo de elongación o estiramiento, pero queda deformada y debe estar reforzada cuando se utiliza para hacer calzado.

Lana

El tejido de lana se ha vuelto popular en calzado para estar por casa y *clogs*; y recientemente se ha abierto el camino hacia el calzado más convencional. La lana, utilizada sin reforzar, tiene la capacidad de adaptarse a la forma, pero es susceptible al agua y al desgaste. El calzado actual hecho con tejido o estructuras de lana tienen refuerzos normales, manteniendo así la apariencia de la lana sin poner en riesgo la durabilidad.

Estructuras textiles

Hay muchas formas de tejer las fibras. En un tejido de plana, las fibras se cruzan entre sí (tisaje), siendo las fibras que se extienden a lo largo del tejido la urdimbre (hilos), y las fibras que atraviesan el tejido de lado a lado, trama (pasadas). El tejido o ligamento más común es el tafetán, que tiene el mismo número de hilos en la urdimbre y en la trama. Existen muchos tipos de ligamentos: tafetán, sarga, raso, esterilla, *dobby* y *ripstop*, por nombrar algunos.

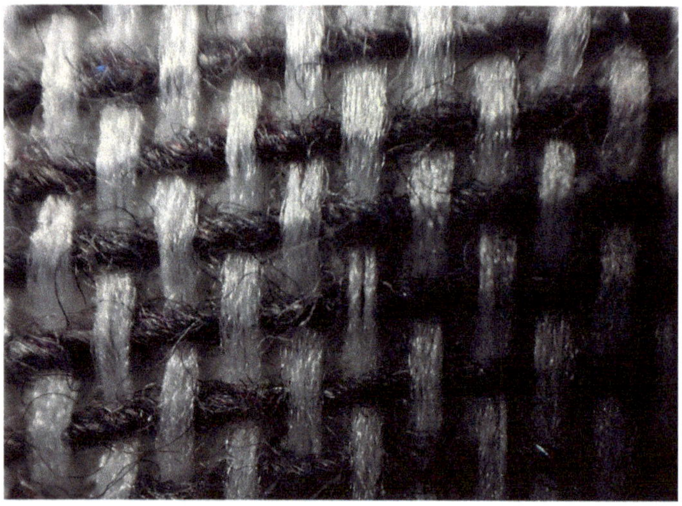

El tricot es otra forma de unir las fibras. En tejidos de punto, el hilo tricotado crea un patrón entretejido de rizos (mallas). Estas mallas se pueden estirar fácilmente en diferentes direcciones, lo que proporciona a los tejidos de punto mucha más elasticidad que los tejidos de trama y urdimbre. Dependiendo del tipo de fibra e hilatura, y la estructura, este tipo de tejido o paño puede estirarse hasta un 500%.

Los tipos de punto más utilizados son: jersey, *interlock*, punto doble (doble fontura) y *rib* (acanalado).

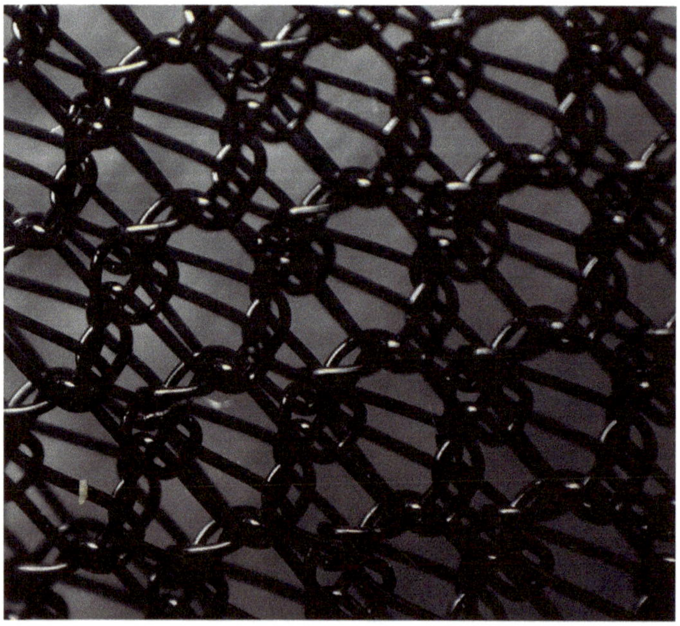

La malla de alta tecnología "*Air*", o malla 3D, se hace mediante el técnicas de punto. También conocido como intercalado, o sándwich, la superficie del revés puede ser lisa y actuar como el forro del modelo. Hay muchas opciones para crear patrones técnicos en tejidos de malla. La estructura del derecho, el grosor, el color y el revés es personalizable; incluso se puede seleccionar un tejido multicolor. Tu imaginación y el mínimo de pedido de la fábrica (*MOQ*) tu única limitación.

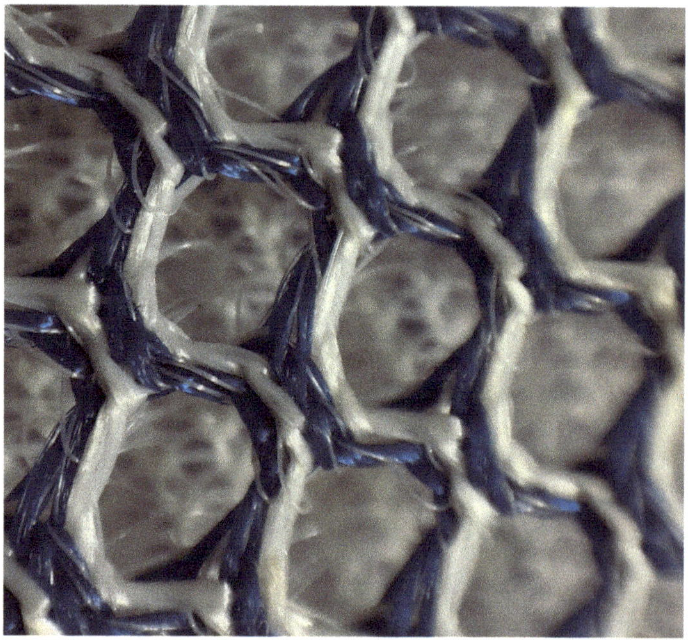

Tejido no tejido

Los textiles también se pueden fabricar mediante procesos no tejidos, como por ejemplo, el termosoldado. Estos materiales se fabrican colocando primero las fibras sueltas en esteras, después se fijan con presión mediante un rodillo caliente, un gofrado, o mediante puntadas.

Estas telas son resistentes, livianas, duraderas y transpirables; muy adecuado para el interior del calzado y para refuerzos, pero no es conveniente su uso para el corte. Los nombres comerciales son Cambrelle™ o Super-Tuff™.

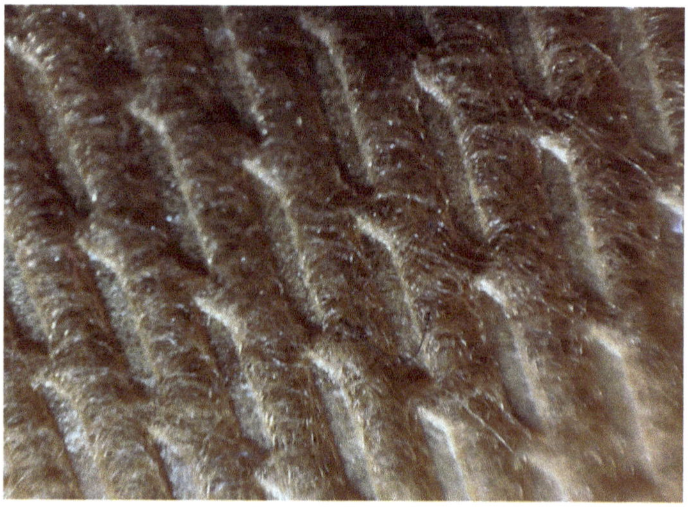

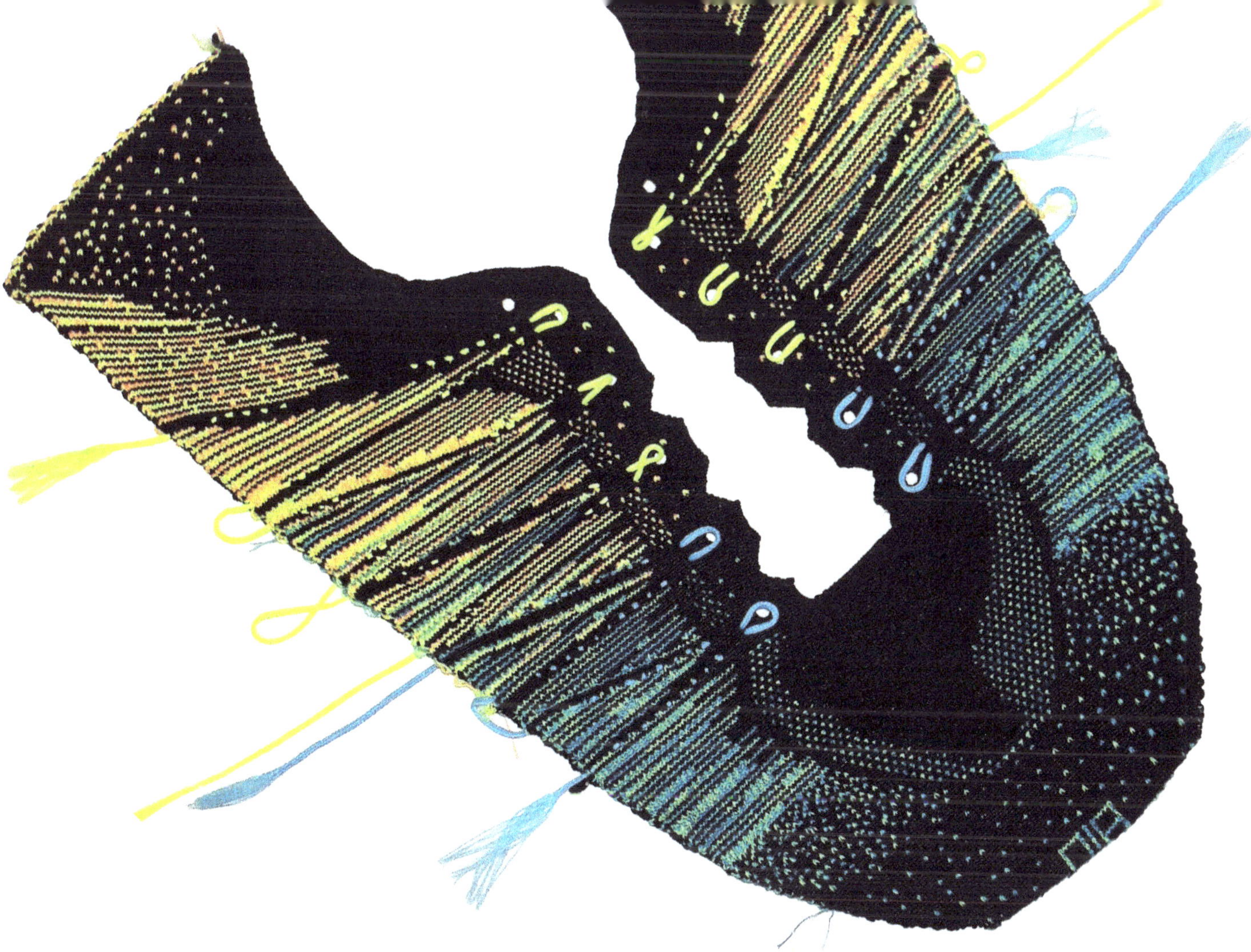

Tejido 4D asistido por ordenador

El tejido 4D está cambiando la forma en que se fabrican las zapatillas deportivas. El corte en una sola pieza se crea en una máquina de tejer asistida por ordenador, posteriormente se ensambla la lengüeta, el forro y los refuerzos.

Anteriormente, esta tecnología solo se utilizaba en zapatillas de alta gama, pero se está expandiendo rápidamente al calzado asequible. Se puede encontrar en deportivas para correr hechas por Nike, modelos de fútbol de Adidas, e incluso en el mercado local chino. En las principales áreas de fabricación de calzado de China, la máquina CNC (asistida por ordenador) se está convirtiendo en algo muy común.
Para construir el corte de una sola pieza, la máquina de tejer se carga con fibras de poliéster, nylon, o spandex, o incluso las máquinas más modernas pueden trabajar una mezcla de fibras, y hasta 10 colores a la vez. La máquina se puede programar para tejer un solo corte, o tres a la vez con un ancho máximo de 90 cm.

Dependiendo de la programación y de las fibras seleccionadas, el corte puede ser fino y flexible, o grueso y estable. Las opciones de diseño son casi infinitas, con múltiples opciones de fibras, colores, densidades y calados.

Un diseño hecho de poliéster, a un solo color, costaría cerca de 2,50 dólares, mientras que una mezcla de spandex y poliéster multicolor puede costar alrededor de 7,50 dólares cada corte.

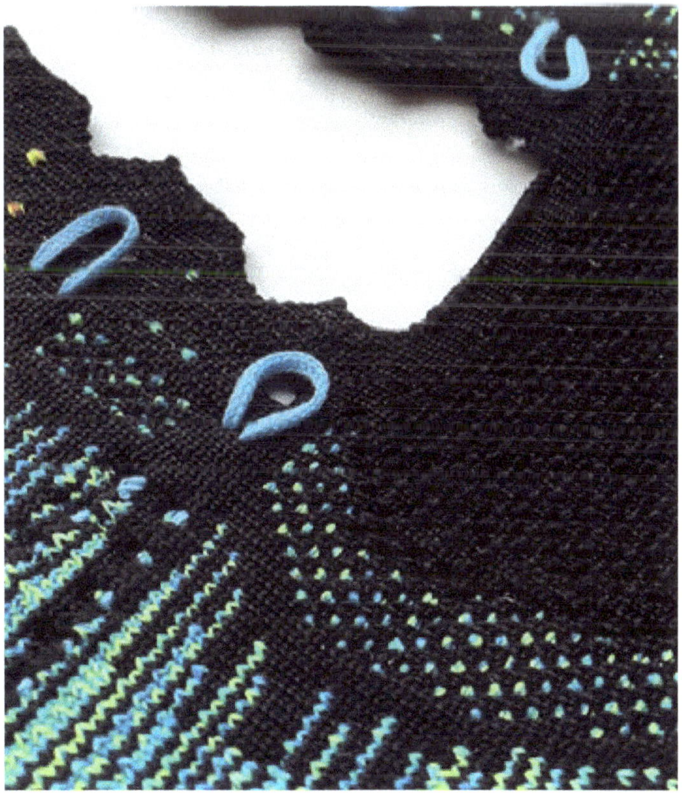

Procesos de los materiales tejidos

Una vez las fibras estén tejidas, el tejido debe ser teñido, clasificado, y reforzado antes de poder usarse en calzado. Algunos tejidos están listos para su uso sin ningún acabado adicional, como por ejemplo, los tejidos con fibras de colores, que no requieren ninguna operación de teñido.

Antes de realizar cualquier operación de acabado, el tejido debe teñirse. Las operaciones de tisaje y teñido suelen realizarse en diferentes fábricas. El proveedor de material almacena miles de yardas del material en crudo (también conocido como *greige*). Una vez que se compra el material, la fábrica teñirá y procesará el material según los requisitos del cliente. Las operaciones de teñido tienen lugar en unos tanques de gran tamaño que son calentados para el proceso, y cuentan con sistemas de circulación de agua para garantizar que el tejido se tiñe de manera uniforme.

Cada tipo de fibra requiere un proceso de teñido diferente. Algunos tejidos se crean con dos fibras diferentes, permitiendo a la fábrica crear telas multicolores sin el trabajo y el gasto de tejer fibras de diferente color. En muchas ocasiones, un tejido puede estar hecho a dos tonos, con una base en blanco o negro, y un segundo color creado mediante tintes.

Cuando se pide un nuevo color, el departamento encargado del colorido recoge el *greige* y se pone manos a la obra. Una máquina especializada para este trabajo, asistido por ordenador, crea la fórmula con los pigmentos en función del color y el tipo de fibra solicitado.

El nuevo compuesto se prueba en el laboratorio, denominando a las muestras resultantes *lab dips*. Una vez que se confirman los *lab dips*, se puede realizar la producción.

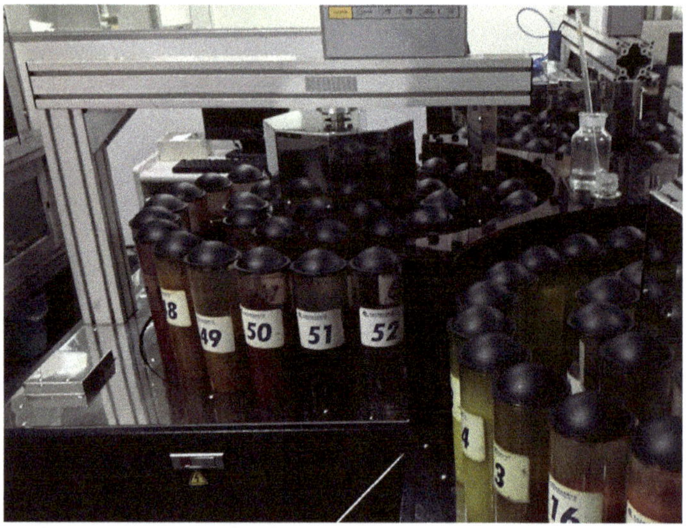

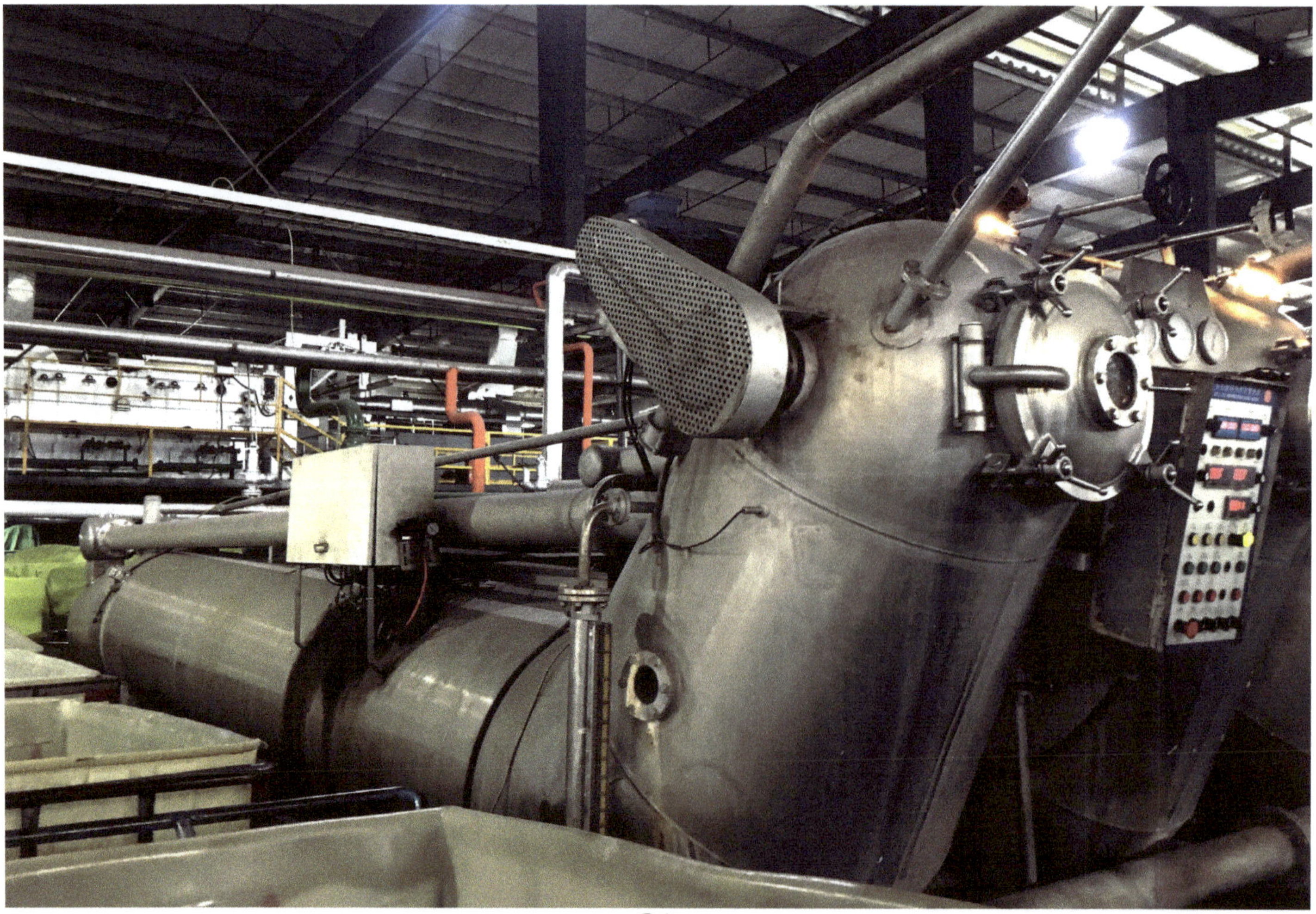

Reforzado del tejido

El tejido, nada más tejerse, es maleable y deforme, no es apto para utilizarse en calzado. Son los tratamientos de encolado y reforzado los que le aportan al tejido la dureza y el cuerpo para que pueda ser viable. El encolado es un tratamiento con resina líquida que se aplica a la tela; el tejido se estira, se calienta, y se trata con resina de apresto, lo cual mantiene las fibras en su lugar.

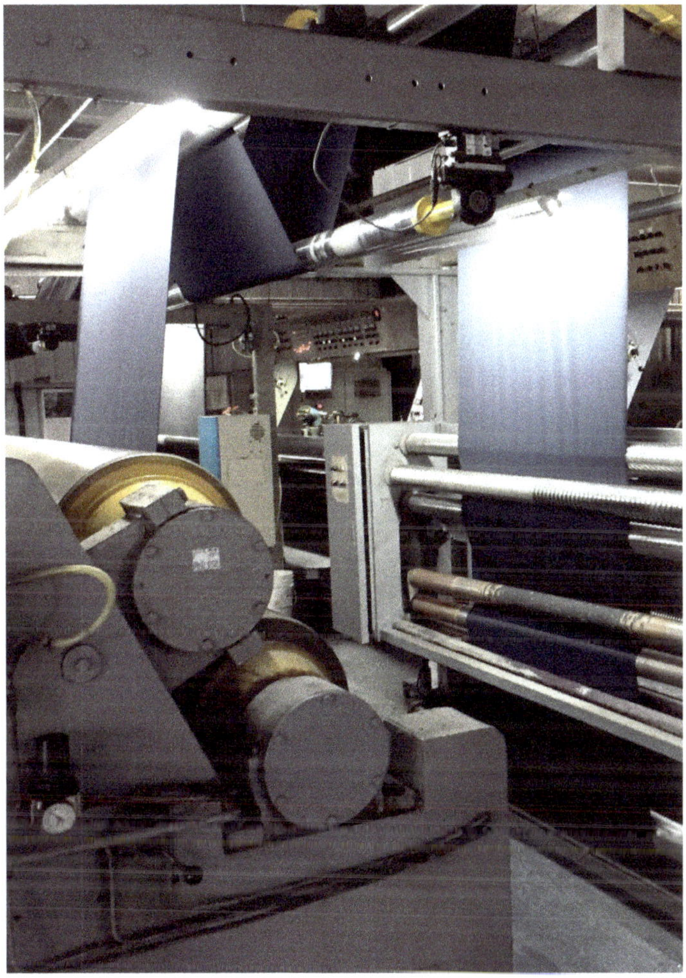

El material de refuerzo es muy importante para el comportamiento del tejido. Existen dos tipos de refuerzos muy utilizados: PU y PVC.
El PU tiene un recubrimiento más fino y transparente; también es más barato, ligero y es algo impermeable, y se puede ver la fibra debajo del recubrimiento.

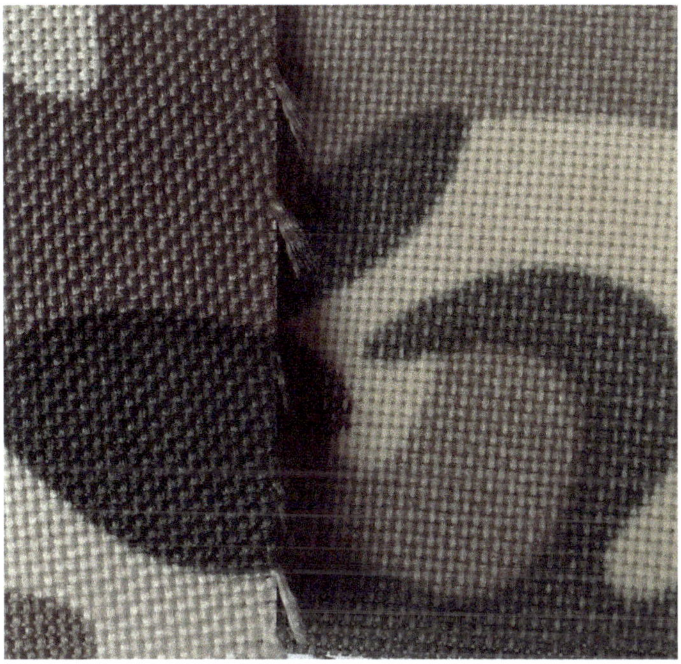

El refuerzo de PVC es sólido, por lo tanto, no se pueden ver las fibras a través del refuerzo. El PVC se utiliza para hacer que un tejido sea resistente e impermeable.

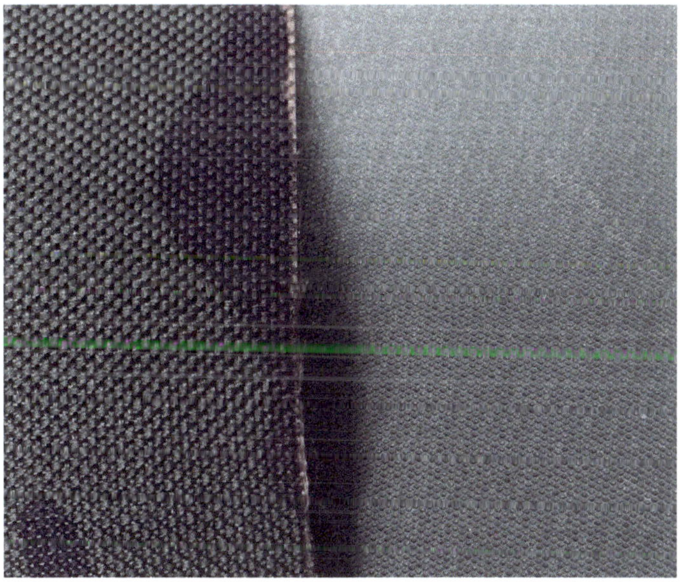

El TPU se está utilizando ahora para reforzar algunos materiales. Tiene un mayor coste, pero la ventaja de ser más liviano, fuerte y poder ser termofijado mediante calor o RF. El TPU tiene un agregado medioambiental, ya que no es PVC y tiene menor impacto en el medioambiente.

Tratamientos de la superficie de tejidos

El *DWR* (*Durable Water Repellent*) también se utiliza mucho; el material tejido se trata cuando todavía está enrollado. El tejido se baña y después se seca.

El cepillado es otro tratamiento muy común. El tejido se posiciona en una máquina que trabaja con piedras, metales con textura, o cepillos metálicos que enganchan las fibras para crear un acabado suave al tacto. Nylex™, Visa™, o Visa Terry™, son productos de punto con una cara cepillada para conseguir este acabado suave. Estos tejidos de poliéster son los materiales para forro de calzado más utilizados en calzado deportivo.

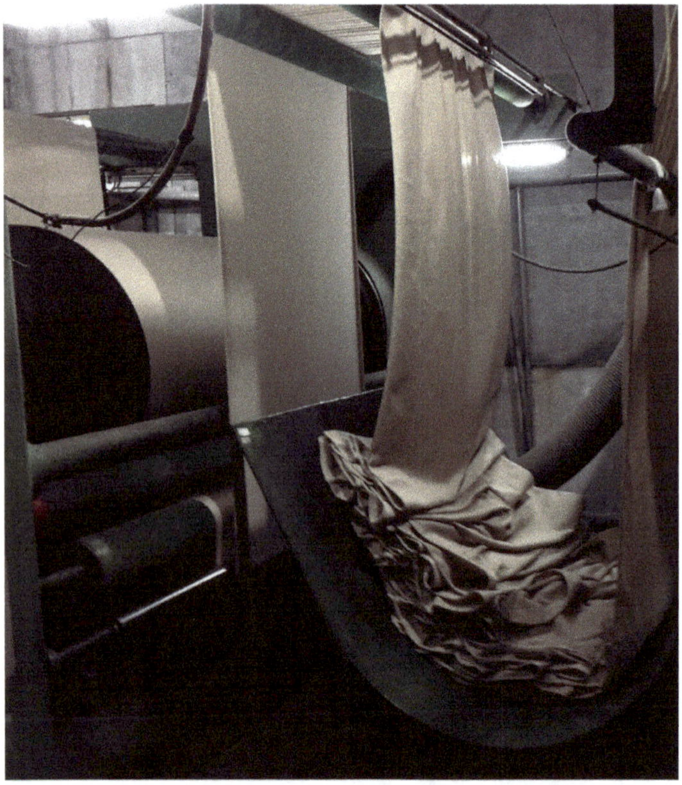

Otros tratamientos y características especiales

Como se ha mencionado anteriormente, los tejidos y las características que pueden especificadas son muy importantes para los diseñadores de calzado. Los tejidos pueden ser tratados para conseguir que sean a prueba de viento, transpirables, resistentes a la abrasión, al deshilachado, a la fricción, antibacteriano, y absorbentes (o no) a la humedad.

Para botas de caza, el tejido puede cubrir el olor. En calzado industrial y de servicio, el tejido puede contener una protección contra las ondas electromagnéticas, un reflectante térmico; o ser resistente a los cortes, antiestático, anti-penetración, o tener propiedades ignífugas.

Las máquinas de laminado de los tejidos también se utilizan para aplicar recubrimientos termoadhesivos, o membranas impermeables.

Laminación de tejido

Cuando se trabaja calzado con tejido, siempre suele estar laminado con una capa de espuma de PU de celda abierta de 4 mm. La espuma se puede adherir mediante pegamento de PU o laminación a la llama, que calienta los dos materiales y después presiona las dos superficies juntas; este proceso es muy común y no daña los materiales.

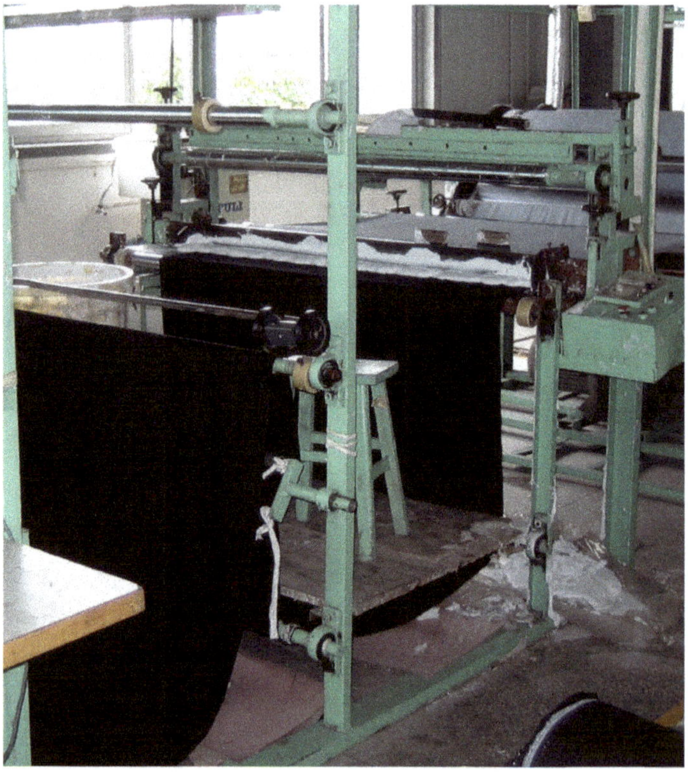

La espuma de PU ayuda a controlar las arrugas y a hacer que el tejido sea más fácil de manipular durante el aparado. Se evita que las capas internas se dañen por los rayos UV; y por supuesto, esta espuma también proporciona al corte una sensación de amortiguación y absorción de agua.
La capa de espuma de PU también suele tener un material de punto laminado en la parte posterior de la espuma, encargado de proteger la espuma de enganches y rasgaduras durante el montaje.
La capa de tricot suele ser el forro de la zapatilla.

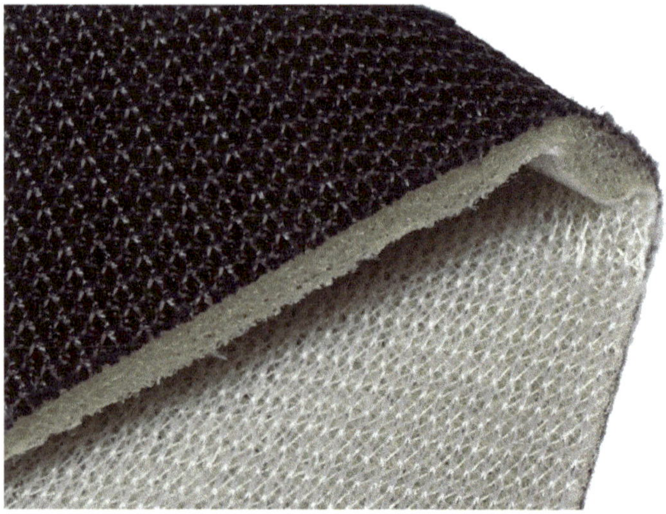

Tejidos en calzado deportivo

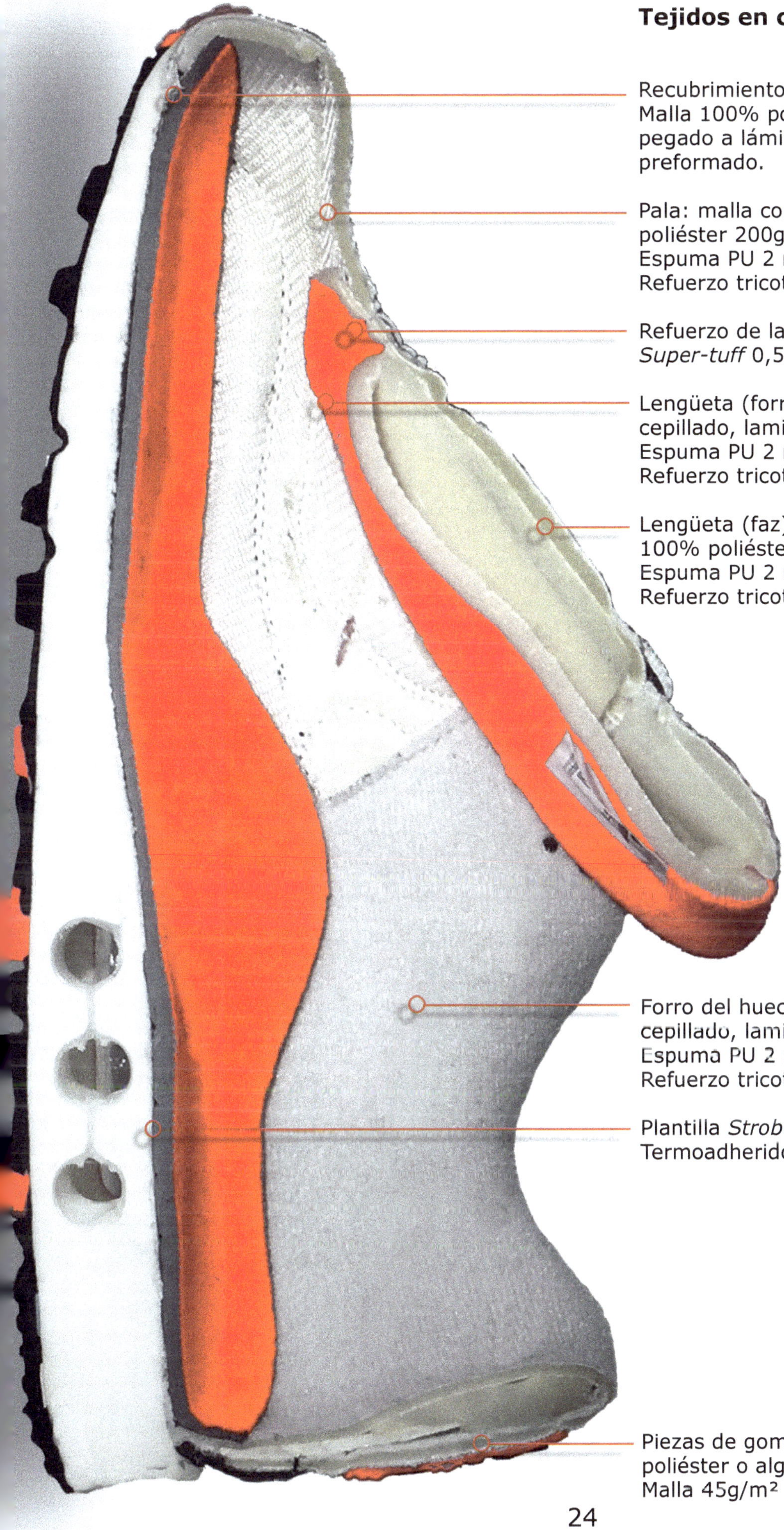

Recubrimiento de la plantilla:
Malla 100% poliéster 230g/m² "Nylex" cepillado, pegado a lámina de EVA antes del moldeado o preformado.

Pala: malla con estructura "estrella" 100% poliéster 200g/m², laminado a la llama.
Espuma PU 2 mm 100% poliéster.
Refuerzo tricotado 45g/m² 40D x20D.

Refuerzo de la carrillera:
Super-tuff 0,5 mm termoadhesivo 100% poliéster.

Lengüeta (forro): malla poliéster 230g/m² "Nylex" cepillado, laminado a la llama.
Espuma PU 2 mm 100% poliéster.
Refuerzo tricotado 45g/m² 40D x 20D.

Lengüeta (faz): malla con estructura "estrella" 100% poliéster 200g/m², laminado a la llama.
Espuma PU 2 mm 100% poliéster.
Refuerzo tricotado 45g/m² 40D x20D.

Forro del hueco: malla poliéster 230g/m² "Nylex" cepillado, laminado a la llama.
Espuma PU 2 mm 100% poliéster.
Refuerzo tricotado 45g/m² 40D x20D.

Plantilla *Strobel*: 200g/m²
Termoadherido 100% poliéster.

Piezas de goma fina: refuerzo tejido fibras de poliéster o algodón.
Malla 45g/m² 40D x20D.

Diseñar calzado con textiles

Los textiles son livianos y fuertes, ideal para el calzado deportivo. Están disponibles en una amplia variedad de gramajes, estructuras, con elasticidad, sin elasticidad, etc. Se pueden especificar para casi cualquier componente del modelo de zapatilla. Los textiles, suelen ser más transpirables que el cuero o los materiales sintéticos, dependiendo de los refuerzos utilizados. Los tejidos también suelen ser más baratos que el cuero, o el PU.

Factores medioambientales

Los textiles creados de manera artificial son bastante resistentes a dañarse con el agua. Mientras que el tejido puede retener agua, las fibras individuales no absorben el agua; con lo cual, son perfectos para sandalias de *trekking*, calzado acuático, y calzado para correr. Las zapatillas de pista están hechas de malla, siendo estas muy ligeras.

Aunque las fibras artificiales son adecuadas para el agua, se debe tener cuidado con las capas textiles subyacentes, ya que el agua puede atravesar la tela, penetrando a otros materiales.

Los tejidos 3D y la *air mesh* tienen la ventaja de permitir que el agua y el aire fluya a través de las estructuras, y la desventaja de permitir que la arena y el polvo entren. La tensión del tisaje en ambos sentidos, y cualquier material de refuerzo deben tenerse en cuenta al especificar los tejidos del diseño de un modelo de calzado de exterior.

Adherencia

Dependiendo del tejido, los tratamientos del acabado y el tipo de fibra, crear una buena unión con una alta resistencia, de 4 kg por centímetro cuadrado, puede ser difícil. Las estructuras con aberturas o calados pueden absorber el pegamento, y no tienen mucha superficie para pegar. Los tejidos con acabados resistentes al agua deben imprimarse cuidadosamente para asegurarse que el pegamento pueda penetrar en la superficie.

Algunas zapatillas hechas de malla tienen la puntera y el talón de cuero, PU o TPU termosoldados para garantizar una fuerte unión en las zonas más delicadas.

Montado

Los textiles tienen una alta resistencia a la tracción, son adecuados para el montado con palmilla, montado tradicional sobre horma, y para el montado *strobel*. La puntera y la pala en textil puede ser algo difíciles de montar, para obtener el mismo acabado limpio y tenso que con el cuero, se debe tener especial cuidado al adaptar el corte sobre la horma para controlar la tensión y las arrugas.

En el calzado deportivo de alta gama se suele envolver la tela bajo de pie, creando un calcetín. En este montado no hay una plantilla *strobel*; se puede ver levantando la plantilla y viendo si la costura atraviesa la planta en lugar del perímetro.

Derechos de importación y aranceles

El calzado textil tiene una tasa de importación alta cuando se importa a EE.UU. y Europa. Los aranceles están diseñados para proteger a los mercados locales de mercancía barata, y añaden del 20% al 37,5% del precio de fábrica al calzado hecho de materia textil. Para el calzado con más del 51% de superficie textil y un precio de fábrica inferior a 12,50 dólares, la tasa arancelaria es del 20% +0,90 dólares por modelo. Para el calzado con valor de más de 12,50 dólares, la tarifa es del 20%.

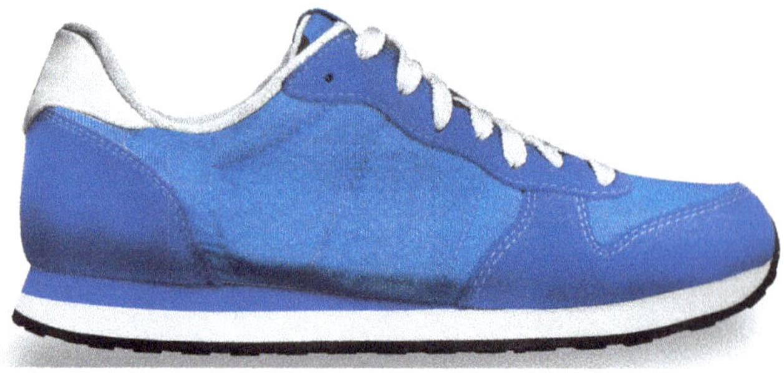

Esta zapatilla tipo *jogger* está diseñada para evitar una mayor tasa de importación según las clasificaciones arancelarias, mientras goza de un menor coste por la construcción con material textil.

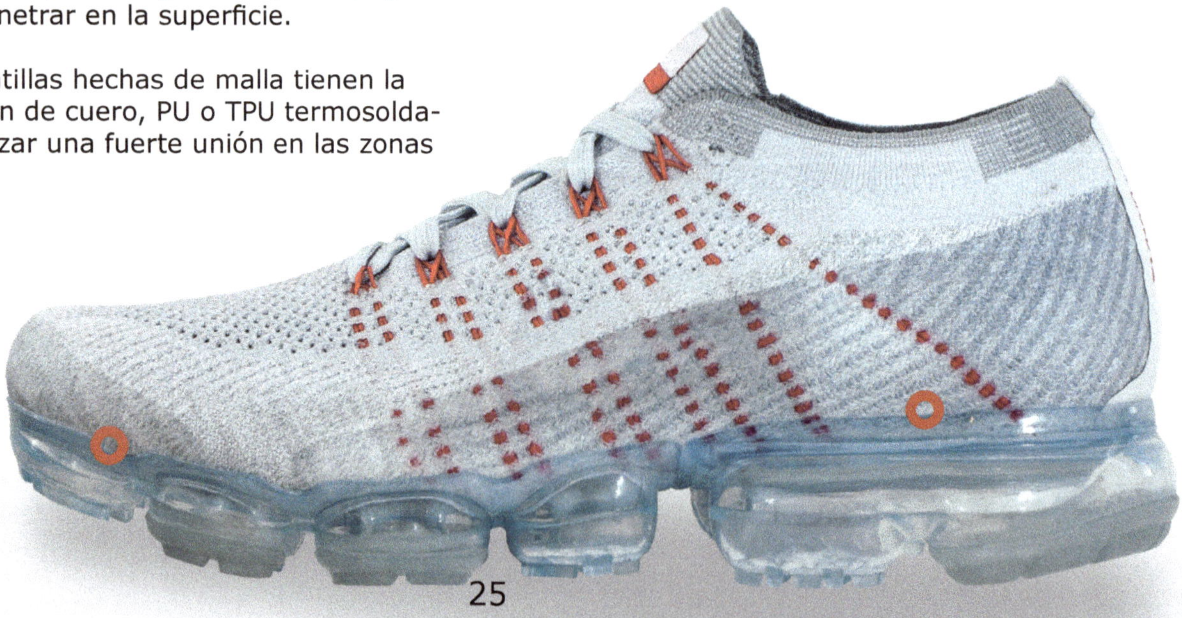

Acabados de los cantos

Al diseñar con materiales textiles, deberás pensar cómo terminar los cantos o bordes expuestos. El tejido, sin importar lo cuidadosamente que haya sido cortado, tendrá un canto bruto y sin terminar. Siempre deben tener un acabado para evitar que los hilos se deshilachen, se enganchen o se vean sin terminar. Estos bordes se pueden doblar (*folded edge*), cubrir con un vivo, posicionar debajo de otro material, coser o acabar con soldadura RF.

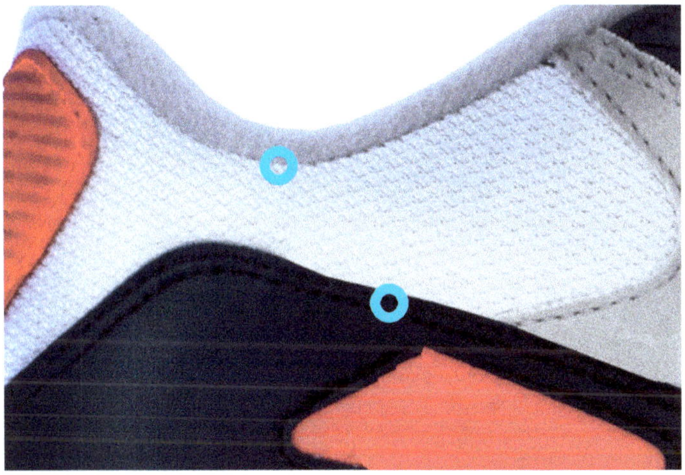

Aquí, el forro del hueco está terminado con capas de PU, y los cantos del panel de tejido del escote están terminados con una costura vuelta.

Tejido con un tisaje relativamente estable, y reforzado con PVC o PU, se puede acabar con un cosido y vuelto, y pespunte en zigzag o con recubridora. Los textiles con refuerzos de espuma, tejidos texturizados, o estructuras 3D deben acabarse con vivos o con superposiciones de materiales.

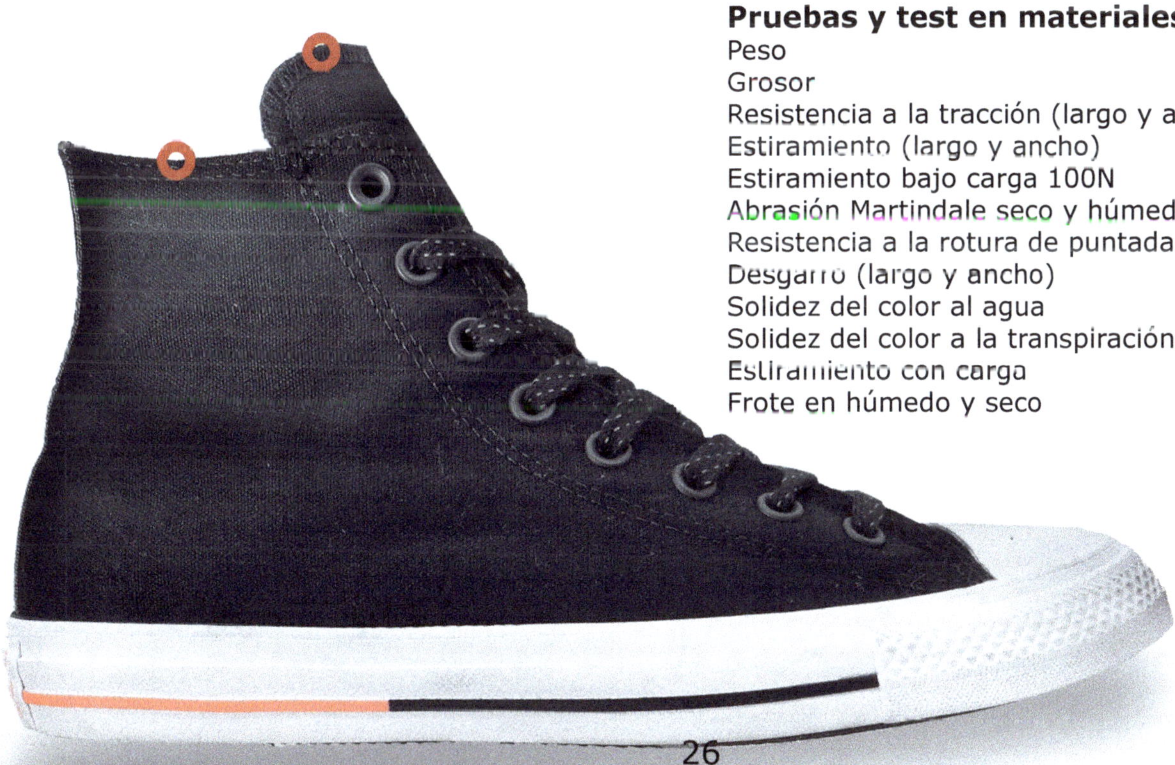

Cómo nominar textiles

Cuando te dispongas a especificar materiales textiles, deberás tener en cuenta algunas pautas básicas. Como diseñador, te preocupas por el color y la textura. Como desarrollador, tu enfoque será el rendimiento físico, y la viabilidad de la fabricación.

Color

Especifica el color con una referencia Pantone™, con la referencia de color del fabricante, o envía una muestra para que lo hagan coincidir.

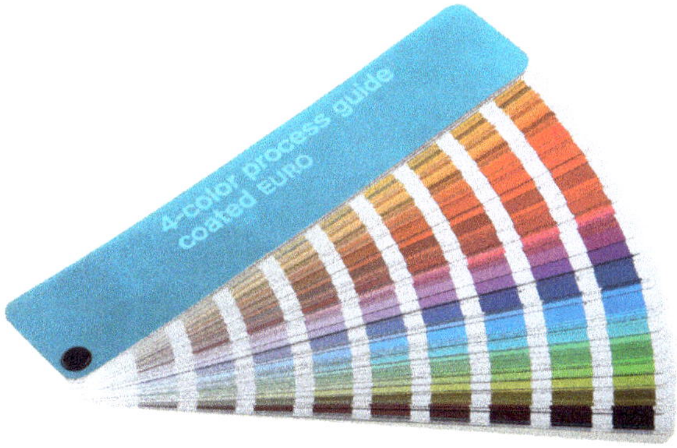

Precio

Al analizar el precio, es importante saber cómo se fabrica el material. ¿La tela se vende por pieza completa o por panel? El 95% de todos los textiles se venden por metro lineal o yarda. Materiales como el neopreno se venden por pieza o plancha. También debes conocer el ancho de la pieza o el rollo, y las dimensiones de las planchas. El peso de la tela se mide en g/m² (gramos por metro cuadrado, *GSM* en inglés) u oz/yd2 (onzas por yarda cuadrada).

Pruebas y test en materiales textiles:

Peso
Grosor
Resistencia a la tracción (largo y ancho)
Estiramiento (largo y ancho)
Estiramiento bajo carga 100N
Abrasión Martindale seco y húmedo
Resistencia a la rotura de puntada (largo y ancho)
Desgarro (largo y ancho)
Solidez del color al agua
Solidez del color a la transpiración
Estiramiento con carga
Frote en húmedo y seco

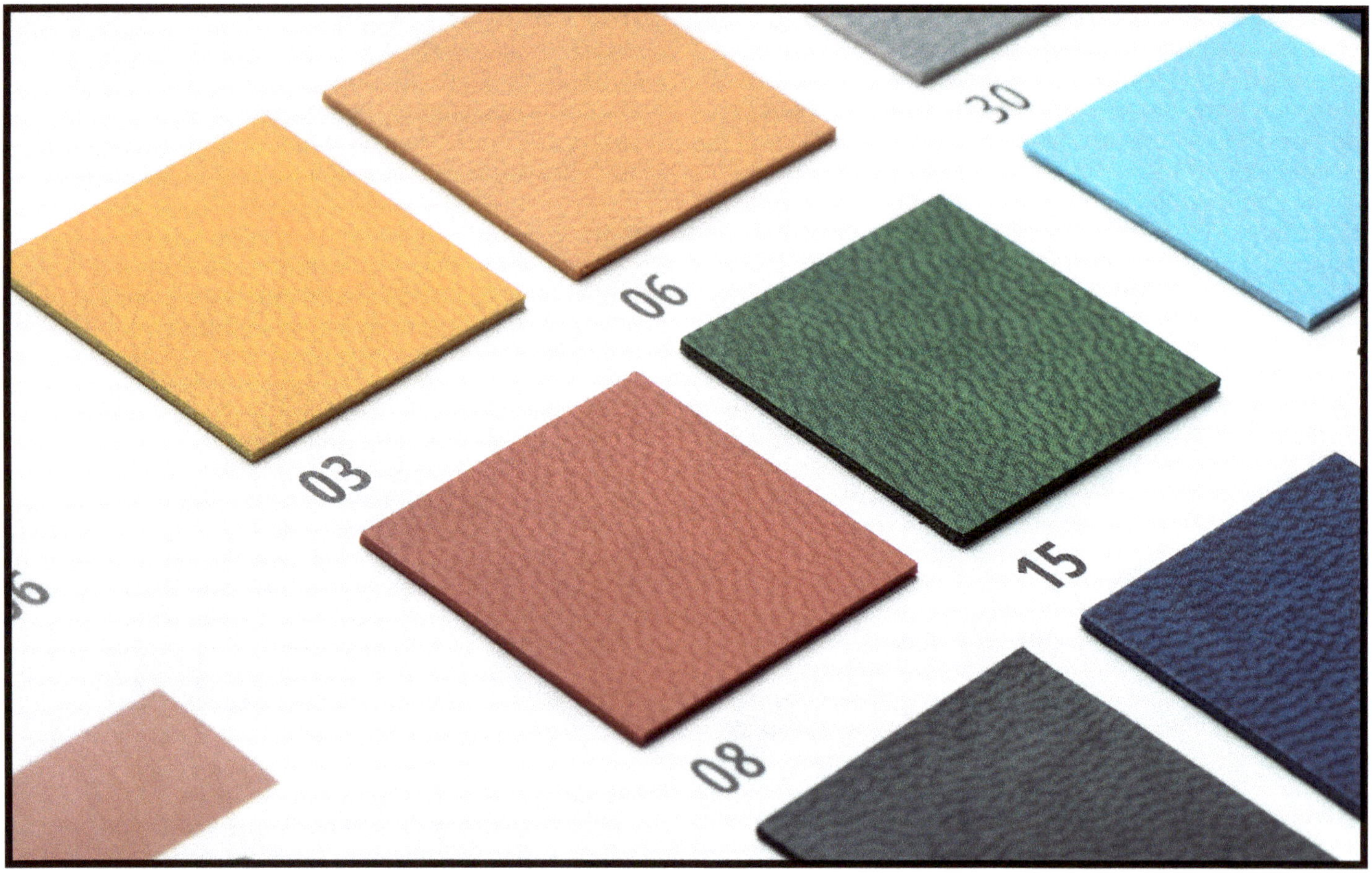

CAPÍTULO 3

MATERIALES SINTÉTICOS PARA CALZADO

Independientemente de cómo decidas llamarlo, el cuero sintético, polipiel, PU, PVC, o cuero vegano, es otro material imprescindible para la elaboración del calzado deportivo moderno. Para poder diseñar zapatillas, se debe tener conocimiento de los materiales sintéticos actuales. Este tipo de material ofrece al diseñador una gran variedad de colores, texturas y características a diferente precio. Los materiales sintéticos dominan casi todas las categorías de producción dentro del calzado deportivo. Muchos zapatos de moda para mujer están hechos de material sintético. Los sintéticos se pueden hacer para que parezcan cuero real, serraje o ante, tejidos, madera, metal, o casi cualquier cosa.

Hace tiempo, los productos sintéticos se consideraban basura barata, no apto para calzado de alta gama, pero los tiempos han cambiado. Muchos de los actuales iconos que tenemos en el diseño de zapatillas de baloncesto, no serían posibles sin los materiales sintéticos.

Ya que los materiales sintéticos son enteramente creados por el hombre, se tiene el control absoluto sobre la capa exterior, y las capas internas para el reforzado. Al especificar un material sintético, es importante entender cómo se hace para poder saber todas las opciones disponibles.

Construcción de los sintéticos
Tipos de materiales sintéticos
Materiales de refuerzo
Opciones de fabricación

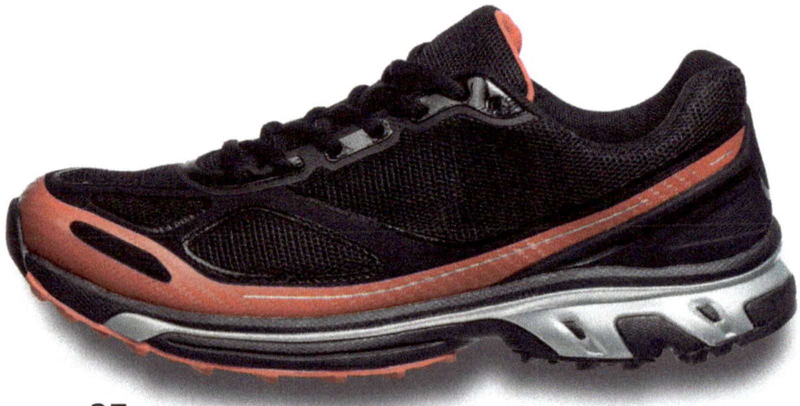

Esta zapatilla tiene zonas en TPU color rojo metalizado, con una textura de fibra de carbono. El TPU está termofijado con RF a un serraje de microfibra de PU.

Fabricación de materiales sintético

Los materiales sintéticos se suelen componer por dos o más capas. Una capa externa creada mediante un proceso de laminación en seco, o por un proceso húmedo. La superficie del material (*skin*) se puede imprimir, pigmentar, y grabar. Las capas del refuerzo pueden estar hechas de tejido, tejido no tejido, fibras de poliéster, microfibra de poliéster, PVC o espumas de PU.

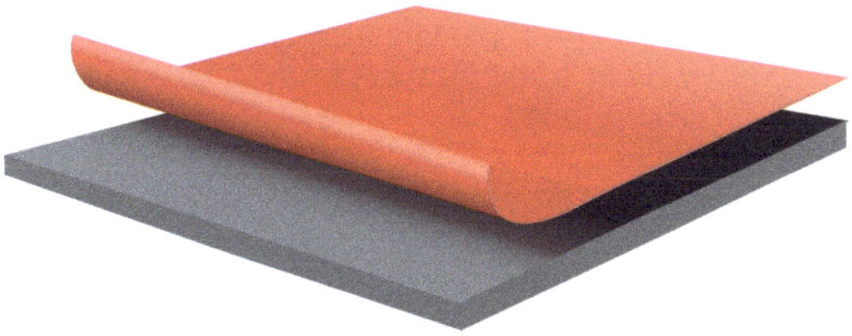

Proceso de los sintéticos húmedos

Los materiales sintéticos con el procesado húmedo se hacen vertiendo resina líquida sobre una superficie de papel antiadherente texturizado. El material de PVC o PU se lleva a unos hornos para curar el material; una vez que la resina se cura, queda sólida. Después, se le añade una capa de tejido como refuerzo, uniéndose mediante un rodillo caliente y presión. El papel antiadherente se retira antes de enviar el material al cliente.

Proceso de los sintéticos secos

En el proceso en seco, la capa externa se hace mediante un proceso de impresión en la capa de PU. Este tipo de PU puede ser más fino y tener más efecto en la superficie que el PU tratado con procesos húmedos. En una segunda operación, la capa con la textura se enrolla junto con el material de refuerzo aplicando calor y presión. Se pueden diferenciar fácilmente los dos procesos porque el proceso húmedo casi siempre tiene un color sólido, sin ningún tipo de efecto.

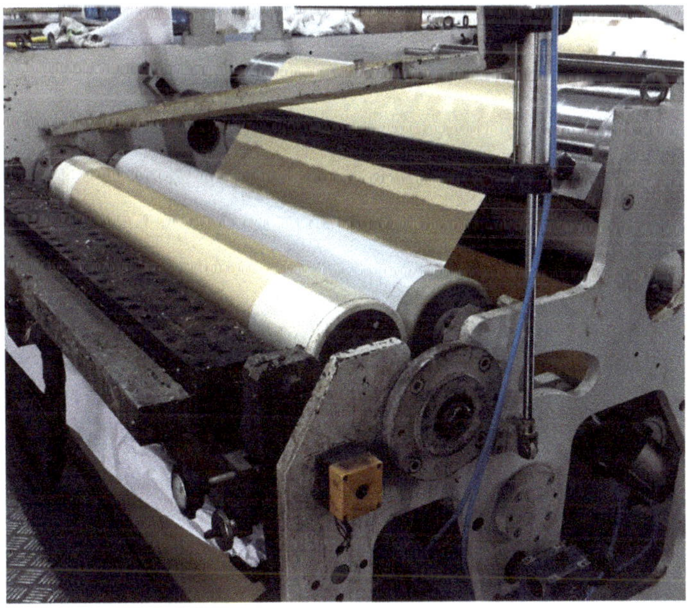

Rodillos texturizados

La textura de la superficie del material se puede crear con un papel antiadherente; pero es más común que se haga mediante rodillos texturizados de acero caliente. Un proveedor de materiales sintético puede tener cientos de rodillos texturizados diferentes.

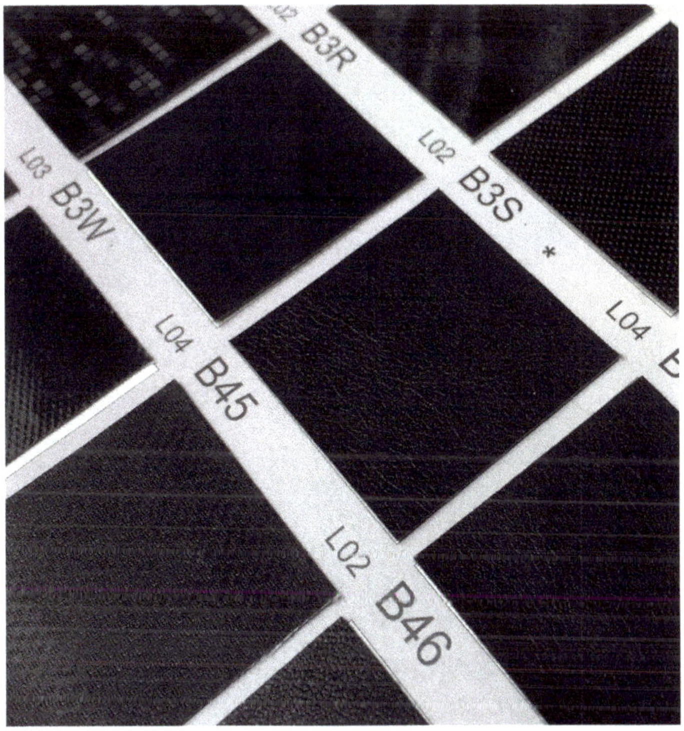

Si no encuentras una textura que te guste, puedes personalizar un rodillo por entre 2.500 y 4.000 dólares.

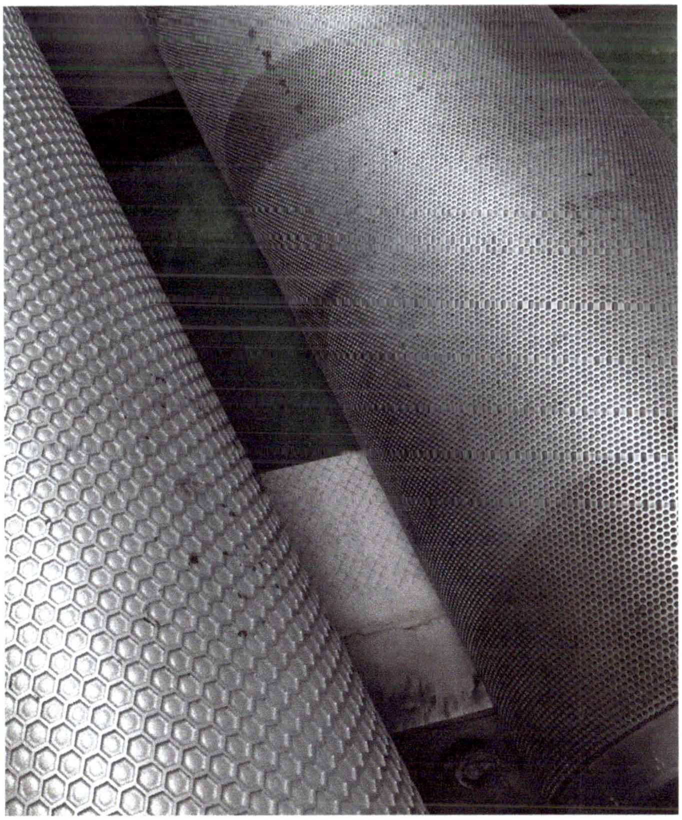

Tipos de materiales sintéticos

Existen cuatro materiales principales utilizados en la capa superficial del cuero sintético: PVC (policloruro de vinilo) que es el más barato; PU (poliuretano) que puede ser de mayor calidad y tener muchos tipos de superficie; TPU (poliuretano termoplástico), y un tipo de material fabricado con fibras de PU sin capa superficial. El PVC y el PU son similares en cuanto a su fabricación: una capa superficial sobre una base. El TPU tiende a ser un material de una sola capa con un grabado más fino. El PU se suele ofrecer como un material sólido sin efecto de cuero, a veces con una superficie cepillada para parecerse al nobuck.

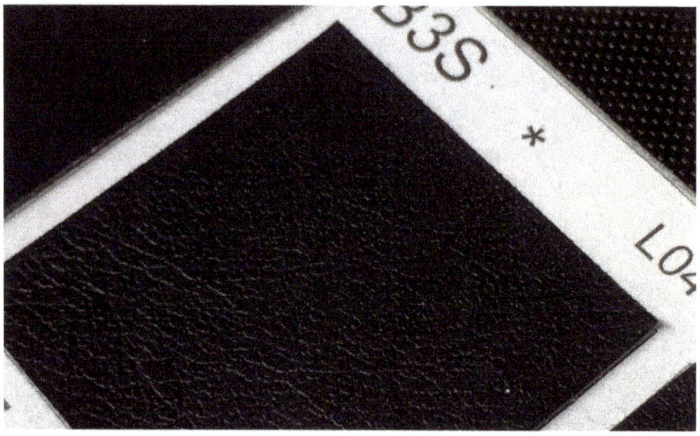

Cloruro de polivinilo o cuero de PVC

El cuero sintético de PVC es el más básico, está hecho a través de un proceso húmedo, siendo la superficie una lámina sellada que, generalmente, va grabada.

El PVC en estado líquido se vierte en un papel antiadherente, después se calienta para curar el PVC. Esta capa puede tener un grosor de tan solo 0,2 a 0,5 mm. Una segunda capa de PVC líquido con un agente espumante extra se vierte para crear una capa parecida a una espuma suave. Esta capa suele tener un grosor de 1 a 3 mm. Finalmente, se añade un tejido de refuerzo para darle al material de PVC más estabilidad y resistencia al estiramiento.

En este punto, el PVC tiene una superficie lisa y brillante. Antes de que se pueda usar el PVC, se debe añadir una textura. El PVC reforzado se puede grabar y texturizar fácilmente con un rodillo.

Este material es barato, y se encuentra en el calzado económico. Cuando se estira, se arruga, y el refuerzo de tejido se verá en la superficie.

Es perfecto para calzado económico, y es una estrategia para abaratar coste al diseñar calzado. La polipiel de PVC no debe utilizarse para calzado que se venda por más de 75 dólares. El grosor varía de 0,5 a 2,00 mm , dependiendo de las capas de refuerzo y el tratamiento aplicado en la superficie.

Poliuretano o cuero sintético de PU

Se trata de una película plástica de poliuretano de 0,2 a 0,5 mm de grosor. La superficie se puede imprimir, grabar, raspar, pulir, o trabajar para crear millones texturas. También se puede elegir un acabado brillo, mate, satinado, metálico o reflectante. Hay muchas texturas donde escoger, y podrás crear nuevas opciones si cumples con el *MOQ*.

Los grandes proveedores de PU tienen cientos de texturas diferentes (rodillos texturizados) que se pueden aplicar a muchas superficies diferentes con el color que quieras.

Las superficies de PU aceptan fácilmente todos los efectos texturizados e impresos. El PU es elástico y duradero, por lo que se puede combinar con materiales de refuerzo aptos para que la puntera quede bien montada en la horma. Esto permite utilizar PU en la puntera del calzado deportivo y casual. El PU también se hace en versiones con alta abrasión y con refuerzos resistentes al agua.

El PU reforzado con microfibra da un corte limpio, y se bien cuando se troquela o perfora. Los refuerzos suelen combinarse con el color de la superficie para que los bordes queden limpios al cortarse.

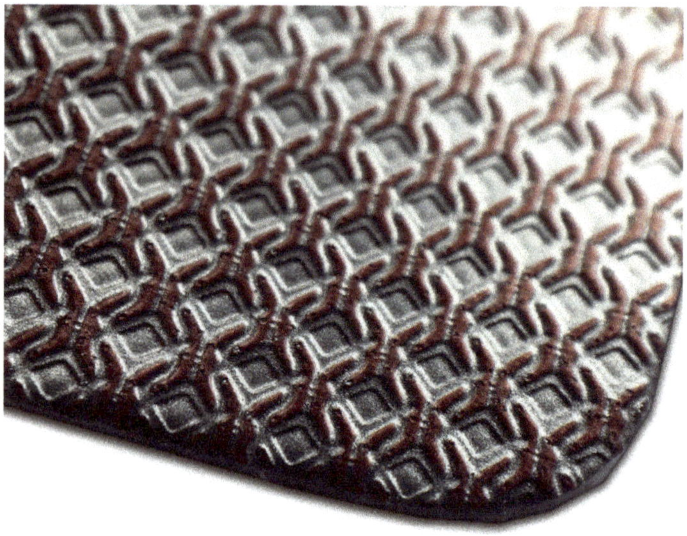

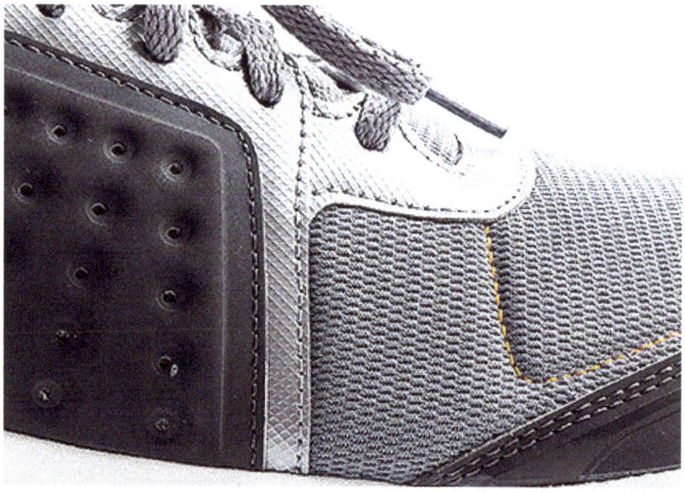

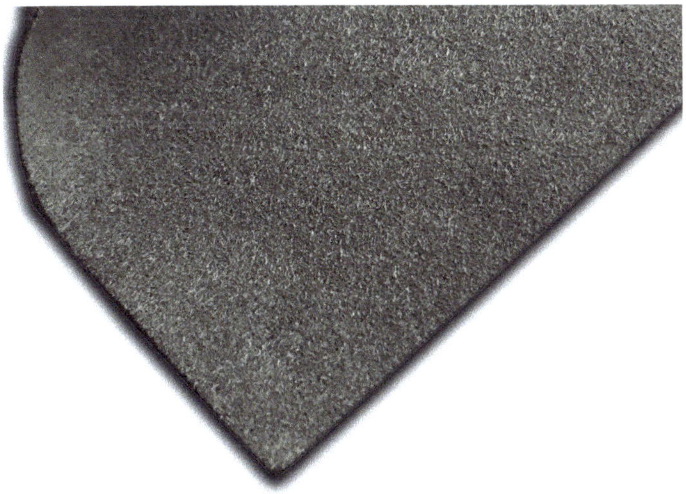

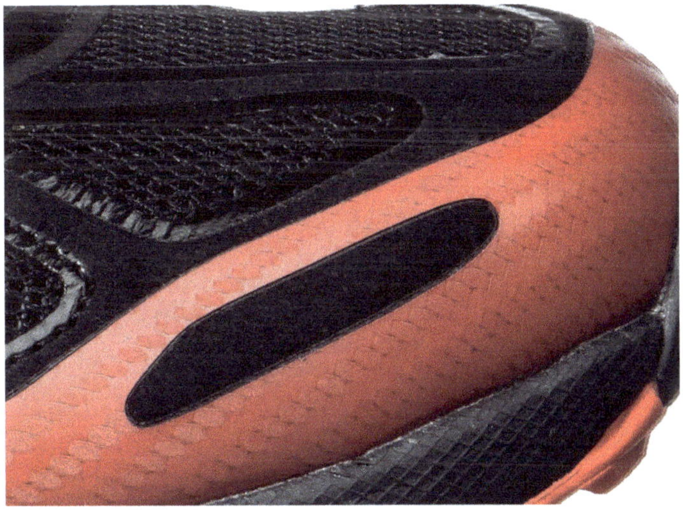

Serraje sintético de microfibra

El serraje sintético está hecho de microfibras de poliéster; tiene una superficie suave y consistente que ha sido cepillada. En inglés algunas denominaciones son: *ultra suede*, alcantara, *hi-skin*, *chamude* y amara. En castellano también se le conoce como antelina, o microfibra. Estos materiales pueden ser caros, pero son óptimos para su uso en calzado, guantes, forros, y detalles.

Está disponible en grosores de 0,3 a 1,5 mm , y el acabado es un corte limpio que permite detalles de calidad. Al ser resistente al desteñido y al agua, este sintético ha reemplazado al ante y al serraje en calzado deportivo de uso previsto con agua; y, además, tiene una amplia variedad de colores disponibles.

El serraje sintético se crea uniendo microfibras de poliéster (cada fibra tiene 1/5 del tamaño de un cabello humano) en esteras; después, se cepilla cuidadosamente la superficie para crear un tacto similar al serraje y al ante. Este material está disponible en casi cualquier color, y la superficie puede imprimirse o grabarse, dependiendo del material de refuerzo escogido.

Este material tiene propiedades hidrofílicas, pero el agua no daña las fibras, que son hidrófobas.

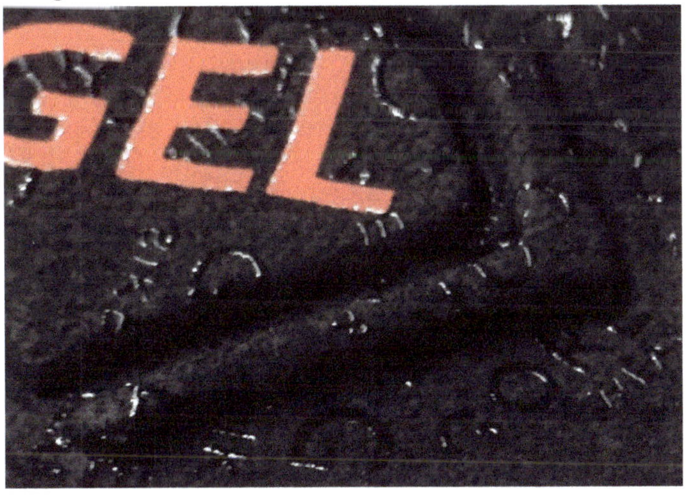

Poliuretano termoplástico, TPU

El TPU también tiene muchas propiedades interesantes para el diseño de calzado. Se puede inyectar en piezas flexibles, parecidas al caucho, y extruirse en capas muy finas. Las aplicaciones en TPU se pueden hacer en casi cualquier color, incluso transparente, y se pueden hacer con la superficie texturizada. Este material es elástico, impermeable y resistente a la abrasión. Una vez dentro de la fábrica de calzado, el TPU se puede troquelar, cortar con láser, y serigrafiar.

Lo que hace que el TPU sea tan interesante para la producción de calzado, es la capacidad termoplástica del material, ya que se puede volver a fundir. El TPU se puede soldar por RF, y con calor en las superficies de otros materiales para crear acabados de alta tecnología y sin puntadas. El poliuretano termoplástico se está utilizando para crear estructuras de soporte livianas en el calzado deportivo de alta gama.

Un ejemplo de una zapatilla de *trail*, de material textil. El corte está reforzado con paneles finos de TPU soldado. Los elementos gráficos se serigrafían antes de cortar y soldar el TPU.

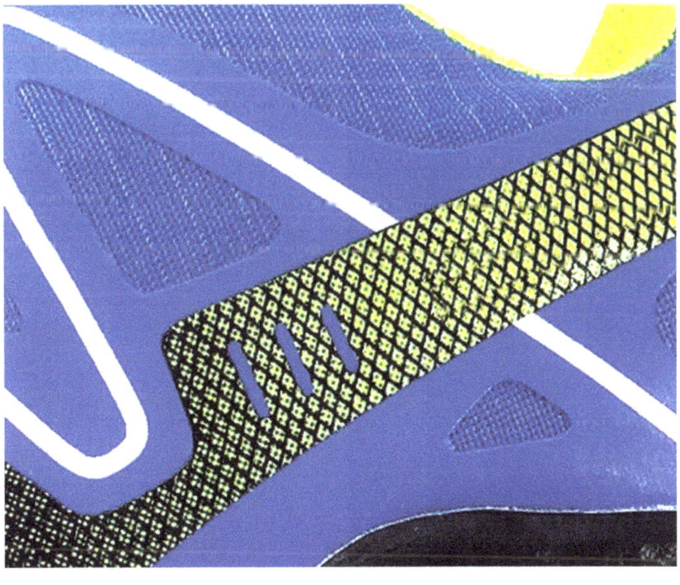

Materiales de refuerzo

La parte superior de un material sintético proporciona el efecto estético, y las diferentes capas de los refuerzos son las que hacen que el material sea adecuado para producir calzado. Estas capas de refuerzo llevan la carga y ayudan a determinar las características del rendimiento del material final. Los materiales sintéticos no se tiñen mediante procesos de tintado, por lo que el material de refuerzo debe teñirse en una operación separada antes de ser laminado junto con el PU o PVC.

Estos materiales de refuerzo pueden tener determinadas características especiales, como tratamientos resistentes al agua (*DWR*) para evitar que el agua entre por los bordes del material.

El refuerzo de los materiales sintéticos se separa en cuatro tipos; tejido, tejido no tejido, microfibra y foam o espumas.

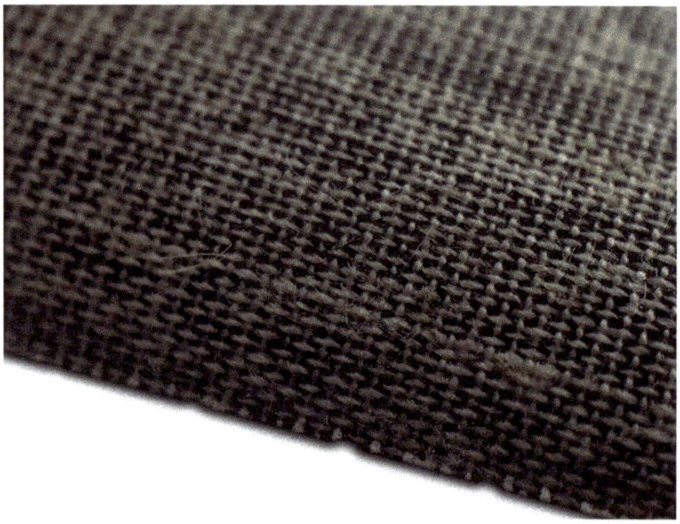

Refuerzos de tejido

Los refuerzos tejidos utilizados en materiales sintéticos suelen estar hechos de fibra de poliéster relativamente delgada, no estirable y barata. Se utiliza sobre todo para reforzar materiales de PVC para interiores/forros, vistas interiores de lengüetas, vivos y ribetes, logotipos y piezas decorativas. El refuerzo tejido deja a la vista la fibra en los bordes cortados, por lo que el material debe cubrirse o dobladillarse. El material de PVC con este refuerzo es barato, resiste el estiramiento y se adhiere fácilmente, es óptimo para refuerzos internos. En cambio, no es adecuado para grabar texturas por ser tan fino y por su falta de elongación o estiramiento. El precio de un material de PVC con este refuerzo suele estar entre 1 y 3 dólares/metro.

Refuerzos de tejido no tejido

Los materiales sintéticos con refuerzos de tejido no tejido está sobre todo en calzado deportivo producido en masa. Está compuesto de fibras de poliéster, puede hacerse en diferentes grosores, y tienen una apariencia con más dimensión, más cercana al cuero. Más resistentes a las arrugas y sintéticos estirables, los refuerzos de tejido no tejido se pueden grabar y montar en la horma. Estos refuerzos dejan un corte limpio y se pueden rebajar si es necesario para hacer costura vuelta o dobladillar.

Ya que este refuerzo tiene algo de grosor, se debe especificar el color requerido; y no se tiñen mediante tintado, por lo que el material debe colorearse en una operación aparte antes de laminarse al PU o PVC. El refuerzo de tejido no tejido tiene propiedades hidrofílicas de absorción del agua; las fibras son hidrófobas y no se dañan con el agua. Para evitar la filtración de agua, se pueden trabajar acabados *DWR* y compuestos antimicrobianos. El PU con un refuerzo de tejido no tejido básico suele costar entre 4 y 5 dólares/metro.

Refuerzos de microfibra

Los refuerzos de microfibra son parecidos a los refuerzos de tejido no tejido estándar, pero han sido mejorados en elasticidad y tacto en mano. Los refuerzo de microfibra dejan un corte limpio, y se pueden rebajar si es necesario para hacer costura vuelta o dobladillar. Se pueden grabar fácilmente con relieve, y pueden ser muy elásticos. El calzado deportivo de alta gama utiliza PU con refuerzo de microfibra para asemejar la calidad del cuero. Este refuerzo se trabaja igual que los refuerzos de poliéster de tejido no tejido más utilizados. El PU con refuerzo de microfibra suele costar entre 7 y 10 dólares/metro.

Refuerzos de espuma

Las planchas de espuma de PVC se pueden utilizar para reforzar PVC y PU. Está disponible en espesores de 0,5 a 2 mm , es relativamente económica, y es apta para hacer grabados y texturas profundas. La espuma de PVC es una espuma de celda cerrada, pero es relativamente pesada; no es aceptable como espuma amortiguadora, pero es un buen relleno para generar relieve si se utiliza en pequeñas cantidades.

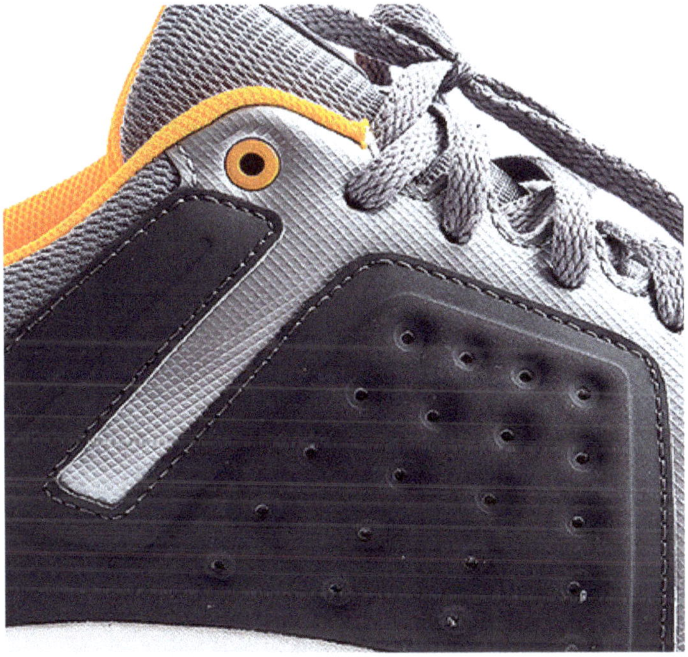

Opciones de fabricación

Los materiales sintéticos tienen muchas variaciones interesantes y con diferentes cualidades. Se pueden trabajar de forma única, mucho más allá de las propias capacidades del tejido y del cuero. Por supuesto, los materiales sintéticos se pueden cortar y coser de manera tradicional, pero también se pueden cortar con láser, soldar con RF, prensar en caliente, en frío, moldear, perforar y preformar; todo en una zapatilla.

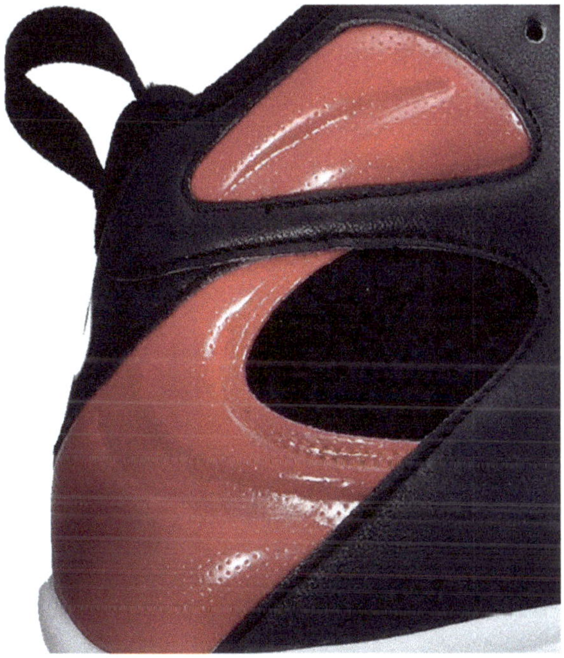

Los paneles laterales de este diseño se producen colocando un material fino de PU metálico con un refuerzo elástico, en un molde junto con espuma de PU expansible. Con el molde cerrado, la espuma llena la cavidad moldeando el PU en una forma dinámica, igual que el molde. Los surcos del cosido se moldean alrededor del borde, la zona inferior se forma adaptándose al canto de la suela y a las piezas de carbono que lo conforman.

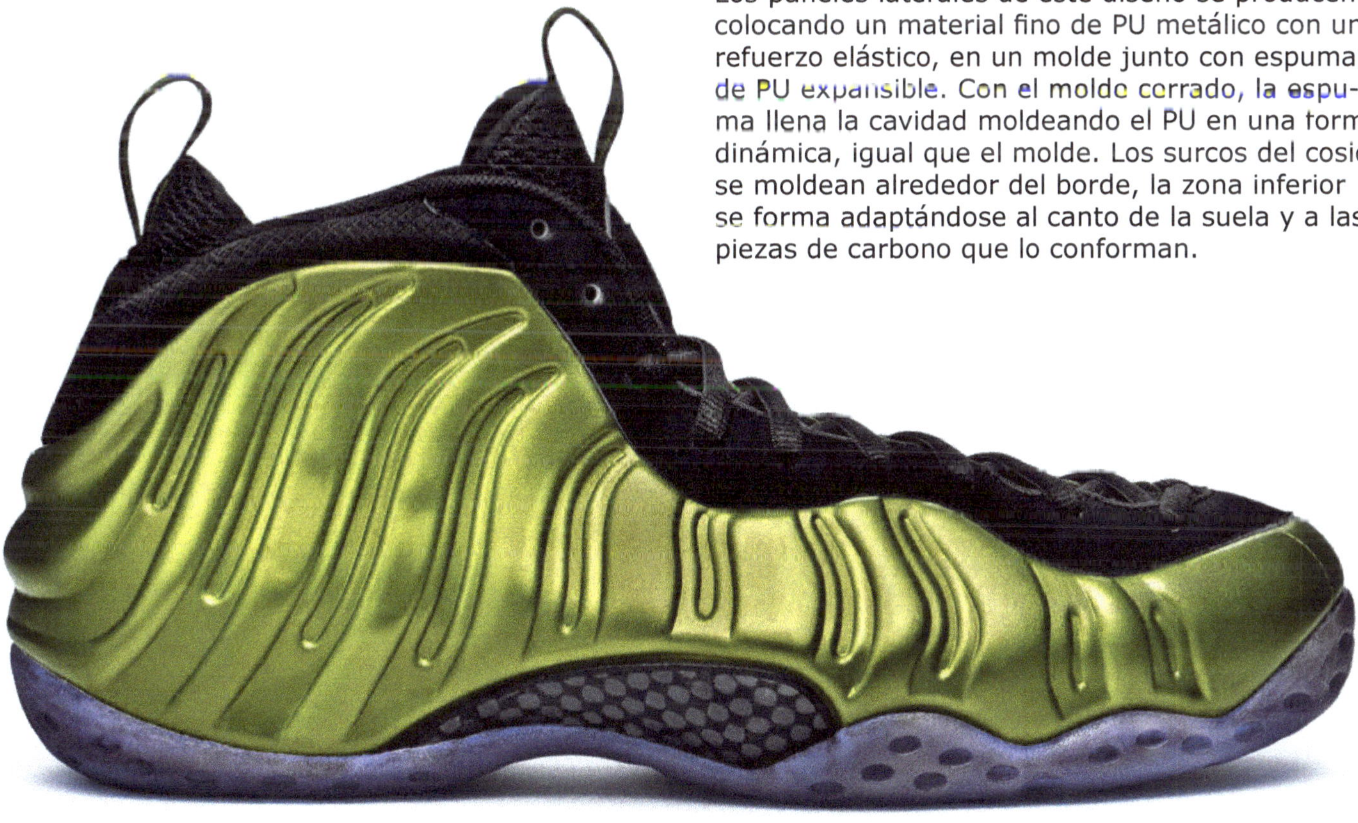

Diseñando zapatos con sintéticos

Los materiales sintéticos son livianos y fuertes, óptimos para el calzado casual y deportivo. Como ya hemos visto, los sintéticos están disponibles en una amplia gama de colores y construcciones.

Los fabricantes de materiales sintéticos han replicado con esmero el aspecto del cuero con grano, el serraje, y los diferentes grabados y patrones que se asemejan a los textiles tejidos. Los sintéticos se pueden determinar y crear para casi cualquier estilo y componente de calzado.

Ya que los materiales sintéticos son productos y creados en piezas grandes enrolladas, suelen tener una textura grabada sin dirección, se pueden cortar de manera muy eficiente. El coste es normalmente mucho menor que el cuero; esto permite al diseñador crear piezas y patrones más bonitos y arriesgados, impensable hacerlo con cuero real.

La franja azul del lateral de la pala sería costosa y derrocharía mucho material si estuviera hecha en piel, pero cuando se hace en PU sintético o PVC, el diseño del patrón no es tan costoso. (Ver abajo)

Factores medioambientales

Los sintéticos artificiales con refuerzos sólidos son repelentes al agua. Muy utilizados para zapatillas de deporte, calzado casual, *running*, y zapatos de vestir de gama baja.
Los sintéticos son ligeros y flexibles, pero no siempre transpirables. Como los materiales sintéticos están hechos de plástico derretido, se debe tener mucho cuidado al utilizarse en calzado vulcanizado; y pueden encogerse, estirarse o pelarse si se sobrecalientan durante la producción.

Estos materiales son fáciles de limpiar y resistentes a las manchas y al moho. Son muy utilizados para calzado de béisbol, fútbol y fútbol americano.

Adherencia de los materiales sintéticos

Generalmente son fáciles de pegar durante el montado final; aunque, dependiendo del tratamiento de la superficie y del tipo de material, se puede necesitar esmerilar ligeramente el material para conseguir una adherencia fuerte, con una resistencia de 4kg por centímetro cuadrado.

Los sintéticos tienen la ventaja de ser soldables y fundidos. Si la capa base se puede fundir, se puede soldar el material sintético.

Montado de los sintéticos en la horma

Los sintéticos suelen tener una alta resistencia a la tracción, por lo que son aptos para el montado con palmilla, a fuerza (clásico sobre horma), o con *strobel*; aunque la puntera puede ser algo difícil de montar. Para obtener el mismo acabado limpio y tenso que con el cuero, se debe tener especial cuidado al adaptar el corte sobre la horma para controlar la tensión y las arrugas.

Derechos de importación y aranceles

El calzado textil tiene una tasa de importación alta cuando se importan a EE.UU. y Europa. Los aranceles están diseñados para proteger a los mercados locales de una avalancha de mercancía económica, y añaden del 20% al 37,5% del precio de fábrica a los zapatos hechos de materia textil.

Para el calzado con más del 51% de superficie textil y un precio de fábrica inferior a 12,50 dólares, la tasa arancelaria es del 20% +0,90 dólares por modelo. Para el calzado con valor de más de 12,50 dólares, la tarifa es del 20%. Para evitar los impuestos tan altos, las compañías diseñan modelos con un 51% de cuero y un 49% de materiales sintéticos.

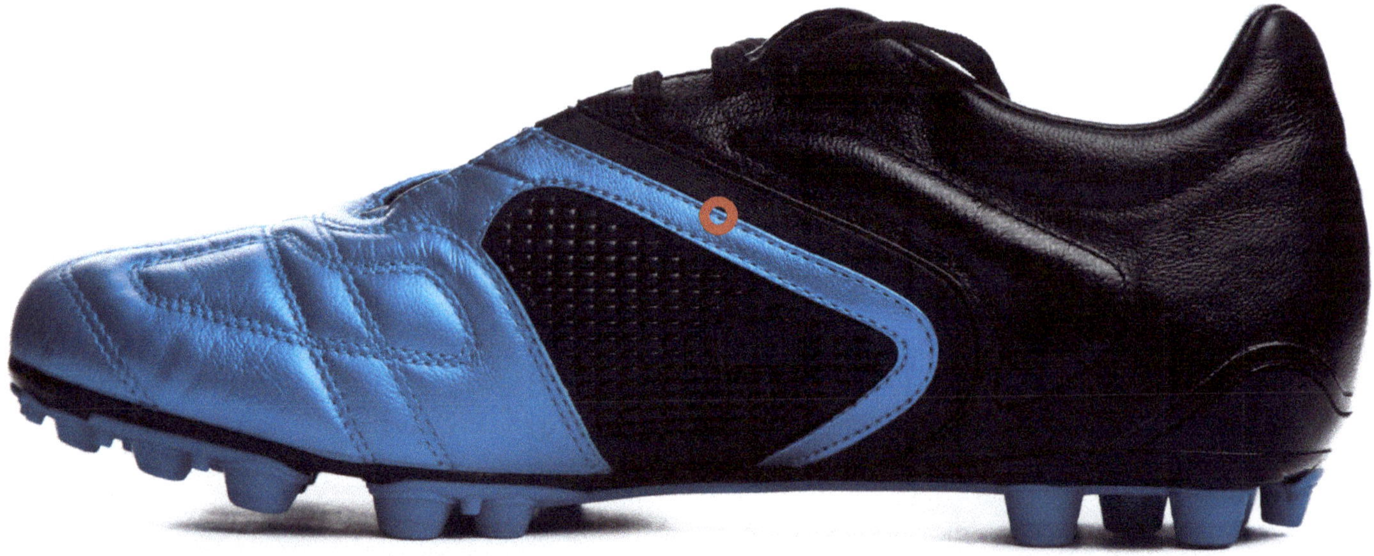

Acabados de los cantos

Los materiales sintéticos tienen muchas opciones para el acabado de los cantos. Si tu material tiene un refuerzo de tejido no tejido, el corte será limpio y perfecto. Las capas de refuerzo de tejido fino, como el tricot, también pueden dar un acabado limpio. Por el contrario, los sintéticos baratos con refuerzos tejidos gruesos, pueden dejar fibras sueltas. Para tener un acabado limpio en materiales de TPU sin refuerzo, se utilizan troqueles, láser o RF.

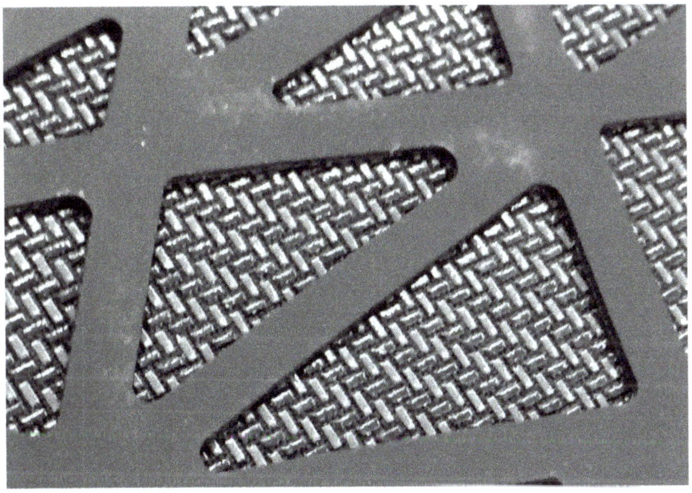

Los materiales sintéticos tienen la característica única de tener capas de refuerzo disponibles para teñir. El diseñador puede especificar un color coincidente o contrastante.

Los materiales sintéticos con refuerzo de microfibra o tejido no tejido se pueden biselar, lo que permite dobladillar el canto.

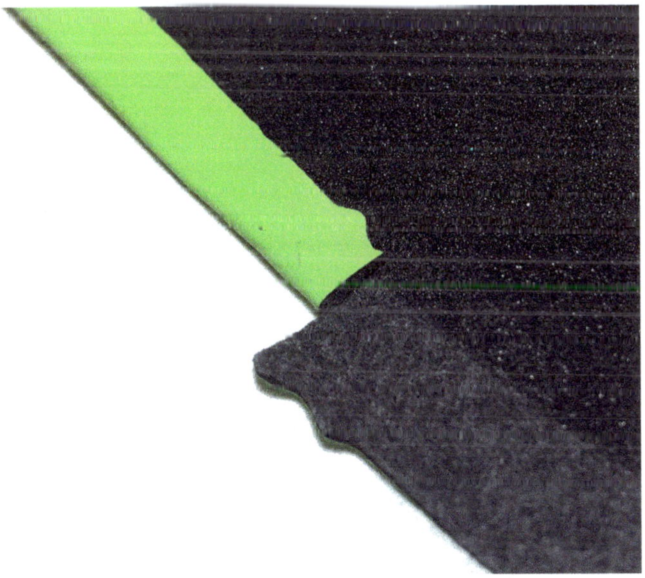

Cómo nominar sintéticos

Cuando te dispongas a especificar materiales sintéticos, deberás tener en cuenta algunas el color, la textura grabada, el tipo de refuerzo, el grosor del refuerzo, el color del refuerzo, y cualquier tratamiento especial.

Colores

Especifica el color con una referencia Pantone™, con la referencia de color del fabricante, o envía una muestra para que lo hagan coincidir.

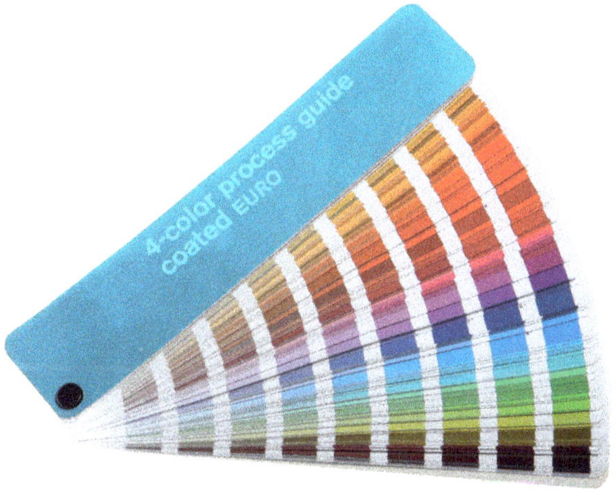

Precio

La mayoría de los materiales sintéticos se venden por metro lineal o yarda. Debes saber el ancho del rollo para hacer los cálculos del coste. Los precios de los sintéticos varían de 1 dólar por yarda, a más de 10 dólares. Un material sintético de alta gama con un refuerzo impermeable, o con características especiales puede costar más que el cuero.

Pruebas y ensayos en materiales textiles

Peso
Grosor
Resistencia a la tracción (largo y ancho)
Estiramiento (largo y ancho)
Estiramiento bajo carga 100N
Abrasión Martindale seco y húmedo
Resistencia a la rotura de puntada (largo y ancho)
Solidez del color al agua
Solidez del color a la transpiración
Estiramiento con carga
Frote en húmedo y seco

Como los sintéticos suelen estar hechos de dos o más capas, es importante prestar atención si se despega durante las pruebas de resistencia y elongación o estiramiento.

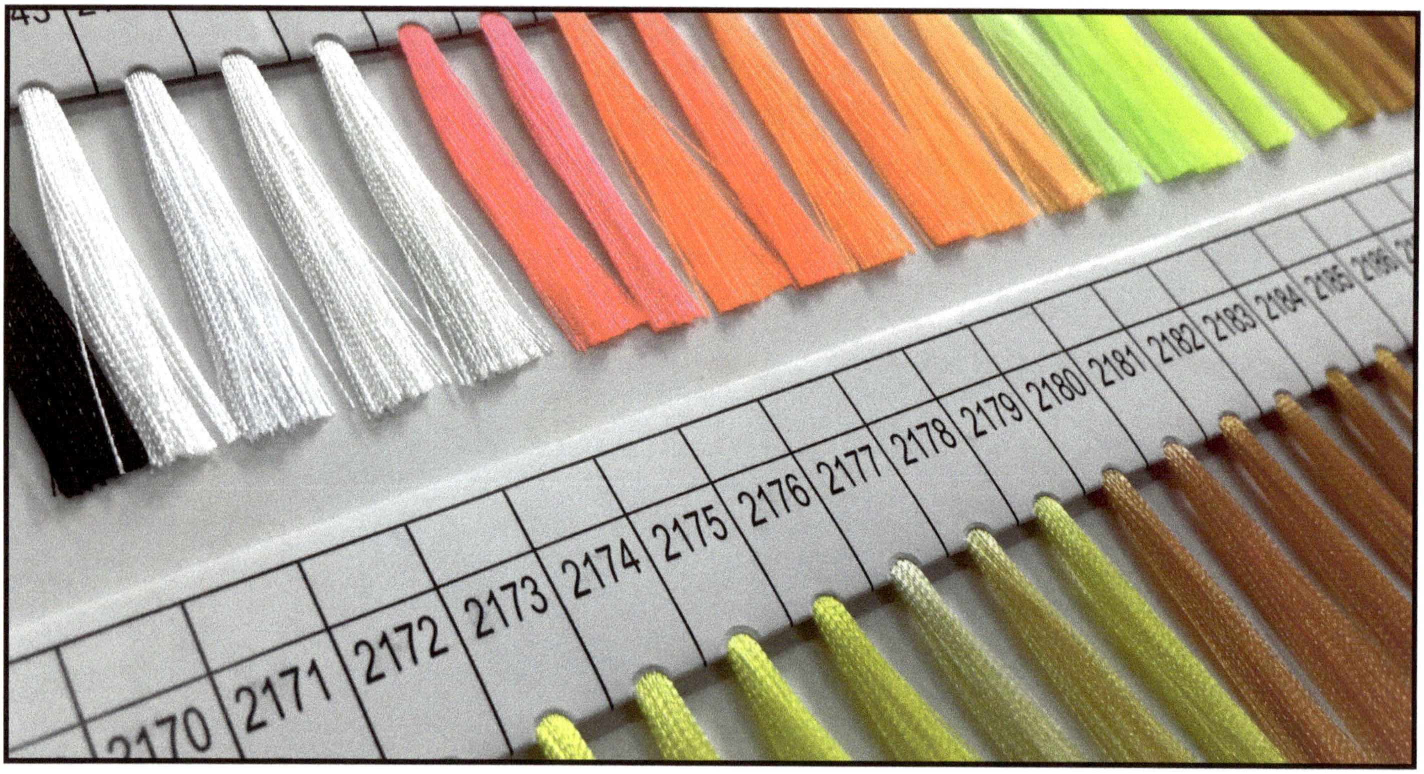

CAPÍTULO 4

HILO DEL COSIDO PARA CALZADO

El hilo del cosido es la parte que lo mantiene todo unido. El hilo adecuado hará que los zapatos sean duraderos y perduren años; mientras que el hilo mal escogido hará que tus modelos se descosan y tendrás a los clientes enfadados. El tipo de costura también es muy importante. ¿Cuántos puntadas por pulgada? ¿Cuántas filas de costuras? El tamaño y el tipo de hilo deben ser adecuados para el material a coser.

El hilo y la costura son importantes a la hora de diseñar calzado. Como elemento de diseño, la elección y la especificación del color del hilo son importantes para el aspecto del zapato. Puedes elegir costuras a tono con el material para ayudar a disimular piezas mal casadas, o costuras en contraste para resaltar la artesanía del cosido. ¿Estás haciendo un modelo impermeable con la menor cantidad de puntadas posible, o un diseño hipermoderno con todas las costuras hacia el interior?

¿Cómo se mide el tamaño del hilo?

Con el denier se especifica el peso, e indica cuántos gramos pesan 9.000 metros del hilo. Cuanto mayor es el número de denier, más grueso es el hilo. El sistema de peso en deniers también nombra el número de cabos del peso especificado que se torsionan para formar el hilo terminado. Los deniers más utilizados en calzado son de 420D a 600D.

El Tex es el peso en gramos de 1.000 metros de hilo. Si 1.000 metros pesan 25 gramos, es un Tex 25. Los números Tex más grandes son hilos más pesados. Esta denominación se usa sobre todo en Europa y Canadá. La conversión de Tex 44 es aproximadamente a 400D en la escala denier.

¿Cuántas puntadas por pulgada?

En el aparado del corte se suele utilizar de 9 a 11 puntadas por pulgada. Para el cosido en el hendido de la suela, suele ser de 4 a 5 puntadas por pulgada. El número de puntadas por pulgada afecta a la resistencia de la costura; ya que pocas puntadas harán que la costura sea débil, y demasiadas puntadas pueden provocar que se perfore y se debiliten los materiales. El PU y el cuero son más susceptibles a este problema de perforación, mientras que los tejidos de malla suelen ser más resistentes.

Las piezas de plástico, como los ganchos pasadores de nylon y las piezas de goma, son muy susceptibles a la perforación. Se debe probar antes el número de puntadas por pulgada para garantizar que las piezas no se dañen. Prueba ocho puntadas por pulgada para empezar.

¿De qué está hecho el hilo de los zapatos?

Las fibras que se usan para hacer el hilo para calzado pueden ser naturales o sintéticas. Las fibras naturales provienen de plantas, y se hilan o torsionan en hilos. El algodón es la fibra natural más utilizada para hacer hilo.

Las fibras sintéticas están hechas de varios productos químicos que después se hilan por fusión (extrusión) o en húmedo para crear un filamento continuo. Las fibras sintéticas más utilizadas son poliéster y nylon. Otras fibras sintéticas especiales son: polipropileno, aramida (incluyendo Kevlar™), Nomex™, Spectra™, Vectran™, PPS y PTFE.

Hilado de las fibra

El hilo se puede fabricar de siete construcciones de hilo diferentes utilizando fibras cortadas, fibras de filamento continuo, o una combinación de ambas. Las fibras cortadas se hilan para crear un solo hilo, y después se hila en una bobina. Los filamentos continuos se utilizan en la fabricación de construcciones de cinco cabos que incluyen multifilamento retorcido, monocordón, texturizado, enredado por aire y monofilamento.

Nos centraremos en los hilos que se encuentran en el aparado de la industria del calzado.

Hilos monofilamento

Los hilos monofilamento están hechos de filamentos continuos de nylon, parecido a los hilos de pesca. Estos hilos son translúcidos, y se mezclan con colores. Ya que tienden a ser más rígidos que otros filamentos, los hilos de monofilamento no se recomiendan para costuras que toquen la piel.

Multifilamento torsionado

Los hilos de multifilamento torsionado están hechos de filamentos continuos de poliéster o nylon que se torsionan y se hilan para formar el hilo. Después, se tiñen, se estiran, y se calientan para darle las características deseadas. Estos hilos están disponibles en hilatura fina, o reforzados para una mayor seguridad y resistencia a la abrasión.

El reforzado es un proceso adicional realizado en los hilos de poliéster y nylon multifilamento donde se añade una resina especial que encapsula los filamentos, formando un revestimiento protector resistente y liso en la superficie del hilo. Este proceso aumenta significativamente la capacidad del hilo para resistir la abrasión, y mejora la seguridad de las capas durante la costura.

Son excepcionalmente fuertes para su tamaño y tienen una excelente resistencia a la abrasión y durabilidad.

Monocordón

Los hilos monocordón están hechos de filamentos continuos de poliéster o nylon unidos. Tienen muy poca torsión, por lo que parecen un solo cabo o hilo. Debido a la forma en que se hacen estos hilos, son de apariencia plana y en forma de cinta, lo que proporciona un bajo perfil de costura; y, por lo tanto, un alto grado de resistencia a la abrasión. Los hilos monocordón son muy fuertes para su tamaño, y se utilizan en la fabricación de muebles, calzado, y otras aplicaciones donde se necesita un acabado extra fuerte.

Tipos de costura encontrados en calzado

Hay ocho tipos de costuras. Las clases 1, 2, 3 y 5 son las más utilizadas en la industria del calzado. La clase 4 se puede encontrar en productos de neopreno como por ejemplo, botines de neopreno.

Clase 1- Costura superpuesta
Clase 2- Costura cargada o solapada
Clase 3- Costura ribeteadas o bondeada
Clase 4- Costura plana
Clase 5- Costura decorativa u ornamental
Clase 6- Acabado del canto (orillado)
Clase 7- Unión de elementos separados
Clase 8- Construcción simple

Tipos de puntadas

Hay catorce tipos de puntada estándar utilizados para la costura comercial. Para el ensamblaje del zapato 301.401, la puntada de bloqueo de múltiples agujas y la puntada zig zag son las más comunes.

101- Puntada cadena sencilla
103- Dobladillo sencillo
301- Puntada cerrada
401- Puntada de cadena
Punto de cruz de múltiples agujas y punto de cadeneta 301 y 304
Puntada zigzag 304 y 404
406- Costura cubierta
503- Cobertura de dos hilos (*serging*)
504- *Overedge* de tres hilos
515- Costura de seguridad de cuatro hilos
516- Costura de seguridad total de cinco hilos
602- Costura de cubierta de doble aguja con tapa superior
605- Costura de tres cubiertas de aguja con tapa superior
607- Costura *flatseam*

Para obtener una descripción detallada de todos los tipos de costuras y puntadas, visita la web Coatsindustrial.com. Los expertos de Coats Thread han reunido un extenso glosario que muestra la construcción de hilos, los tipos de costura y las diferentes puntadas.

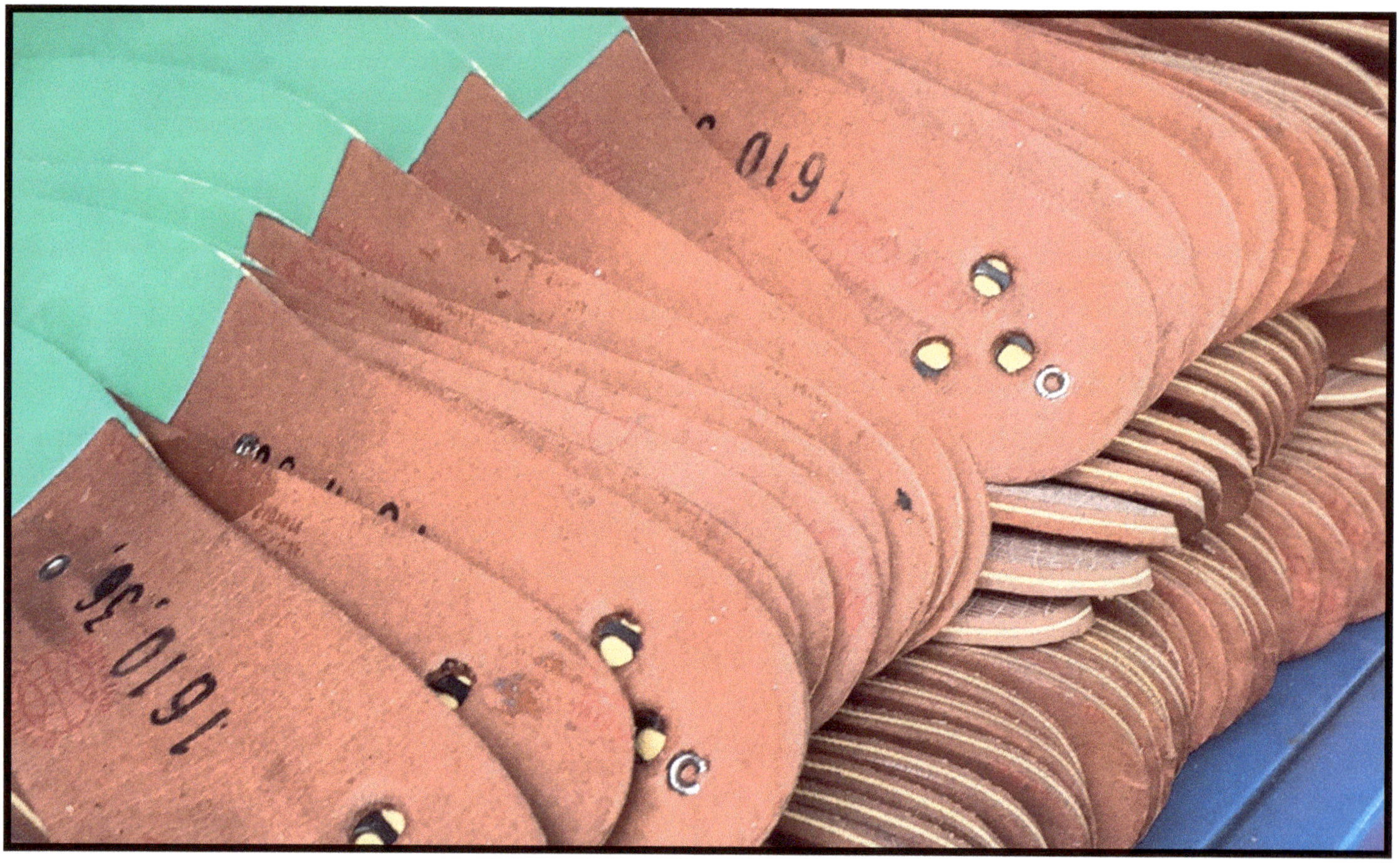

CAPÍTULO 5

REFUERZOS DE CALZADO

Los refuerzos son los héroes ocultos dentro del zapato; consiguen hacer que el diseño sea realmente funcional y práctico. Hacen que el modelo mantenga la forma, proteja el pie, dé apoyo y permanezca unido. Son una pieza clave para determinar el rendimiento, la comodidad, la durabilidad y la competencia de tus zapatos para la actividad a realizar. Los refuerzos que se emplean dentro de botas de montaña o botas de trabajo son totalmente diferentes de los que necesita una zapatilla para correr, o de calzado informal.

Funciones de los refuerzos

Dar forma al zapato
Dar soporte al corte
Dar rigidez a la suela
Dar refuerzo al material
Dar resistencia al desgarro
Dar necesidades en cuanto a seguridad

Dando forma al zapato

La forma general de un modelo de calzado está determinada por la horma y el patrón. Si el corte se monta con tejido sin reforzar, tendrás un calcetín, no un zapato. Casi todos los zapatos tienen algún tipo de refuerzo para dar forma al modelo y que se mantenga una vez quede deshormado. El cuero adapta la forma de la horma, pero con el tiempo, y sin una capa de refuerzo, puede estirarse y deformarse. Normalmente, la piel se refuerza con una capa de material termofusible.

También se suele encolar el corte y el forro interior de los zapatos durante el aparado y montado para después activar el pegamento mediante calor en la línea de montaje, esta operación hace que el modelo tome la forma deseada, y finalmente se coloca en un túnel para que se enfríe de nuevo. El pegamento activado por calor es firme y flexible, y ayuda a que un zapato tenga buena presencia.
Este refuerzo que da forma al zapato también se puede exagerar. Los modelos más económicos suelen tener zonas demasiado rígidas, aunque el corte se vea perfecto, podrás notar la rigidez cuando los utilizas.

Topes

El tope o puntafuerte suelen estar hechos de un tejido no tejido de poliéster impregnado con un plástico moldeable que reacciona al calor. El material se troquela a partir de planchas planas para adaptarlo al patrón del modelo. Cuando empieza el aparado, y antes de coser la plantilla *strobel*, se da forma con calor al tope. La zona de la puntera se coloca en un calentador durante unos minutos; y después, el corte se pasa a una máquina de montar punteras que lo enfría a la vez que se da la forma de la puntera con un molde de metal.

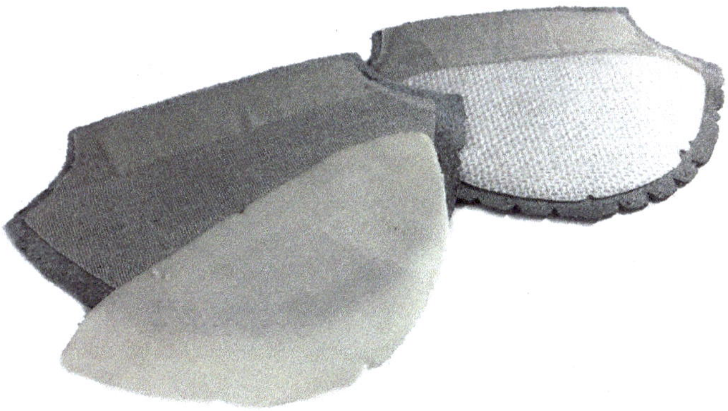

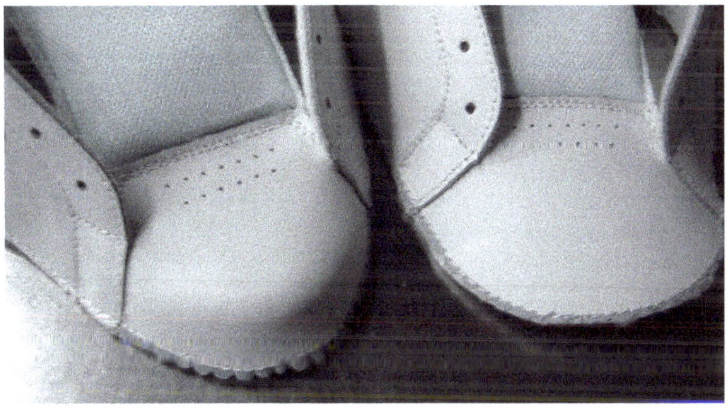

Aquí, un trabajador utiliza la máquina de montar puntas o punteras para ajustar un zapato de tacón de mujer. El tope se activa en el túnel de calor y la forma final se fija con el montado de la puntera.

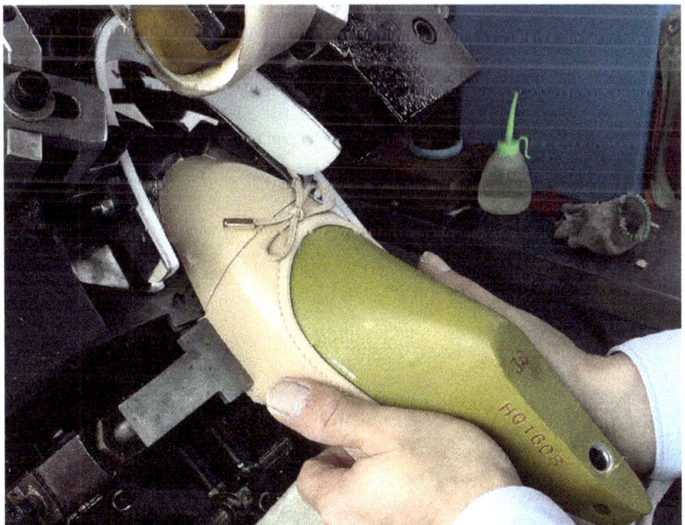

Soporte del corte

Para hacer un zapato que tenga un buen soporte en el talón, este deberá tener un contrafuerte. El contrafuerte puede estar dentro del modelo, o posicionarse en el exterior del corte, pero siempre debe ir montado en la suela. El contrafuerte se puede trabajar con el mismo proceso de modelado utilizado para la puntera, pero con un material mucho más grueso.

Los contrafuertes se pueden hacer de cuero grueso, caucho, *chemi-sheets* de tejido no tejido, plástico moldeado por inyección, o láminas de plástico moldeable con calor. Cada material tiene unas propiedades determinadas.

Cuero

Los contrafuertes de piel se utilizan en zapatos de cuero hechos a mano, y en botas tipo *cowboy*. Una pieza de cuero grueso se rebaja cuidadosamente para hacer que los bordes sean más finos. El cuero se impregna con una pasta, o con agua, y después se monta en la horma. Los contrafuertes de piel pueden ser muy duros, dependiendo del grosor y del tipo de piel utilizado.

Chemi-sheets

Este material está compuesto de fibras de poliéster no tejidas impregnadas con resina plástica. El material viene en láminas cuyo grosor varía de 0,5 mm a 2,0 mm. El contrafuerte se corta con troquel para después aplicar un solvente que ablanda el material aglutinante de la resina y hacer que la lámina se adapte al corte. Los *chemi-sheet* solo se encuentran en calzado económico, ya que el material tiende a agrietarse y no es tan fácil de moldear como otros materiales termoplásticos existentes.

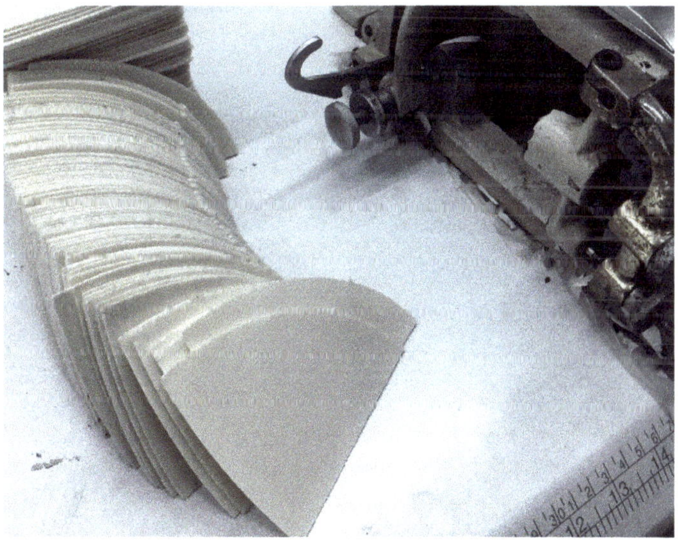

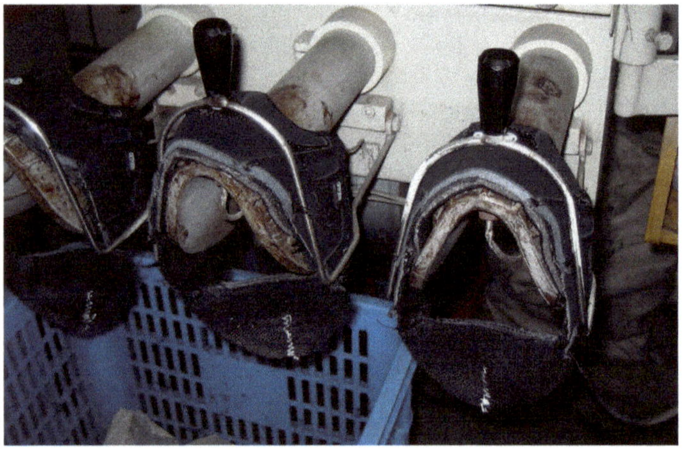

Contrafuertes plásticos termo-moldeados
Los contrafuertes moldeados con calor son los más utilizados, y se pueden encontrar en casi todo el calzado producido en masa.

El material utilizado para el contrafuerte viene en láminas que varían de 0,2 mm a 2,5 mm de grosor. Se corta con troquel, y se une al corte con pegamento termofusible, o con un revestimiento termofusible. Antes de terminar el aparado y sin montar el zapato en la horma, el corte se coloca en una máquina para calentar y activar el material del contrafuerte.

Una vez que el contrafuerte queda blando y flexible, se lleva a una máquina de cambrar contrafuertes para dar forma y prensarlo con la forma final de la horma. La máquina presiona el corte con la zona del talón ya enfriada, conformando la forma del contrafuerte. Los materiales hechos por Texon™ y TecnoGi™ contienen plástico Surlyn, moldeable con calor.

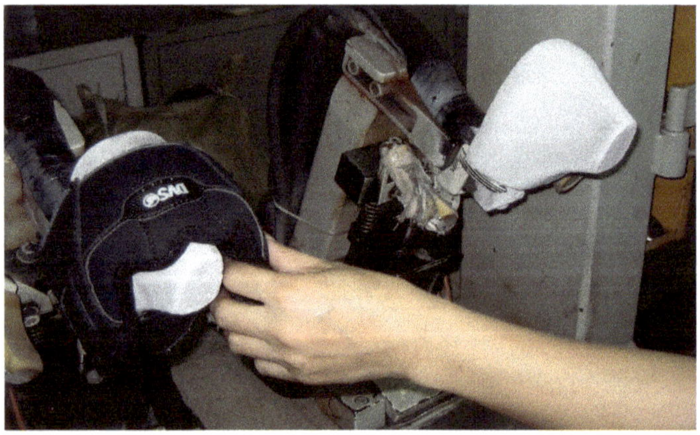

En esta imagen se puede ver la máquina que enfría el talón con la forma deseada.

Contrafuertes moldeados por inyección
Para algunas producciones grandes, la fábrica puede utilizar contrafuertes de plástico inyectado. El ajuste puede hacerse exacto a la forma requerida, y puede acelerar la fase del aparado. Los contrafuertes moldeados por inyección se pueden hacer de plástico Surlyn, PVC, o nylon.

La forma 3D final queda exacta, y el grosor del material se puede variar para hacer contrafuertes estables y flexibles. También se pueden encontrar estabilizadores moldeados por inyección ensamblados al corte de zapatillas. Por ejemplo, las zapatillas de fútbol con el corte muy ajustado, suelen tener los estabilizadores del talón con detalles de estrías, todo moldeado por inyección.

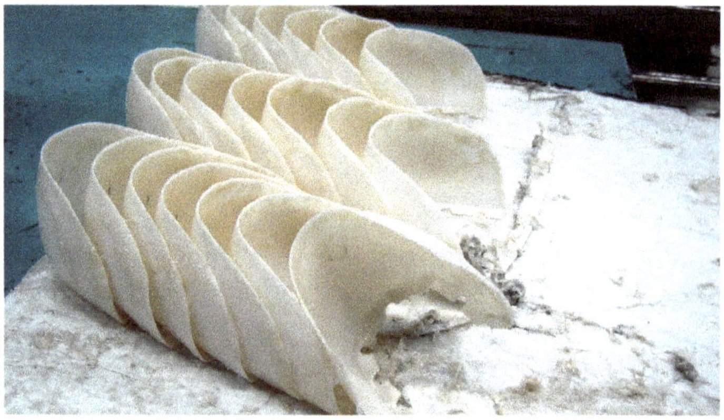

Caucho vulcanizado
Los contrafuertes de goma o caucho se utilizan en calzado vulcanizado. El mismo compuesto de goma utilizado para hacer las piezas del *foxing* se reutiliza para hacer los contrafuertes. Los restos cortados de las suelas se vuelven a mezclar y se enrollan en planchas para troquelar más tarde. Los contrafuertes de goma se rebajan antes de cementarse al corte, y adaptan la forma final de la horma cuando se vulcaniza todo el modelo.

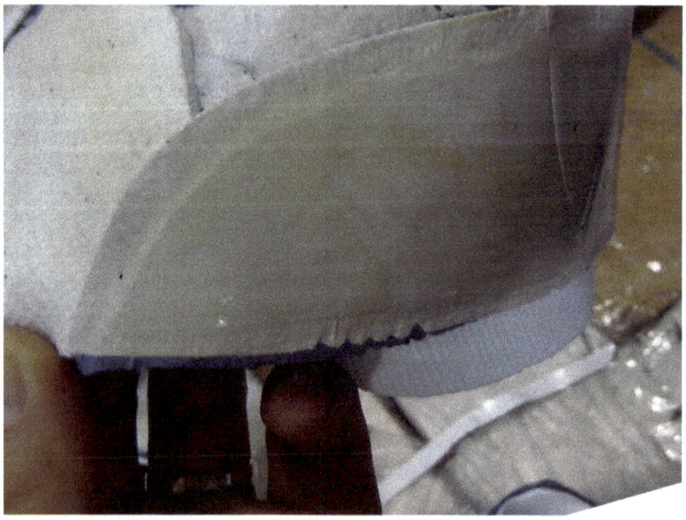

Refuerzos utilizados en calzado

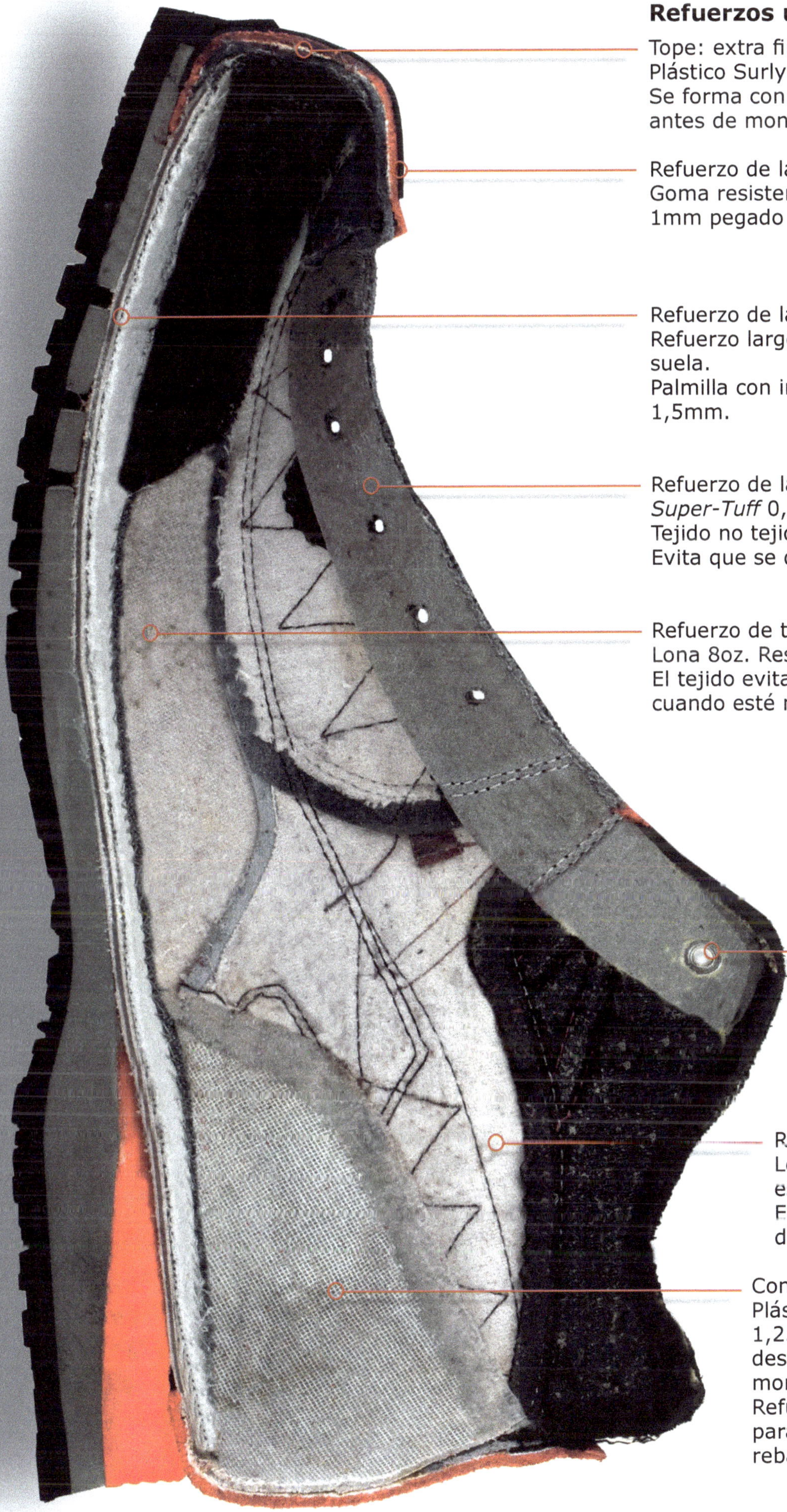

Tope: extra firme
Plástico Surlyn termofusible de 1,25mm.
Se forma con calor después del aparado, antes de montar en palmilla.

Refuerzo de la puntera:
Goma resistente a la abrasión. Troquelado. 1mm pegado a la puntera de cuero.

Refuerzo de la suela:
Refuerzo largo completo para endurecer la suela.
Palmilla con inserción de plástico PE de 1,5mm.

Refuerzo de la carrillera:
Super-Tuff 0,55mm.
Tejido no tejido de fibra de poliéster.
Evita que se desgarren los ojetes.

Refuerzo de tejido:
Lona 8oz. Resistente al estiramiento.
El tejido evita que el cuero se deforme cuando esté mojado.

Refuerzo de la carrillera:
Super-Tuff 0,55mm.
Tejido no tejido de fibra de poliéster.
Mantiene el ojete en su posición.

Refuerzo de tejido:
Lona 8oz. Resistente al estiramiento.
El tejido evita que el cuero se deforme cuando esté mojado.

Contrafuerte: extra firme
Plástico Surlyn termofusible de 1,25mm. Se forma con calor después del aparado, antes de montar en palmilla.
Refuerzo de malla de poliéster para mejorar el pegado. Canto rebajado.

Refuerzos del corte

El material que conforma el corte de los zapatos suele necesitar un poco más de soporte, durabilidad y resistencia al estiramiento. Como refuerzo de la pala es muy común utilizar capa delgada de tejido de algodón con una capa de adhesivo. Una vez adherido a la pala, este refuerzo evitará que se marque la puntera, o incluso que se desgaste por el contacto con la una uña del pie. El cuero natural suele reforzarse con un tejido de lona fino para protegerlo de la deformación cuando se moja.

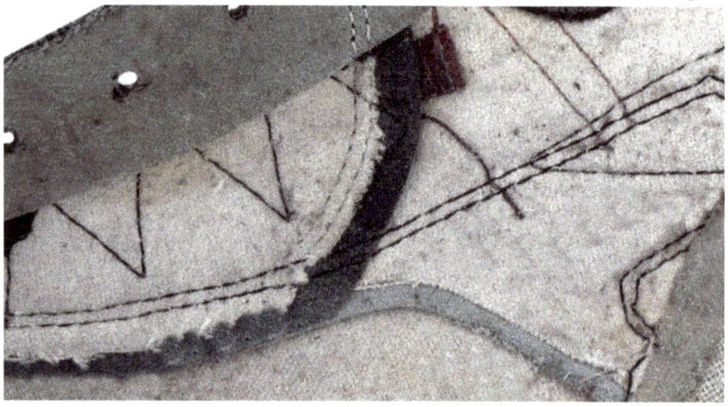

Resistencia al desgarre

Los pinchazos o troquelados de los ojetes, y los remaches u ojetes metálicos necesitan un refuerzo especial para soportar el desgarre del corte. El nombre comercial de este material de refuerzo es Super-Tuff™; y aunque muchas empresas de materiales fabrican este tipo de refuerzo, en el mundo del calzado se le conoce como *super-tuff*. Este refuerzo es un tejido no tejido hecho con fibras de poliéster muy finas. Es fácil de cortar, pero casi imposible de que se desgarre. Tiene un acabado gris plateado y está disponible en grosores que van desde 0,25 mm a 1,0 mm .

El *super-tuff* está en la carrillera de casi todas las zapatillas, y suele aplicarse con una capa adhesiva que permite a los trabajadores colocarlo de manera rápida. Una vez posicionado, se cose para que quede en su sitio. Nunca verás este material a menos que cortes unas zapatillas.

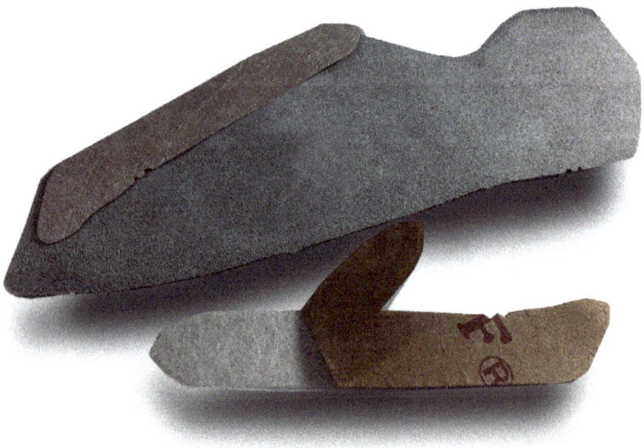

Refuerzos de la suela

Es posible que te sorprendas al saber que las botas de montaña y los zapatos de tacón alto tienen una pieza de metal prensado en su interior.

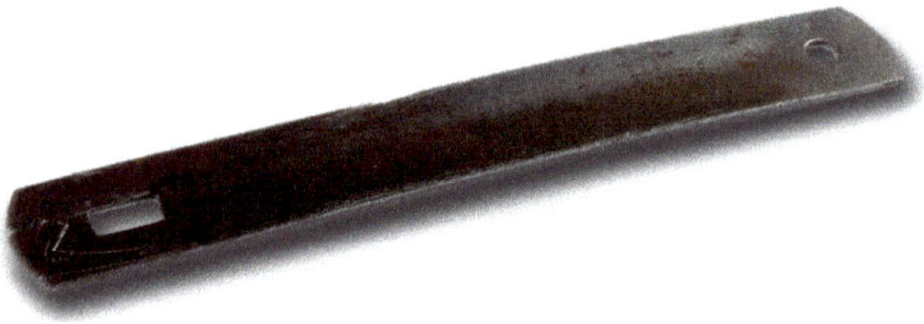

En las botas de senderismo, el cambrillón de acero impide que la suela se doble cuando el usuario camina sobre rocas u otros obstáculos que puedan dañar el pie. Las botas diseñadas para caminar en condiciones difíciles, con mochilas pesadas, deben ser muy rígidas. Se necesitará una bota de senderismo más rígida a medida que el terreno se vuelve más difícil, o si el peso de la mochila aumenta. Las botas para las excursiones de un día pueden ser flexibles, pero las botas de alpinismo suelen tener un cambrillón de fibra de vidrio, o de acero que no se doblará.

Los zapatos de tacón alto para mujer también necesitan tener un cambrillón de acero para clavar el tacón y evitar torceduras de tobillo.

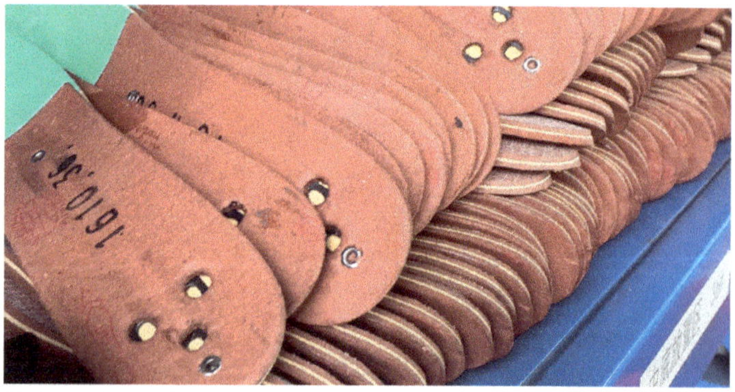

Esta pieza de acero, evita que el tacón se rompa y que el zapato se destroce. En el mercado, encontrarás cambrillones de acero, plástico, o fibra de vidrio para calzado de exterior, botas militares y zapatos para caminar.

Las botas de trabajo para carpinteros y albañiles tienen inserciones de tejido a prueba de clavos para evitar pinchazos mientras se trabaja en zonas de construcción.

Las zapatillas de béisbol, fútbol, ciclismo y fútbol americano tienen tacos, y llevan unas piezas de plástico moldeado por inyección para dar rigidez. Las piezas de plástico suelen estar reforzadas con un material de fibra de celulosa.
Las zapatillas de estar en casa, el calzado para conducir, y el calzado de bebé no necesita ningún refuerzo en la suela.

Calzado de seguridad

El calzado táctico, o de uso industrial, suele tener punteras de seguridad. Se necesita calzado clasificado de seguridad para personal militar y civil de primeros auxilios, incluido el personal médico, de rescate y del orden público. Por ejemplo, se necesita calzado con la puntera de acero para el personal que trabaja cerca o en helicópteros, ya que los soldados y el personal médico pueden sufrir lesiones graves por los patines de aterrizaje si no están protegidos.

También necesitan protección extra los trabajadores industriales, de construcción, y el personal de almacén que trabaja en entornos peligrosos o que manejan equipos pesados. Los trabajadores del almacén pueden lesionarse si se caen los objetos pesados, o pueden aplastarse los dedos de los pies con las ruedas de la carretilla elevadora.

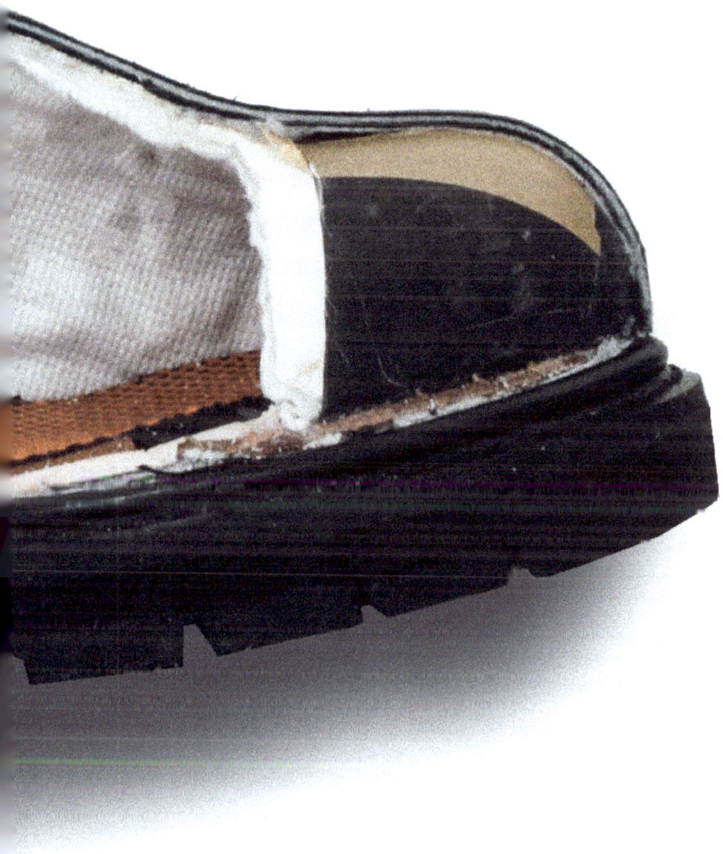

Existen varias normativas para el calzado de seguridad. Algunos se pueden cumplir con refuerzos de composite en la puntera, mientras que otros requieren punteras de acero de varios tipos de metales, o grosores concretos.

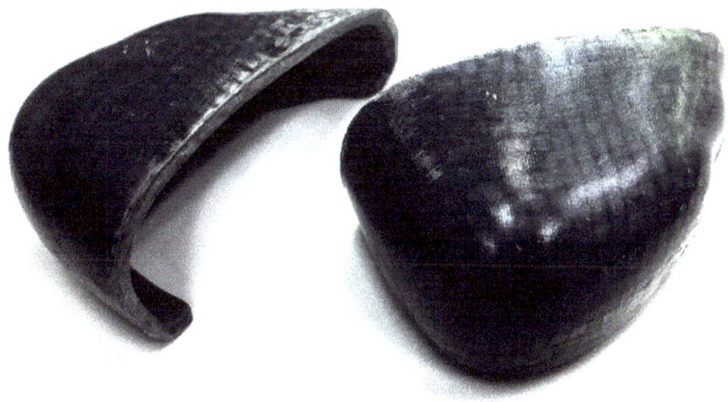

El calzado para actividades recreativas, como las botas de motocross, motociclismo, alpinismo y los zapatos para árbitros de béisbol, no están legalmente obligados a tener la puntera reforzada, pero esta característica suele incluirse en estos productos de alto rendimiento.

Los proveedores de estas piezas de seguridad para calzado han diseñado sus productos para cumplir con las normativas estipuladas por las regulaciones actuales. El diseñador, o jefe de producto, solo necesita especificar el uso final. Debes recordar que aunque la puntera de seguridad esté regulada según una normativa concreta, el zapato final (terminado) debe probarse en un laboratorio certificado.

Pese a que la puntera de seguridad es el elemento principal, la suela y la palmilla o planta de montado también deben ser lo suficientemente fuertes como para soportar la puntera y la dureza del caucho.

Ya que el refuerzo de la puntera es rígido, se debe tener especial cuidado al especificar los materiales del forro de la pala, se debe rellenar la hendidura que surge con respecto al corte del modelo. El borde de la puntera debe tener una pieza de goma, o una capa de tejido grueso para hacer una transición cómoda.

CAPÍTULO 6

CORDONES

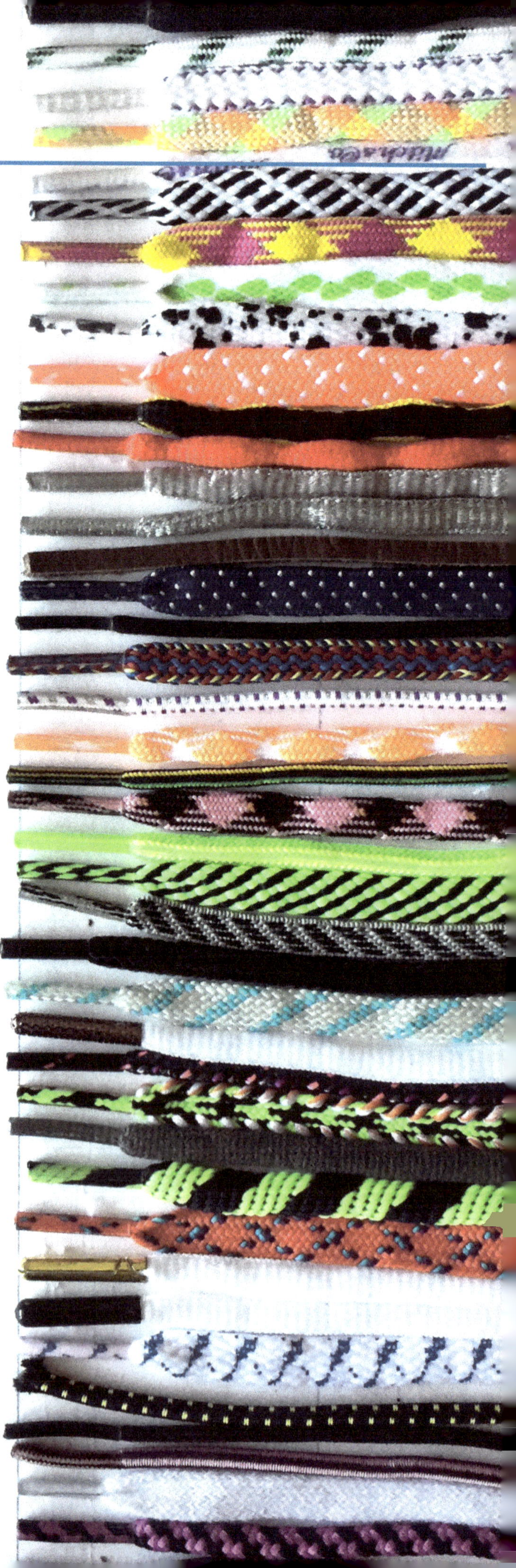

Los cordones mantienen el zapato en tu pie y dan estilo. Los primeros zapatos de cuero datan del 3.500 a.C., y tenían cordones de cuero. 5.000 años después, la función es la misma, pero el estilo y la apariencia han avanzado.

Para que el cordón haga su función, debe resistir ser estirado y permanecer atado. Una vez que se han cumplido estas funciones básicas, se pueden estudiar atributos más específicos. El cordón más adecuado depende de la función de tu modelo. El mismo cordón que funciona para un zapato de piel, puede no ser adecuado para unas botas de caza.

Herretes

El herrete es la terminación que encontramos en el cordón de los zapatos. Puede ser una cinta de plástico envuelta en el cordón, o una tapa de metal en el extremo. Si es de plástico, puede tener un logotipo impreso, mientras que el herrete de metal puede tener el logotipo grabado en molde o a láser. En inglés se denomina *aglet*, y viene de la palabra francesa *aiguillette*, que significa aguja pequeña.

Cordones

El cordón es una simple cuerda. Hay muchas opciones de materiales diferentes, dependiendo del modelo de zapato. El cordón de algodón encerado de un zapato de vestir no necesita ser de alta resistencia, 2mm de diámetro estará bien. El cordón de un patín de hockey sobre hielo resiste el corte, son anchos para equilibrar la tensión, y tiene una alta resistencia a la tracción para que los jugadores puedan apretar los cordones a su gusto. Suelen tener una superficie texturizada con un alma (interior) compacta para que permanezcan atados.

Estilo

El cordón también es un elemento de estilo. Los *skaters* muchas veces cambian los cordones negros básicos por otros de colores; mientras que los zapatos náuticos tiene cordones de cuero por tradición más que por funcionalidad.

Fabricación de cordones para calzado

Trenzado, encerado, tejido en *jacquard*, reflectante, ovalado, redondo, y plano.

Materiales de los cordones

Poliéster, nylon, algodón, cuero, Kevlar, goma elástica con el exterior en tejido de punto, o alambre de acero inoxidable.

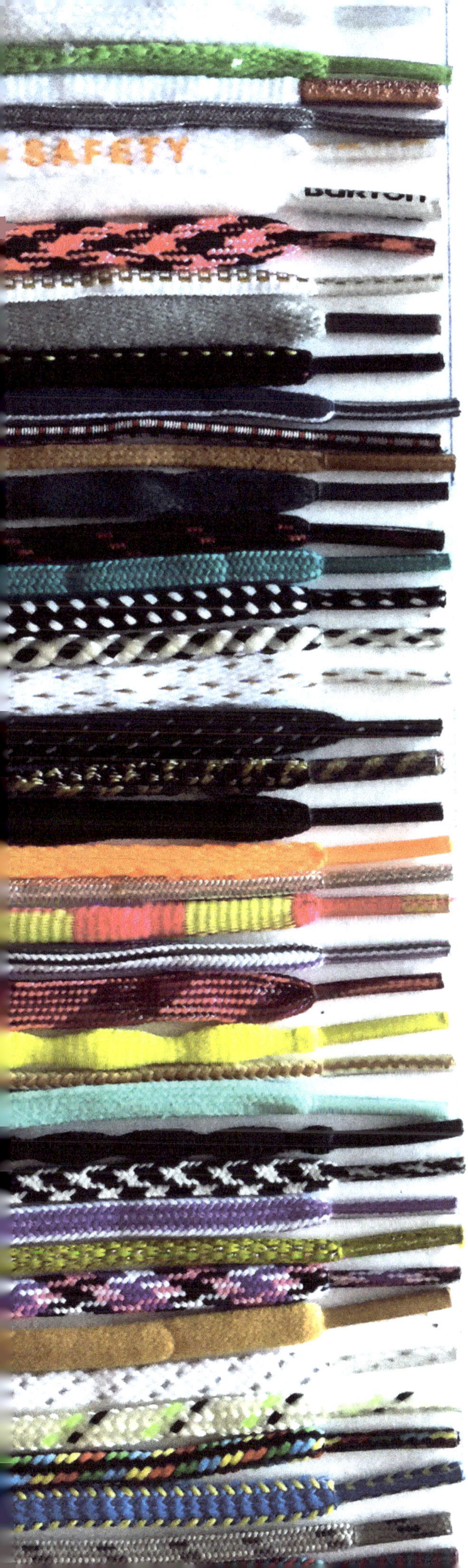

Otros tipos de amarre

Además de los cordones tejidos, o de punto, que conocemos, hay muchas otras formas de amarrar un zapato al pie.

El sistema de amarre de cordones con de acero se pueden encontrar en las zapatillas de ciclismo, botas para la nieve, golf y zapatillas para correr. El carrete y los accesorios del cable añaden entre 2 y 10 dólares al precio de fábrica de tu zapato y proporcionan una función única y especial.

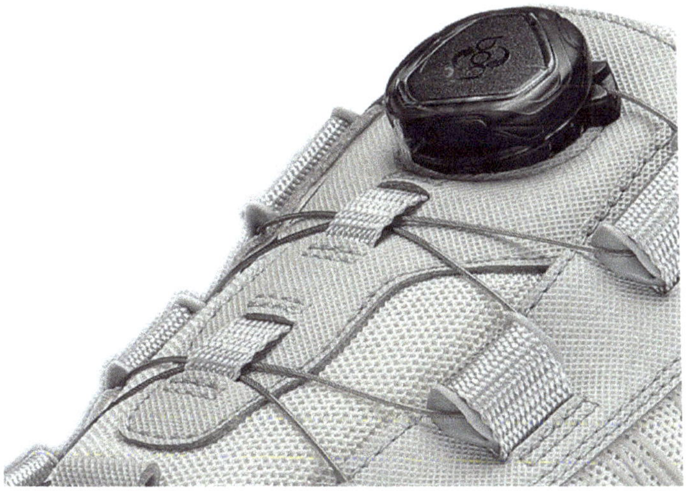

Por supuesto, algunos zapatos pueden no tener cordones. La forma de atarse pueden ser correas de velcro, o unos elásticos en los laterales de la lengüeta. La marca de marca Royal Elastics™ está basada en calzado sin cordones.

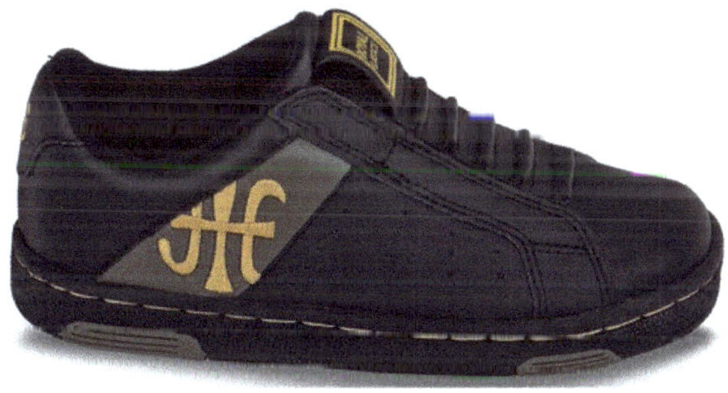

Por supuesto, algunos zapatos pueden no tener cordones. La forma de atarse pueden ser correas de velcro, o unos elásticos en los laterales de la lengüeta. La marca de marca Royal Elastics™ está basada en calzado sin cordones.

¿Cómo de largo deben ser los cordones?
En internet hay tablas de medidas donde se da una longitud determinada de cordón en función de cuántos pinchazos u ojetes hay en el zapato. También existe una medida básica que funciona: atar el zapato pasando el cordón por todos los pinchazos, y dejar un sobrante de 15 cm desde el ojete superior.

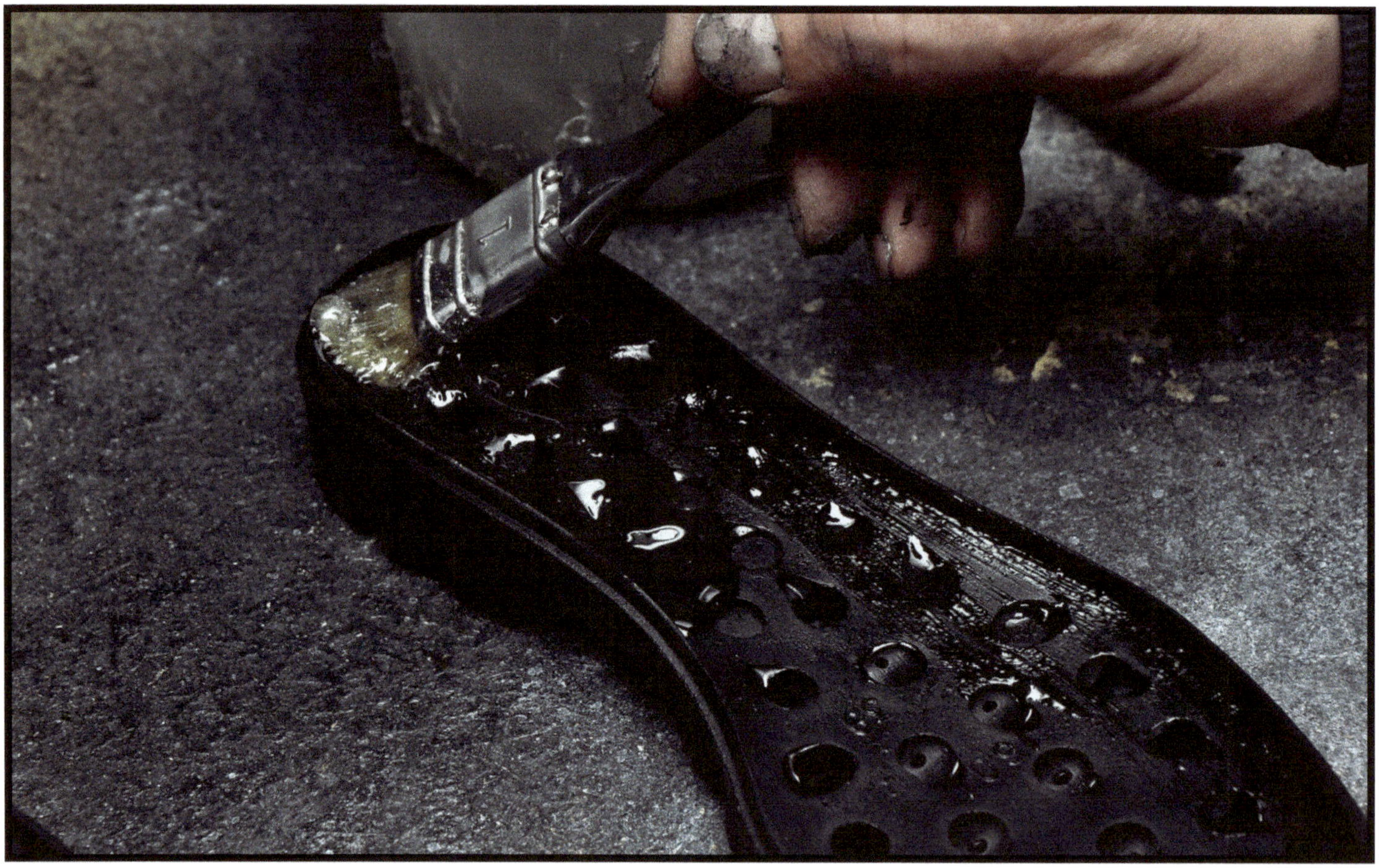

CAPÍTULO 7

PEGAMENTO PARA CALZADO

Casi todas las piezas de un zapato de hoy en día están pegadas o laminadas. Las suelas se pegan al corte, y además, el corte se suele unir todas juntas antes del aparado o cosido. ¿Es necesario que el diseñador de calzado especifique el tipo de pegamento a utilizar en el modelo? Sí.

Cuanto más específico puedas ser con la fábrica, mejor. El pegamento adecuado, en el lugar adecuado, ayudará a crear un modelo de calzado flexible, fuerte, transpirable, bien formado y duradero. El pegamento mal escogido puede hacer que el modelo sea rígido, caluroso, incómodo, o eche a perder los materiales cuidadosamente seleccionados. Por supuesto, el pegamento incorrecto, o un proceso de pegado mal hecho, también puede hacer que el modelo falle mucho antes de lo esperado.

Es muy importante especificar un pegamento que no sature, manche o deshaga el material. También es importante dar con el proceso más adecuado para cada tipo de material; pegar cuero engrasado con caucho no es igual que unir malla de EVA. Los técnicos de la fábrica sabrán qué hacer, pero los nuevos materiales o estándares de calidad más altos pueden necesitar de expertos, o una consulta con el fabricante.

Más allá de la funcionalidad, el pegamento también es tema de preocupaciones ambientales y de salud de los trabajadores. Los solventes en los adhesivos permiten una unión firme a la vez que tienen un tiempo de secado rápido (que equivale a una velocidad más rápida de la línea de montaje). Estos solventes liberan compuestos orgánicos volátiles que pueden dañar la salud de los trabajadores y el medio ambiente. Puedes decidirte por un pegamento con base de agua si es adecuado para tu producto e imagen de marca.

Tipos de pegamento más utilizados en la producción de calzado:
Cemento (pegamento) de contacto de Poliuretano PU
Cola blanca o pegamento o Poli PVA (acetato de vinilo)
Cola termoplástica o termofusible
Encolado o laminado a la llama

Poliuretano / Cemento de PU

El cemento de PU es el pegamento más utilizado en la producción de calzado. Está disponible con base de agua, o con solventes; la fábrica de calzado utiliza el cemento de PU para unir las piezas de la suela, y la suela al corte. Este cemento se adhiere bien a la mayoría de los materiales, y es muy flexible. El cemento de PU está creado para auto adherirse al contacto, por lo que ambas piezas a unir necesitarán que se les aplique el pegamento. Para que la unión del encolado sea fuerte, las superficies deben prepararse antes con una imprimación o halogenado. Una vez que la imprimación está seca, se aplica el cemento. Las partes encoladas se presionan juntas y después se enfrían para fijar la unión.

Cola blanca / PVA (acetato de vinilo)

El pegamento PVA (más conocido como cola blanca) También se usa en el calzado. No es tan flexible como el cemento de PU y es a base de agua, por lo que tardará más en secarse. El pegamento PVA se usa para unir algunos componentes internos, pero no se puede usar para encolar el corte a las suelas. El pegamento PVA se encuentra con mayor frecuencia en calzado clásico hecho a mano, y en algunos productos producidos en masa.

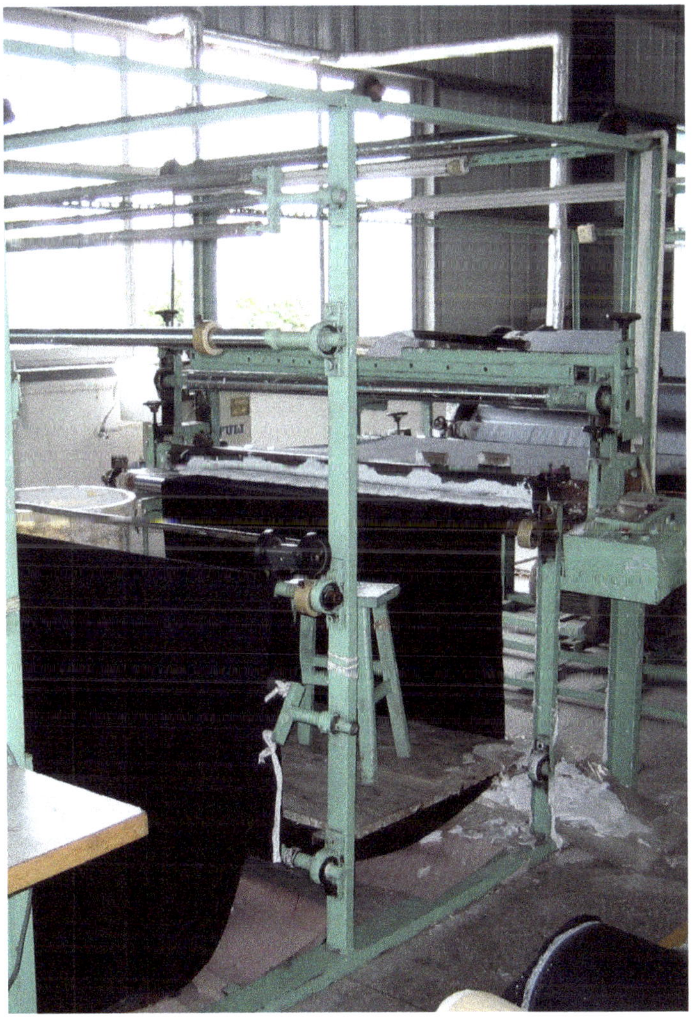

Pegamento termofusible / *Hot Melt*

El pegamento termofusible es el más utilizado actualmente para pegar las piezas internas. Está disponible con varias fórmulas, algunos son secos al tacto cuando están fríos, y otros pegajosos. Este pegamento se puede aplicar mediante una pequeña máquina de mesa que rocía el pegamento derretido de manera secuencial sobre piezas individuales, también se aplica a productos laminados en la fábrica de tejidos. La ventaja del pegamento termofusible es que una vez que el zapato se cose y ensambla, el pegamento se puede ablandar en un túnel de calor. En el túnel de calor, el pegamento termofusible se vuelve a fundir y adopta una nueva forma. El calzado hecho con pegamento termofusible es más transpirable y flexible que los modelos hechos con pegamento de PU o PVA.

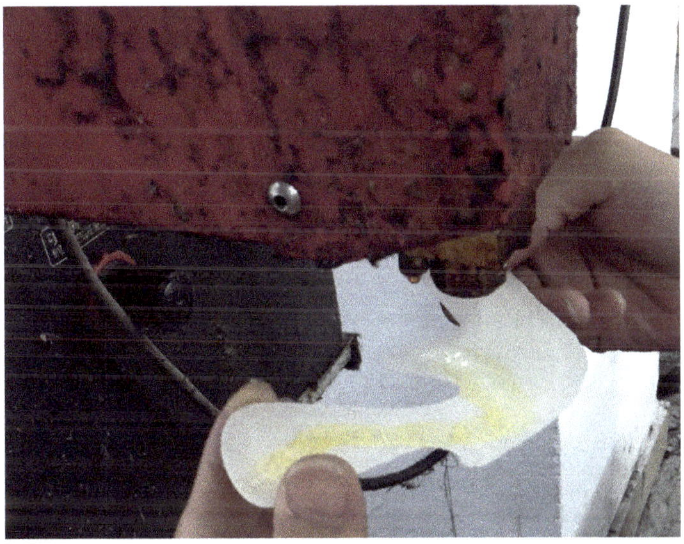

Laminado a la llama

La laminación es el proceso que une un material exterior con una segunda capa, el refuerzo. Casi todos los tejidos utilizados en calzado están laminados, al menos, con una capa de espuma como refuerzo. El proceso de laminación a la llama se utiliza normalmente para unir un tejido a una espuma de PU. La plancha de espuma se calienta con una llama para fundir la capa superficial; antes de que la capa fundida se haya enfriado, el tejido aplica con presión sobre la espuma para unir las dos capas.

En la parte interior de las deportivas, es muy común ver una capa de tejido de tricot laminado a una espuma, y el material exterior laminado a la otra cara de la espuma; siendo el tejido de punto de poliéster el forro de la deportiva.

El pegamento de PU también se puede utilizar para laminar tejido y espuma, pero el laminado a la llama crea una unión más transpirable y flexible.

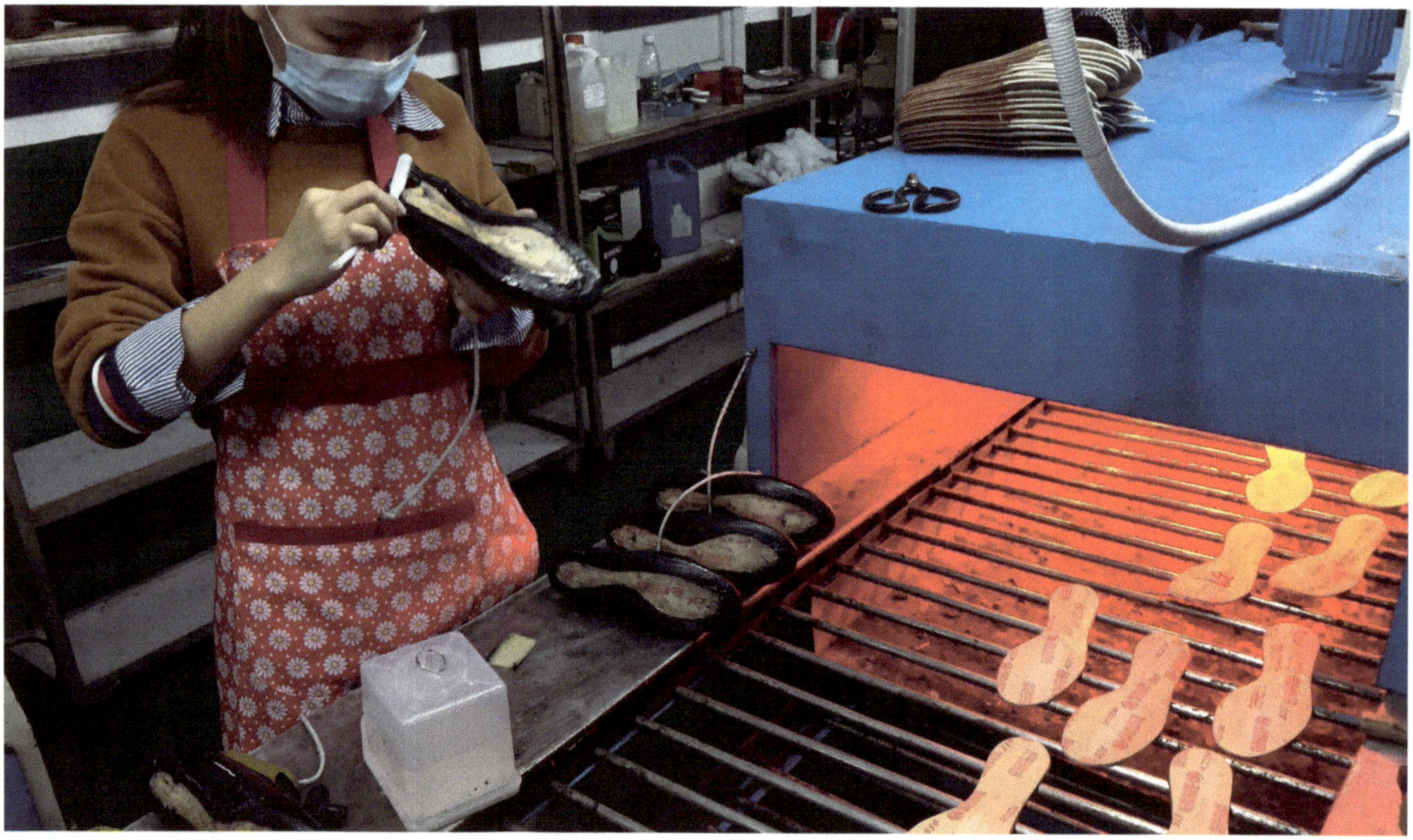

Proceso de encolado

En primer lugar, hay que asegurarse de que las partes a unir estén limpias. Para que el halogenado y cemento funcionen correctamente, las superficies deben estar libres de suciedad, o de cualquier resto que haya dejado el molde previo a la fabricación. Las fábricas suelen esmerilar o lijar la superficie de la entresuela para romper la piel y eliminar cualquier resto. Este proceso se llama cardado o rebastado. Cualquier superficie lisa de PU, o cuero, se carda para que quede rugosa y lograr una mejor unión. El corte se coloca en la suela, y se marca para cardar solo las zonas con contacto. Es importante eliminar el polvo después del cardado.

Una vez que se limpian las piezas, se aplica una imprimación o halogenado para preparar la superficie antes del encolado. La imprimación penetra el material y permite que el cemento fluya sobre el material para una mejor unión. Se aplican dos capas de imprimación y se secan para asegurar la cobertura total del material. Cuando la segunda capa de imprimación esté seca, se aplicarán dos capas de cemento. Tan rápido como la segunda capa esté seca al tacto, las dos partes se unen.

Los técnicos trabajan de manera rápida y cuidadosa para asegurarse de que el corte y la suela estén alineadas. Antes de que el cemento se cure, se aplica presión con una prensa hidráulica. Este proceso asegura que las dos superficies queden bien unidas. Después de aplicar la presión, el modelo de zapato se enfría para asegurar la correcta unión.

Cómo interpretar errores en el encolado

Si falla la unión, es importante saber interpretar el resultado. El primer paso es examinar las partes para ver si lo que falló es el material, o el pegamento. Si estás uniendo espuma de entresuela a una suela de goma, deberás mirar las piezas de cerca; si ves una capa delgada de espuma que queda en la parte de goma, el material de espuma falló, no la unión.

Si por el contrario, ves una superficie limpia en la espuma, sin restos de pegamento, esto le indica que la unión del pegamento a la espuma es el fallo. Es posible que debas probar una imprimación diferente, y asegurarte de que las piezas de espuma estén limpias y se elimine el polvo o los restos de material del molde antes de la unión.

Si ves restos de pegamento en la espuma y en las piezas de goma, el fallo está en la unión. Es posible que debas probar un cemento diferente, o ajustar la temperatura de los túneles de calor.

El pegamento mantiene todo pegado

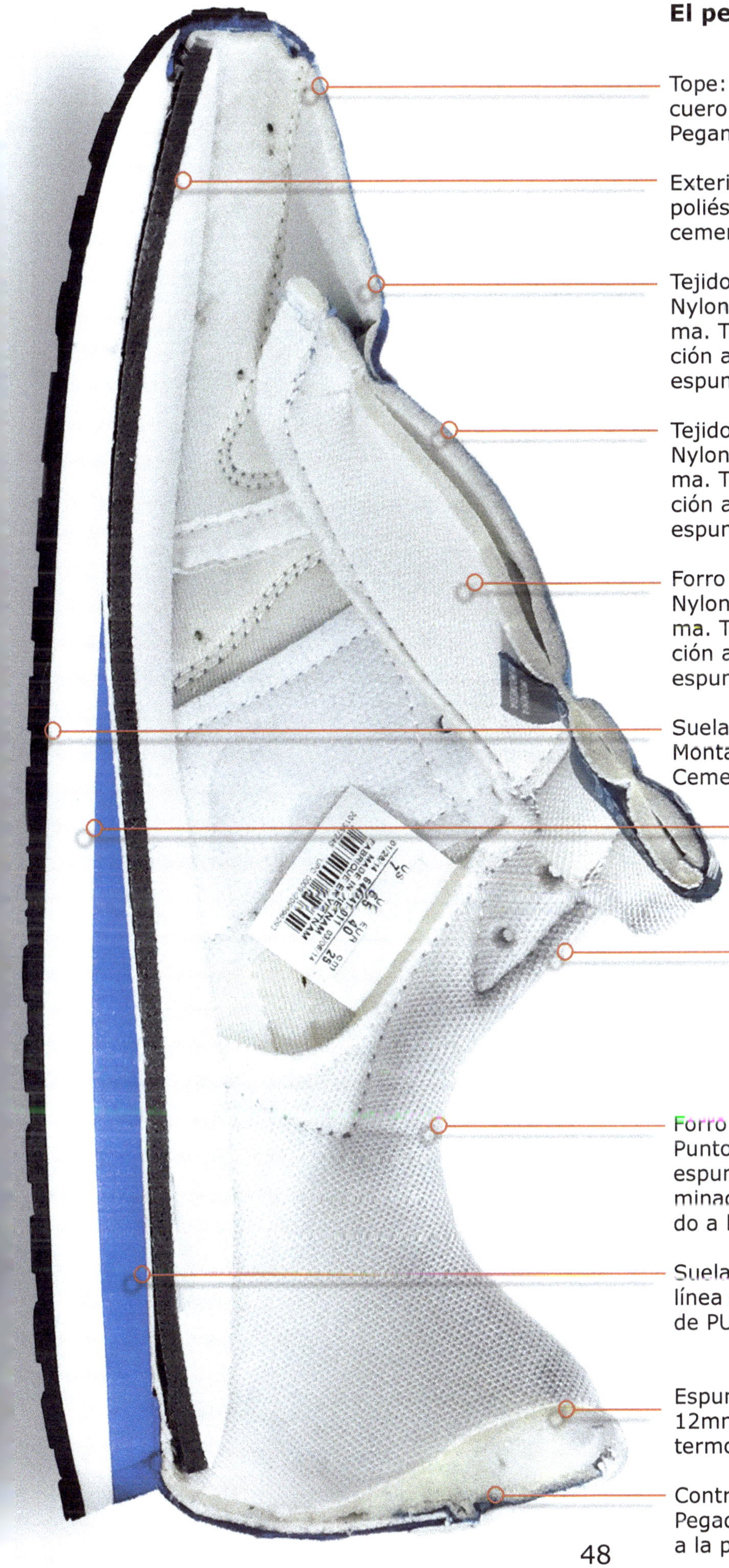

Tope: plástico Surlyn pegado a la puntera de cuero.
Pegamento termofusible.

Exterior de la plantilla: punto jersey 100% poliéster. Laminado a plancha de espuma con cemento PU.

Tejido corte de la pala:
Nylon diamond 420D con refuerzo de espuma. Tejido laminado a la espuma por laminación a la llama. Refuerzo de tricot pegado a la espuma por laminación a la llama.

Tejido corte de la lengüeta:
Nylon diamond 420D con refuerzo de espuma. Tejido laminado a la espuma por laminación a la llama. Refuerzo de tricot pegado a la espuma por laminación a la llama.

Forro de la lengüeta:
Nylon diamond 420D con refuerzo de espuma. Tejido laminado a la espuma por laminación a la llama. Refuerzo de tricot pegado a la espuma por laminación a la llama.

Suela: goma unida a EVA.
Montado en el guarnecido de materiales.
Cemento de PU con halogenado.

Suela: goma unida a EVA.
Montado en el guarnecido de materiales. Cemento de PU con halogenado.

Refuerzo *Super-Tuff* para la carrillera, pegado a la cara posterior (revés) del cuero. Pegado con pegamento termofusible rociando a la pieza.
El *super-tuff* puede tener una cara autoadhesiva.

Forro del escote: 100% poliéster, 200gsm
Punto jersey 100% poliéster con refuerzo de espuma. Tejido laminado a la espuma por laminación a la llama. Refuerzo de tricot pegado a la espuma por laminación a la llama.

Suela: unida a la palmilla con el corte en la línea de montaje principal utilizando cemento de PU con halogenado.

Espuma del escote: espuma KFF de PU 12mm, troquelada. Pegado con pegamento termofusible rociando a la pieza.

Contrafuerte: Lámina *chemi-sheet* de 1mm. Pegado con pegamento termofusible rociando a la pieza.

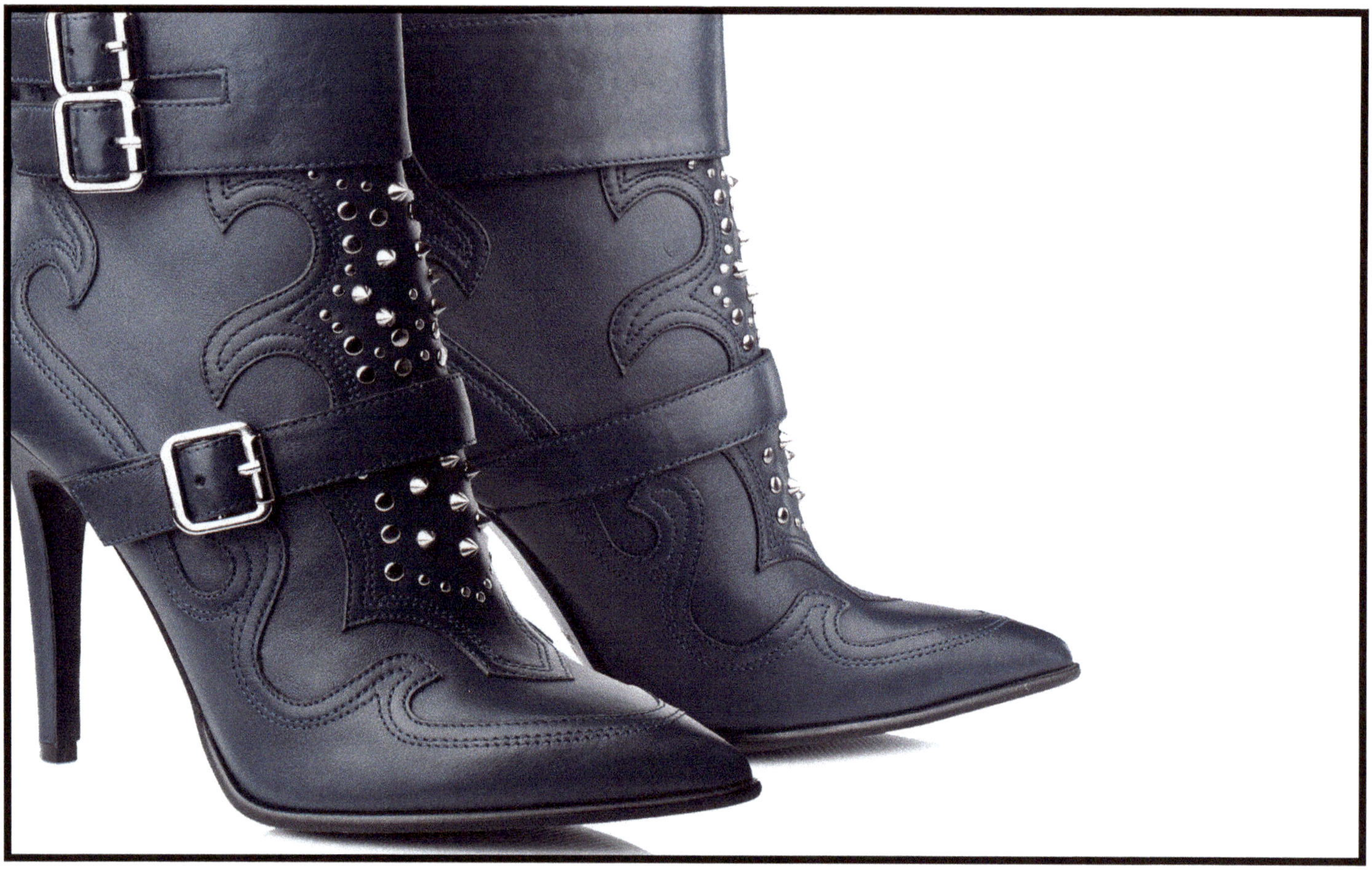

CAPÍTULO 8

FORNITURAS PARA CALZADO

Las fornituras pueden ser un componente funcional importante para las zapatillas, al igual que también puede ser un elemento de estilo importante. Las fornituras pueden estar hechas de metales, o plásticos. Las piezas funcionales como los ojetes, ganchos pasadores, o las hebillas, tienen unos requisitos de rendimiento específicos. Las piezas de diseño, como los logotipos, los emblemas, las trabillas, y las placas, proporcionarán el toque extra para un modelo actual a la moda.

Al especificar y diseñar las fornituras, hay muchos factores a tener en cuenta:

Selección de material
Establecer los costes
Coste unitario
***MOQ* (Cantidad mínima de pedido)**
Acabado
Fijación

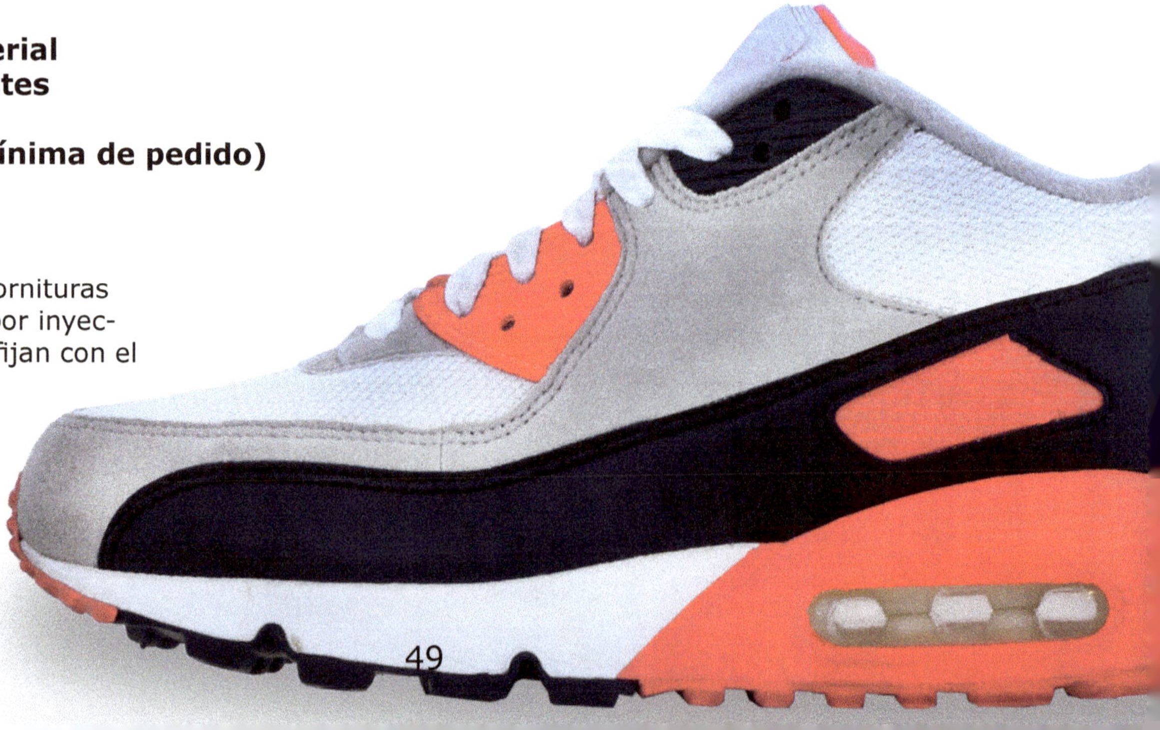

Esta zapatilla utiliza fornituras plásticas moldeadas por inyección. Estas partes se fijan con el cosido.

Fornituras metálicas

Las fornituras metálicas es la opción más tradicional. Estas piezas pueden dar un toque de brillo y elegancia para hacer que un modelo zapato hecho a mano se vea fantástico.

Los acabados dorados, plateados y en bronce pueden crear una sensación de lujo y estilo. El acero inoxidable y el aluminio anodizado dan un aspecto moderno y de alta tecnología. Las fornituras de metal también tienen el beneficio de ser reemplazables si está unido con un remache.

Selección de material

Los metales comunes para las fornituras son: acero, latón, aluminio, zinc, cobre y titanio.
El acero, el aluminio, y el zinc se pueden crear mediante fundición. Se puede utilizar una prensa para dar forma al acero, latón, aluminio, cobre y titanio. El titanio es el más caro, seguido del latón, el acero inoxidable y el aluminio. El zinc fundido y el acero al carbono prensado son los más baratos.

Acabados

La mayoría de las piezas pueden ser metales en bruto pulidos, excepto el zinc fundido que necesita un acabado o chapado. Todos los tipos de metal se pueden pintar. También se puede anodizar para crear colores únicos.

Fijación

Las fornituras de metal, generalmente van remachado al modelo de zapato. Al especificar piezas metálicas, asegúrate de que estén fijadas a materiales fuertes. Es posible que necesiten un material de refuerzo extra, *super-tuff*, láminas de plástico o arandelas de metal para fijar firmemente la pieza.

Creación y coste unitario

Un ojete redondo básico, de metal, cuesta cerca de 0,035 dólares por pieza. Un adorno de metal fundido, con cristales de vidrio, puede costar 1,50 dólares por pieza. Crearlos depende del método de fabricación. Los moldes de fundición centrífuga normales pueden costar cerca de 100 dólares, y las herramientas, 500 dólares. Los moldes de vaciado y las herramientas para cera perdida pueden costar 1.000 dólares si es un diseño personalizado.

Test de las fornituras

Los tests empiezan con un ensayo de tracción. Para calzado, el estándar del ensayo para fornituras es de 25kg. Para botas de caza, calzado táctico, nieve y laboral, se aplica un estándar de 75kg. Las máquinas para los ensayos deben estar disponibles dentro de la fábrica de calzado.

Para las piezas pintadas, se recomienda protección UV contra el amarilleo, y pruebas de envejecimiento acelerado para asegurar que las piezas no se dañan con el sol. Para piezas metálicas, concretamente para acero al carbono, también se recomienda hacer ensayos de corrosión. Los tanques de rociado de agua dulce y agua salada se utilizan para asegurarse que las aleaciones y el chapado son los correctos. Asegúrate de hacer el ensayo al macho de los remaches.

Las fornituras metálicas también deben testarse para detectar restos de metales pesados. Los metales pesados a veces se utilizan para lubricar prensas de prensado. Los proveedores de fornituras metálicas de calidad tendrán equipos de ensayos para asegurarse de que no haya níquel, cadmio, plomo, mercurio, o cromo que puedan hacer que los funcionarios de aduanas o los reguladores ambientales confisquen tus zapatos.

Fornituras prensadas

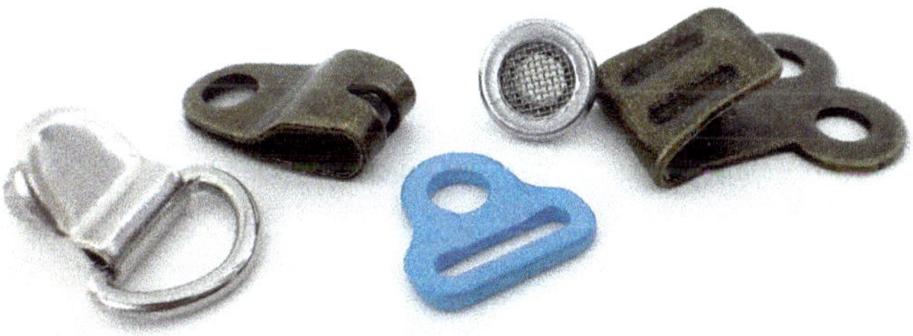

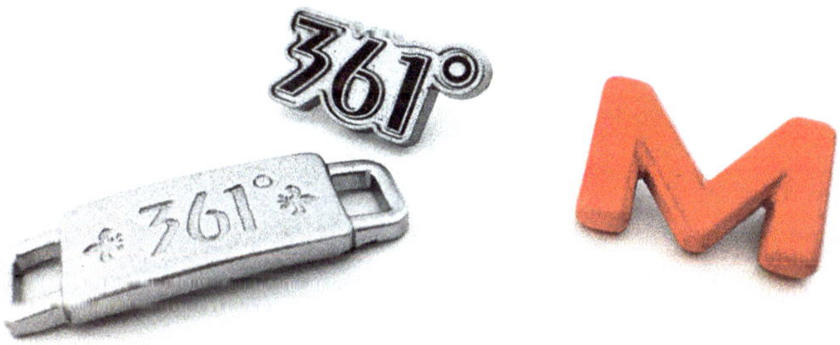

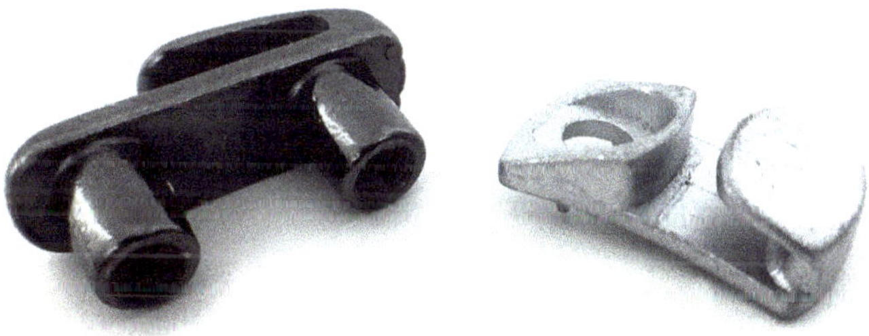

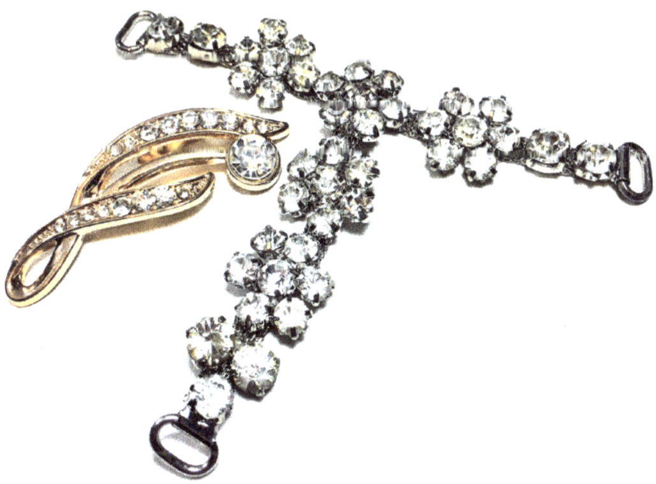

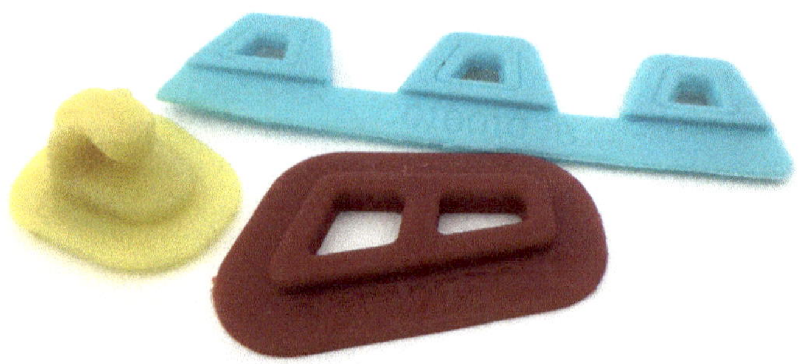

Fornituras de plástico

Las fornituras de inyección de plástico pueden crear *looks* diferentes para el diseño de tus zapatillas. Los ganchos pasadores, los ojetes, los pasadores de los cordones, los logotipos, e incluso la carrillera puede estar hecha de plástico.

Estas piezas de plástico son muy útiles en muchas aplicaciones funcionales. En las botas tácticas, los ganchos pasadores y el cambrillón hecho en plástico de plástico hacen una bota sin componentes metálicos adecuada para trabajadores de seguridad en aeropuertos. También, son más silenciosas, y es menos probable que hagan ruido en situaciones donde el silencio es imprescindible.

Se pueden encontrar herrajes de plástico en calzado infantil, zapatos casuales, y algunos de los modelos clásicos actuales de Nike™.

Los acabados de la superficie pueden variar de plástico sin tratar, a pintados; y algunos plásticos pueden cromarse. Las fornituras de plástico suelen ir cosidas, pero también se pueden fijar al modelo. Al seleccionar fornituras de plástico, asegúrate de que esté unido a un material fuerte. Es posible que necesiten un material de refuerzo extra, o *super-tuff*, para fijar firmemente la pieza.

Selección de material

Las piezas de plástico pueden estar hechas de todo tipo de plástico: nylon, ABS, TPU, PVC... Los plásticos se pueden reforzar con fibra de vidrio. Del 5% al 14% puede hacer que el plástico sea resistente, más del 15% puede hacer que el plástico sea susceptible a la rotura. En términos generales, el nylon y el ABS son muy fuertes, el PC se puede inyectar transparente, mientras que el TPU y el PVC se pueden moldear para que parezca goma suave.

Cada plástico tiene sus propios requisitos en cuanto al acabado superficial. Algunos plásticos como el TPU y el ABS pueden tener acabados similares al cromo.

Las piezas de plástico se pueden pintar, pero se debe tener cuidado porque las piezas pintadas son susceptibles a desconcharse, y puede parecer que han tenido un desgaste prematuro.

Fijación

Las piezas de plástico se pueden fijar cosiendo la base, o se pueden remachar. Desafortunadamente, las piezas cosidas no se pueden reemplazar fácilmente si se dañan. Además, hay que tener cuidado al diseñar la base donde se coserá y especificar el tipo de puntada. Una puntada reducida puede hacer que rompa durante el ensamblaje, y demasiadas puntadas pueden debilitar el plástico creando una perforación.

Creación y coste unitario

Un gancho pasador inyectado básico puede costar 0,15 dólares por unidad. Un emblema de plástico cromado puede costar 0,65 dólares por unidad. La creación de estas piezas de plástico puede ser cara, ya que un molde de inyección con varias cavidades puede costar 2.500 dólares, o más.

Test de las fornituras

Los tests empiezan con un ensayo de tracción. Para calzado, el estándar del ensayo para fornituras es de 25kg. Para botas de caza, calzado táctico, nieve y laboral, se aplica un estándar de 75 kg. Las máquinas para los ensayos deben estar disponibles dentro de la fábrica de calzado.

Las piezas de plástico también deben someterse a un ensayo de resistencia al frío. Algunos tipos de plásticos pueden congelarse, agrietarse, o volverse frágiles en climas fríos.

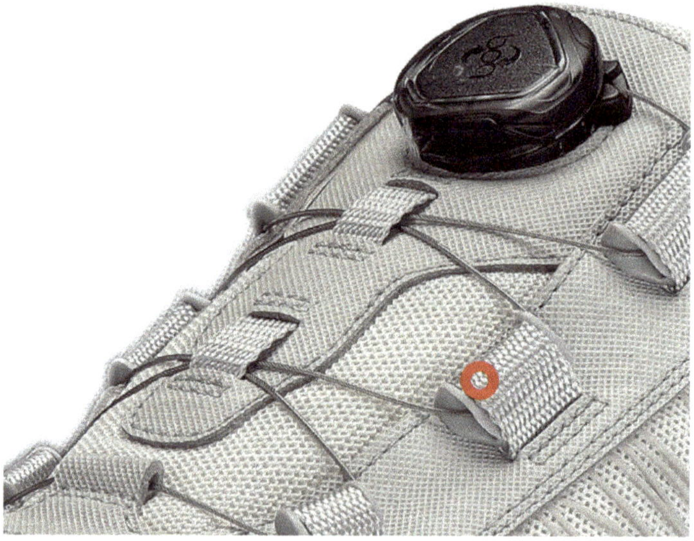

Los sistemas de cordones de alambre de acero inoxidable necesitan inserciones plásticas especiales que resistan la acción de corte del alambre.

Foto de la derecha. Pasillo 1 de 6 del *showroom* de un proveedor fornituras en Houjie, China; almacena más de 10.000 fornituras diferentes para calzado, ropa y artículos de cuero. Suministran piezas básicas, y fabrican piezas personalizadas para muchas marcas importantes.

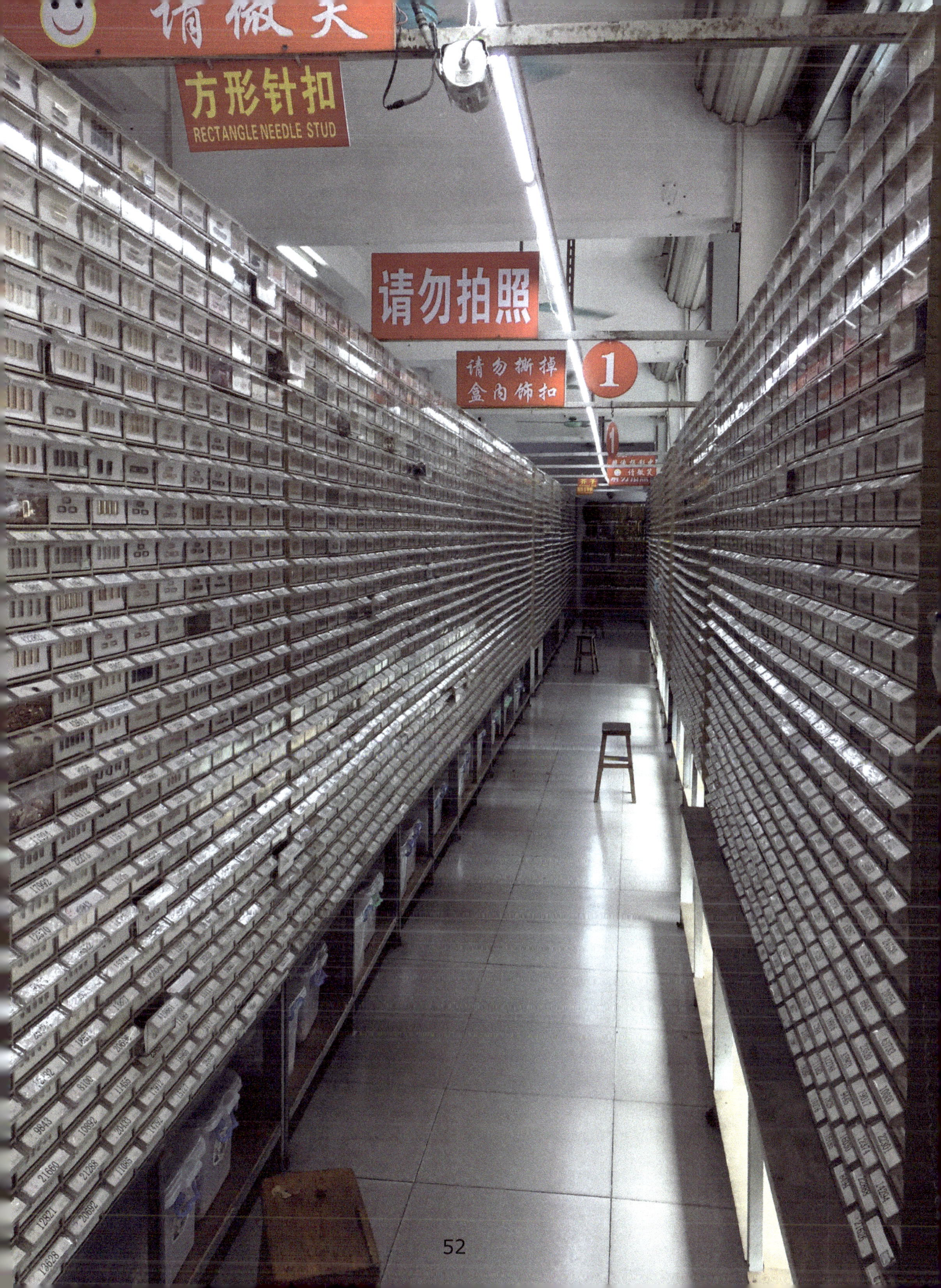
方形针扣
RECTANGLE NEEDLE STUD
请勿拍照
请勿撕掉
盒内饰扣
1

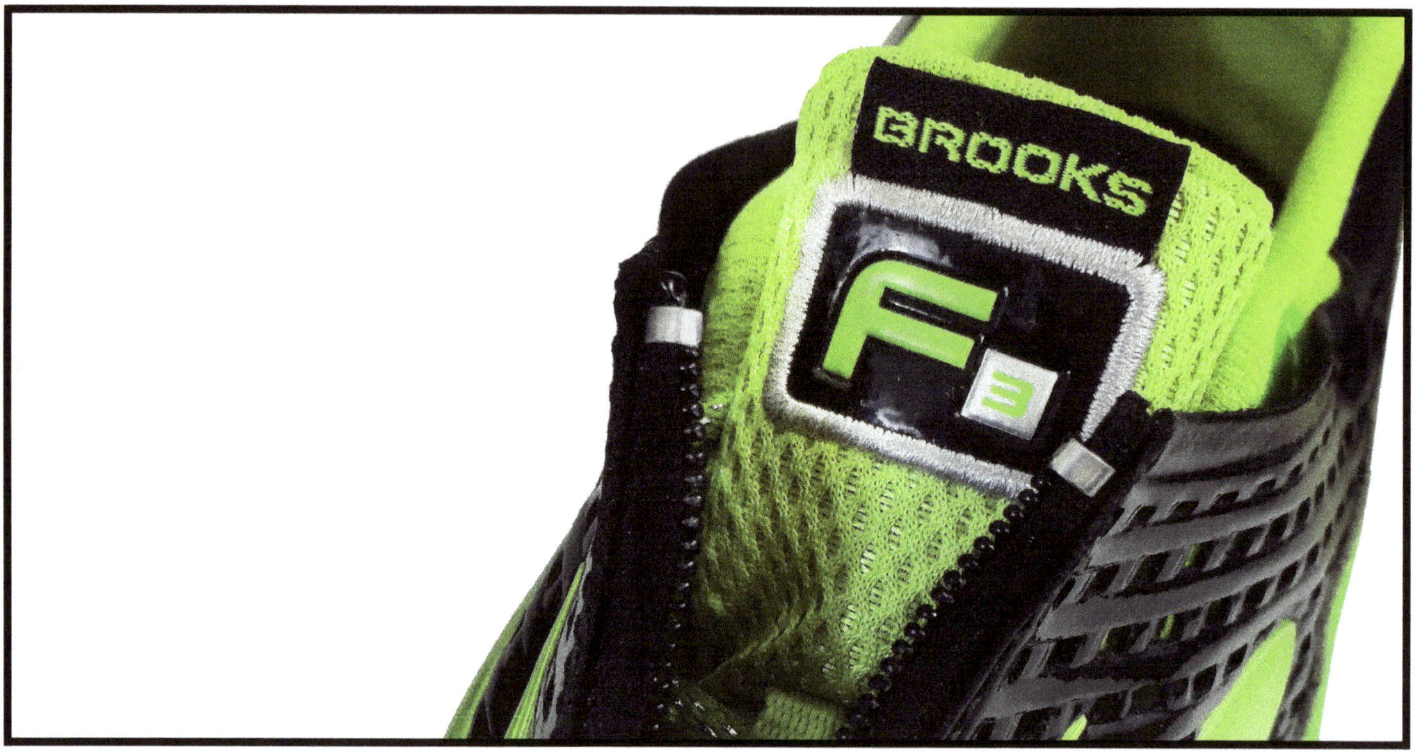

CAPÍTULO 9

LOGOTIPOS

Un nuevo diseño no está completo hasta que se hayan detallado los logotipos. Un buen conjunto de logotipos agrega valor, proporciona información a los clientes, y da un toque único y especial; mientras que un gran logotipo puede ser la pieza central del diseño.

Al trabajar con una fábrica de calzado por primera vez, es bueno conocer sus capacidades. Por ejemplo, si la fábrica no cuenta con una máquina de bordado interno, costará más dinero mandar las piezas cortadas para su procesado. O bien, si la fábrica tiene una buena relación con el proveedor de etiquetas, valdrá la pena organizar una visita para ver los trabajos que pueden hacer.

A continuación, se detallan los tipos de logotipos más comunes que configuran el calzado deportivo. Se estudia el precio de las piezas que componen los logotipos, los cargos de configuración de la maquinaria, y los consejos de los diseñadores.

Logotipo troquelado

Este tipo de logotipo se corta en una pieza de material y se cose, normalmente, en el panel lateral. El *swoosh* de Nike, las bandas de Adidas, la N de New Balance, la V de Vans y el *formstrip* de Puma son los clásicos. Los logotipos son perfectos si se quiere una alta visibilidad; y, además, pueden estar hechos de casi cualquier material. El lado negativo es que los detalles pueden limitarse únicamente al bordado. Las piezas troqueladas son un recurso perfecto para usar sobre cualquier costura del corte, o sobre las intersecciones de varias piezas. El troquelado también puede invertirse para que se muestre vacío hacia el interior de la zapatilla. El precio es bajo, solo el coste del material.

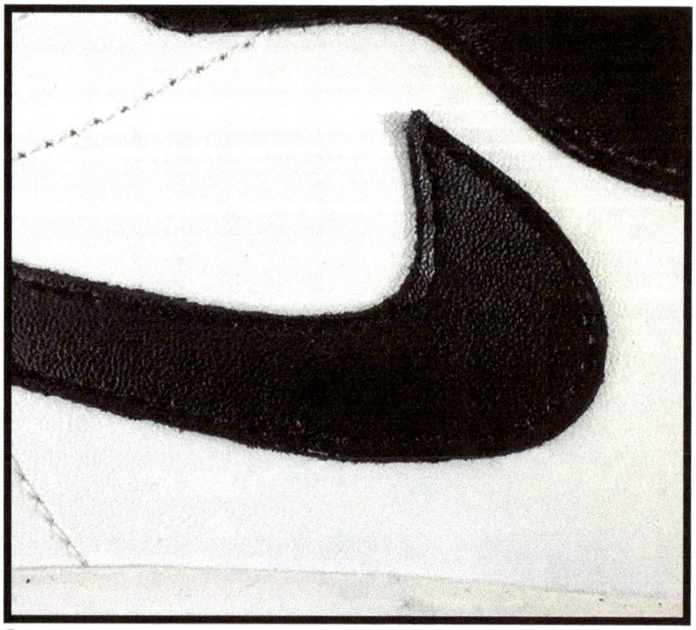

Al especificar un logotipo troquelado, asegúrate de que el material de refuerzo tenga un corte limpio y el color adecuado.

3D *Weld transfer*

El 3D *weld transfer* es un tipo de termosoldadura por radiofrecuencia. El troquel de soldadura tiene un borde muy definido, y cuando el material de TPU se suelda, el exceso se quita dejando atrás el material. Los colores y las superficies se limitan a lo que uno puede obtener del material TPU apto para este proceso. Es una buena manera de obtener un logotipo brillante, o un efecto cromado sobre una malla gruesa. Las herramientas pueden costar desde 300 a 1.000 dólares, dependiendo del tamaño del logotipo.

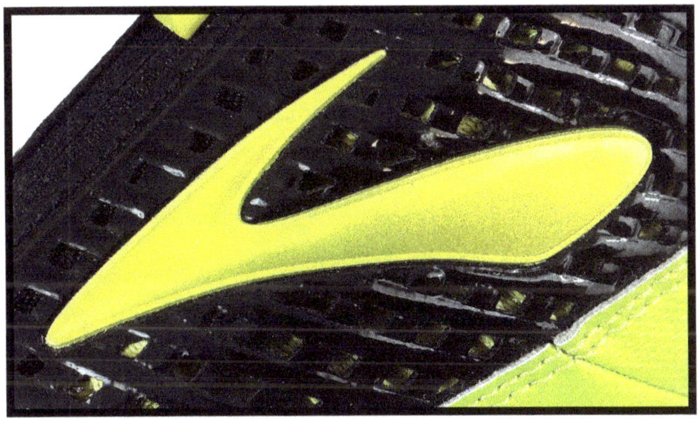

Logotipo troquelado vacío, o ventana

En lugar de una superposición, el troquel puede hacer que un vacío exponga la malla u otro uso del logotipo, como una etiqueta tejida, o una segunda malla con color.

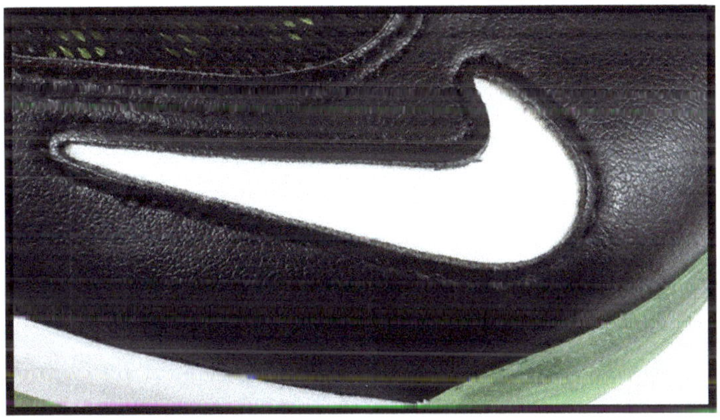

Serigrafía

La serigrafía también es muy utilizada en calzado, ya que apenas se necesita infraestructura, y los colores son casi ilimitados. Existen muchos acabados disponibles: mate, brillo, con relieve o 3D. Sin embargo, también existen limitaciones en cuanto a la superficie donde se trabaja. Las superficies ásperas, o materiales como el serraje, no se imprimen bien; y los tejidos elásticos hacen que la tinta se agriete. Cualquier superficie encerada, o engrasada, tampoco es adecuada para hacer serigrafía. Hay que tener en cuenta que el registro de colores puede ser difícil. Cada fábrica tendrá un departamento de serigrafía. El logotipo serigrafiado puede costar de 0,25 a 0,75 dólares, dependiendo del tamaño y la cantidad de colores. Por lo general, no se aplican cargos por logotipos serigrafiados.

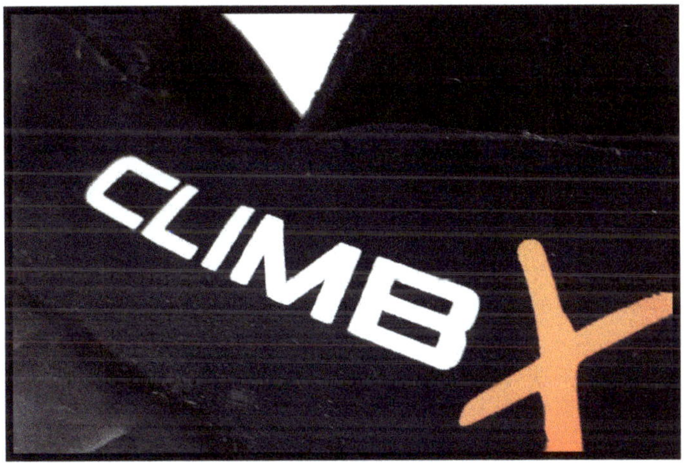

Serigrafía y grabado

Un recurso económico y con gran efecto que se utiliza en calzado, es serigrafiar y grabar el logotipo con una máquina de soldar por radiofrecuencia para obtener un efecto 3D. La soldadura por radiofrecuencia es una herramienta económica, y los cabezales metálicos no cuestan mucho. Asequible de configurar, y cuando se hace en la fábrica, es barato. Las herramientas para el grabado pueden costar cerca de 300 dólares, dependiendo del tamaño del logotipo.

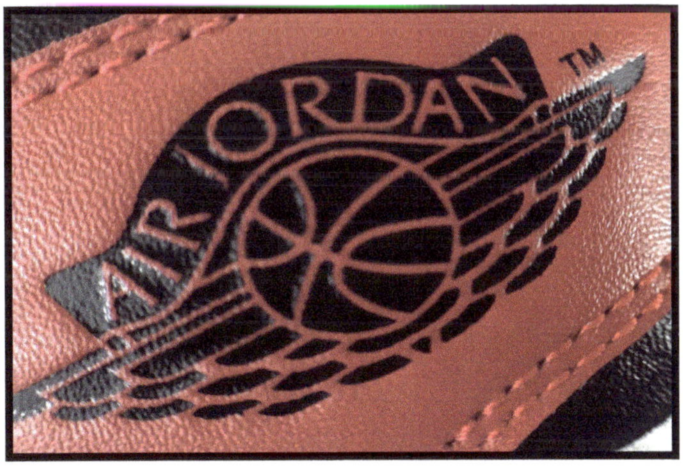

Timbrado

El RF también se puede utilizar sin serigrafía o lámina de TPU. Esta aplicación al logotipo se especifica como timbrado a fuego, y en PU, PVC o cuero crea el efecto de marcado que se hace al ganado.

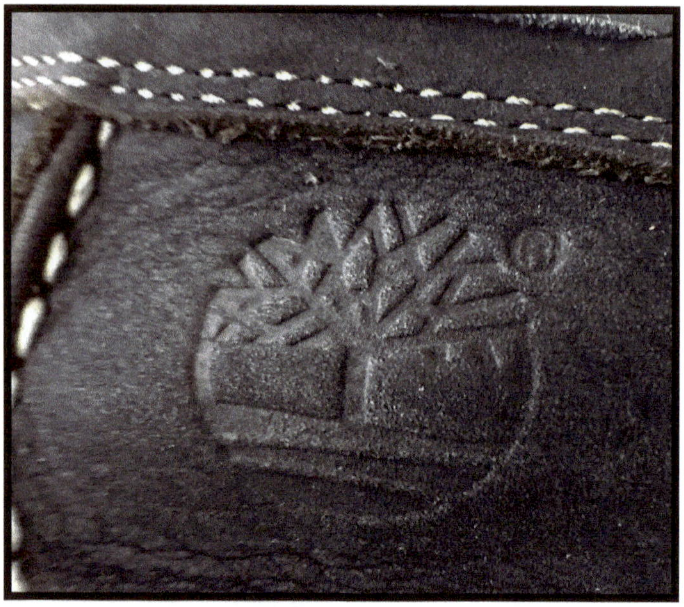

Logotipo bordado

Otro recurso muy utilizado en calzado, es el bordado, o la costura asistida por ordenador. Un hilo satinado puede crear un logotipo de aspecto caro, aportando un toque de clase. La mayoría de las máquinas pueden trabajar de 8 a 10 colores. Es una buena aplicación para logotipos, pero hay que tener cuidado, ya que el precio del bordado se mide por puntada, más un coste extra para añadir más colores. Los colores claros se pueden ensuciar fácilmente, y los hilos pueden engancharse. Hay que tener cuidado con el calzado impermeable, ya que el bordado dejará entrar agua. El logotipo puede bordarse en el panel lateral, y el precio puede variar mucho según el logotipo, también depende si la fábrica cuenta con su propio departamento de bordado. Normalmente el precio por unidad está entre 0,25 y 0,75 dólares, dependiendo del número de puntadas, y el número de colores.

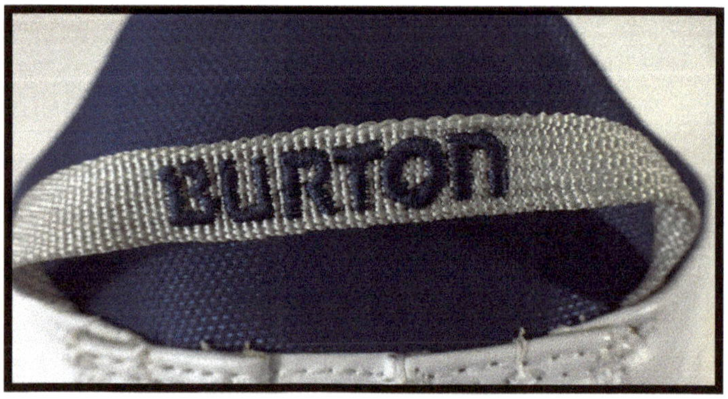

Bordado 3D

Hacer un bordado en 3D es una manera muy visual de integrar el logotipo en el diseño. Se coloca una pieza pequeña de espuma EVA bajo el cabezal de bordado; al bordarse, los hilos cortan el canto de la EVA, dejando el logotipo con un efecto 3D de entre 23mm. Se logra un gran efecto, pero también es propenso a imperfecciones y a ensuciarse al utilizarse en calzado. Generalmente no hay cargos de la puesta a punto de la maquinaria. El coste varía de 0,25 a 0,75 dólares, según el número de puntadas, y el número de colores.

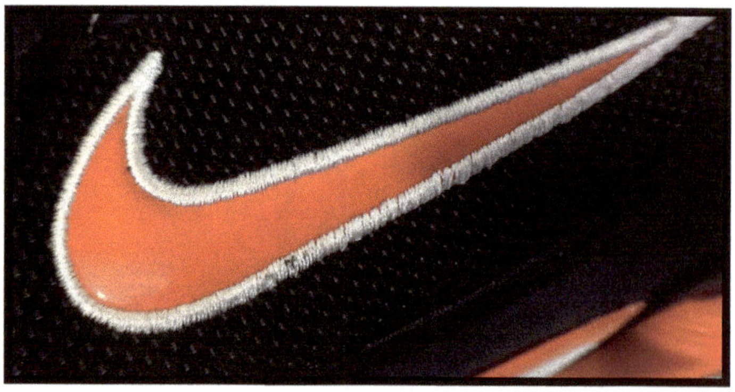

Sublimación

La sublimación es el proceso de impresión que utiliza un ordenador para imprimir un diseño a todo color en papel transfer. Se posiciona el papel en la superficie del material y se calienta, haciendo que la tinta se vaporice y se transfiera al material. La sublimación es conveniente para diseños fotográficos con cuatro colores. Esta impresión puede añadir de 0,25 a 1 dólar o más de precio de coste, dependiendo del tamaño de la impresión. La impresión digital también está ganando popularidad por su baja tarifas de puesta a punto.

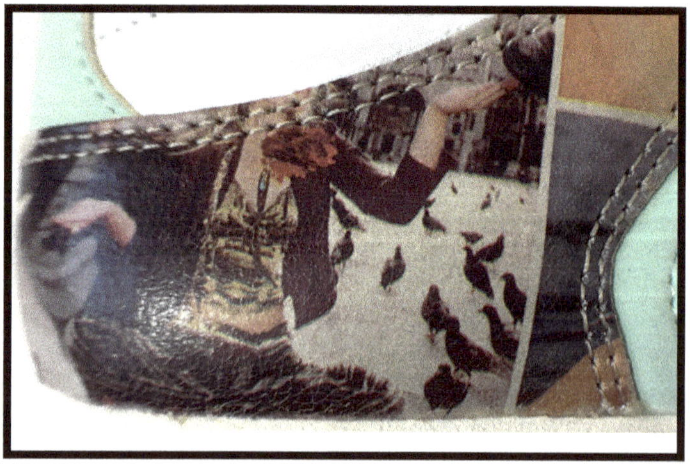

Etiquetas tejidas

Este tipo de etiquetas se hacen con una máquina controlada por ordenador. La definición es muy alta para detalles pequeños y texto. Los colores son casi ilimitados, y puede incluir hasta 15 colores. Las etiquetas que encontramos en la lengüeta de las zapatillas New Balance, o en las Nike clásicas, se fabrican mediante este proceso. También puede utilizarse para crear etiquetas con información en las zapatillas. Los costes de programación de la máquina son bajos, incluso nulos. Este tipo de logotipos en etiquetas tejidas no son caros. Los precios varían de 0,05 a 1 dólar por un parche grande multicolor.

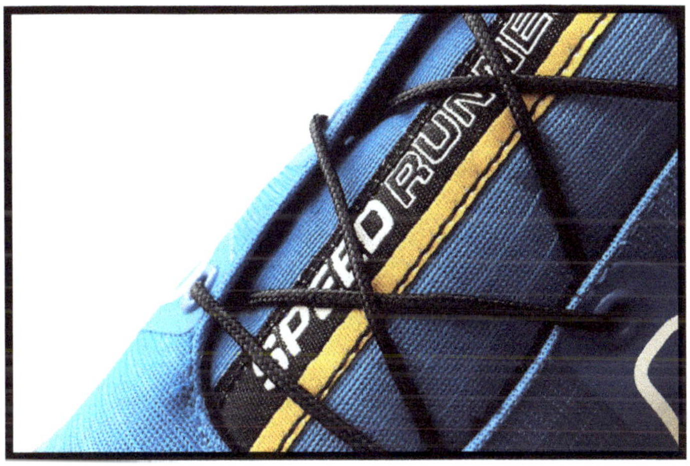

Logotipos moldeados

Las zapatillas modernas pueden incluir varios componentes moldeados. Por ejemplo, suelas de EVA, estabilizadores de plástico, suela de goma, etc. Cada una de estas piezas es una oportunidad perfecta para dar a conocer el logotipo de la marca en el diseño. Estos logotipos no cuestan nada una vez que se crean en el molde.

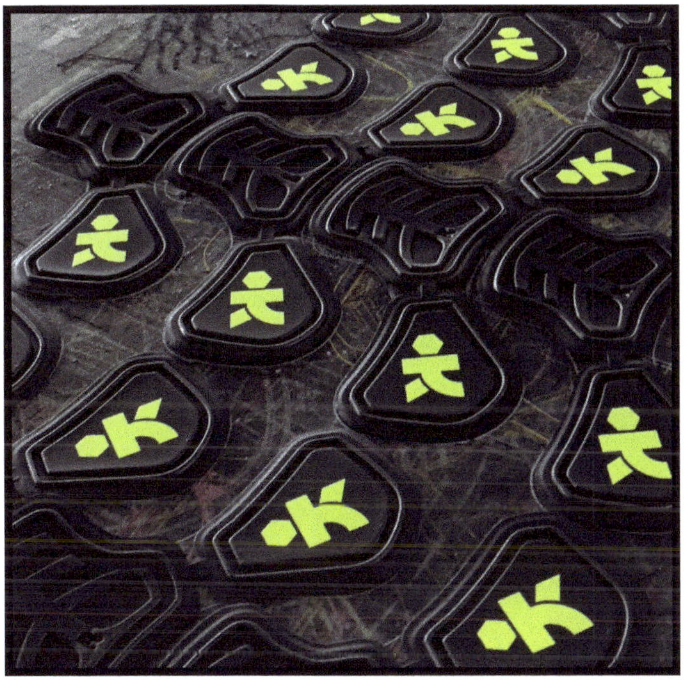

Fornituras metálicas

Las fornituras metálicas son la mejor forma de personalizar un diseño. Placas con logo, ojetes personalizados, o trevillas, son otras opciones para personalizar. Las fornituras se pueden moldear, estampar, pintar, bañar, pulir, o anodizar. Existen muchas opciones de metal; desde el acero, hasta el latón, zinc, o aluminio. Las fornituras de metal personalizadas tendrán algunos costes de desarrollo, y el precio depende del tipo de metal y del proceso requerido. Las piezas metálicas varían de 0,05 a 1 dólar dependiendo del tamaño, la aleación, y el acabado.

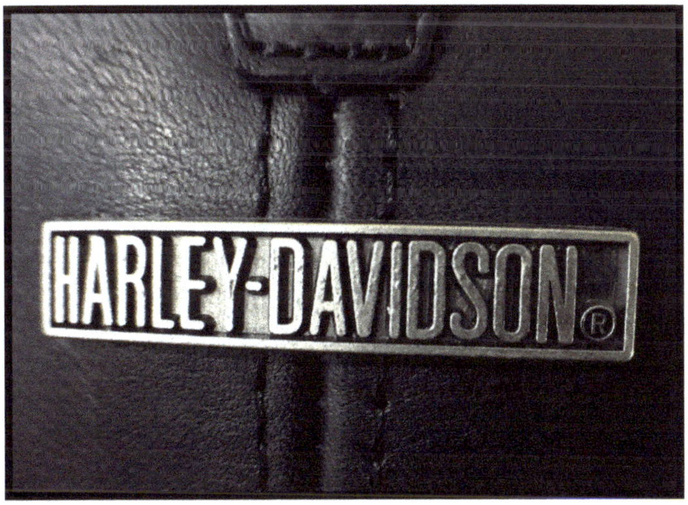

Burbujas de gel de PVC

Una manera sencilla de hacer un logotipo único es mediante la aplicación de una burbuja de gel. Se realiza añadiendo una burbuja transparente de gel de PVC en una etiqueta tejida, o impresa. Estos logotipos suelen tener una base donde se cose; también puede utilizarse sobre una entresuela, o la suela. Las burbujas de gel de PVC cuestan aproximadamente 0,20 dólares cada unidad, dependiendo de la impresión del lado posterior.

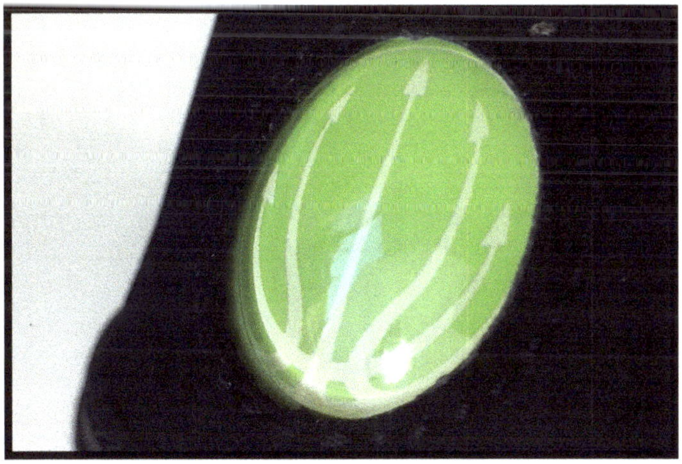

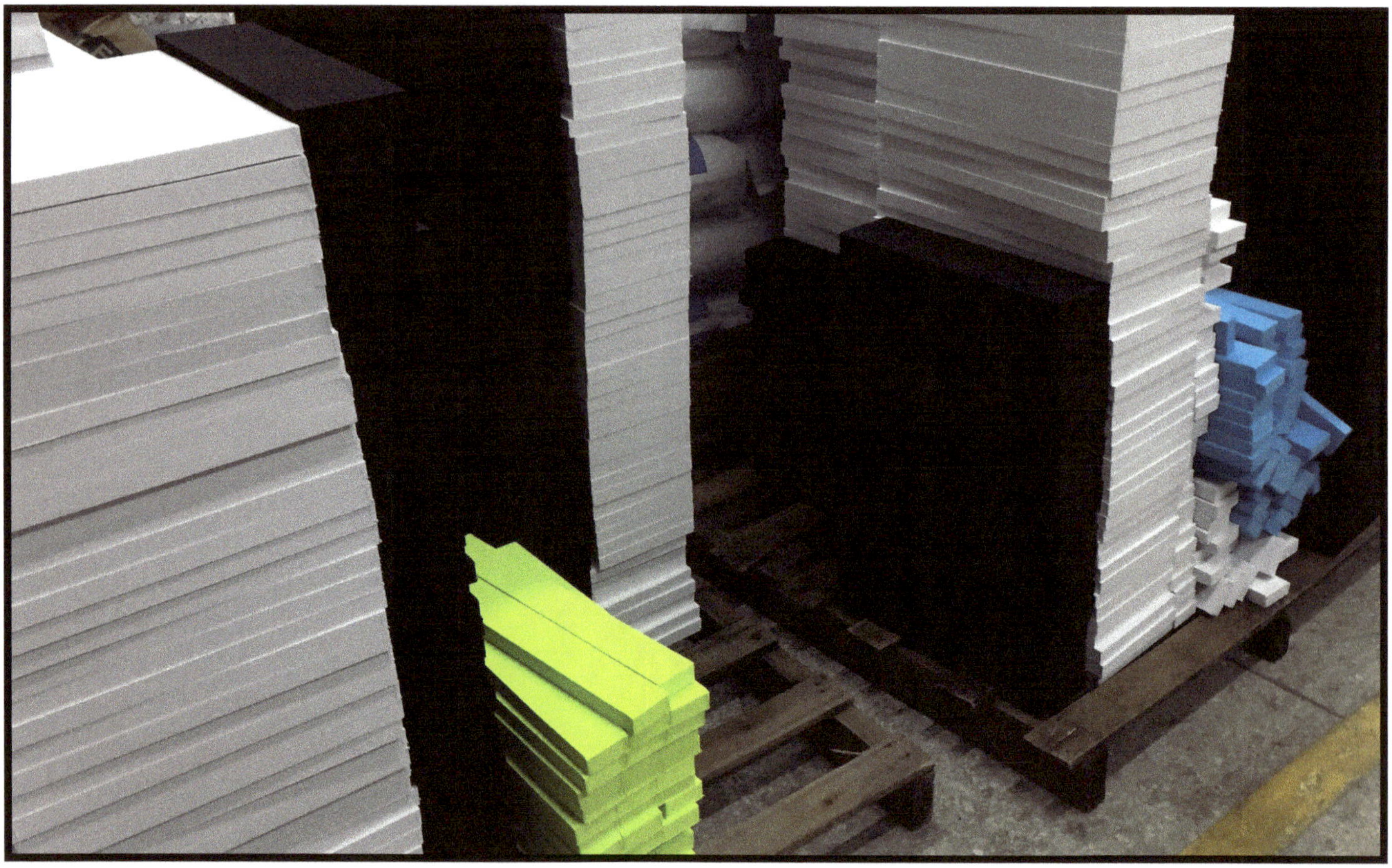

CAPÍTULO 10

ESPUMA PARA CALZADO

Existen muchos tipos de espuma que se utilizan para la fabricación del calzado. En este capítulo se detallan los distintos tipos de espuma que se encuentran dentro del corte de las zapatillas, y las suelas. El calzado deportivo actual tiene varios tipos de espuma en su interior. La espuma proporciona comodidad, estructura, amortiguación, y puede ayudar a definir el estilo y el diseño de tus zapatillas.

Los diseñadores y desarrolladores de calzado tienen muchos tipos de espuma para elegir, dependiendo de los requisitos de la moda actual, o del rendimiento del modelo que se esté fabricando.

¿Qué es la espuma?

La espuma puede ser cualquier compuesto de plástico o caucho con burbujas de aire o celdas en su interior. La capacidad de expansión y la dureza de los materiales que forman la espuma, combinado con el tamaño de las celdas, determina la naturaleza de la espuma. Los compuestos utilizados para hacer las estructuras de las espumas pueden ser blandos o duros, pesados o livianos. El compuesto es muy importante para el tacto de la espuma. ¿Tiene la espuma un tacto mullido, o un tacto que absorbe el impacto lentamente?

La espuma se puede clasificar en dos tipos, espuma de celda abierta, y espuma de celda cerrada. Estos dos tipos de espuma tienen características muy diferentes, y tienen muchas funciones diferenciadas dentro de un zapato.

Espuma de celda abierta

La espuma de celda abierta se define por sí sola; los compuestos de plástico que forman las celdas de espuma están abiertos, el aire y el agua interfieren libremente, similar a una esponja para lavar los platos. La espuma de celda abierta absorbe agua por su propiedad hidrofílica, y se puede utilizar para eliminar el sudor del pie. Normalmente, es suave y se usa en los componentes del corte de las zapatillas, como en lengüetas y en forros.

Esta espuma está hecha de plástico de poliuretano, y en inglés se conoce como KF o KFF foam. Esta espuma está disponible en diferentes densidades, y en casi cualquier grosor y color. Se utiliza en lengüetas, y en el hueco; aunque también se utilizan planchas finas de espuma de PU para reforzar el tejido en la mayoría de las piezas que forman el corte de las zapatillas. La espuma de PU permite que las puntadas penetren para proporcionar a la malla un soporte adicional a la vez que reduce las arrugas del corte. La espuma reticulada es la espuma más abierta.

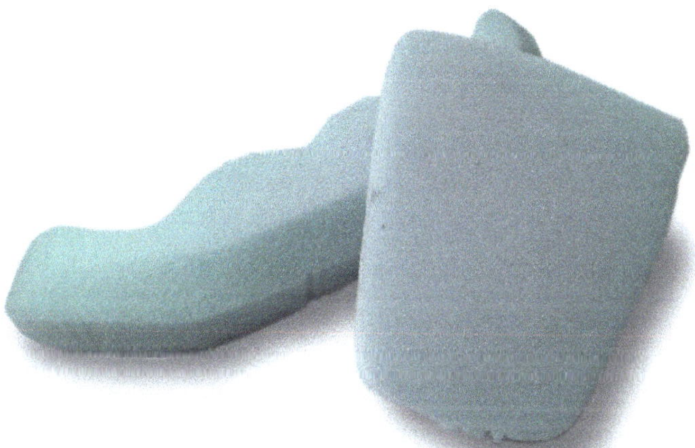

Este tipo de espuma se usa para dar características de ventilación. El aire y el agua fluyen libremente a través de la espuma. La espuma con memoria es una variante del PU (poliuretano), con sustancias químicas adicionales que aumentan su viscosidad y densidad.

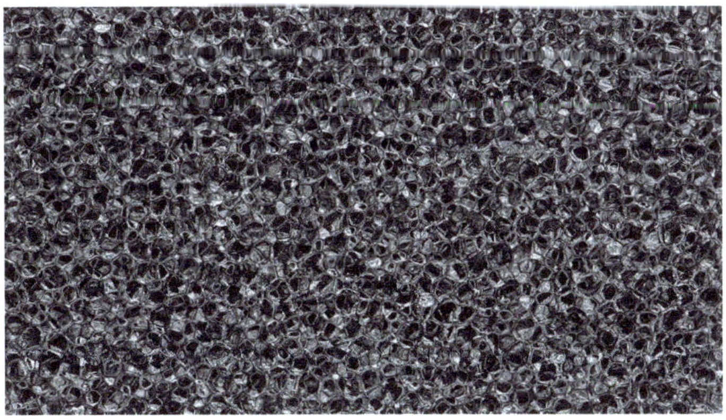

Espuma de celda cerrada

En la espuma de celda cerrada, las celdas de aire están cerradas o selladas, y no permiten que escape el gas interno de la espuma. Estas espumas son impermeables y pueden tener propiedades hidrofóbicas.

Para crear calzado impermeable o resistente al agua, se pueden utilizar capas finas de EVA. Las espumas de celda cerrada están hechas de varios compuestos plásticos diferentes, y se disponen en una variedad de densidades, desde blandas como las almohadas, hasta duras como la madera.

La espuma de celda cerrada es, generalmente, más densa que la de celda abierta; pero está disponible en calidades blandas y acabados similar a la goma. Las entresuelas de las deportivas están hechas de este tipo de espuma. La espuma de celda cerrada más común incluye EVA (Etilvinila cetato), PE (Polietileno), SBR (Caucho de Estireno Butadieno), PU (Poliuretano), látex y neopreno. Cada uno tiene sus propiedades concretas

Por ejemplo, la espuma EVA se usa para reforzar materiales hechos de maya, una capa de 2mm de EVA hará el tejido impermeable. El neopreno y el SBR se utilizan cuando es necesario que el producto tenga propiedades elásticas. El látex es muy utilizado para revestir el escote, o el hueco de las zapatillas, mientras que la espuma de PE es más ligera, pero no es tan duradera, por lo que su uso es limitado.

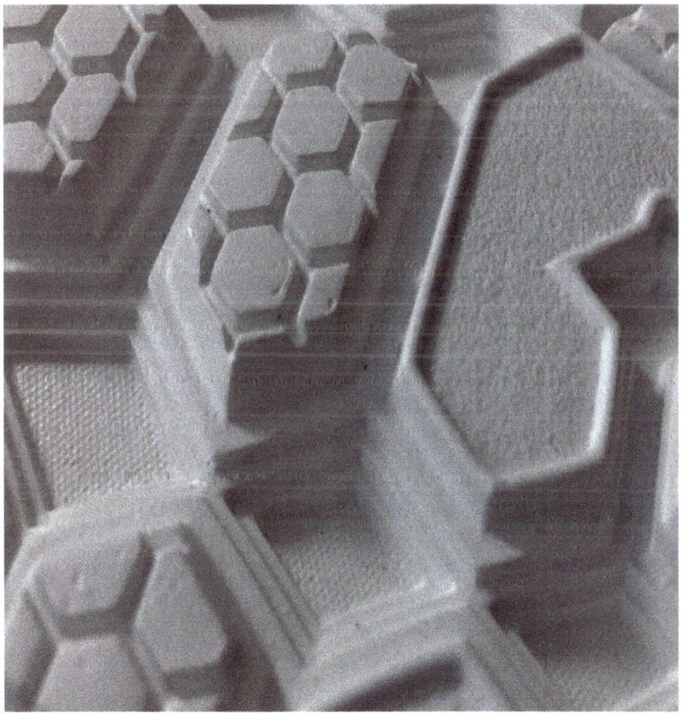

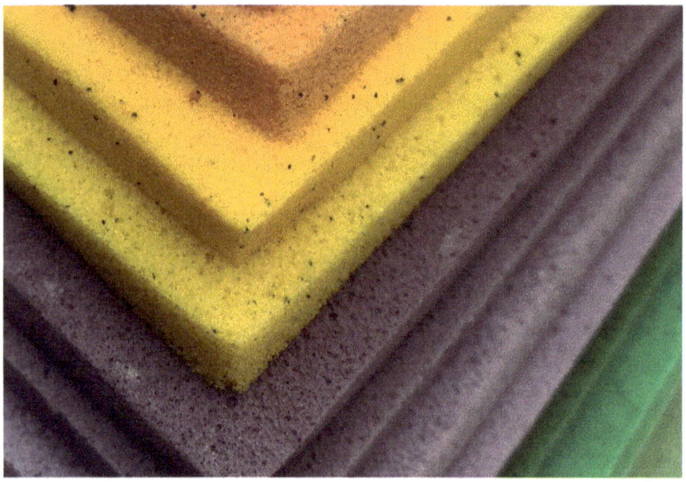

Al trabajar con espuma, es importante saber qué espuma es apropiada para el corte de la zapatilla, y cuál es la espuma apropiada para amortiguar la suela. Al especificar la espuma, es fundamental comprender las características de rendimiento.

Densidad
Durómetro
Resistencia a la compresión
Resistencia a impactos
Recuperación
Conformabilidad
Maleabilidad
Transpirabilidad
Hidrofílico contra hidrofóbico

Densidad de la espuma

La densidad es una medida de cuánto de pesado es la espuma al compararlo con su volumen. La espuma de PU de celda abierta tiene una densidad baja, y puede ser muy suave. La espuma de neopreno tiene una densidad más alta, lo que la hace pesada, pero también es suave. Las espumas de PE pueden ser muy duras, y relativamente livianas. La rigidez del material plástico que forma la espuma, combinado con el tamaño de las celdas, determina la densidad. La densidad se mide en libras por pie cuadrado. Una espuma de 2lb. es muy ligera, mientras que una espuma de densidad de 8 lb. es una espuma estructural pesada.

Durómetro

El durómetro es la medida que expresa lo firme o suave que es la espuma, y mide la resistencia a la penetración de la superficie. Los números más bajos indican materiales más blandos y flexibles, mientras que los números más altos indican materiales más duros. Para la espuma EVA, una lectura del durómetro de 25º de densidad Asker C estaría bien para acolchar el corte, pero demasiado suave para la entresuela. La capacidad de expansión y la dureza del material plástico que forma la espuma, combinado con el tamaño de las celdas, determina el durómetro de la espuma.

Escoger la espuma adecuada

La resistencia a la compresión es la capacidad de la espuma de recuperarse después de ser comprimida. Las espumas con una mala compresión se aplastarán después de unos pocos días de uso. Las espumas que resisten la compresión se pueden utilizar para amortiguar una zapatilla de *running* que durará cientos de millas. Se pueden usar espumas más suaves en el corte del zapato, pero no para debajo de los pies.

Resistencia a impactos

La resistencia al impacto es la capacidad de la espuma para absorber y dispersar la energía del golpe. Una buena resistencia al impacto protege el pie de golpes, o incluso fracturas al saltar o caer.

Recuperación

La recuperación es una característica muy importante para la amortiguación de la entresuela de cualquier zapatilla. Un material de espuma con una recuperación alta, volverá a su forma rápidamente y tendrá un aspecto elástico y dinámico. La espuma con una recuperación baja, o lenta, hará que el corte sea muy cómodo, pero si se coloca debajo del pie, tendrás la sensación de caminar lento, cansado y sin energía a cada paso.

Conformabilidad

Es fundamental para la comodidad del corte que la espuma se adapte al pie. Una lámina de espuma que no se amolda, o una espuma moldeada que no se ajusta al contorno del pie, no será cómodo.

Maleabilidad

Dependiendo del compuesto y del proceso utilizado para hacer la espuma, podrás moldearlo a las formas ergonómicas de una zapatilla, o no. Dónde y cómo se usa la espuma depende de su capacidad de maleabilidad.

Transpirabilidad

La transpirabilidad de la espuma puede ser un activo o pasivo según los requisitos funcionales del modelo. Transpirable puede significar frío en climas cálidos, pero también puede hacer que una zapatilla esté fría y empapada en climas húmedos.

Hidrofílico contra hidrofóbico

Las espumas de células abiertas hidrofílicas pueden absorber agua o sudor para enfriar, mientras que las espumas hidrofóbicas de celda cerrada resisten la absorción de agua. La espuma hidrofóbica es óptima para una zapatilla de uso en ríos, ya que permite que se seque rápido y se mantenga liviana incluso cuando se encuentre mojada.

Escoger la espuma adecuada

Con los nueve factores de rendimiento diferentes en mente, el diseñador puede escoger la espuma perfecta según la funcionalidad deseada. A continuación, detallamos un listado con las espumas más utilizadas en calzado.

EVA (etilvinilacetato)

La EVA es el material para entresuela más utilizado para calzado deportivo. Es liviano, duradero, fácil de hacer y resiste la compresión. La EVA puede ser prensada en caliente (termoconformado), o en frío; troquelada, inyectada y conformada para elaborar entresuelas. Disponible en una amplia gama de densidades y fórmulas, pudiendo ser suave y flexible, o dura y rígida. Se puede fabricar en casi cualquier color, y se puede encontrar en todos tipos de calzado. También se utiliza para elaborar plantillas anatómicas, plantillas acolchadas para el *strobel*, y laminados para reforzar un tejido.La EVA no es transpirable, pero puede perforarse.

PU de celda cerrada

El compuesto líquido se expande y forma celdas de aire para llenar el molde. Se usa para hacer entresuelas resistentes para botas de montaña, y también se pueden hacer piezas con la entresuela y el piso juntos. Otro uso de la espuma es unir la entresuela con el corte, ya que el PU se expande en líquido y permite llenar formas complejas. Muchas suelas de zapatos de tacón están hechas de espuma de alta densidad; y la espuma blanda se utiliza muy a menudo en plantillas anatómicas debido a su resistencia a la compresión. Las Nike Foamposite™ están hechas de espuma de PU.

PU de celda abierta

Esta espuma forma parte del corte de casi todas las zapatillas de deporte. Es de celda abierta, por lo que se debe tener cuidado para que no absorba el pegamento. También, esta espuma de PU se utiliza para laminar tejidos y hacerlos más resistentes. La espuma de PU se utiliza para foamizar la lengüeta y el hueco. A me nudo, se le conoce como espuma KFF. Debido a su configuración blanda, la espuma de PU de celda abierta no se puede utilizar en componentes que estén bajo el pie.

PE (polietileno)

En planchas, la espuma PE se corta fácilmente y se utiliza para laminar. Las piezas se conforman para ser utilizadas en el interior, y en lengüetas. Debido a su baja densidad, la espuma de PE no se utiliza en componentes que estén bajo el pie. Esta espuma es de celda cerrada, e impermeable.

SBR (caucho de estireno butadieno)

La SBR es una espuma muy blanda, a menudo utilizada para laminar dos capas de tejido, ya que es de célula cerrada, y tiene la capacidad de impermeabilizar. La espuma SBR se utiliza también como sustituto ligero de la goma de neopreno, pero no es tan elástica.

Espuma de PVC (cloruro de polivinilo)

La espuma de esponja de PVC es de celda cerrada, y está disponible en muchas formulaciones. La espuma de esponja de PVC rígida se usa para reforzar las tablas de surf, mientras que la espuma de esponja de PVC blanda se usa para hacer chalecos salvavidas y otros artículos deportivos. Es una espuma relativamente pesada, pero responde bien al moldeo por compresión. No se utiliza para amortiguar bajo los pies, pero se usa como material de refuerzo maleable para polipiel y en aplicaciones con logotipos.

Espuma de látex

La espuma de látex se moldea fácilmente en cualquier forma deseada mediante moldes. Se usa para acolchar el corte, y no como entresuela. Se pueden utilizar láminas de espuma de látex de alta densidad troqueladas para hacer plantillas, y plantillas anatómicas, ya que proporciona una gran comodidad instantánea al probártelo en la tienda, pero no es una espuma duradera que se utilice para correr, o para calzado deportivo. Las piezas ergonómicas moldeadas dentro de las botas de esquí y *snowboard* suelen hacerse con esta espuma. El látex también se utiliza para unir gránulos de corcho en los componentes de la entresuela.

Espuma viscoelástica

La espuma viscoelástica o con memoria, se compone principalmente de poliuretano y productos químicos adicionales que aumentan la viscosidad y densidad. También se le conoce como espuma de poliuretano de baja resiliencia. La espuma viscoelástica de mayor densidad se ablanda al entrar en contacto con el calor corporal, moldeándose en unos minutos. La espuma viscoelástica puede perder sus propiedades de memoria en climas fríos, y puede echarse a perder si se expone a temperaturas bajo cero.

Espuma de neopreno

El neopreno o policloropreno, es un caucho sintético expandido con celdas cerradas que se produce por la polimerización del cloropreno. El neopreno se fabrica en bloques de gran tamaño y se corta al grosor requerido. El grosor varía de 1mm a 12mm. Este material mantiene la flexibilidad en un amplio rango de temperatura, y se utiliza como capa aislante. Es el material más utilizado en los escarpines de neopreno, y se utiliza mucho para hacer el hueco o escote elástico en calzado. El neopreno es impermeable, pero no transpirable, y es relativamente pesado y caro.

Espuma utilizada en el calzado deportivo actual

Estas zapatillas de béisbol tienen doce componentes de espuma diferentes, y utilizan ocho tipos diferentes de espuma de celda abierta y cerrada.

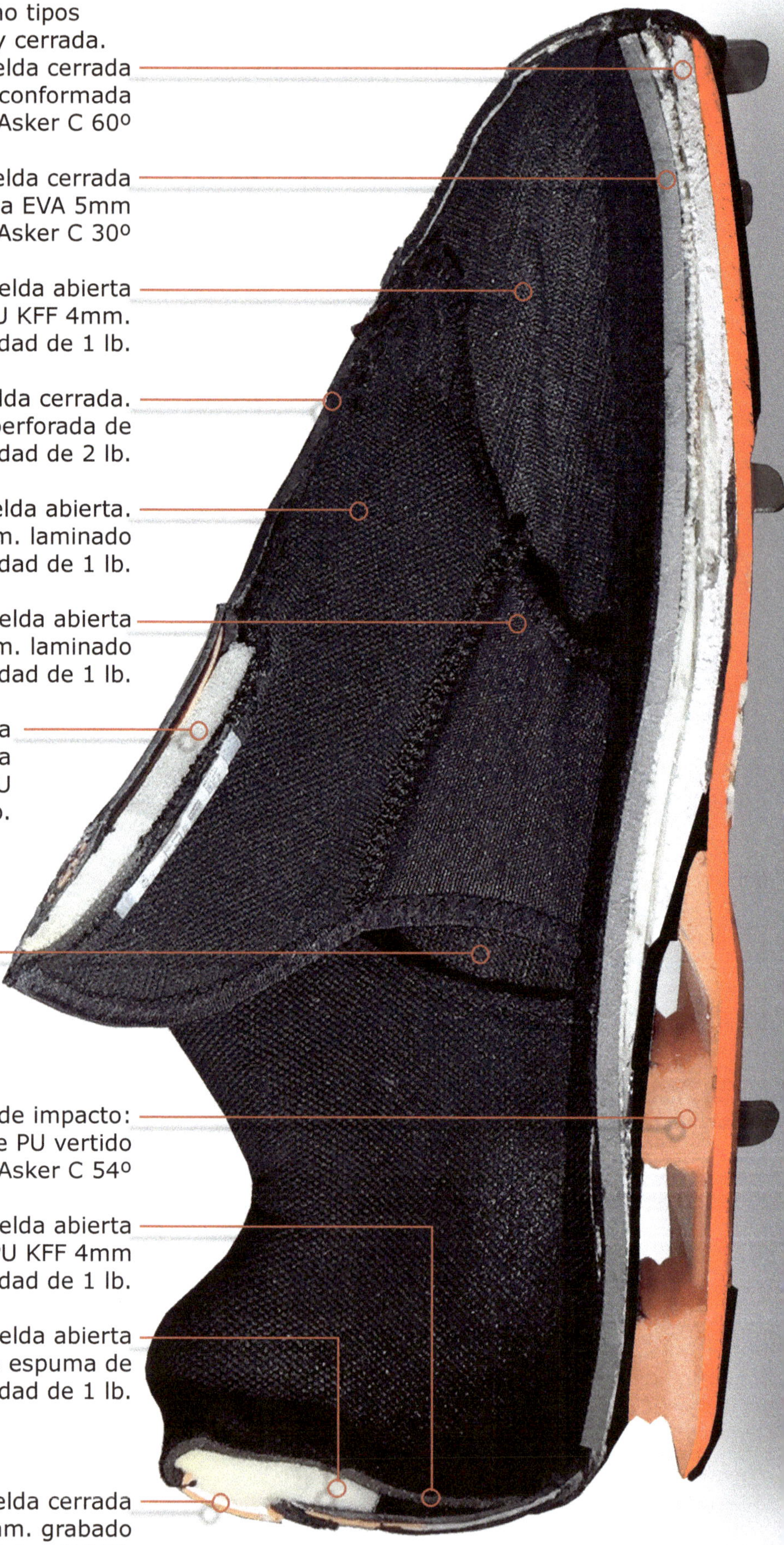

Espuma entresuela: celda cerrada
EVA termoconformada
Durómetro Asker C 60º

Espuma de la plantilla: celda cerrada
Troquelado de plancha EVA 5mm
Durómetro Asker C 30º

Forro de la pala: espuma de celda abierta
Relleno: espuma de PU KFF 4mm.
Laminado a la llama al tejido. Densidad de 1 lb.

Espuma de la lengüeta: celda cerrada.
Espuma SBR perforada de
2mm., densidad de 2 lb.

Forro de la lengüeta: espuma de celda abierta.
Relleno: espuma de PU KFF de 4mm. laminado
a la llama al tejido. Densidad de 1 lb.

Fuelle de la lengüeta: espuma de celda abierta
Relleno: espuma de PU KFF de 4mm. laminado
a la llama al tejido. Densidad de 1 lb.

Relleno de espuma
de la lengüeta: celda abierta
Troquelado de espuma de PU
KFF 6mm. Densidad de 1 lb.

Relleno acolchado
del corte: celda abierta
Espuma de PU KFF 4 mm.
Laminada. Densidad de 1 lb.

Entresuela disipadora de impacto:
celda cerrada. Espuma de PU vertido
Durómetro Asker C 54º

Forro del hueco: espuma de celda abierta
Relleno acolchado: espuma de PU KFF 4mm
Laminado a la llama al tejido. Densidad de 1 lb.

Relleno acolchado de la lengüeta: celda abierta
Troquelado de espuma de
PU KFF 6mm. Densidad de 1 lb.

Refuerzo de espuma del logotipo: celda cerrada
Espuma de PVC 2mm. grabado
en relieve. Durómetro Asker C 25º.

Cómo medir la densidad de la espuma

La densidad se mide en gramos por metro cúbico. La espuma de celda abierta blanda es de aproximadamente 544gr/m3 (1.2 lbs. por pie2). Para una espuma más densa, se necesitará una prueba con un durómetro. Se utiliza un durómetro tipo Asker C para medir la dureza de los componentes de espuma del calzado.

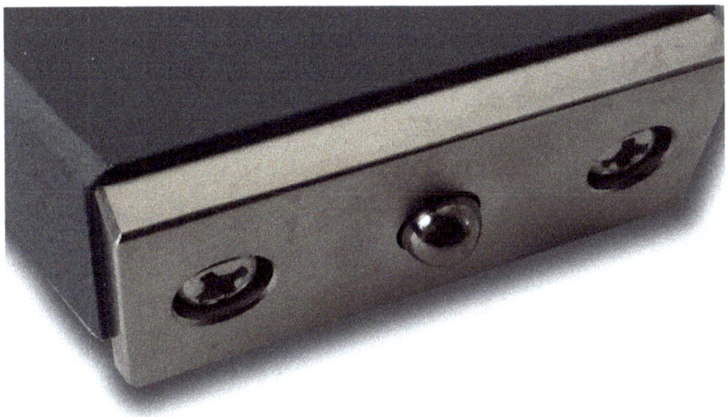

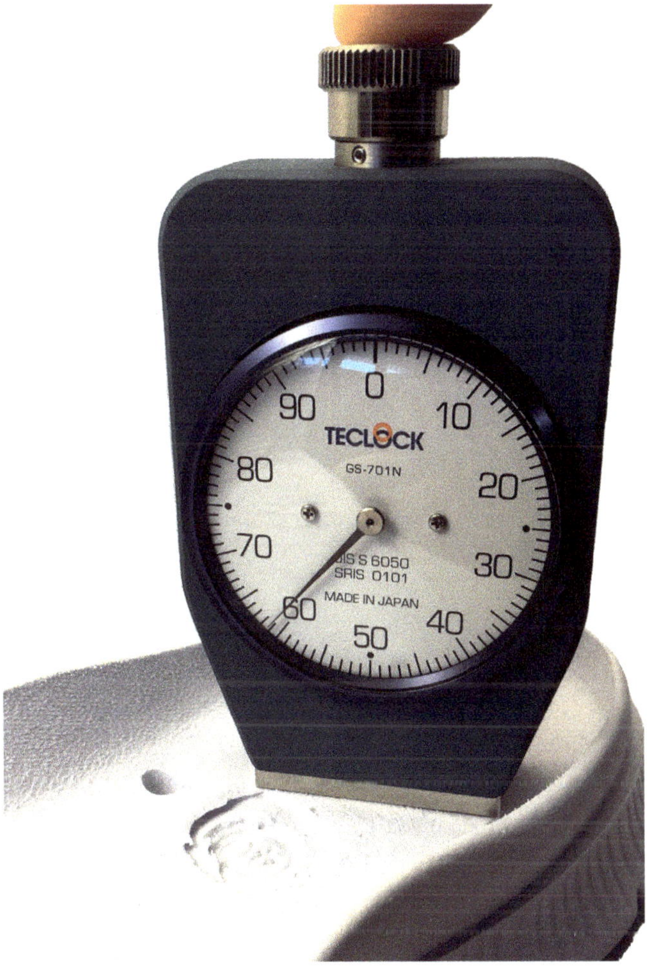

El durómetro dará la lectura de la densidad del material. Hay que intentar hacer la prueba en zonas planas, y hacer varias comprobaciones sobre la misma pieza de la zapatilla. Otra forma de hacerlo consiste en intentar cortar el material hasta llegar al centro de la espuma para hacer la prueba. El exterior de la espuma EVA puede dar un valor con mayor densidad. Una entresuela de EVA estándar puede ser de 55º, y una plantilla fina, 35º.

Zonas de los ensayos

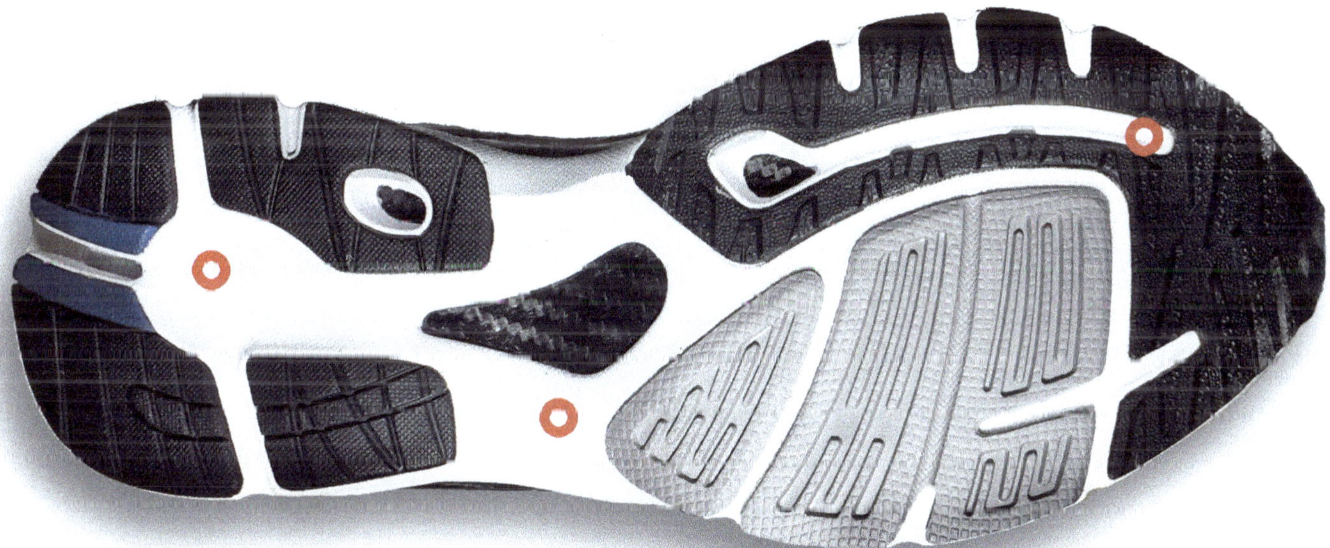

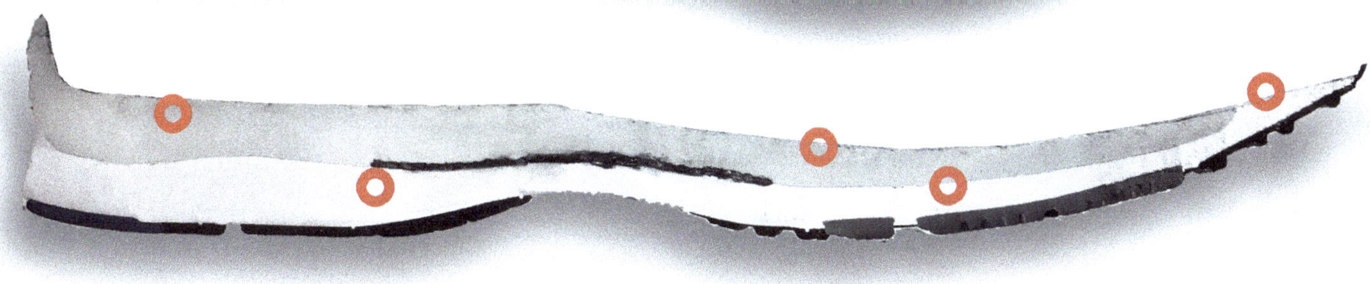

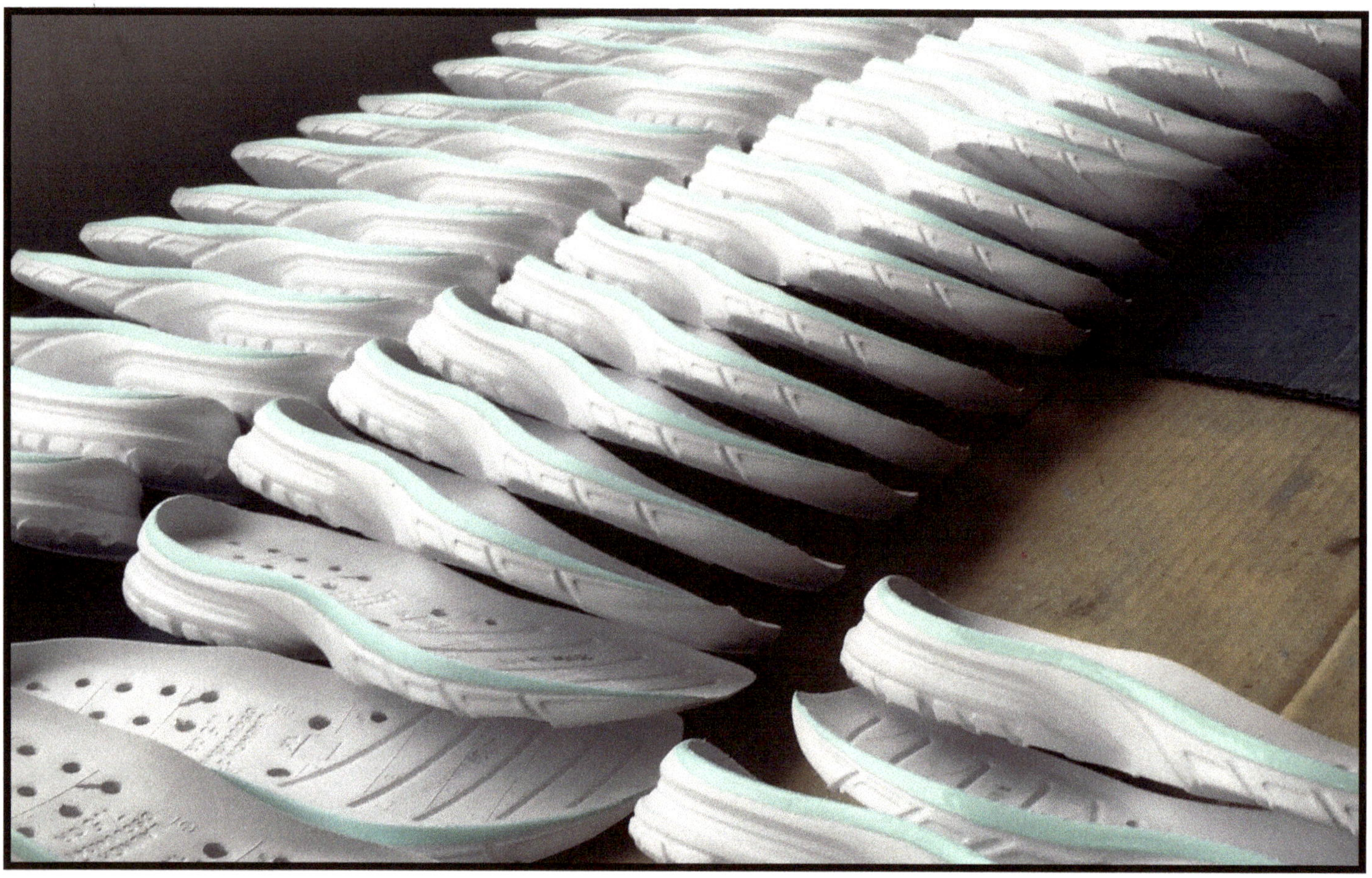

CAPÍTULO 11

SISTEMAS DE AMORTIGUACIÓN DE LA ENTRESUELA

La entresuela, o media suela, es la pieza que llena el espacio entre la suela y el corte de una zapatilla. En el calzado actual, la entresuela proporciona amortiguación, soporte y eleva el talón. No todos los tipos de calzado llevan entresuela, y existen algunos diseños de suelas que incluyen un sistema de amortiguación en los componentes de la propia suela. La composición de la entresuela depende del precio del modelo de zapatilla, los requisitos de rendimiento, las limitaciones del espacio, la construcción y, lo creas o no, el marketing.

Materiales más utilizados en entresuelas

Los materiales para amortiguar más utilizados son: espuma de EVA, espuma de PU, espuma de TPU, cámara de *aire*, ahorros (*egg crate*) de goma, ahorros de TPR, *blown rubber foam*, piezas de gel, plástico moldeado por inyección, corcho y estructuras impresas en 3D. La elección de los materiales de la entresuela dependerá del precio y de los requisitos de rendimiento para el diseño de tu modelo. El diseño de tu modelo de calzado también influirá. Los zapatos de cuero y los zapatos deportivos de alta tecnología, generalmente, no comparten el mismo diseño o materiales que forman la entresuela.

Antes de ver los materiales de las entresuelas, hay que saber las características de rendimiento que se necesitan en las entresuelas; algunos de ellos son:

Amortiguación
Soporte
Flexibilidad
Peso
Resistencia al impacto
Recuperación
Resistencia a la compresión

Amortiguación

La amortiguación es la capacidad de la espuma para absorber y dispersar el impacto, proporciona comodidad para caminar y correr. También protege el pie de hematomas, o incluso de fracturas al saltar o caer. La entresuela de la zona del antepié, en la mayoría del calzado casual y deportivo, mide entre 6 y 10 mm. En zapatos de tacón, la entresuela mide entre 10 y 20 mm. Las zapatillas de *running* y de baloncesto requieren más amortiguación, mientras que el calzado de vestir y los modelos de calle necesitan menos.

Apoyo y soporte

La entresuela debe tener soporte y sujeción para garantizar poder caminar o correr de manera segura. Esto puede darse con una base ancha, o con componentes adicionales, como contrafuertes de plástico moldeado, o un *cupsole* de goma. El soporte necesario está relacionado con el propósito del modelo. Una zapatilla de pista para baloncesto ofrecerá mucho menos soporte que una entresuela diseñada para caminar, o las entresuelas de botas militares. La forma y la densidad de la entresuela determinan su capacidad de proporcionar soporte.

Flexibilidad

Dependiendo de la finalidad del modelo, la entresuela necesitará mayor o menor flexibilidad. Una zapatilla de tenis debe tener flexibilidad, mientras que una entresuela para una bota de alpinismo debe proporcionar amortiguación y soporte sin doblarse. Aunque tener una mayor flexibilidad suele ser bueno, demasiada flexibilidad puede causar inestabilidad y provocar fatiga en el pie.

Peso

De nuevo, dependiendo del propósito del modelo, el peso de la entresuela puede ser una característica muy importante. Para unas zapatillas de *running* de larga distancia, o de pista, cada gramo cuenta. En cambio, para el motociclismo, una entresuela algo pesada no es un problema.

Recuperación

La recuperación es una característica clave para la amortiguación de la entresuela. Una espuma que se restablece rápidamente, tendrá un aspecto elástico y dinámico. La espuma con una recuperación o lenta, hará que el corte sea muy cómodo, pero si se coloca debajo del pie, tendrás la sensación de caminar lento, cansado y sin energía a cada paso.

Resistencia a la compresión

La resistencia a la compresión es la capacidad de la espuma de recuperarse después de ser comprimida. Las espumas con una mala compresión se aplastarán después de unos días. Las espumas que resisten mejor la compresión se usan en zapatillas de *running* para que duren cientos de millas.

Materiales de entresuela más utilizados

Espuma EVA (acetato de etilvinilo)

Es el material de amortiguación más utilizado en el calzado deportivo y casual. Este material puede ser prensado en caliente (termoconformado), o en frío; troquelado, inyectado y conformado para entresuelas. La espuma EVA es liviana y puede crearse en una amplia gama de densidades y características; desde una espuma firme, hasta una textura gomosa. Para calzado deportivo, lo normal es utilizar densidades de EVA de 50 a 60º Asker C.

Inserciones de EVA

Las entresuelas de EVA más básicas se crean colocando piezas troqueladas en suelas de goma. Pueden colocarse solo en el talón, o en lámina entera para llenar el interior del piso o suela. La entresuela troquelada es una forma barata de dar comodidad a una zapatilla de bajo precio.
HERRAMIENTAS: troqueles <100 dólares.
PRECIO POR UNIDAD: 0,25 a 0,75 dólares el par.

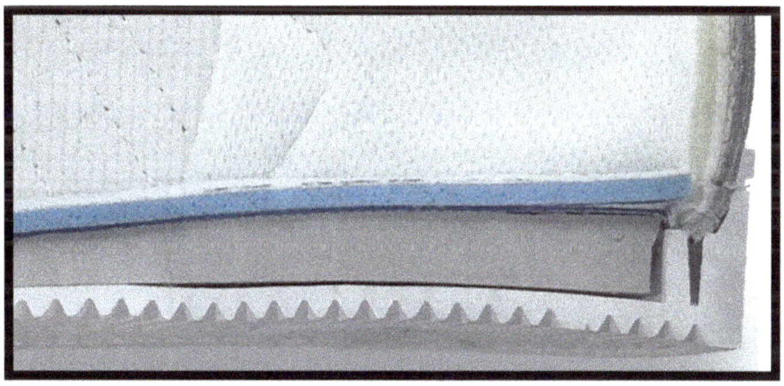

EVA moldeada por compresión

Las suelas más normales se crean con dos piezas: una entresuela ligera termoconformada que va unida a una suela de goma. La espuma EVA se expande en bloques, después se corta para encajarlo en un molde. Este molde se calienta para hacer que la EVA se expanda de nuevo y llene el molde. La densidad y el durómetro se establecen según la cantidad de espuma comprimida en el molde y la fórmula de la espuma. Cuanta más espuma, más duro. La entresuela se une a la goma en el guarnecido de materiales antes de pasar a la línea de trabajo para montar el corte.
HERRAMIENTAS: 1.500 - 2.500 dólares por talla.
PRECIO POR UNIDAD: de 1,50 a 3,00 dólares/par.

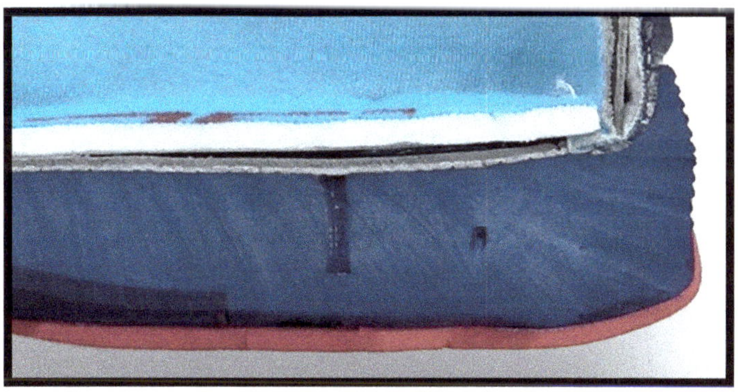

Espuma de poliuretano

La espuma de PU también es una opción muy utilizada para entresuelas. Al igual que la espuma EVA, esta también se puede formular en diferentes densidades según los distintos tipos de entresuelas de calzado. La espuma de PU tiene la capacidad única de moldearse a partir de una base líquida; y es una mezcla de compuestos de isocianatos y polioles.

Una vez mezclados los dos compuestos, se forma una pasta viscosa lista para vertirse en un molde a temperatura ambiente. Una vez que el molde se cierra y se calienta, el compuesto se expande para llenar el molde. A diferencia de el material EVA, la temperatura para la formación es relativamente baja. El líquido fluye dentro del molde permitiendo que otras piezas, como cámaras de *aire*, forros de tejido, y las piezas del cambrillón puedan introducirse en el molde. El PU fluye dentro del molde, por lo que puede utilizarse para hacer formas complicadas, como las suela de zapatos de tacón para mujeres.

La PU líquido puede llenar fácilmente formas complejas. Se utiliza para fabricar componentes de entresuelas de Nike Shox™. La espuma de PU también se puede modificar con otros aditivos para crear espumas especiales, como espumas viscoelásticas, o espumas newtonianas como la 3DO™.

Las densidades de espuma de PU pueden variar de 45º a 85º Asker C.

HERRAMIENTAS: 2.500 a 4.000 dólares por talla.
PRECIO POR UNIDAD: 2,50 a 4,00 dólares el par.

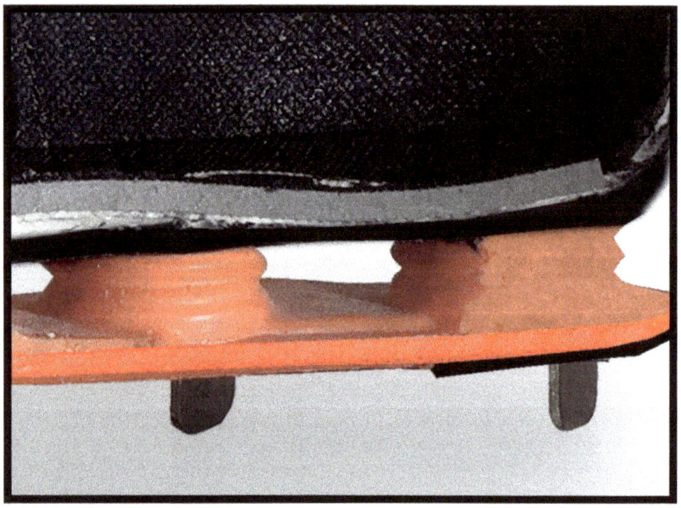

Suela combinada casco y *cut and buff*

Esta entresuela tipo cuña de EVA *cut and buff* se crea uniendo bloques de EVA troquelados. El perfil de la cuña se crea presionando la EVA con un rodillo mientras una cuchilla separa la parte inferior. Las capas de espuma están unidas al piso de goma; y las tres partes se cortan y esmerilan para hacer las paredes de la suela en ángulo. Este proceso requiere pocas herramientas y mucho trabajo.

HERRAMIENTAS: troqueles y piedra esméril, 900 dólares.
PRECIO POR UNIDAD: 1,50 a 2,00 dólares el par.

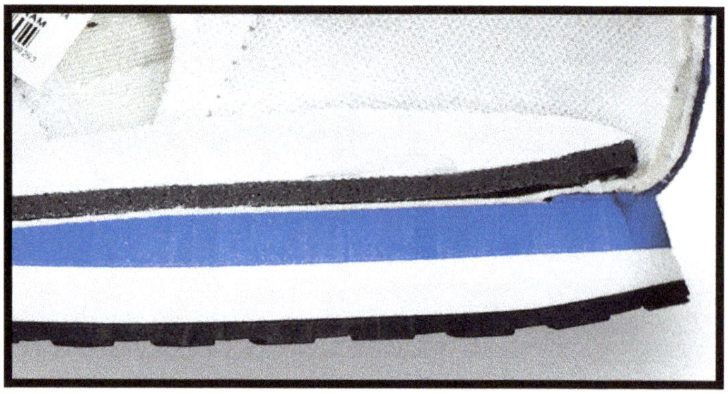

EVA moldeada por inyección

La EVA también se puede formar mediante un proceso de inyección. Las sandalias Crocs™ y las chanclas se hacen mediante un proceso de inyección EVA. El compuesto EVA se calienta a una temperatura concreta, bajo presión para evitar que se formen burbujas de aire en el interior. El compuesto se inyecta en un molde de aproximadamente la mitad del tamaño del producto terminado. Después de unos minutos, el molde se abre y la EVA se expande a su tamaño completo en una décima de segundo.

HERRAMIENTAS: 2.500 a 4.000 dólares por talla
PRECIO POR UNIDAD: 1,50 a 3,00 dólares el par.

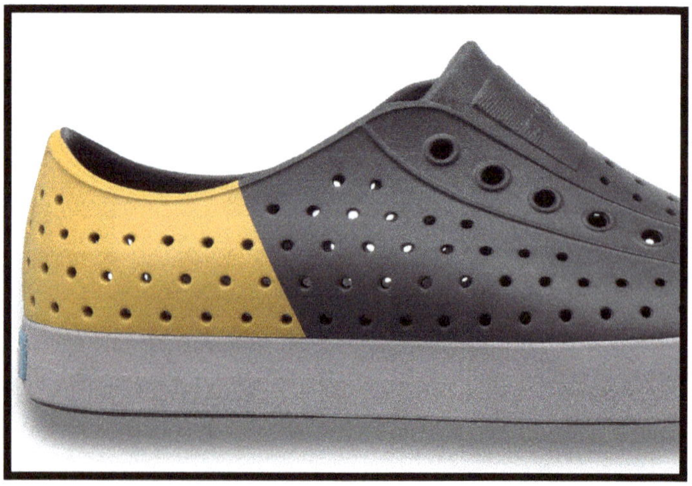

Entresuela de PU con cámara de aire

Esta entresuela con la clásica cámara de aire está fabricada mediante el moldeo de PU, pero en este caso, la cámara de aire se fija en el talón de manera visible. Las aberturas por donde las abrazaderas sostienen la cámara, impidiendo que el PU los cubra. La suela está hecha por compresión, la parte superior de la zona color negro es la línea de separación de los moldes. La zona amarilla es la misma pieza de PU que sujeta la cámara de *aire*, pero esta zona se cubre para pintarla. Después de limpiar y pintar las piezas, se pegan a la goma en el guarnecido de materiales. La costura en el hendido de la puntera se realiza después del ensamblaje. Esta suela requiere herramientas de compresión para goma, un molde para la cámara de *aire*, y un molde para la entresuela de PU.

HERRAMIENTAS: 3.500 a 5.000 dólares por talla.
PRECIO POR UNIDAD: 3,50 a 6,00 el par.

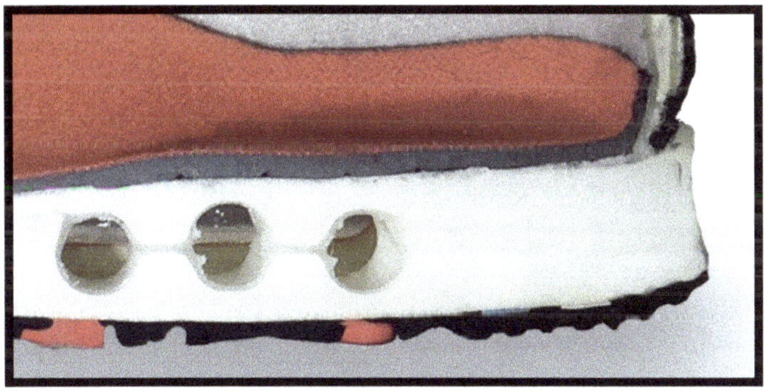

Entresuela de espuma de TPU

El poliuretano termoplástico (TPU) es un nuevo material de espuma diseñado por BASF™. Adidas lo comercializa como espuma Boost™, y es una alternativa a las espumas EVA y PU. Los granos de espuma de TPU se cargan en moldes especiales con ventilación. Cuando el molde de la entresuela se calienta, un catalizador hace que las bolsas de aire se expandan, sacando el aire y llenando el molde con la textura tan conocida del grano fundido. Las celdas de espuma de TPU tienen una propiedad elástica que permite un buen retorno, y hacen que la zapatilla se sienta más viva.

HERRAMIENTAS: 2.500 a 4.000 dólares por talla.
PRECIO POR UNIDAD: 1,50 a 3,00 dólares el par.

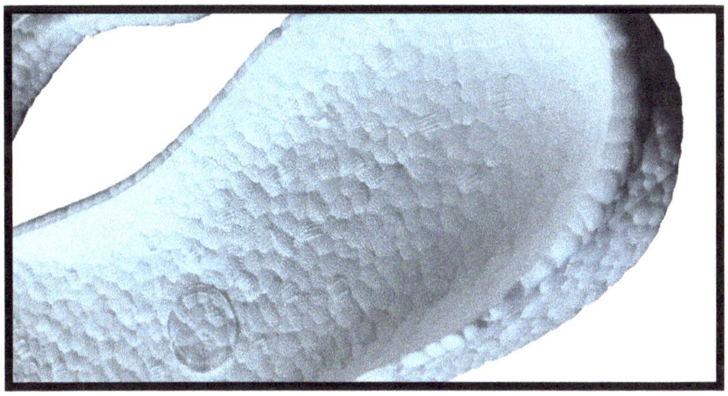

Entresuela de caucho con ahorros

La entresuela con ahorros (*egg crate* en inglés), es una forma económica de elevar el talón y crear un sistema de amortiguación resistente y firme. Esta entresuela está moldeada con el piso; es pesada y solo tiene el coste del caucho. Verás la retícula en el talón, y un patrón lineal más flexible en el antepié. Con esta entresuela, necesitarás una palmilla resistente, o una lámina de EVA para cubrir los espacios abiertos, que suelen tener un ancho de 3 a 4 mm para permitir que el caucho fluya, llenando las hendiduras y dando a la palmilla suficiente área para asegurar la unión. Se usa mucho en calzado casual económico, y también en botas de senderismo y de caza que necesiten una amortiguación firme y duradera. La densidad de la goma suele ser de 50º 60º Shore A.

HERRAMIENTAS: 2.500 a 4.000 dólares por talla.
PRECIO POR UNIDAD: 1,50 a 3,00 dólares el par.

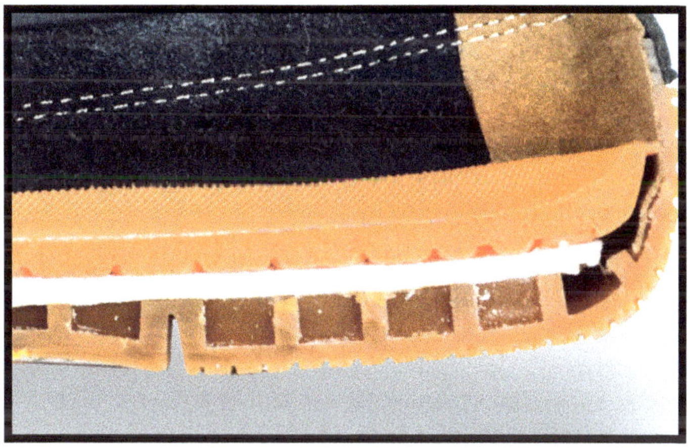

Entresuela de TPR (goma termoplástica) con ahorros

Aunque nunca encontrarás un zapato Nike™ hecho con una entresuela de TPR con ahorros, esta construcción se usa habitualmente en todo el mundo. Es pesado y muy económico; y proporciona la amortiguación y elasticidad, siendo adecuado para el uso general del calzado. Las dimensiones de las hendiduras son de entre 3 y 4 mm de ancho. La densidad de la goma suele ser de 50º o 60º Shore A.

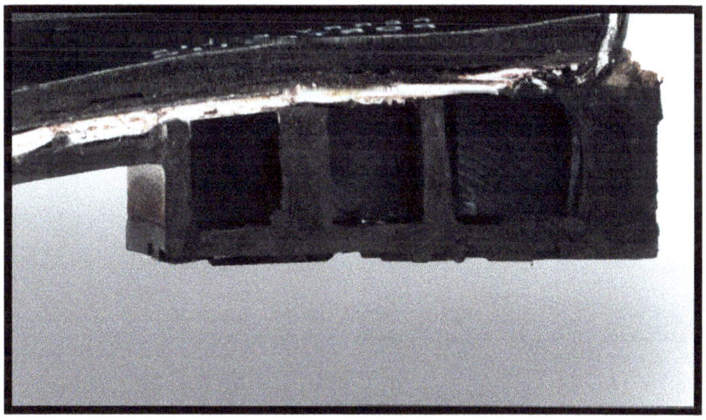

Entresuela de goma soplada
El relleno de goma moldeada por soplado es un tipo especial de entresuela que solo se encuentra en calzado vulcanizado. Los restos de goma que quedan de las operaciones de fabricación de la suela se reutilizan en un compuesto esponjoso resistente al calor que aguanta el horno de vulcanizado o autoclave. Utilizar los restos del caucho sin curar es rentable para la fábricas de calzado. Los materiales de EVA, PU y los otros tipos de espuma se derriten con el calor de los hornos de vulcanizado. Este compuesto hace que el modelo final sea pesado, pero el calzado vulcanizado no es conocido por ser liviano. La densidad de la goma suele ser de 40º o 45º Asker C.

HERRAMIENTAS: 100 a 500 dólares por talla.
PRECIO POR UNIDAD: 1,50 a 2,00 dólares el par.

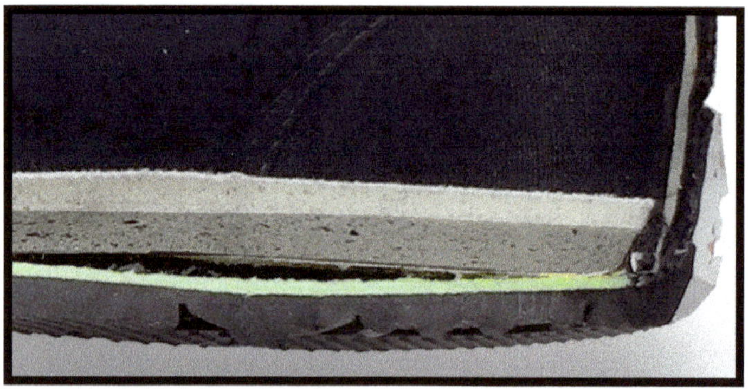

Entresuela de gel
Las entresuelas de gel (tanto líquidas como sólidas) se suelen encontrar en zapatillas de alto rendimiento. Los materiales que componen el gel se pueden formular con propiedades de absorción de impacto, o con buen retorno. Estos materiales se suelen usar como pequeños insertos, ya que la mayoría de los geles tienen un peso específico mayor que 1 (SG 1= agua). El producto de la marca GPact™ es conocido por ser uno de los sistemas de amortiguación de gel utilizado en zapatillas.

HERRAMIENTAS: 100 a 500 dólares por talla.
PRECIO POR UNIDAD: 1,50 a 2,00 dólares el par.

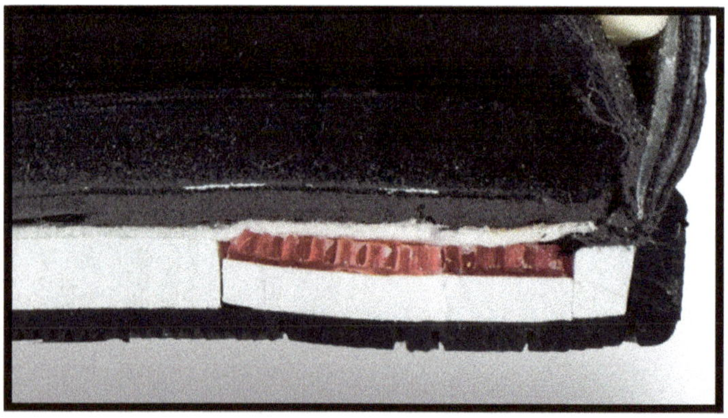

Entresuela de plástico moldeado por inyección
Muchas marcas han experimentado con entresuelas moldeadas por inyección sin espuma, con una placa semirrígida debajo del talón para mantener la estabilidad de la zapatilla. La estructura de la entresuela probablemente esté hecha de nylon, TPU, o plástico TPE. Estas entresuelas proporcionan un efecto de amortiguación por desviación del impacto. Las zapatillas Adidas™ Springblade™; las Saucony™ Grid™; y las Mizuno™ Wave™ cuentan con piezas de la entresuela moldeadas por inyección.

HERRAMIENTAS: 2.500 a 8.000 dólares por talla.
PRECIO POR UNIDAD: 2,50 a 9,00 dólares el par.

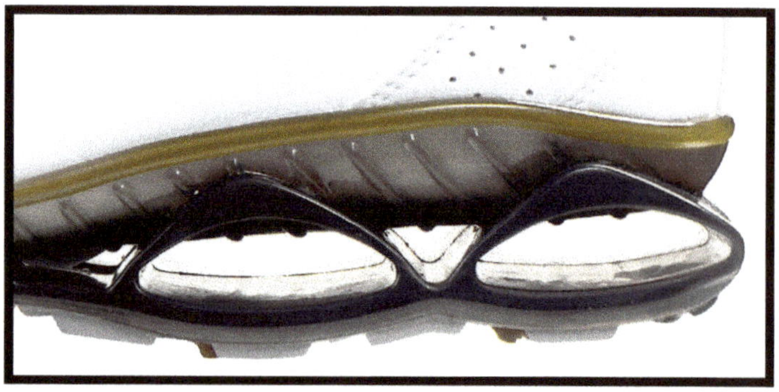

Entresuela de plástico impresa en 3D
Muchas marcas de calzado ya están desarrollando y comercializando entresuelas hechas de material termoplástico impreso en 3D. Los precios son altos, y el volumen de producción bajo, pero la tecnología ofrece la manera de crear piezas de la entresuela personalizadas al pie del usuario. Tanto los materiales como los procesos son actualmente secretos comerciales, pero esperan que esta tecnología se expanda. No se puede esperar que las entresuelas impresas en 3D reemplacen a corto plazo a las entresuelas tradicionales por el coste del material, la productividad de la impresión 3D, y los costes de la máquina.

HERRAMIENTAS: 0 dólares por talla.
PRECIO POR UNIDAD: 5,50 a 10,00 dólares el par.

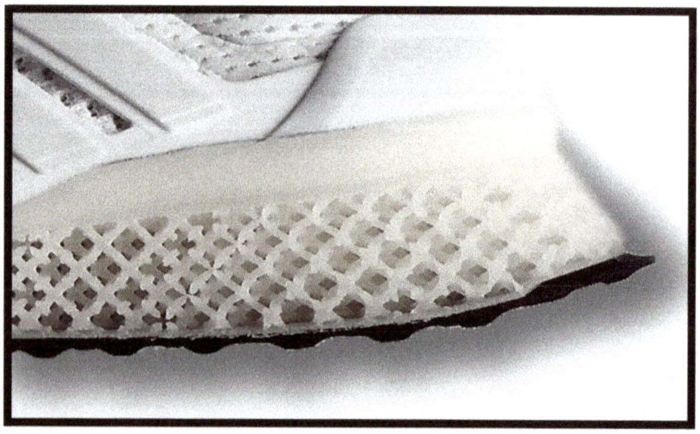

Entresuela de cámara de aire

La entresuela de cámara de *aire*, o *airbag*, se hace mediante el proceso de soplado. Comienza con un tubo de extrusión de plástico caliente y semilíquido (conocido como parisón), donde se ajusta a un molde de acero, y se inyecta el aire en el interior para llenar la bolsa, y dar la forma del molde. Estas herramientas y máquinas son muy caras. El plástico se puede teñir, y la parte superior e inferior de la cámara de aire pueden pintarse. En este caso, la cámara de aire se une a una superficie de EVA que posteriormente se pega a la suela de la zapatilla mediante un proceso de pegado. Este tipo de suela es muy utilizada en calzado para correr, y entrenar. La cámara de aire se ve muy bien, pero debido al proceso de moldeo por soplado, las paredes de plástico de la cámara pueden ser un poco gruesas. Esta suela requiere un molde de compresión de EVA, un molde de compresión del caucho, y moldes de soplado.

HERRAMIENTAS: 2.500 a 8.000 dólares por talla.
PRECIO POR UNIDAD: 2,50 a 9,00 dólares el par.

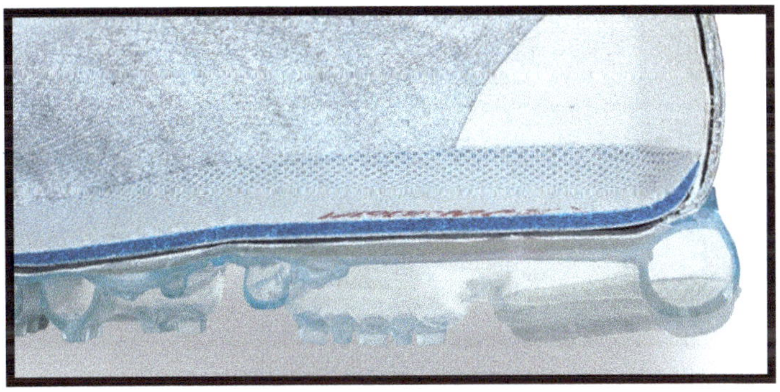

Entresuela de corcho

Las entresuelas de corcho se utilizan en el calzado artesanal de alto poder adquisitivo. La corteza del alcornoque se tritura en pequeñas partículas para después mezclarlo con un pegamento flexible de látex. La pasta de corcho se usa para llenar la zona del antepié de la suela antes de coser el piso o suela de cuero.

HERRAMIENTAS: 0 dólares por talla.
PRECIO UNITARIO: 1,00 dólar el par.

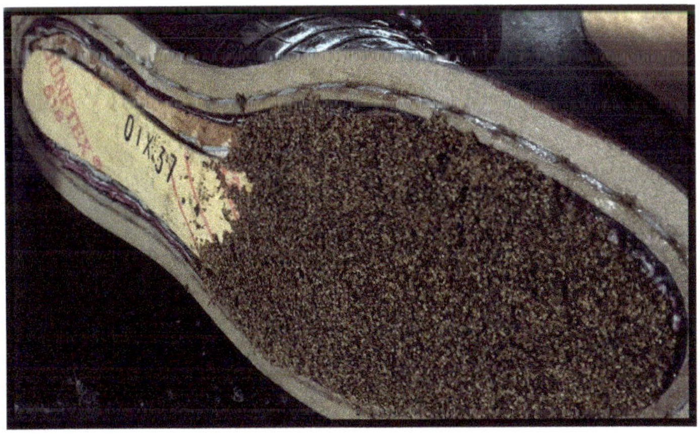

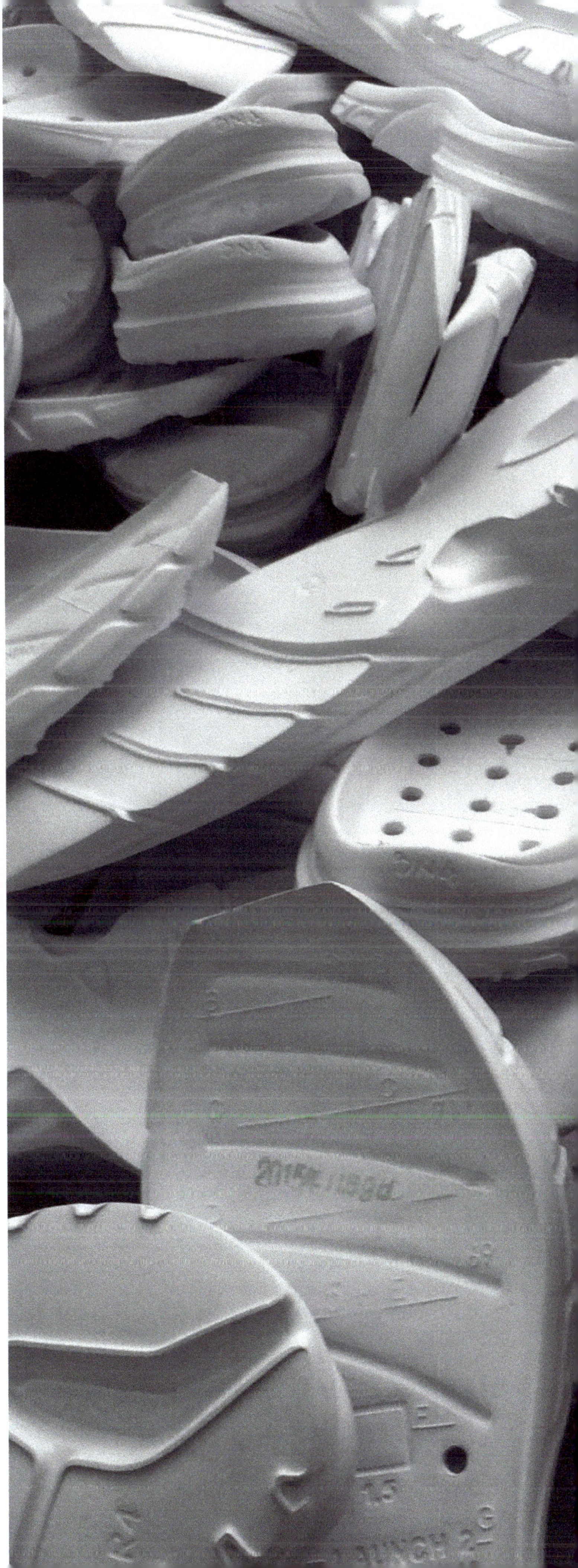

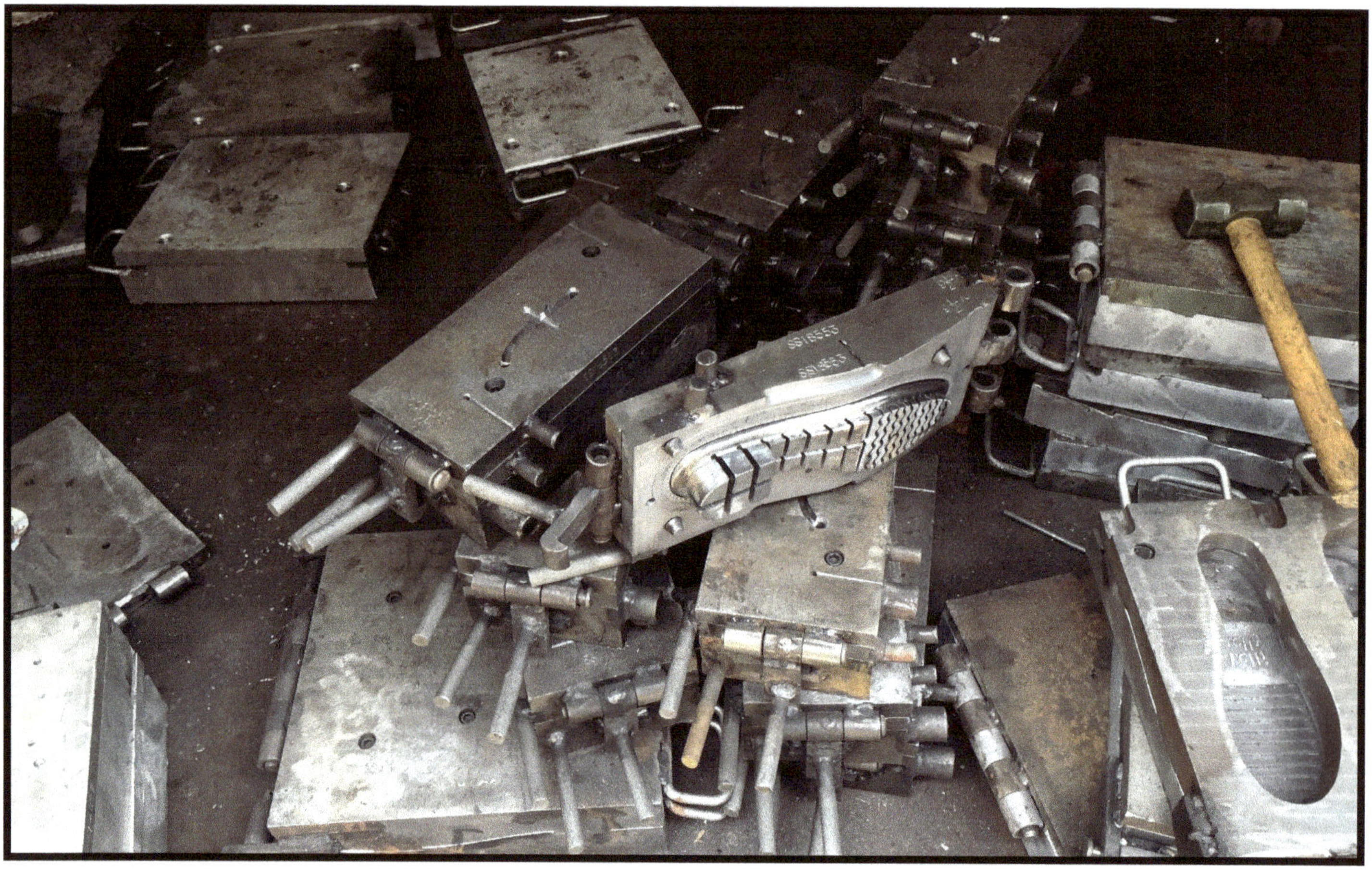

CAPÍTULO 12

SUELAS PARA CALZADO

El diseño de las suelas de calzado es un factor muy importante en el rendimiento del modelo. Las suelas para zapatillas de *running*, botas moteras, y botas de fútbol tienen necesidades de rendimiento y métodos de fabricación muy diferentes. Para calzado de bajo coste, la suela puede suponer el 10% del coste total del modelo, solo superado por el coste del cuero. Para las zapatillas de baloncesto, *running*, o fútbol de gama alta, la suela puede ser del 25% al 35% del precio del modelo. Una suela tipo *cupsole* puede costar 2 dólares, mientras que una suela con varias piezas y cambrillón de carbono costaría entre 8 y 10 dólares.

Las herramientas para fabricar las suelas es, lo más caro de la producción de calzado. Aunque los troqueles pueden costar mil dólares si es para todas las tallas, las herramientas y moldes para una sola talla de suela supone un mínimo de 1.400 dólares; multiplica esa cantidad por catorce tallas: 19.600 dólares.

El coste de una suela compleja que lleve varias piezas, piso de goma, entresuela de EVA y cambrillón de plástico, puede costar 100.000 dólares. Las empresas de calzado deben tener cuidado al desarrollar nuevos moldes para suelas. Muchas compañías solo fabrican una talla para hacer pruebas y el muestrario de ventas. Solo después de que los vendedores tengan pedidos del nuevo modelo, se hará el resto de tallas.

Hemos visto cómo diseñadores y desarrolladores trabajaban durante meses para crear un nuevo diseño, para que la producción se cancelase antes de empezar. Cuando llega un informe de ventas y no ha sido lo esperado, los jefes tienen que tomar decisiones difíciles.

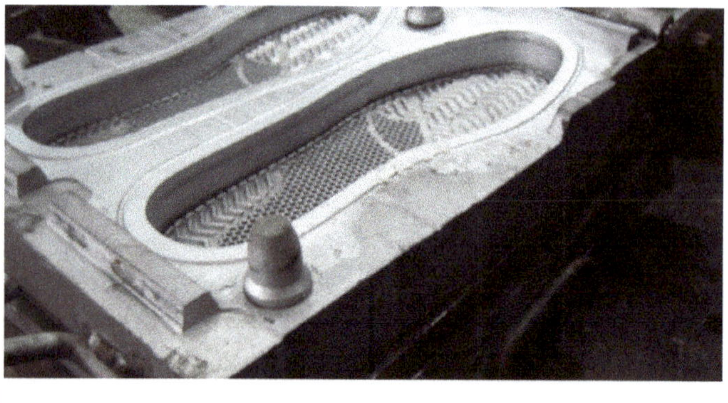

¿Se puede arriesgar 100.000 dólares en herramientas con la esperanza de que un modelo de zapatilla se ponga de moda? Las pequeñas empresas pueden verse obligadas a usar moldes ya existentes hasta que puedan pagar el coste de los nuevos equipos.

Factores de rendimiento
Los factores de rendimiento de las suelas de calzado son: tracción, apoyo, flexibilidad, peso, durabilidad, y resistencia al deslizamiento. Estas características son parte de la balanza entre diseño y materiales.

Tracción
La tracción de la suela es una característica importante de cualquier suela de calzado. El diseño del patrón de la suela, y la selección de materiales controlan el nivel de tracción. La necesidad de tracción para botas de montaña, zapatos de oficina, calzado náutico, y zapatos para jugar a los bolos, son muy diferentes.

Al diseñar una suela, es importante entender el entorno y las superficies en las que la suela desempeña su función. La tracción también es direccional. Una bota de alpinismo necesita tracción lateral en terrenos irregulares, mientras que una suela para baloncesto debe soportar paradas rápidas en una superficie de madera lisa y permitir giros con el pie en el suelo.

Apoyo y soporte
La suela debe tener funciones de apoyo o soporte para garantizar que los usuarios puedan caminar y correr de manera segura. El soporte puede darse con una base más ancha, o con piezas adicionales, como contrafuertes y topes de plástico moldeados, o suelas con insertos de goma. Una zapatilla liviana, pensada para deportes de velocidad, puede tener poco apoyo, mientras que una bota de alpinismo tendrá un cambrillón de metal que ayude a soportar el peso de una mochila pesada en un terreno difícil.

Flexibilidad
Dependiendo de la función del zapato, la entresuela necesitará más o menos flexibilidad. Una zapatilla de tenis, o una zapatilla para correr debe ser flexible, mientras que una bota de *cowboy* tendrá un cambrillón de acero para distribuir la carga de los estribos sin doblarse. Aunque tener una mayor flexibilidad suele ser bueno, demasiada flexibilidad puede causar inestabilidad y provocar fatiga en el pie. Por norma general, cuanto más pesada es la carga y más difícil es el terreno, más rigida será la suela exterior.

Peso
De nuevo, dependiendo del propósito del modelo, el peso de la entresuela puede ser una característica muy importante. Para unas zapatillas de *running*, o de pista, cada gramo cuenta. En cambio, para el motociclismo, una entresuela algo pesada no es un problema.

Durabilidad
La durabilidad de una suela dependerá del entorno y las tareas realizadas. Las suelas de cuero que encontramos en calzado de vestir para hombres y mujeres son perfectas para suelos de mármol y oficinas con alfombras, pero apenas duraría en un terreno difícil como una obra, o la montaña. La durabilidad puede ser una característica o motivo de venta de un zapato, pero puede ser por tener un peso extra, o una flexibilidad más reducida.

Resistencia al deslizamiento
La resistencia al deslizamiento es una característica muy importante para el calzado de servicio. En restaurantes, hospitales, zonas de mantenimiento, y miembros del personal de almacenes deben utilizar calzado con piezas de goma antideslizante certificada, y perfiles o dibujos en la suela. Componentes de goma que sean resistentes al aceite también pueden ser un requisito para el calzado industrial.

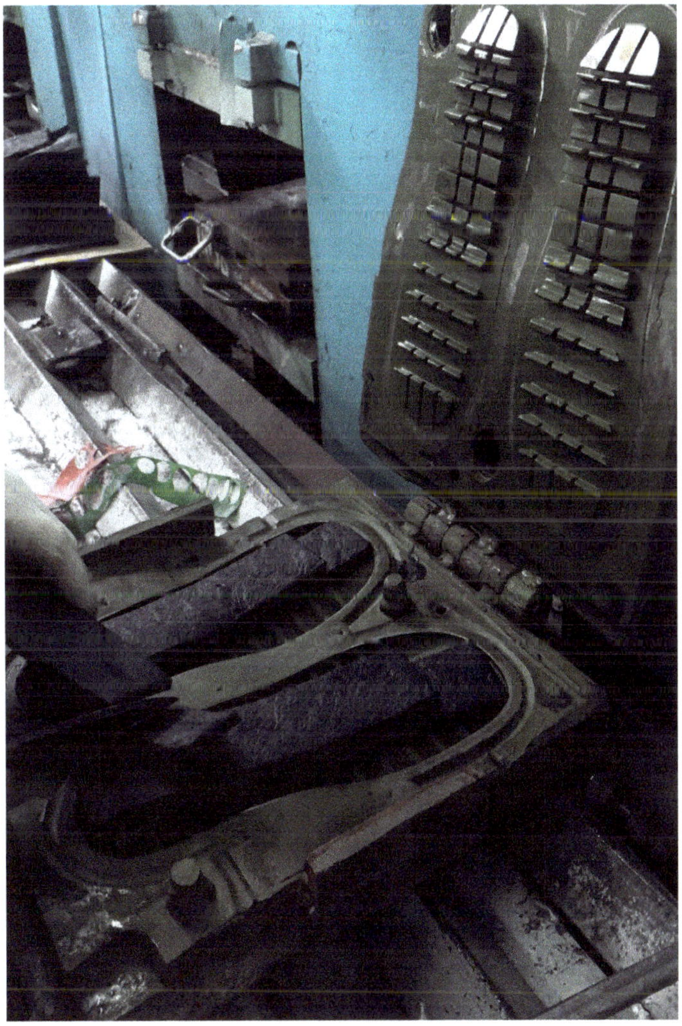

Cupsole de goma

Es la más utilizada calzada en económico y duradero. Se llama *cupsole*, o casco porque cubre el corte de la zapatilla como si fuese una copa o casco. Se puede encontrar en muchos tipos de calzado: botas de montaña, calzado casual, botas militares, zapatillas de *skate*. y a veces, en suelas más estilizadas de zapatillas de *running* baratas. Las *cupsoles* pueden tener una entresuela incorporada hecha con inserciones de EVA, o una entresuela moldeada con ahorros en el interior. Una suela casco se hace moldeando por compresión el caucho sin curar en un molde, parecido a una gofrera. Las herramientas y moldes pueden costar de 1.500 a 2.500 dólares por talla.

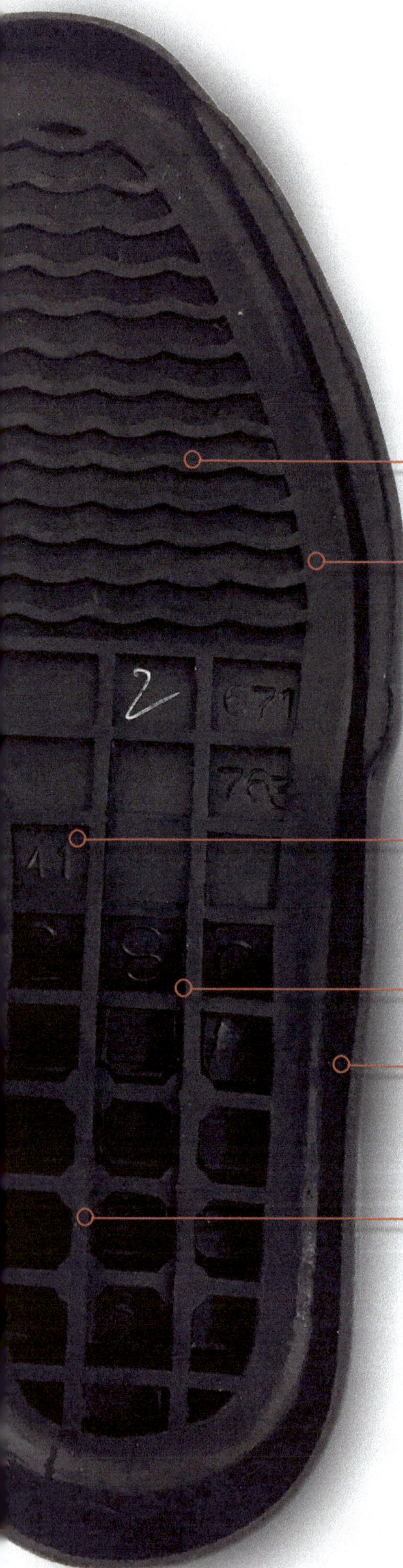

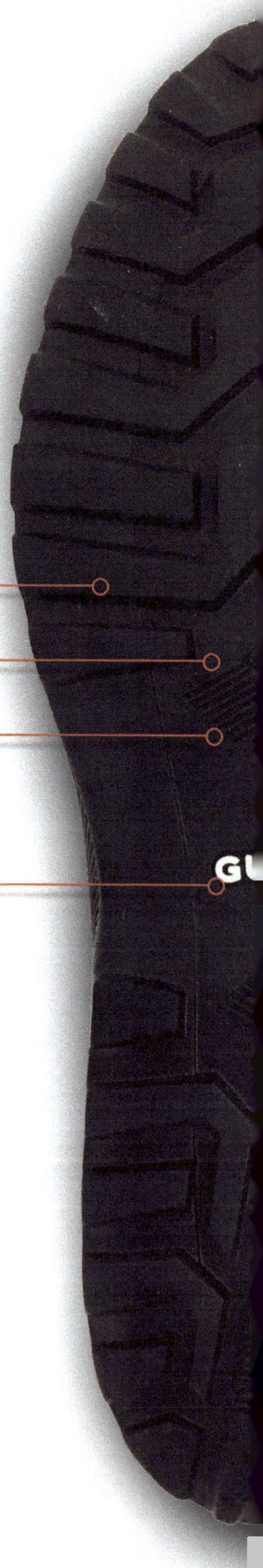

La retícula del antepié permite la flexión y amortiguación. Ancho: 3 mm, alto: 3 mm.

El borde de 8 mm asegura un margen de unión fuerte

Perfiles de goma maciza para dar durabilidad de la suela

Las hendiduras planas entre los perfiles se denominan retículas, web en inglés

Las pequeñas muescas de goma ayudan a tener más agarre en superficies planas.

Talla grabada en la suela.

Logotipo de la marca moldeado en la goma Llena el *color dam* (presa) que lo separa

La zona del talón se moldea con una retícula de ahorros de goma.

Pared lateral de 10 mm de altura que proporciona un buen margen de adherencia o pegado.

Los ahorros se refuerzan con pilares o bandas de goma para dar apoyo al impacto del talón al caminar.

Suela de EVA moldeada por compresión

Esta zapatilla de *running* utiliza una entresuela de EVA moldeada por compresión de doble densidad con inserciones de goma, y un cambrillón de fibra de carbono. Este modelo tiene un elevado coste de fabricación, ya que necesita moldes para las piezas de EVA, goma y el cambrillón. La entresuela de EVA se fabrica uniendo primero dos planchas de EVA con el cambrillón entre medias. La forma final se realiza mediante moldeo por compresión; y las piezas de goma se pegan en una operación separada. Las herramientas para crear este modelo de suela rondan los 6.000 dólares por talla.

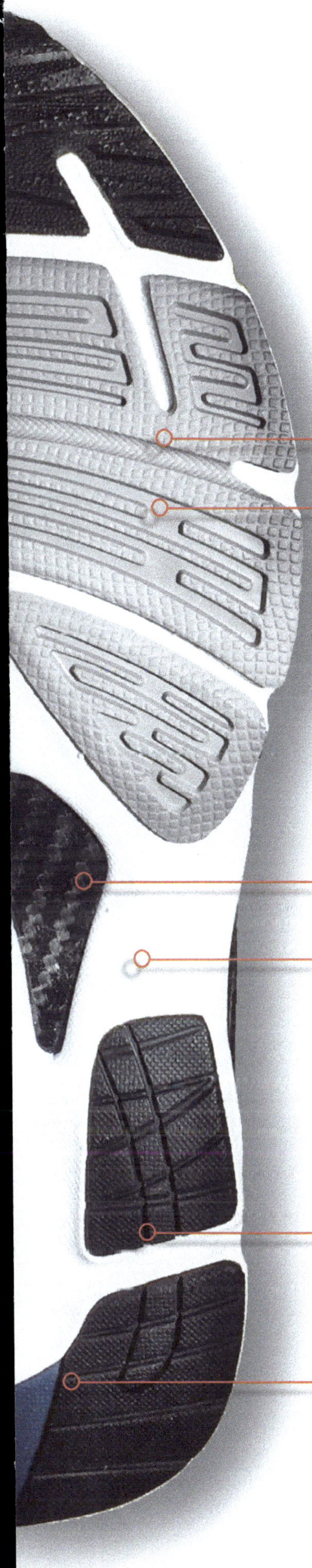

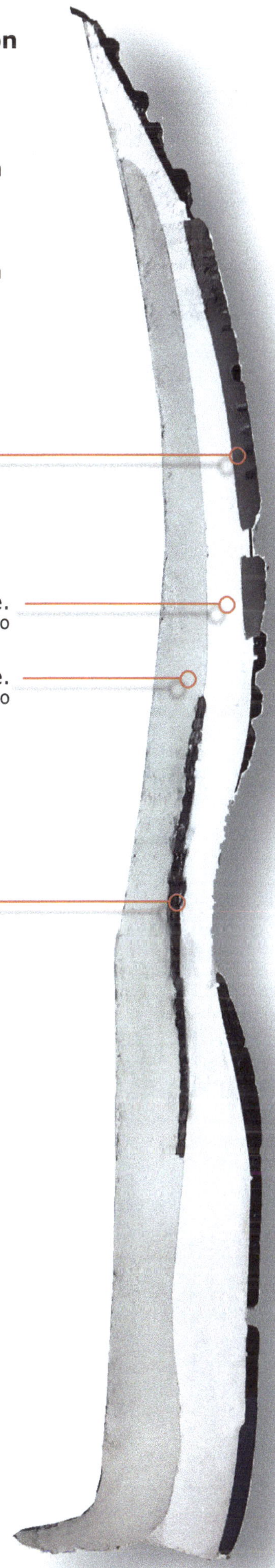

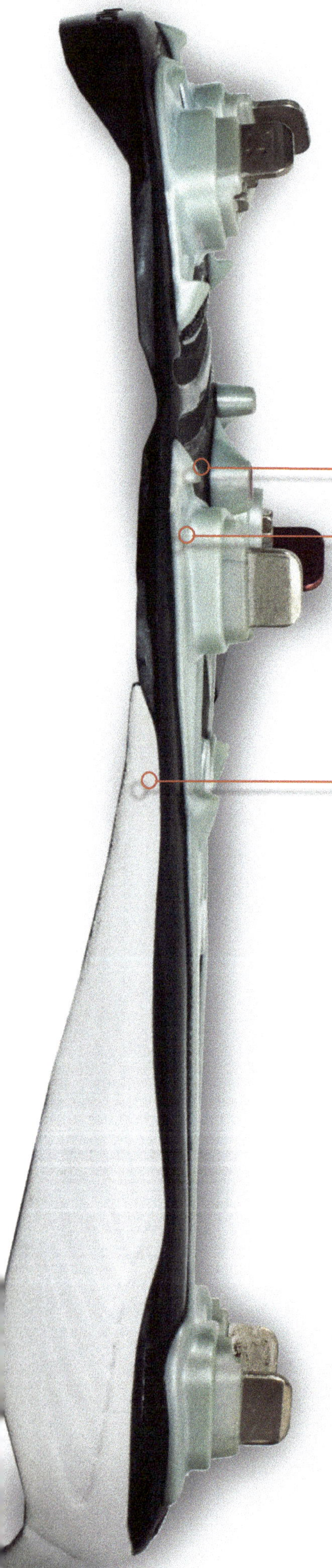

Suela moldeada por inyección

Esta suela con tacos está hecha mediante un proceso de moldeo por inyección. Las zapatillas con tacos utilizadas necesitan plantas o pisos rígidos. Esta suela requiere de un molde de inyección de plástico. Los diseños más complicados, con diferentes colores sobremoldeados utilizan un molde más caro, mientras que los diseños más simples precisan de un molde más barato. Los tacos con puntas o insertos metálicos necesitan un proceso de sobremoldeo diferente, o un moldeo por inserción que requiere una máquina especializada; suele contratarse fuera de la fábrica de calzado. El coste de las herramientas puede ser de 3.500 a 5.500 dólares por talla.

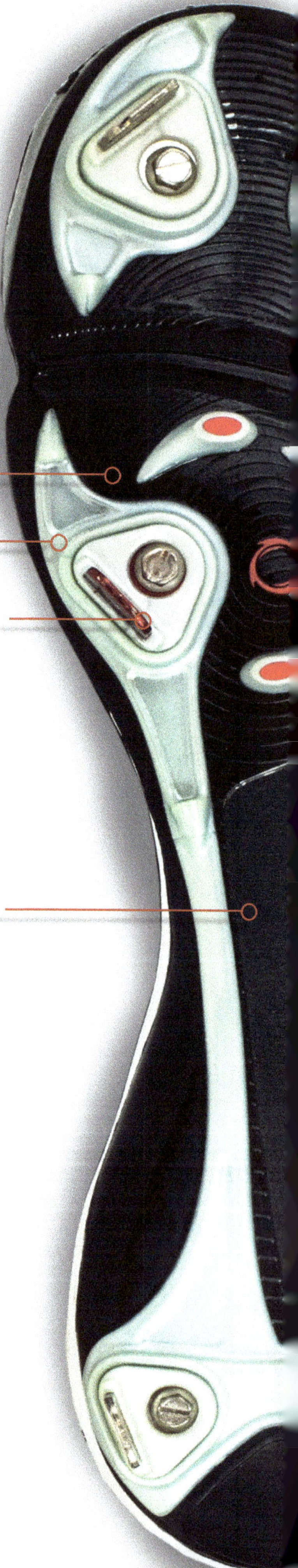

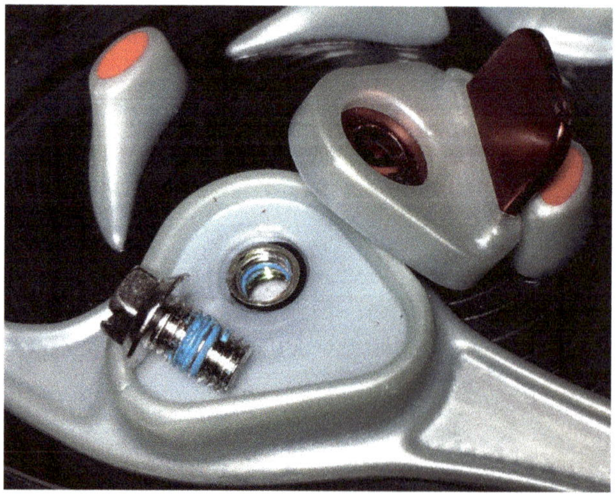

Insertos moldeados de acero inoxidable 316. Tornillo M5 a rosca con Loctite™ para evitar que se afloje.

Entresuela de cámara de aire

Esta suela consta de tres componentes separados. Las piezas de EVA se prensan en caliente, el caucho se moldea por compresión, y la cámara de aire se moldea por soplado. Todo por separado, y después se ensamblan en una operación separada a la línea de montaje principal. La suela llega en una pieza a la línea de montaje. Las herramientas de la suela cuestan en torno a 3.500 dólares por talla. La herramienta de moldeo por soplado de la cámara de aire cuesta aproximadamente 2.000 dólares por talla; y el molde de compresión de goma cuesta cerca de 1.500 dólares por talla.

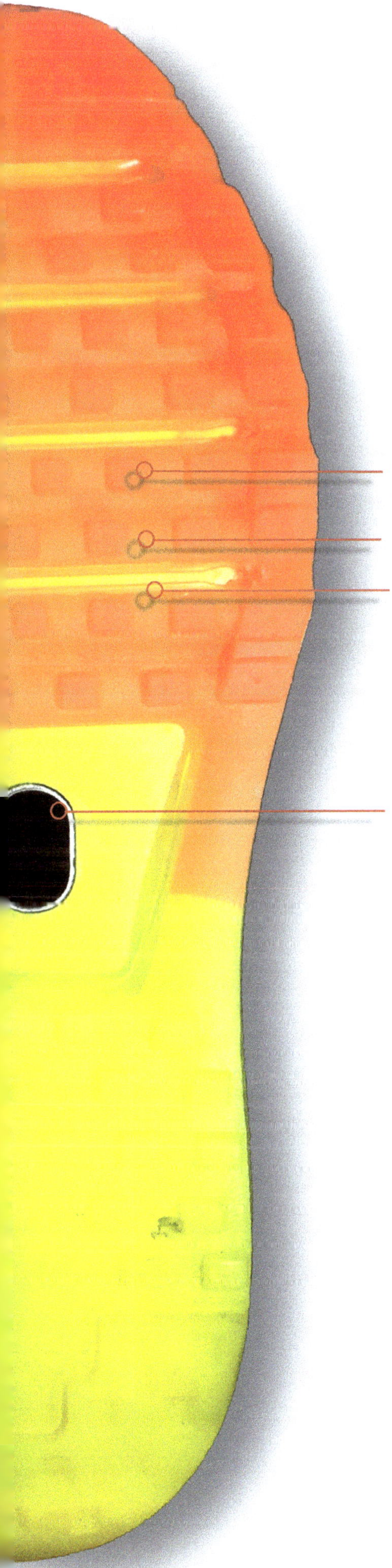

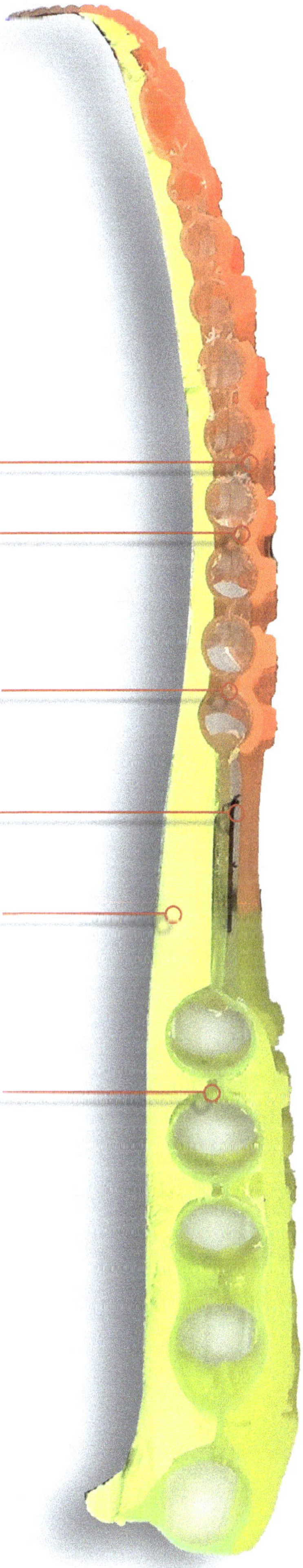

Goma moldeada de 4 mm de grosor. Shore A 53º

Retícula de goma de 1,5 mm de grosor

Aberturas hechas con troquel

TPU moldeado por soplado. Shore D 40º
Grosor de la pared de 1,25 mm

Placa de marca con el logotipo serigrafiado y termosoldado

Entresuela de EVA prensada en caliente
Durómetro Asker C 76º

Pilares con soporte para estabilizar el impacto del talón al correr

Suela de TPR (goma termoplástica)

La suela de TPR salva el precio para el mercado del calzado. Aunque nunca encontrarás una suela de Nike™ hecha con TPR, este es un material muy utilizado. Se producen a gran volumen en un tiempo corto, y requieren de moldes de inyección a baja presión de bajo coste. Las suelas de TPR pueden tener varios cambios de color en la suela, con un componente aparte de menor densidad para la entresuela inyectado en el mismo molde. Las suelas son económicas, pero muy pesadas. La desventaja de las suelas de TPR es que no tienen resistencia al deslizamiento, ni la durabilidad de las suelas de goma clásicas.

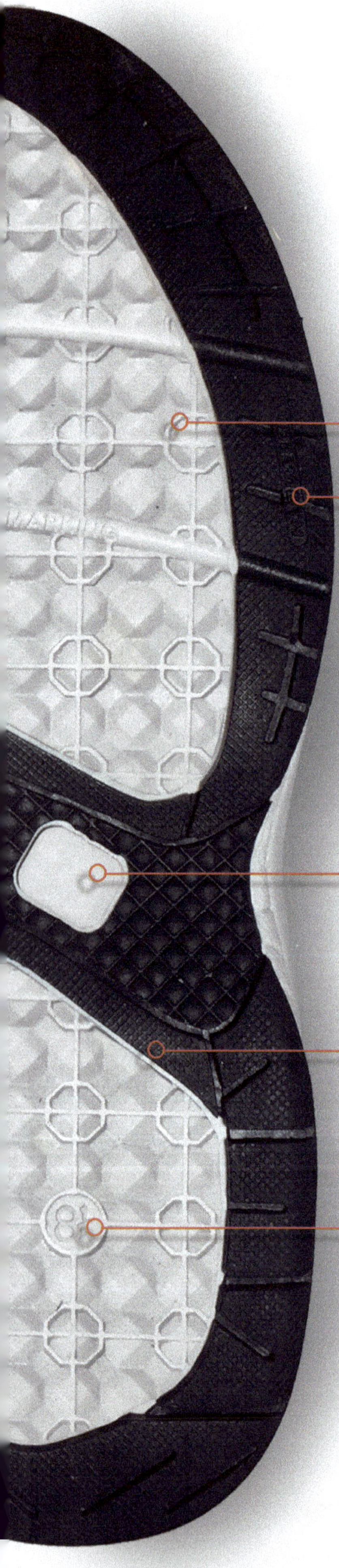

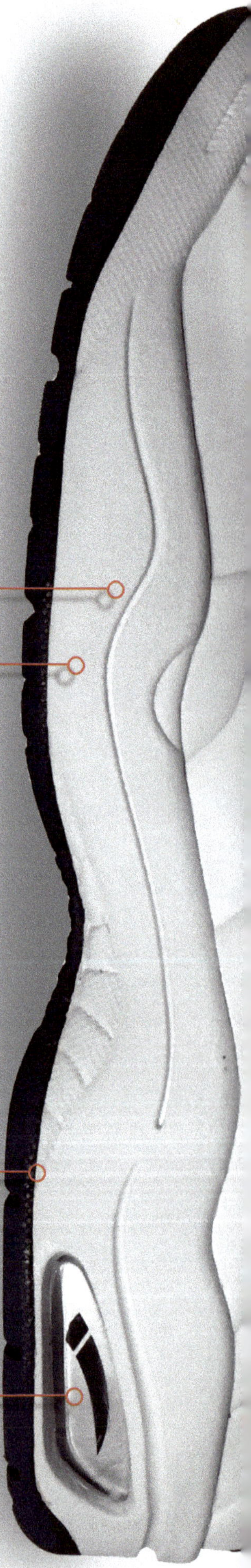

TPR moldeado 4 mm de grosor
Durómetro Shore A 74º

El TPR tiende a tener un rastro plateado del molde, y trazas del proceso de inyección

Pared lateral de TPR moldeado de 6 mm
Durómetro Shore A 74º

No es una entresuela de espuma, en el interior hay una retícula con ahorros

Pieza para el logotipo reemplazable para que la fábrica pueda vender el mismo diseño a diferentes clientes

Las suelas de TPR tendrán las presas de color distinguidas y con un acabado limpio

Línea de separación del molde

El calzado económico tiene la talla grabada en el molde

Cámara de aire falsa en la entresuela. PVC transparente moldeado por inyección, logotipo a dos colores impreso en el revés

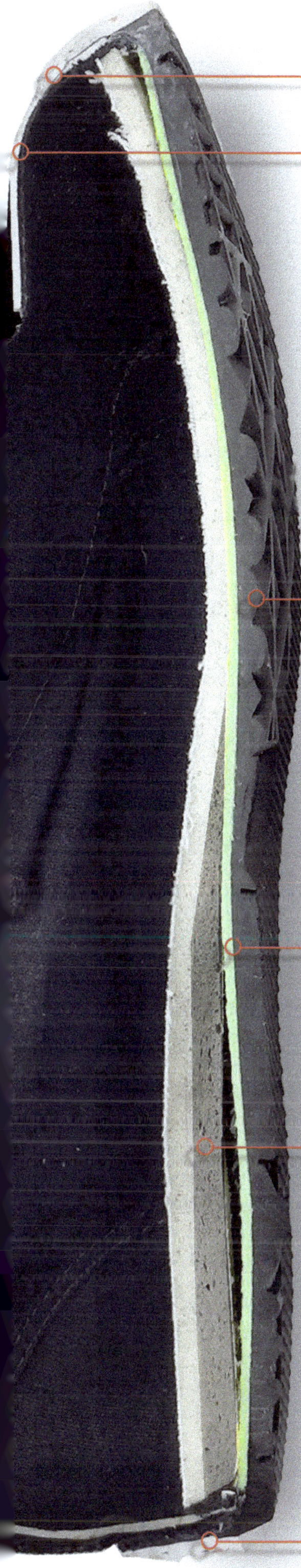

Cinta *foxing* texturizada en la puntera
Durómetro Shore A 74º

Tope o puntera de goma de 2,5 mm de grosor. Durómetro Shore A 64º

Suela vulcanizada estándar

Esta suela tiene la construcción estándar en cuanto a calzado vulcanizado. La parte inferior de goma color gris se cementa al corte; después, la cinta *foxing* envuelve ambas partes. También se posiciona la puntera y un tope que actúa como paragolpes. Una vez que se completa la operación de encolado, el modelo se vulcaniza a 110ºC durante setenta minutos para curar el caucho, creando una unión permanente. Esta suela requiere de un molde de compresión de goma para el piso, y una fábrica que trabaje calzado vulcanizado para hacer las piezas de goma.

Suela de goma moldeada por compresión
2,5 mm de grosor Durómetro Shore A 64º

Esta pieza está parcialmente formada, pero no 100% curada. La suela de goma está completamente curada después de la vulcanización.

Cinta *foxing* de goma: este diseño básico tiene dos capas de 1,5 mm de grosor.
Durómetro Shore A 64º

Plantilla *Strobel*: 1,5 mm
Cosido, 100% poliéster

Entresuela de goma expandida: hecha aprovechando los restos del *foxing*.

La placa de goma cubre la unión del talón.
Grosor de 1,5 mm. Durómetro Shore A 74º

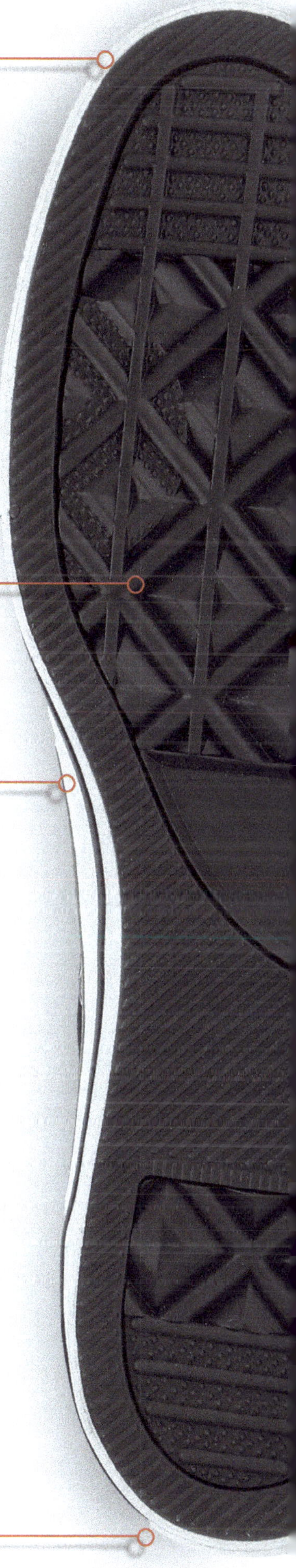

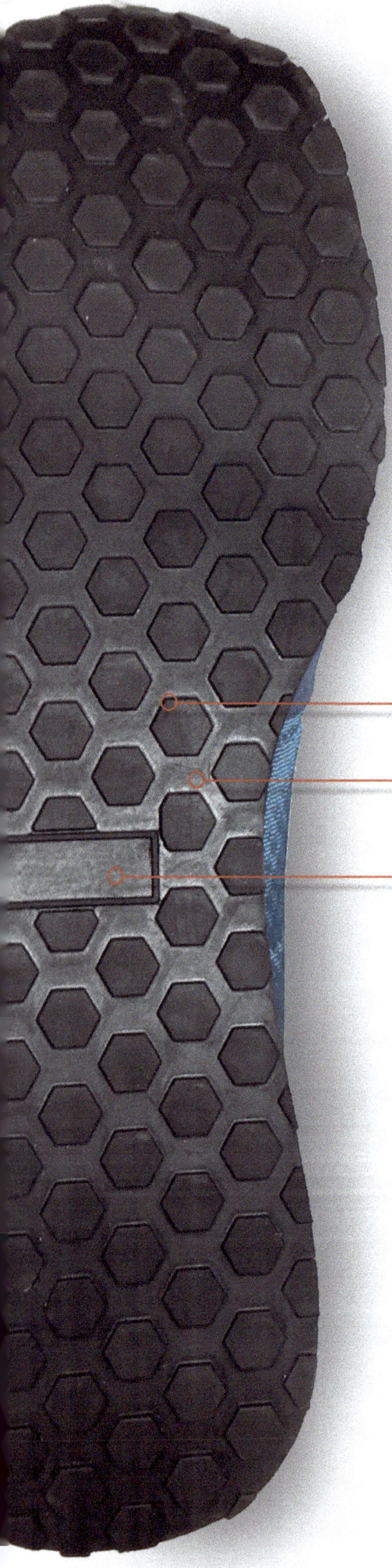

Cuña de EVA

La clásica cuña de EVA troquelada, también llamada *cut and buff*, es una pieza de goma moldeada por compresión unida a láminas de EVA. La forma de la cuña superior de la entresuela se hace trabajando la EVA con un rodillo perfilado mientras una cuchilla separa las capas inferiores. Las piezas de EVA resultantes se estrechan desde el antepié hasta el talón. Las capas de EVA perfiladas se cardan y se unen al piso de goma. Las tres piezas se perfilan con una piedra esméril para crear la pared en ángulo. Este proceso no requiere de herramientas caras, pero sí de mucho trabajo. Una sola herramienta de suela se puede adaptar y cortar para crear toda la escala de tallas.

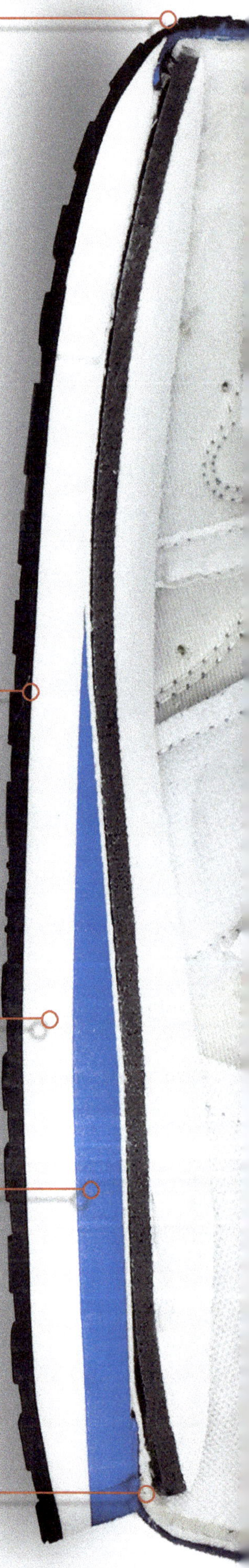

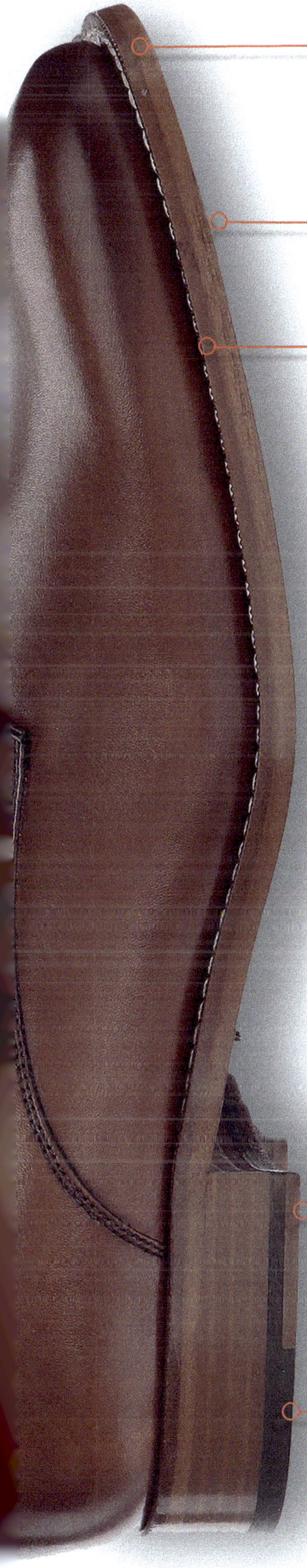

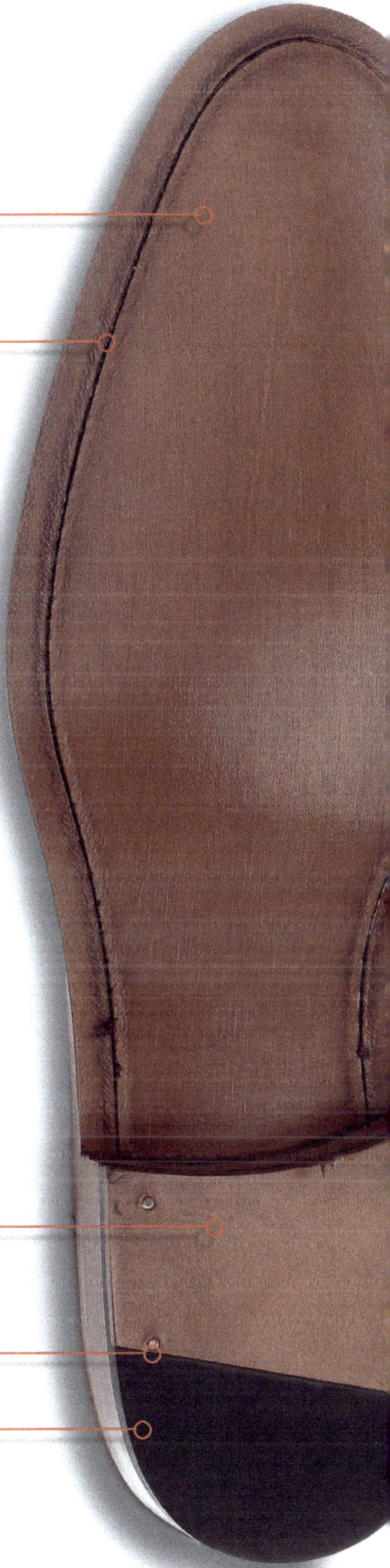

Suelas de cuero con cerco

Los zapatos de alta gama masculinos suelen tener las suelas de cuero cosidas a mano. Las partes de cuero se montan pieza por pieza en vez de pegarlas al corte en la línea de montaje. El cerco se cose a la base del corte una vez está montado en la horma. El espacio hueco que queda se llena con corcho, y se posiciona el cambrillón. La suela se pega y se cose antes de colocar el tacón.

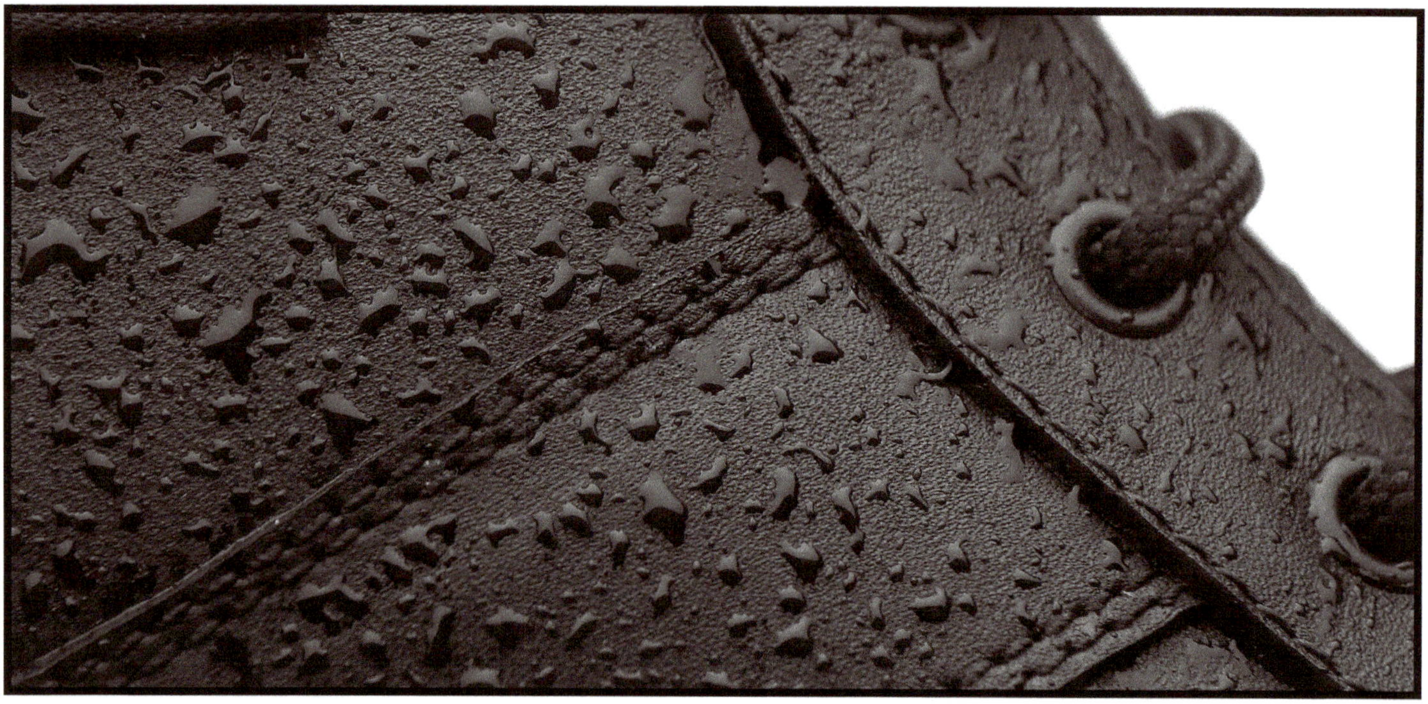

CAPÍTULO 13

CONSTRUCCIÓN IMPERMEABLE

Como diseñador o desarrollador de calzado, es posible que tengas que hacer calzado impermeable. Además de utilizarse en botas de montaña, también se hacen fabricaciones impermeables para *running*, caza, calzado militar, botas de invierno...

Hacer zapatos y botas impermeables con calidad puede ser un desafío técnico. No es fácil para los diseñadores o las fábricas de calzado hacer un zapato impermeable y duradero. El patrón, la selección del material, la construcción impermeable y los ensayos deben estar todos a la par para que el modelo funcione.

Doble capa

Evitar que el agua entre dentro del zapato requiere utilizar dos capas de material.

La capa externa resiste y repele el agua de entrar en el zapato. La capa exterior debe estar hecha de materiales hidrófobos o impermeables, se necesitan tejidos o materiales con un respaldo o refuerzo de espuma de celda cerrada; y pieles con un acabado graso, o con tratamientos sintéticos impermeables duraderos (*DWR*).

En la capa exterior, las costuras y las puntadas deben recubrirse con un pegamento impermeable, o una resina para evitar que entre el agua.

El hilo también debe ser impermeable para evitar la filtración del agua en el corte.

Una vez que la parte exterior del corte está sellada, se debe examinar para asegurarse de que no haya cantos duros, o costuras que puedan dañar el revestimiento interior. Los bordes de los refuerzos, y los contrafuertes deben rebajarse o cubrirse.
La segunda capa de protección impermeable para evitar el agua es una especie de calcetín o botín interno que va sellado, hecho de una membrana de tejido impermeable: GoreTex™. Este producto es el más utilizado en calzado y botas de calidad. GoreTex™ es conocido porque su membrana permite que el calor y el vapor transpiren, a la vez que evita la entrada de agua. Sympatex™ es otro producto con membrana transpirable muy utilizado en calzado.

El calcetín impermeable interior se suele confeccionar en dos o tres piezas; con dos paneles laterales y uno inferior, o un panel lateral unido en el centro del piso. El tejido con el refuerzo de la membrana se cose, después se utiliza una máquina especial de vapor para sellar las costuras. El siguiente paso consiste en introducir el botín interno, uniéndose a la parte superior de la lengüeta y el escote para que cuelgue dentro del modelo. Esta pieza suele cementarse para que quede fijo en su sitio. Los operarios deben tener cuidado de no perforar o rasgar el tejido cuando lo unen al corte.
Cuando se monta el modelo en la horma, el forro se jala con mucho cuidado sobre la horma para no dañarlo. La construcción de la bota pueden ser con palmilla, o con *strobel*.

Dentro de una bota impermeable

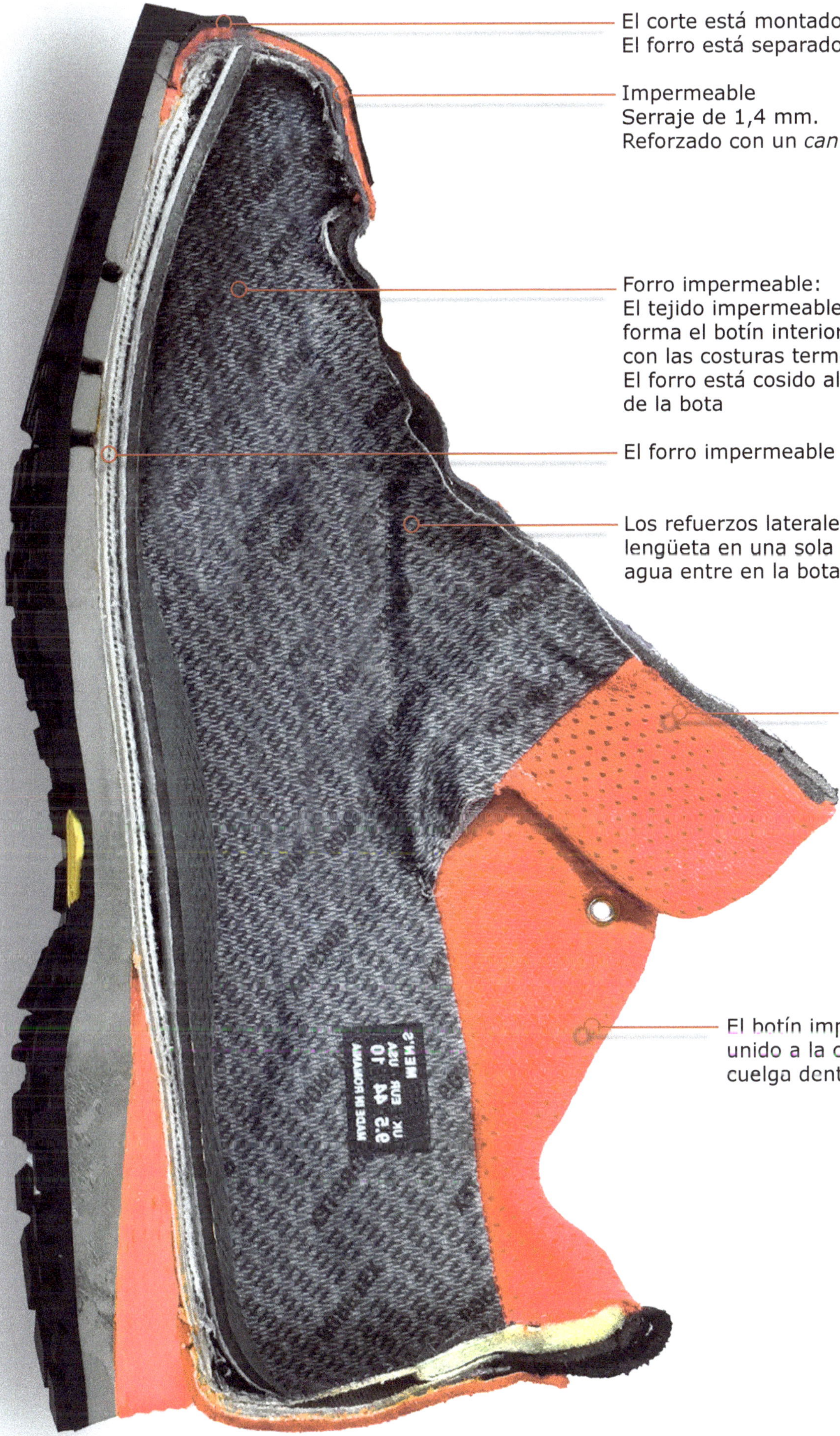

El corte está montado sobre una palmilla
El forro está separado del corte

Impermeable
Serraje de 1,4 mm.
Reforzado con un *canvas* de 8oz.

Forro impermeable:
El tejido impermeable y transpirable que forma el botín interior está confeccionado con las costuras termoselladas
El forro está cosido al escote; cuelga dentro de la bota

El forro impermeable envuelve todo el pie

Los refuerzos laterales elásticos de la lengüeta en una sola pieza evitan que el agua entre en la bota

La malla transpirable permite que la humedad filtre al exterior de la bota.

El botín impermeable interior está unido a la costura del escote, y cuelga dentro de la bota.

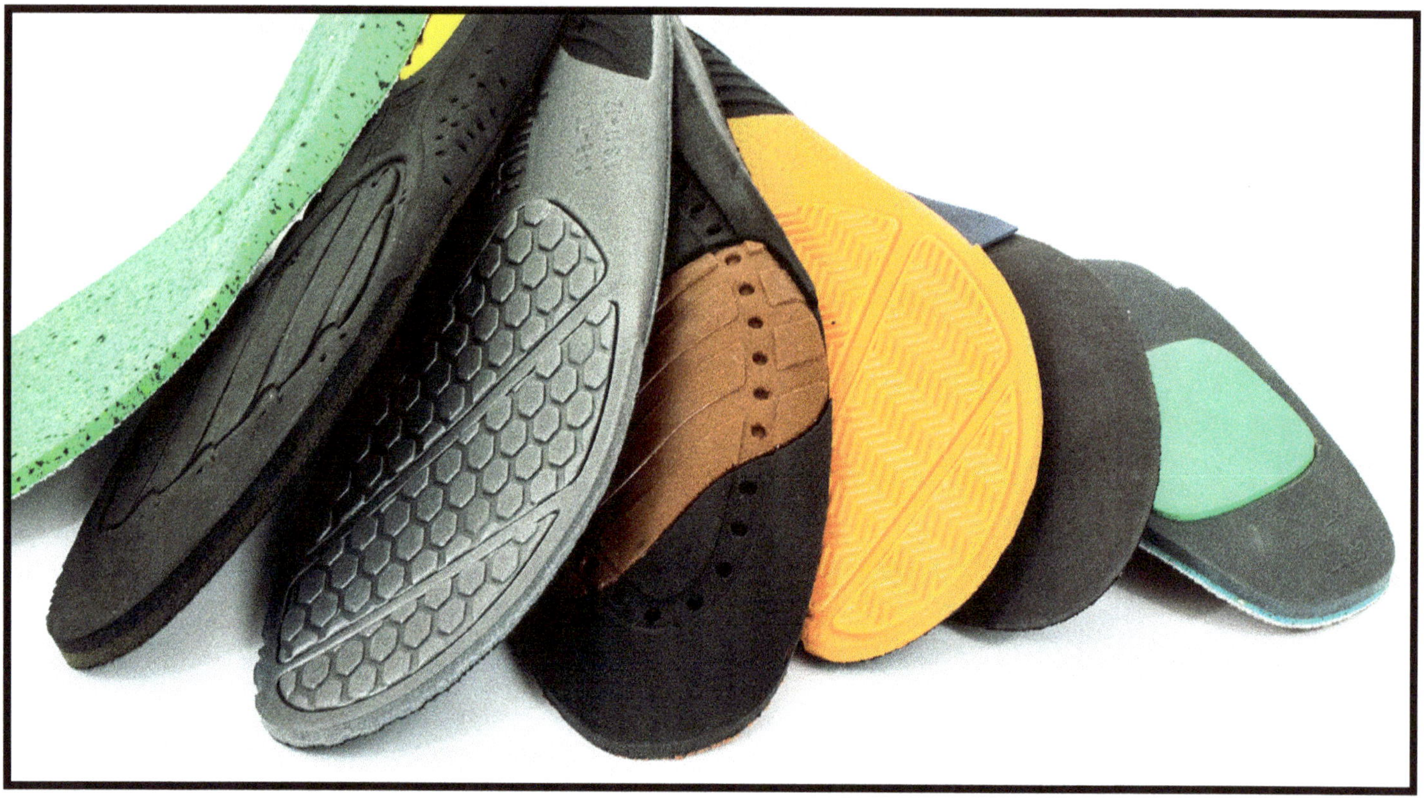

CAPÍTULO 14

PLANTILLAS

Las plantillas

La plantilla es muy importante para la comodidad, el rendimiento, y el coste de la zapatilla. Vienen en todas las formas, tallas, y materiales; pueden ser personalizables, extraíbles, o pegadas.

Es importante seleccionar una plantilla que vaya de acuerdo al diseño de tu modelo. ¿Tu zapato está diseñado para caminar, o para utilizarlo en la oficina? La plantilla para una bota tipo militar es muy diferente a las que llevan las zapatillas de *running*, o el calzado de jardinería.

Cuando el modelo esté en desarrollo, es importante pensar en las plantillas. Cada zapatilla tiene *sock allowance*, un espacio en la parte inferior de la horma que deja espacio para introducir la plantilla. Estas pueden tener un grosor de 2 a 6mm, o más. Hay que calcular bien el espacio, de lo contrario el pie no calzará bien. Sin embargo, un poco de espuma extra en la plantilla puede ayudar a mejorar, o arreglar, cualquier problema de calce.

La plantilla también es muy importante para la vida útil de una zapatilla. Una plantilla fina hecha de una espuma muy suave y barata puede contraerse después de unos pocos días de uso, dejando el calce suelto, y al cliente con los pies cansados. Una plantilla de calidad, con una espuma firme y resistente, y la parte superior de cuero, puede durar años.

A la medición de la vida útil de la espuma cuando se coloca bajo los pies, se le conoce como resistencia a la compresión. No todas las espumas son aptas para unas plantillas duraderas. Una plantilla mullida puede ayudar a convencer a un cliente de hacer una compra de unas zapatillas, pero una plantilla plana, y un zapato que no calce bien no hará que tu cliente quede satisfecho, repita la compra, o se haga leal.

Una plantilla básica tendrá pocos materiales. La parte superior (*skin*), que tiene contacto con el pie, la espuma de refuerzo, y quizá, un logotipo. Las plantillas anatómicas técnicas de gama alta pueden tener espuma moldeada, estructuras de plástico inyectado, insertos de gel para absorber impactos, acolchado en la parte superior, o propiedades de ventilación.

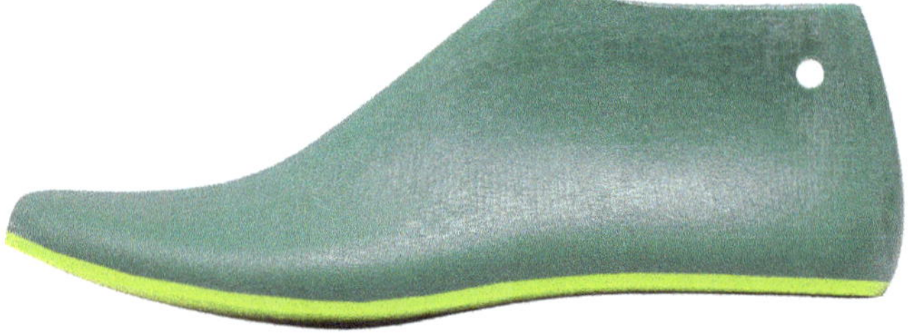

Sock allowance

Tipos de plantillas más comunes

Las plantillas, y las plantillas anatómicas, vienen en dos tipos de construcción: moldeadas, o troqueladas. Las plantillas moldeadas están hechas de EVA moldeada por compresión (termoconformadas), PU (espuma de poliuretano) vertido, látex y corcho, espuma de goma, o espuma de PE (polietileno).

En términos generales, las plantillas de EVA tienden a tener un mayor recuperación, tendrá un aspecto elástico y dinámico. Las plantillas de PU vertido pueden tener mejores características de absorción de impacto o amortiguación, y ser más adecuadas para caminar o permanecer de pie.

Plantillas troqueladas

La plantilla troquelada puede ser barata y mala, o realmente buena; que sea troquelado no significa que sea barato. Las zapatillas básicas tienen plantillas finas cortadas con troquel, hechas de espuma blanda de poca duración. Las deportivas de gama alta pueden tener plantillas troqueladas forradas en piel, fabricadas con varias capas de espuma de alta calidad, espuma de neopreno, o láminas de gel.

Las deportivas de calle, y las zapatillas destinadas a producto de moda, suelen tener plantillas troqueladas; y las zapatillas de fútbol, incluso las más caras, suelen tener plantillas finas troqueladas. Las plantillas cortadas con troquel suelen pegarse a la

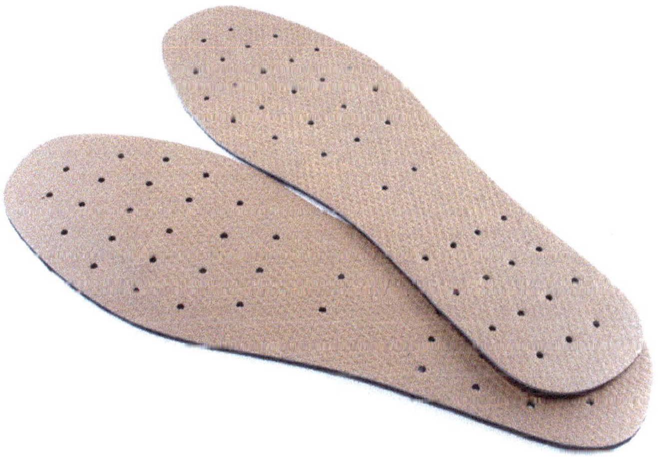

Plantillas anatómicas

La plantilla anatómica es la más utilizada para el calzado deportivo de alto rendimiento. Los contornos ayudan al apoyo, y mantienen el pie en su lugar. Las botas militares, de caza, y de senderismo necesitan esta plantilla. Dentro de las deportivas montadas con *strobel*, la plantilla es más delgada, ya que el interior de la zapatilla cuenta con los contornos de la horma, y con una entresuela preformada. Las botas con una planta de montado más rígida deben tener una plantilla anatómica para proporcionar soporte y llenar el hueco plano creado por una horma con el canto liso.

Estas plantillas suelen ser extraíbles. Con una plantilla anatómica moldeada se pueden agregar otras características, como pueden ser los refuerzos moldeados por inyección, estabilizadores, piezas de gel, o cámaras de *air*e. No hay límites, pero debes recordar que una plantilla de 4 dólares suma casi 20 dólares al precio de venta de tu zapatilla.

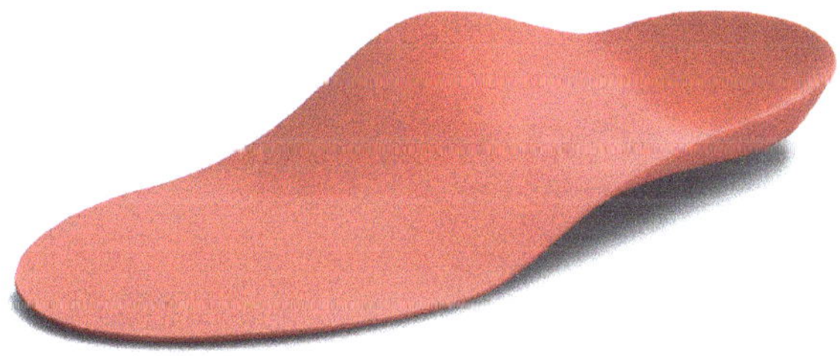

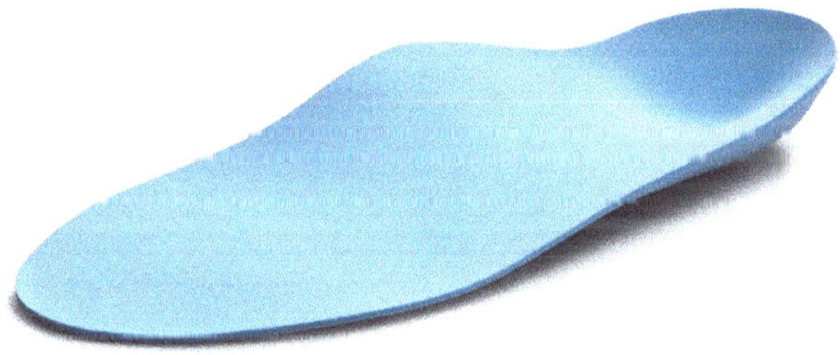

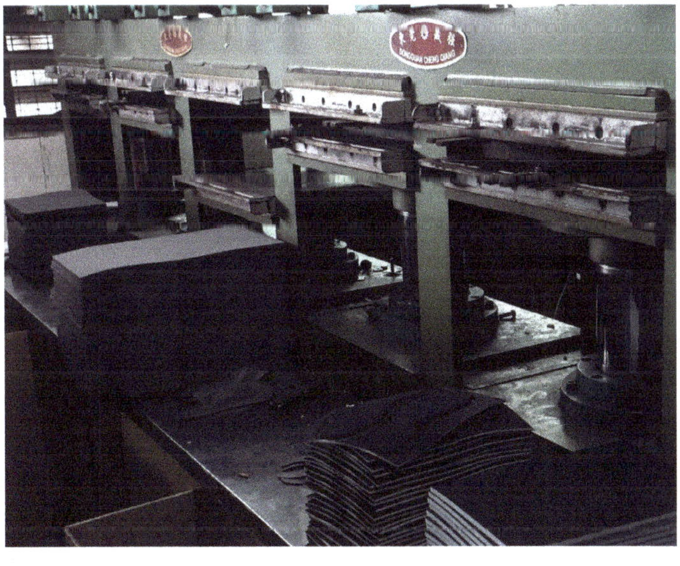

En la fábrica de plantillas, las láminas de espuma EVA con la parte superior de tejido, se calientan en un horno y después se presionan en moldes fríos para dar la forma final. Posteriormente se utilizará un troquel para cortar cualquier sobrante de espuma.

Materiales para forrar plantillas

Las plantillas vienen con diferentes tejidos y forros. Los mejores tejidos para recubrirlas tienen la suficiente con agarre para mantener el pie en su sitio. Si el tejido es demasiado liso, no será estable; y si es demasiado agarre, causará fricción, calor y puede destrozar los calcetines.

Es posible que algunas plantillas no necesiten ningún material para recubrirlas. Las plantillas para zapatillas de *running*, y botas de montaña necesitan materiales resistentes a la abrasión que duren mucho. Algunas plantillas de calzado para fútbol están cubiertas de EVA para que no se absorba agua, permitiendo que la zapatilla se seque rápidamente.

Estos materiales deben resistir el frote, que es la transferencia de color por fricción o roce. Las zapatillas no deben desteñir, ni cuando estén mojadas.

Las plantillas de cuero son buenas para los zapatos orientados a moda, pero no para calzado deportivo. Muchos zapatos de mujer tienen plantillas de cuero o PU pegados al zapato. Los mocasines, los zapatos sin cordones y los zapatos de piel de alta gama tienen también un forro suave para permitir que el pie entre fácilmente.
El material que recubre las plantillas anatómicas está laminado a la espuma en su forma plana premoldeada. El material que lo cubre debe tener elasticidad para moldearse de manera limpia y sin arrugas.

Las plantillas de tela son las más utilizadas, pero también encontrarás algunos zapatos de gama alta que tienen plantillas de microfibra parecidas al serraje. Puedes ver microfibra moldeada en sandalias de calle de gama alta.

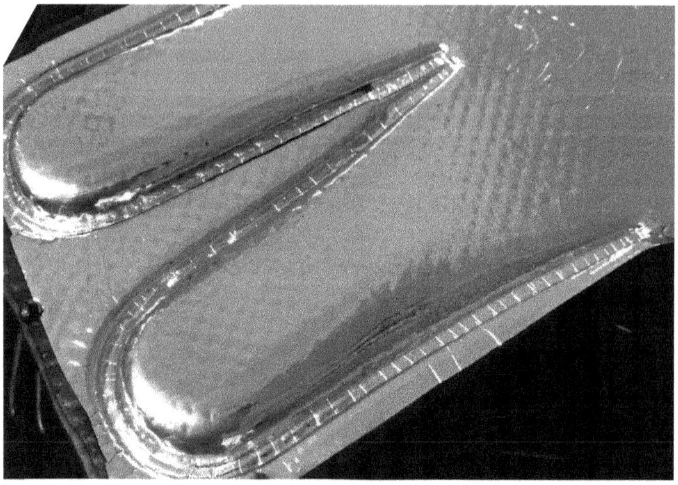

Una capa reflectante de calor que se ha añadido a la plantilla anatómica de una bota de invierno.

Otras características de las plantillas

Las plantillas pueden estar hechas de diferentes densidades de espuma, con perforaciones u otras características para la ventilación. Forrar en un tejido que absorbe la humedad, o con dibujos, pueden dar un toque atractivo. La mayoría de las empresas tienen sus propios moldes con formas y logotipos moldeados.

Otro truco que usan las empresas es utilizar una cuña de espuma de látex muy blanda debajo del talón, y aunque dura poco tiempo, este truco se hace para mejorar la sensación al probarse la zapatilla en la tienda. Para botas de invierno o botas de caza, existen plantillas aislantes con recubrimientos que reflejan el calor. Las plantillas utilizadas en botas de construcción pueden tener tejido a prueba de clavos, y las botas tácticas pueden tener una plantilla especial con agarre para garantizar estabilidad en situaciones difíciles.

Las plantillas atléticas de gama alta suelen tener almohadillas para amortiguar el impacto, piezas de soporte extra moldeadas por inyección, y pastillas extraíbles de gel para el puente.

Como diseñador o jefe de producto, asegúrate de que las plantillas coincidan con la calidad del producto. Una plantilla económica y con bajo rendimiento puede hacer que pierdas a tu cliente habitual. Como comprador de calzado, hay veces que me decepciona encontrar plantillas baratas de 0,65 dólares en calzado deportivo de 120 dólares. Dicho esto, una plantilla bonita en un zapato económico puede dañar el margen de beneficio, o poner el modelo fuera de mercado.

Tómate tu tiempo para darte una vuelta y asegúrate de que tus plantillas sean competitivas, duraderas y cómodas.

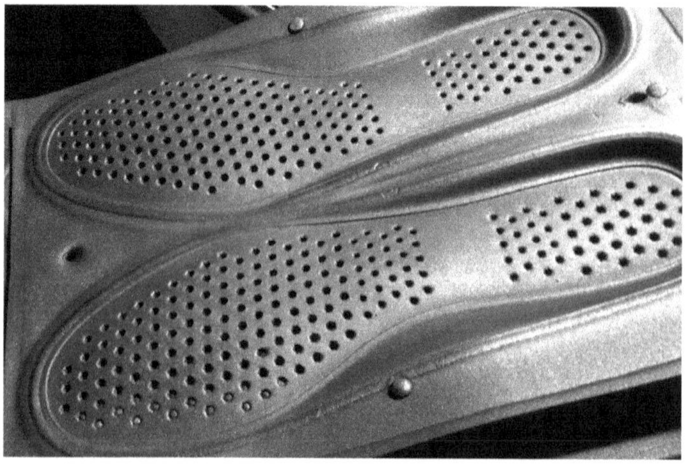

Una plantilla perforada ayudará a mantener frescos los pies.

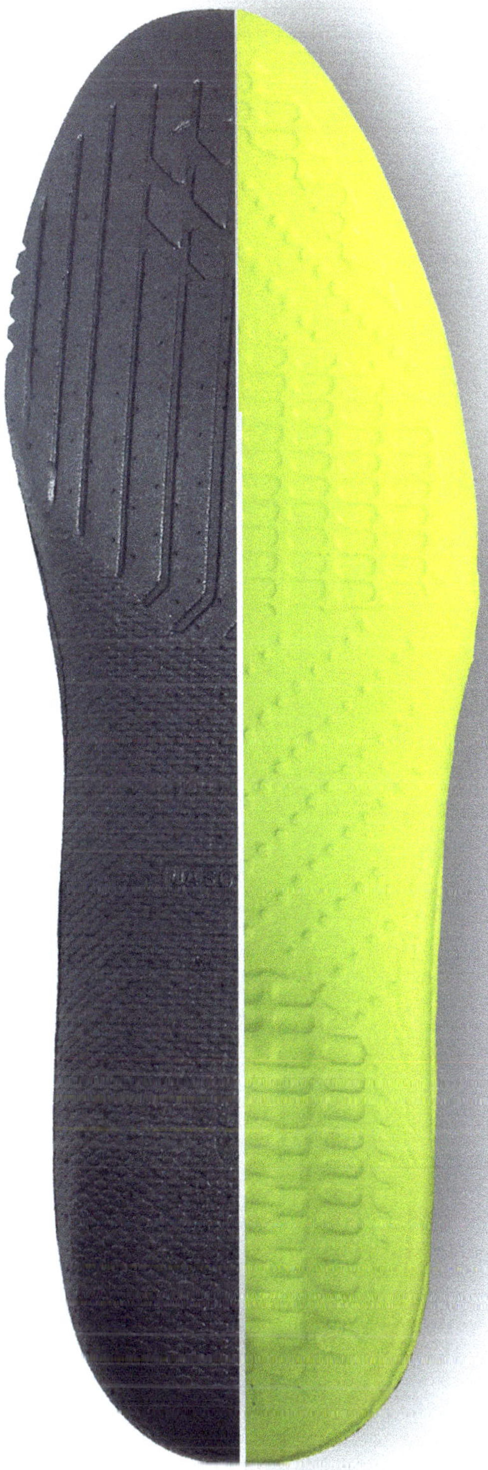

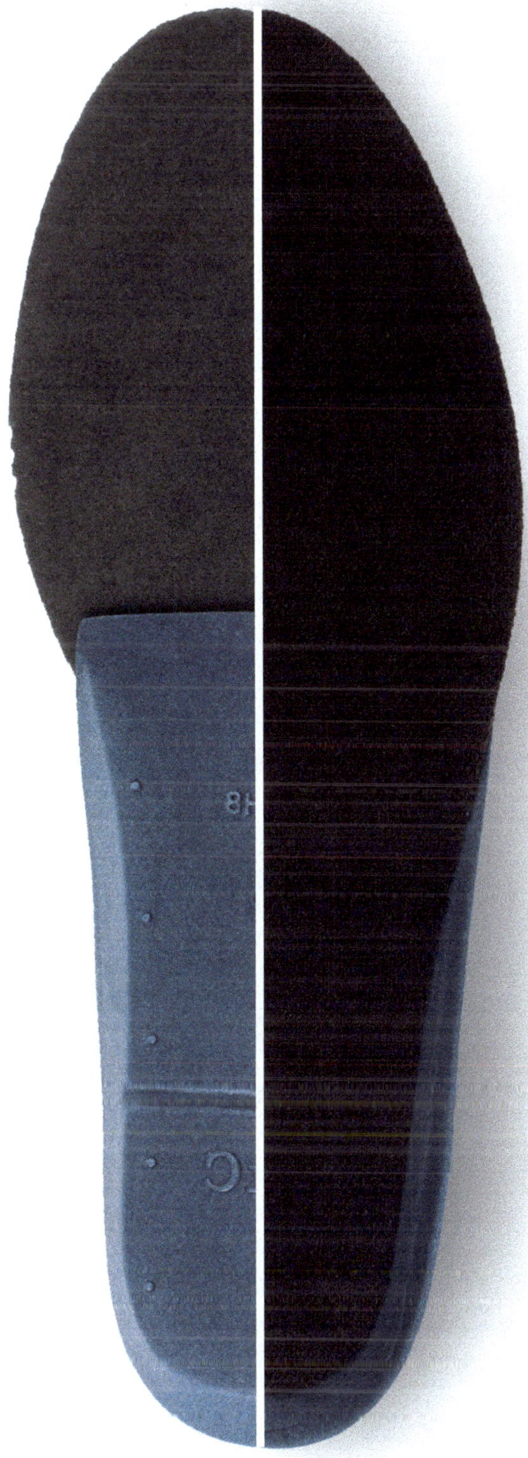

EVA moldeada con doble densidad
Esta plantilla tiene dos capas de EVA, cada una con una densidad diferente. La capa verde que toca el pie, es más suave, 30º. La capa gris es una espuma más firme de 44º para dar apoyo. Esta plantilla es para botines de fútbol, por eso la superficie inferior tiene una textura muy marcada para evitar que se mueva, mientras que el lado superior no está recubierto de tejido, lo que le permite secarse rápidamente en el partido.

Plantilla híbrida
Este diseño de plantilla es económico, y adecuado para calzado casual y de vestir. Combina una zona troquelada en el antepié y una talonera de EVA prensada en frío. Es un diseño eficiente, un paso por encima de la plantilla troquelada, pero con una talonera moldeada para un aspecto de mejora en el acabado. Está recubierto de jersey de poliéster, que da un poco de tracción y tiene ciertas propiedades que absorben la humedad.

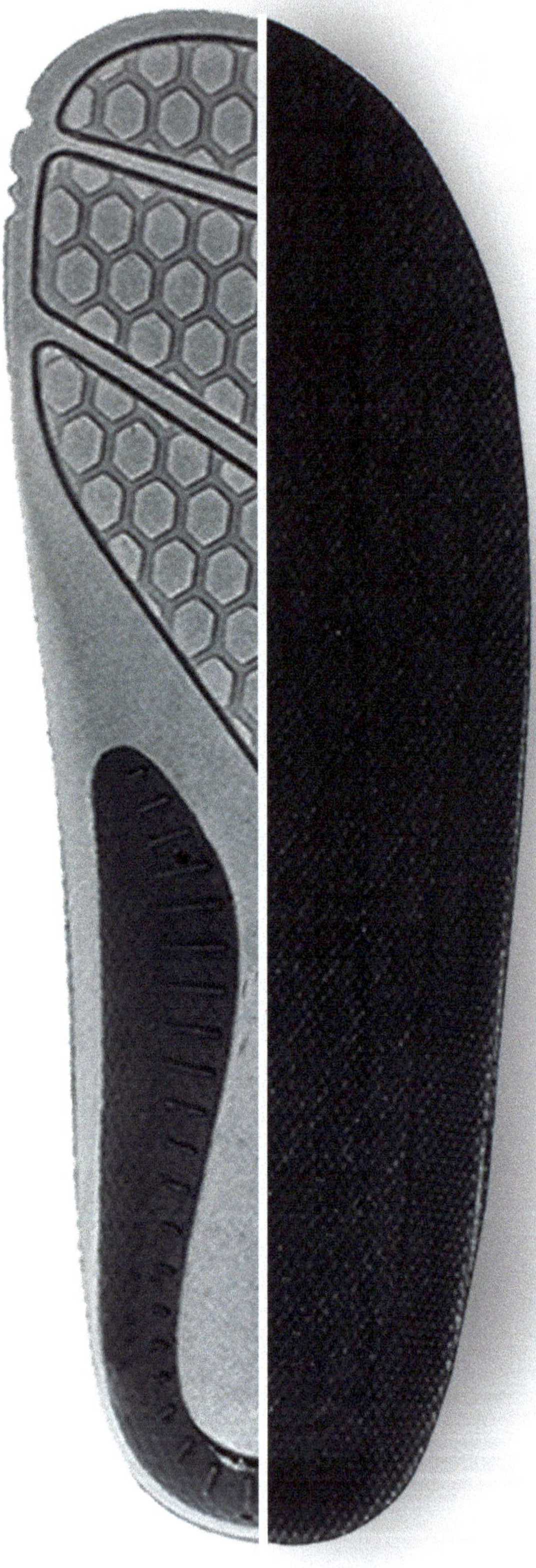

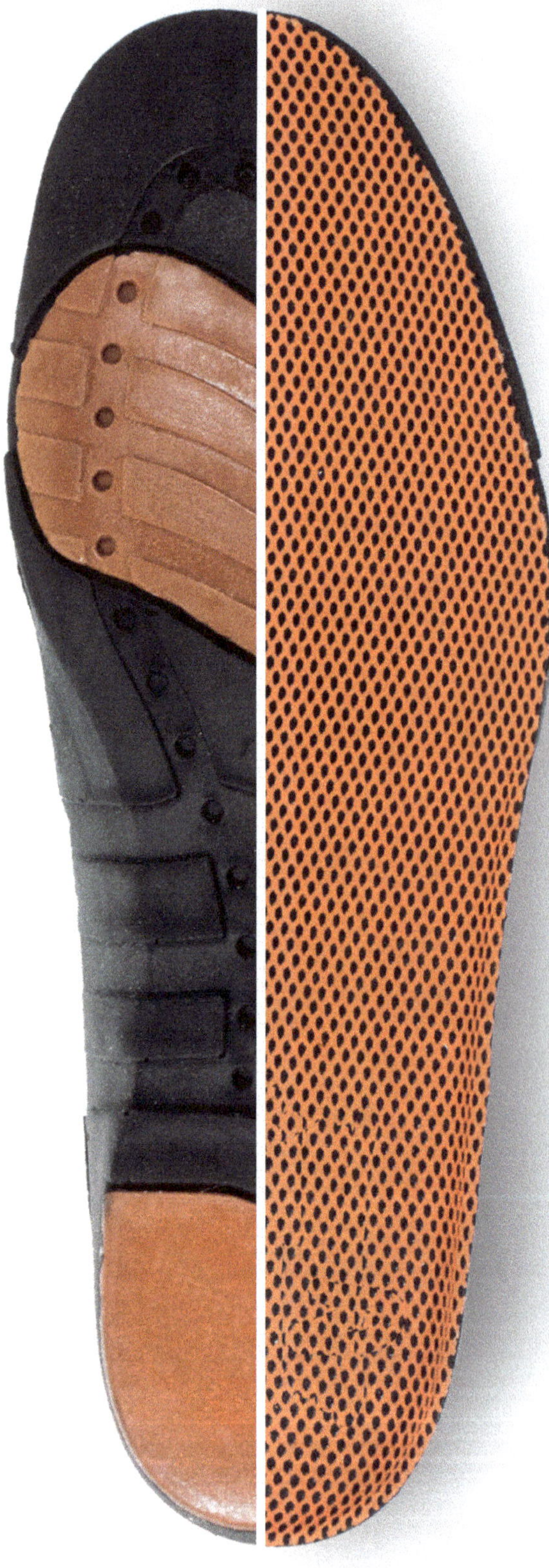

EVA moldeada con refuerzo de plástico
Esta plantilla de alto rendimiento es de una bota de *snowboard* de alta gama. La parte superior está moldeada con una textura que aporta agarre. La parte inferior del antepié tiene una estructura flexible moldeada, y en el talón tiene un estabilizador de nylon inyectado. Esta pieza se moldea previamente, y después se fija al molde de EVA durante la compresión. Se pueden ver los agujeros en el producto terminado.

Plantilla de PU vertido de dos densidades
Esta plantilla es de una bota de motociclismo de gama alta. El PU líquido se vierte en un molde de dos piezas, y el tejido (con un refuerzo impermeable) se coloca en el molde antes de cerrarlo. La espuma llena la cavidad del molde y se adhiere al tejido. Esta plantilla se hace mediante dos operaciones de moldeo. La parte naranja se vierte y se cura parcialmente; después, la espuma color negro y el tejido se juntan en la segunda operación.

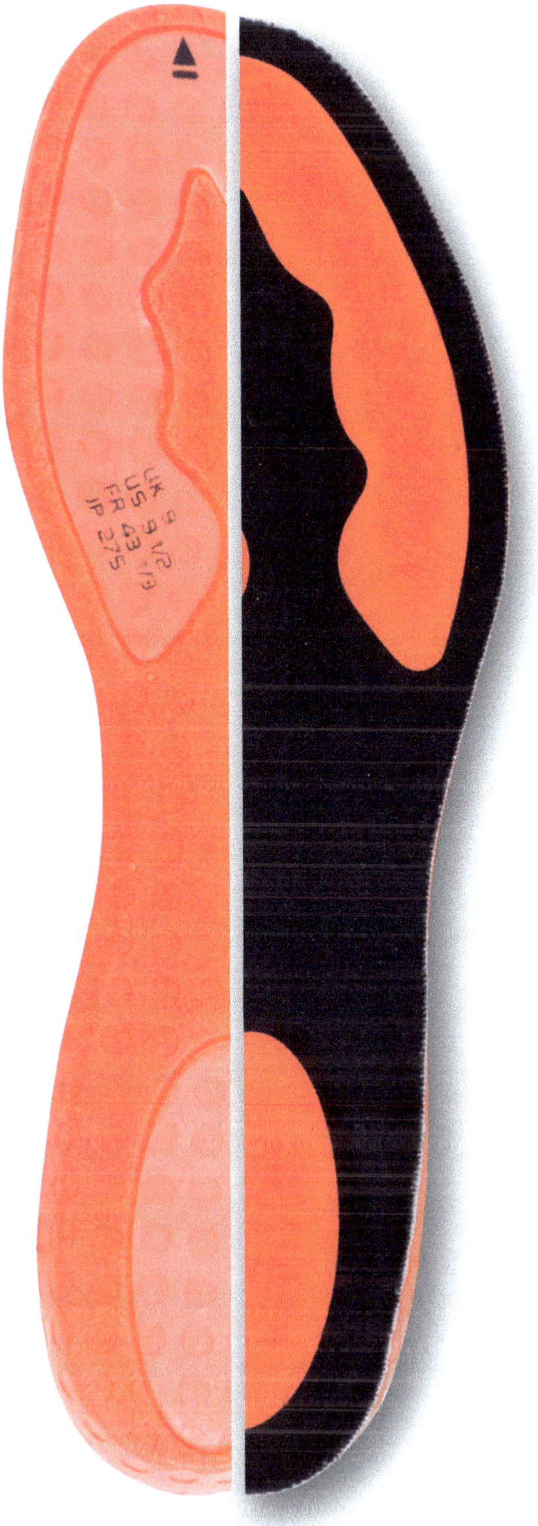

EVA moldeada con insertos de gel y espuma

Esta plantilla anatómica es de una zapatilla con tacos. La parte superior se combina con insertos de PU blando en el talón y en el antepié antes de moldearlo con la plantilla de EVA. La espuma de poliuretano se aplana mientras la EVA se moldea, pero se contrae para crear las zonas de espuma blanda en la superficie. En el lado inferior de los insertos, las láminas troqueladas de plástico rígido (también de EVA) aportan soporte y apoyo.

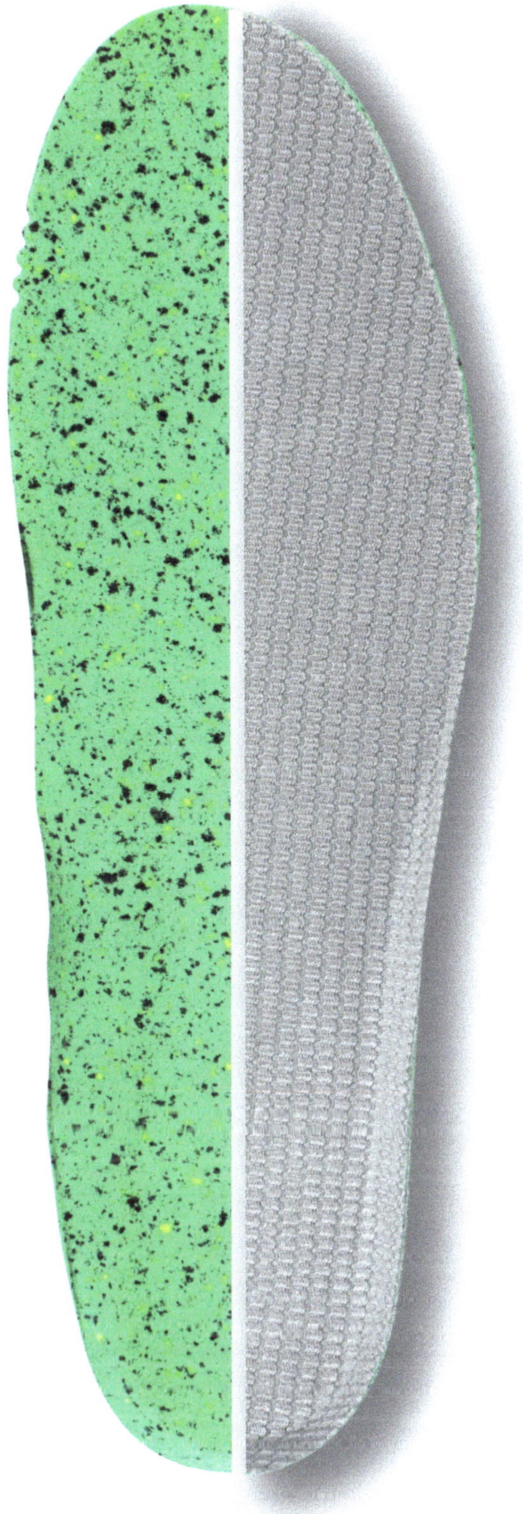

Plantilla de espuma de PU compacta

Esta plantilla pertenece a una zapatilla de *running* de precio medio, tiene un compuesto de espuma único creado con espuma de PU regenerada en una matriz de espuma EVA. Diseñada para obtener la recuperación característica de la espuma de PU, pero con la capacidad ligera y moldeable de la espuma EVA. Esta espuma tiene 4,5 mm de grosor, y tiene una densidad de 32º.

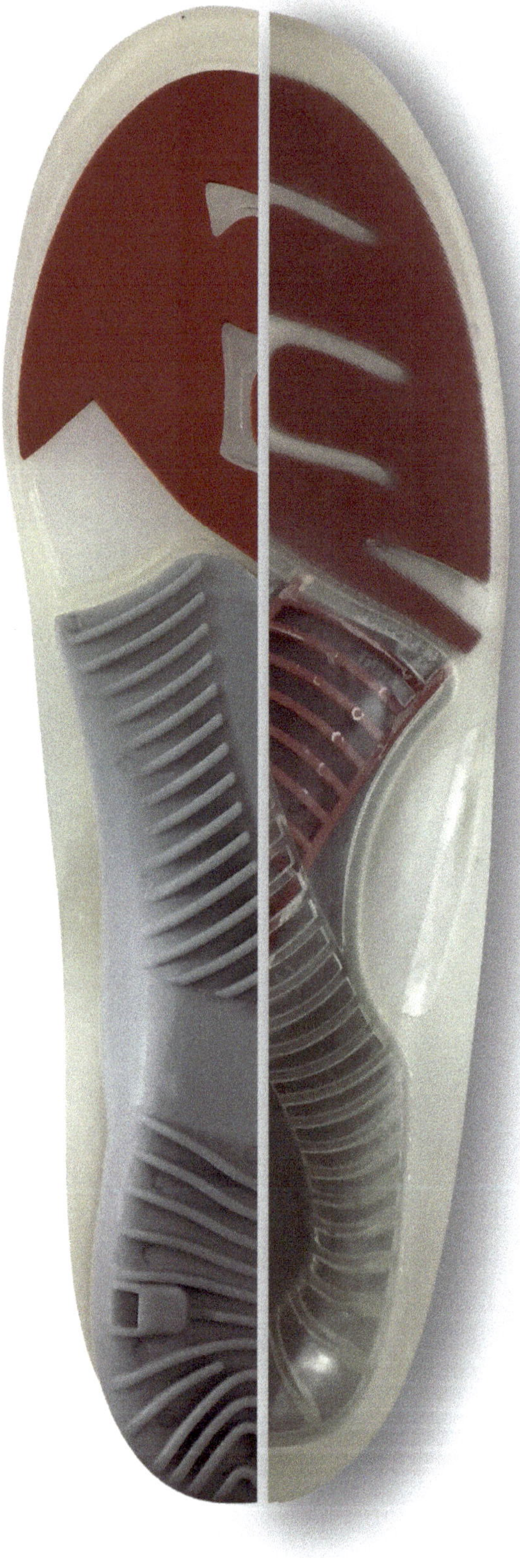

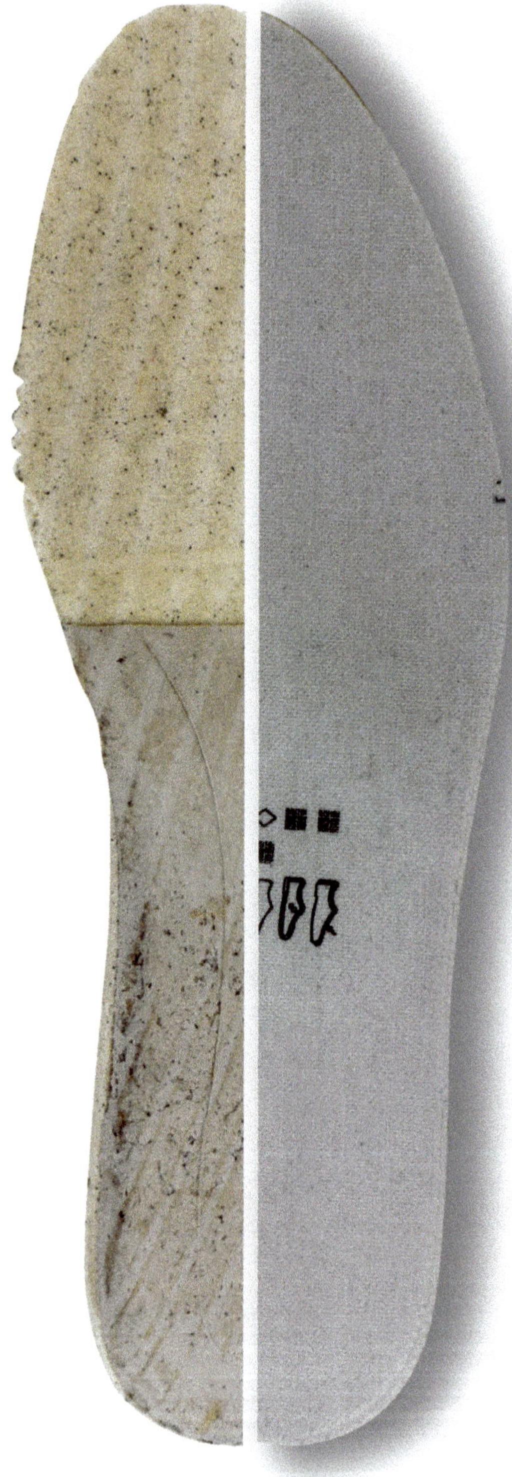

Plantilla inyectada
Este es un ejemplo de una plantilla inyectada cara, sacada del mercado de repuestos. El talón y el soporte del puente están hechos de plástico de nylon sobremoldeado (las partes color rojo y gris). Después del moldeo, la pieza se une a una estructura de TPU flexible moldeado por inyección. El antepié está acolchado con EVA troquelada. Esta plantilla es muy complicada, y requiere herramientas de elevado precio para producirlas.

Plantilla vulcanizada
Esta plantilla fue extraída de una zapatilla básica vulcanizada. Forrada en lona de algodón con el logotipo impreso, y con relleno de espuma. La dureza del caucho es de 25º, con un grosor de 4,5 mm. La cuña está hecha de *foxing* reutilizado, y tiene una dureza de 35º a 40º. El patrón de rayas que se aprecia en la fotografía, es el pegamento utilizado para unir la plantilla; se aplica con un rodillo de pegamento que funciona automáticamente.

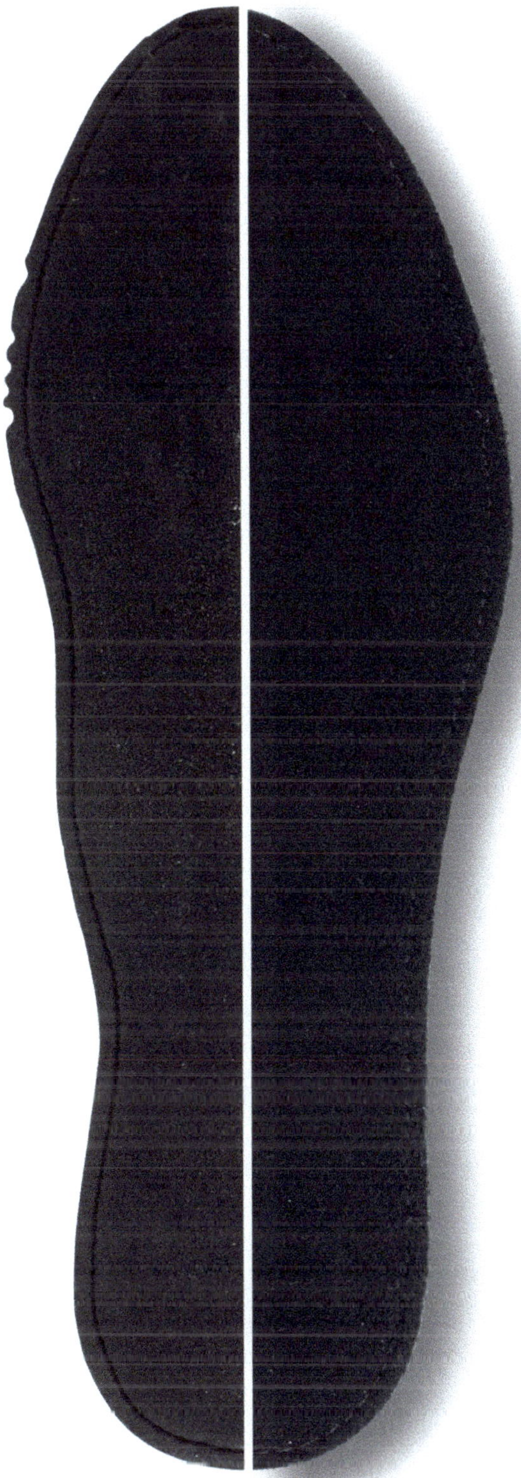

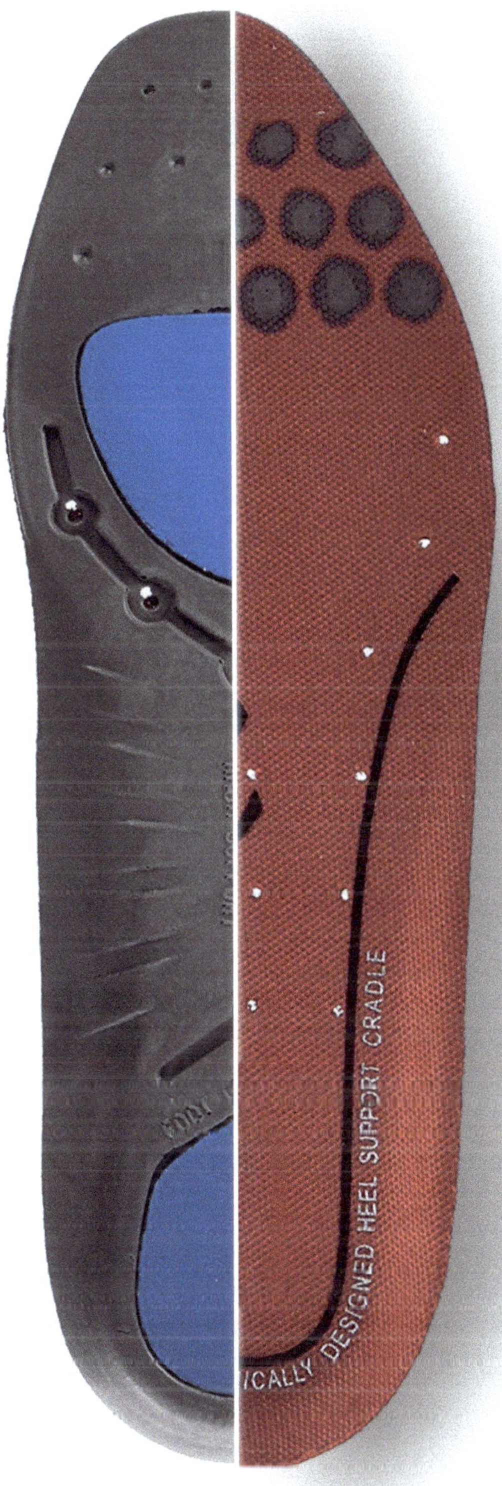

Plantillas troqueladas

Las plantillas troqueladas se encuentran en muchos tipos de calzado: zapatillas de lucha libre, zapatillas con tacos que no necesitan amortiguación, zapatos de vestir, de outlet... La plantilla puede ser muy económica si la espuma es fina y el forro es barato. Los zapatos de vestir caros también pueden tener plantillas troqueladas, pero están recubiertas con cuero y planchas de espuma de PU blando para hacer un calce personalizado.

Plantilla de PU vertido de doble densidad

El PU líquido se vierte en un molde de dos piezas, y el tejido (con un refuerzo impermeable) se coloca en el molde antes de cerrarlo. La espuma de PU llena la cavidad del molde y se adhiere al tejido. La plantilla tiene insertos de Sorbathan™ troquelado, una espuma que absorbe el impacto; es pesada, duradera, y tiene una buena protección contra impactos. También, tiene zonas flexibles y orificios para extraer el aire de dentro de la zapatilla.

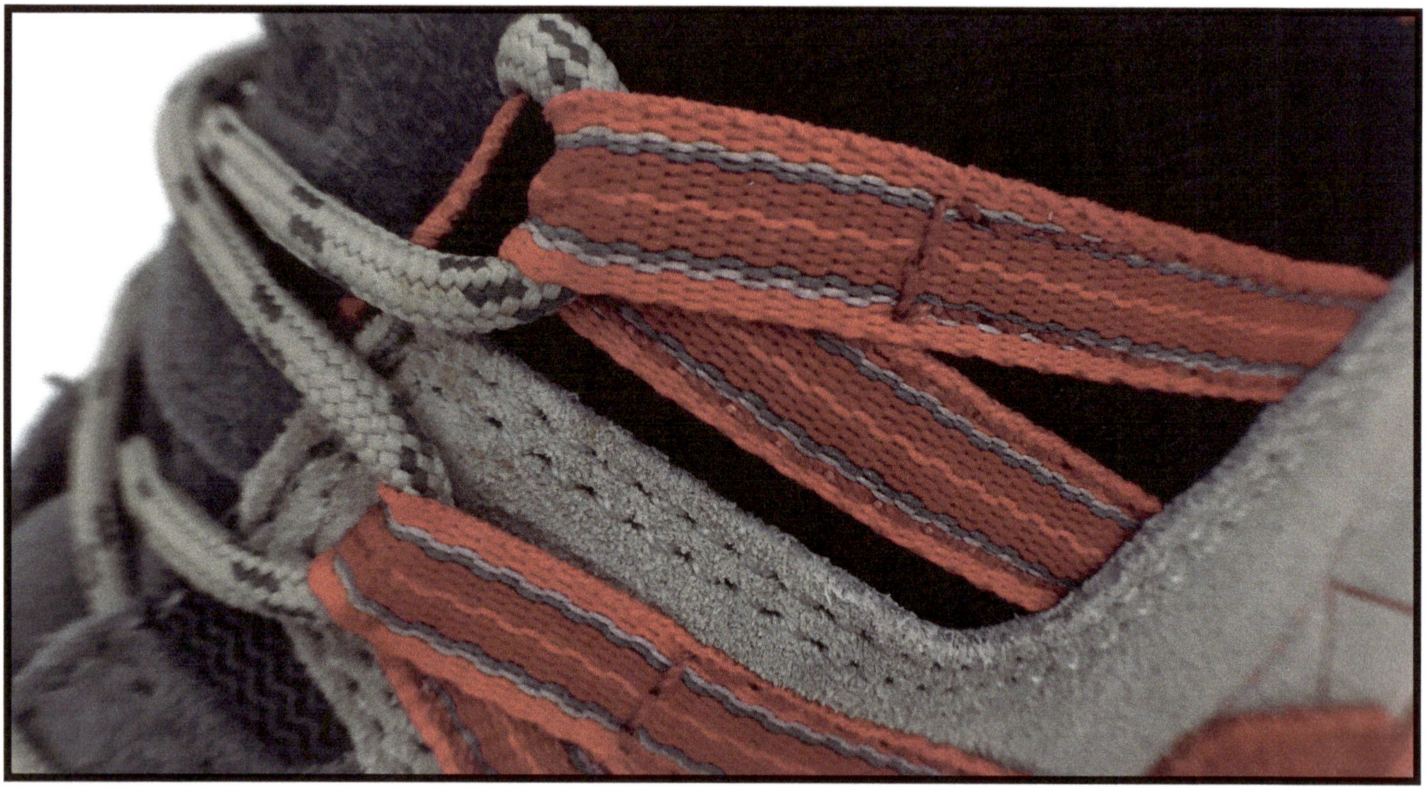

CAPÍTULO 15

CINTAS PARA CALZADO

Las cintas son un artículo muy utilizado. Su peso liviano y su alta resistencia lo hacen perfecto para usarlo como presillas, tiradores en la lengüeta, tiradores en el talón, para ajustar la lengüeta, y como refuerzos. En el caso de las sandalias de agua clásicas, todo el modelo está hecho en cinta.

Las correas para calzado suelen ser de nylon, poliéster, polipropileno, o algodón. El poliéster y el nylon son los materiales más utilizados por su mayor resistencia y estabilidad a los rayos UV; también por su adaptabilidad para adherirse con cualquier cemento. Para su uso en alta resistencia y aplicaciones ignífugas, las cintas también se pueden fabricar con fibras de Kevlar™ y Nomex™.

Tejidas con fibras de color, o teñidas, están disponibles en anchuras que van desde los 2 a 100mm, y grosores de 0,5 a 3mm. Las correas pueden ser suaves al tacto o procesadas con un revestimiento de resina plástica para crear un acabado más rígido que resistirá el arrugarse y ceder cuando se use. Las correas también se pueden recubrir o coextruirse con películas de PU o PVC.

Se pueden tejer en casi cualquier estructura: desde un patrón liso, hasta rayas o cuadros. También con texturas 3D (rayas, nervaduras, acanalados, e incluso logotipos). Las correas se pueden tejer, o aplicar una impresión con logotipos reflectantes; y también se pueden tejer con diferentes anchos.

Para un acabado extra, las correas pueden tener logotipos termograbados, sublimaciones, fibras elásticas y bandas de goma para el agarre. Aunque las correas de fibras artificiales no se dañan con el agua, pueden tener un recubrimiento repelente al agua para evitar el moho.
El *MOQ* para una cinta básica de un color puede ser bajo, o incluso nulo si se compra de un *stock* existente. Los diseños complicados con requisitos especiales pueden necesitar pedidos de a partir de 500 metros.

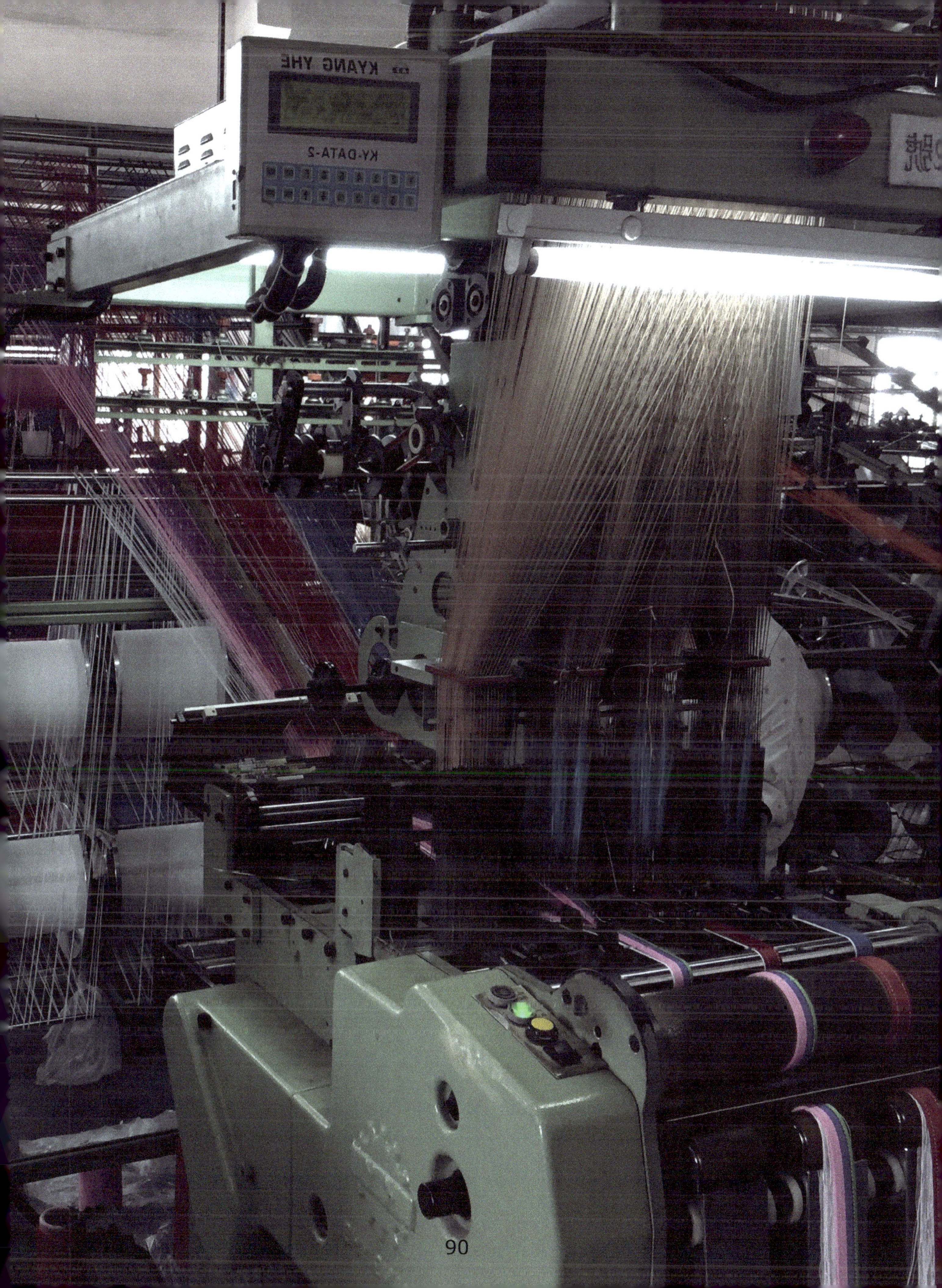

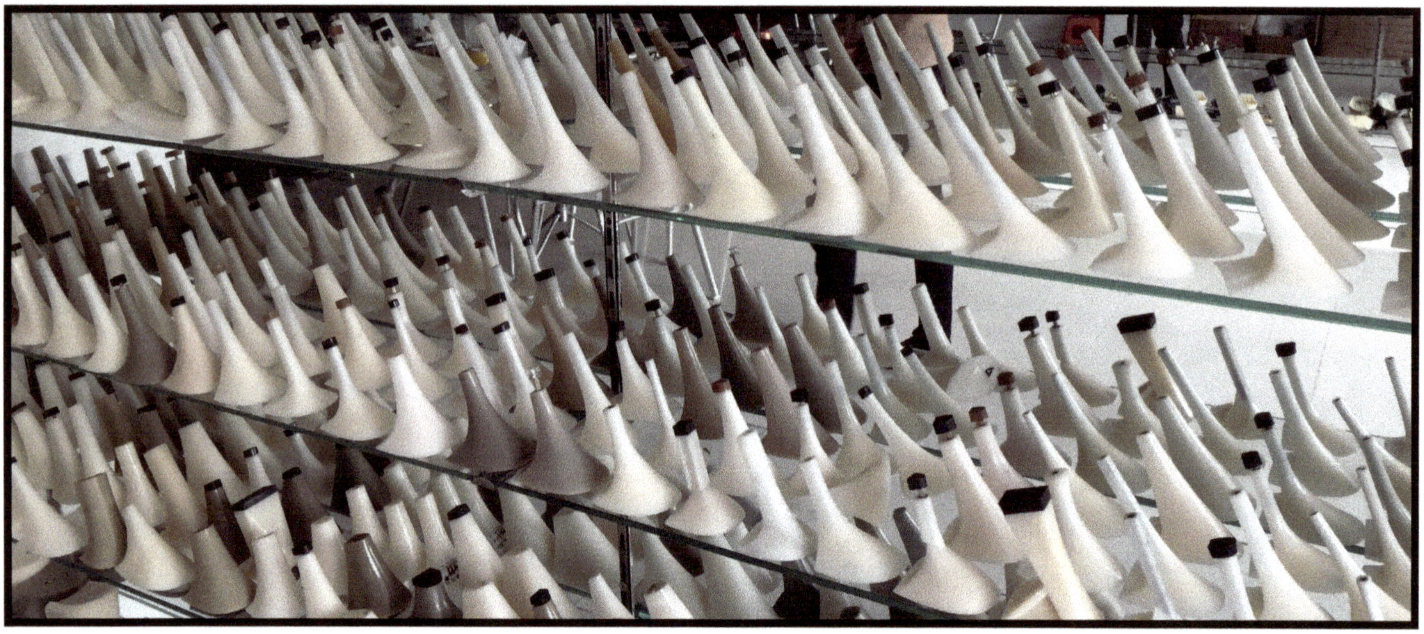

CAPÍTULO 16

PIEZAS DE PLÁSTICO

En este capítulo analizaremos las piezas de plástico moldeadas por inyección, compresión y soplado para calzado. Técnicamente hablando, casi todas las piezas que forman un modelo de calzado deportivo de hoy en día, están hechas de plástico. Las materias textiles están tejidas con fibras plásticas, la espuma está hecha de plástico soplado y, los materiales de PU sintéticos son, en realidad, láminas de plástico con refuerzos de fibra plástica.

De hecho, muchos zapatos están hechos en su totalidad de plástico. Nos vamos a centrar en los accesorios de plástico que dan a los zapatos su funcionalidad especial. Son estas piezas de plástico las que separan el calzado deportivo moderno producido en serie, de su antepasado hecho a mano.

Polímeros termoplásticos frente a termoendurecibles

Los plásticos se pueden dividir en dos tipos principales. Los polímeros termoplásticos se funden y se forman mientras están calientes; se pueden volver a fundir y rehacer. Los termoplásticos como el nylon, se moldean por inyección para crear formas 3D complicadas. Los termoplásticos son muy útiles en la producción de calzado debido a su capacidad para reformarse después del moldeo.

Los plásticos termoplásticos son el tipo de plástico más utilizado en calzado. Hay muchos tipos diferentes de termoplásticos, cada uno con propiedades y usos individuales. Los termoplásticos se pueden reciclar, y los más utilizados en calzado son: nylon, ABS, policarbonato, TPE, TPU, TPR hytel, PVC, surlyn, polietileno y polipropileno.

Los plásticos termoendurecibles son un tipo de materiales a los que se les puede dar forma, y una vez calentados, se transforman mediante una reacción química irreversible llamada curado. En el proceso de curado, las moléculas del plástico se enlazan. Una vez que están completamente unidas, estas cadenas de moléculas no pueden romperse con el calor. Epoxi, poliéster, EVA y los poliuretanos son plásticos termoendurecibles.

Esta zapatilla tiene la correa del talón de TPU moldeado por inyección.

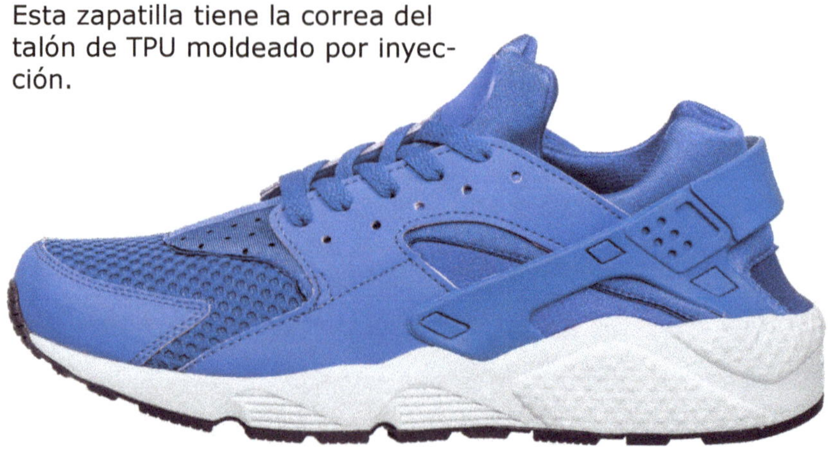

Cuándo usar termoplástico, y cuándo termoenduros (termoestable)

Los proveedores de materiales utilizan plásticos termoendurecibles para producir muchos tipos de espumas y tejidos. Los termoplásticos son fáciles de manipular y se pueden formar con varias máquinas diferentes. El proceso más normalizado es una máquina de moldeo por inyección de plástico. Las máquinas de inyección de plástico, tanto grandes como pequeñas, están presentes en las ciudades industriales de China.

Fabricación de piezas termoplásticas

El moldeo por inyección es el método más utilizado para accesorios de calzado. Los herrajes para cordones, las placas con logotipos, el cambrillón, los contrafuertes, las carrilleras, el piso en el calzado con tacos, y las hebillas se fabrican mediante un proceso de inyección. Los moldes de inyección pueden ser caros, pero la productividad es alta, y las piezas salen de la máquina listas para ensamblarse tan solo necesitando un acabado posterior.

Moldeo por inyección

Las máquinas de inyección funcionan calentando pequeños gránulos de plástico hasta que se derriten a un estado líquido. Con el molde cerrado con abrazaderas de acero, el plástico se dispara bajo presión dentro del molde. Después de enfriarse, el molde se abre y se libera el contenido. Las piezas de inyección pueden ser de cualquier tamaño, incluso un soporte entero de unas botas de esquí, o un cubo de basura de 200 litros; también pueden contener fibras de vidrio o de carbono. Estas fibras para reforzar se cortan en piezas con un tamaño inferior a 1mm, y después se añaden a la fórmula plástica. El plástico puede estar reforzado con fibra que va desde el 1%, a más del 50%. Para calzado flexible, un 15% es aproximadamente el máximo utilizado. Por encima del 15%, las piezas son difíciles de coser y pueden quebrarse en lugar de doblarse. Una pieza de cambrillón para una bota de fútbol puede tener un relleno de fibra de vidrio del 0 al 3%, mientras que el cambrillón para una bota de montañismo puede contener hasta un 45%.

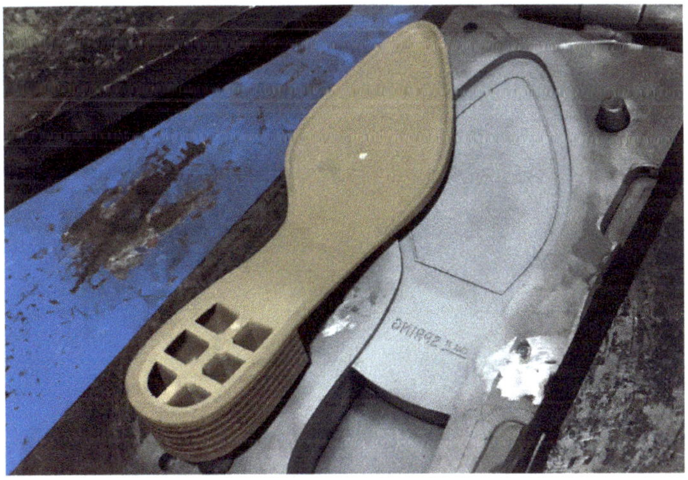

Moldeo por soplado

El moldeo por soplado es el proceso que se utiliza para fabricar las botellas de los refrescos. Las cámaras de aire de las zapatillas Nike™ también se fabrican de esta manera. En el proceso de moldeo por soplado, la máquina extruye un tubo hueco de plástico fundido que cuelga entre las dos mitades del molde. Las mitades se cierran sobre el tubo a la vez que una aguja bombea aire al interior del tubo, haciendo que el plástico se adapte a adaptar la forma del molde. Mientras que una cámara de aire utiliza material TPU elástico, la misma máquina puede fabricar botellas plásticas de refrescos con plástico PET.

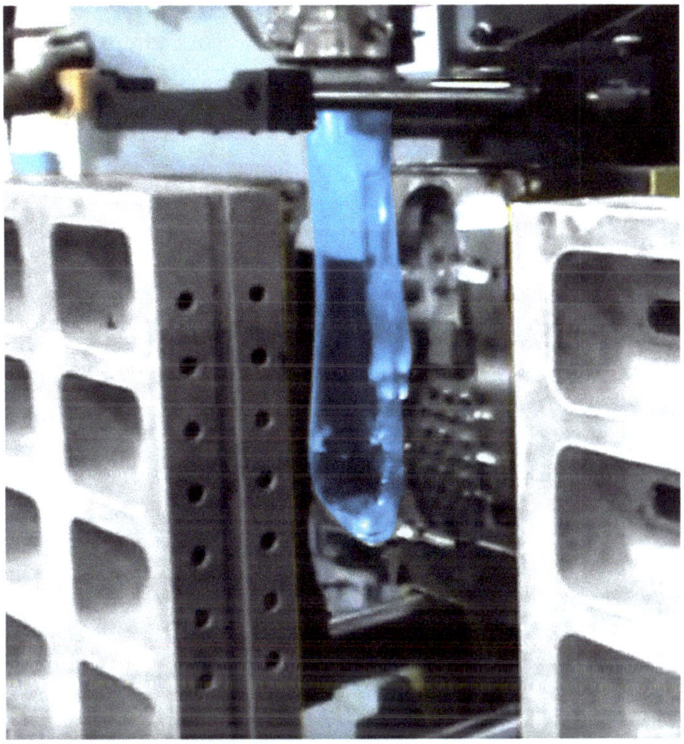

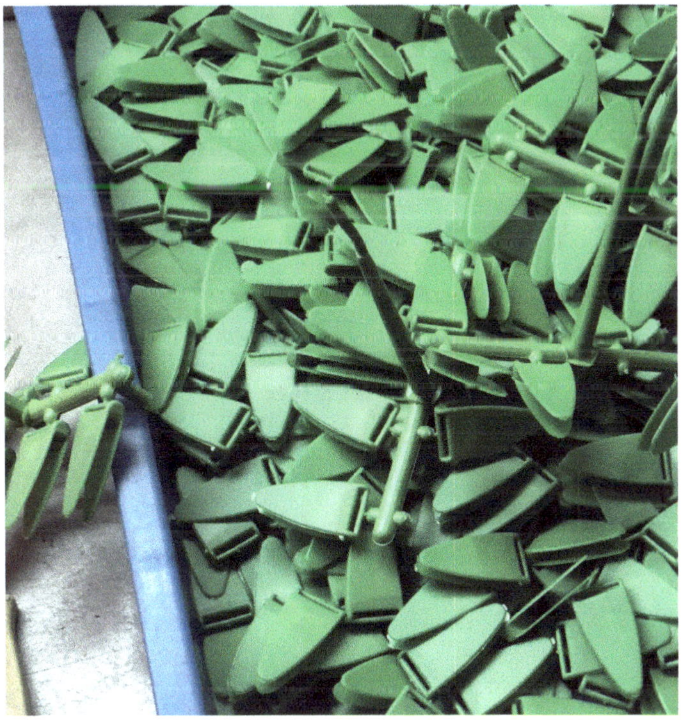

Moldeo en vacío

El moldeo en vacío se crea con una plancha de plástico sujeta por los extremos a la vez que se calienta. Una vez que la plancha quede ablandada, se baja a un molde. Después, se usa una bomba de vacío para adaptar el plástico sobre el molde. El moldeo en vacío se utiliza con más frecuencia para materiales de embalaje o *packaging*.

Extrusión de plástico

La extrusión es el proceso en el que el plástico caliente se fuerza a través de un molde que contiene una forma específica. Los ribetes o vivos de plástico se fabrican mediante la extrusión, como el cerco hecho de material sintético. El proceso de extrusión también se utiliza para saturar tejidos con plástico. Los componentes como las palmillas, plantas de montado, los contrafuertes y los topes o punta fuerte, se fabrican mediante este proceso. También se pueden extruir piezas de goma para calzado vulcanizados.

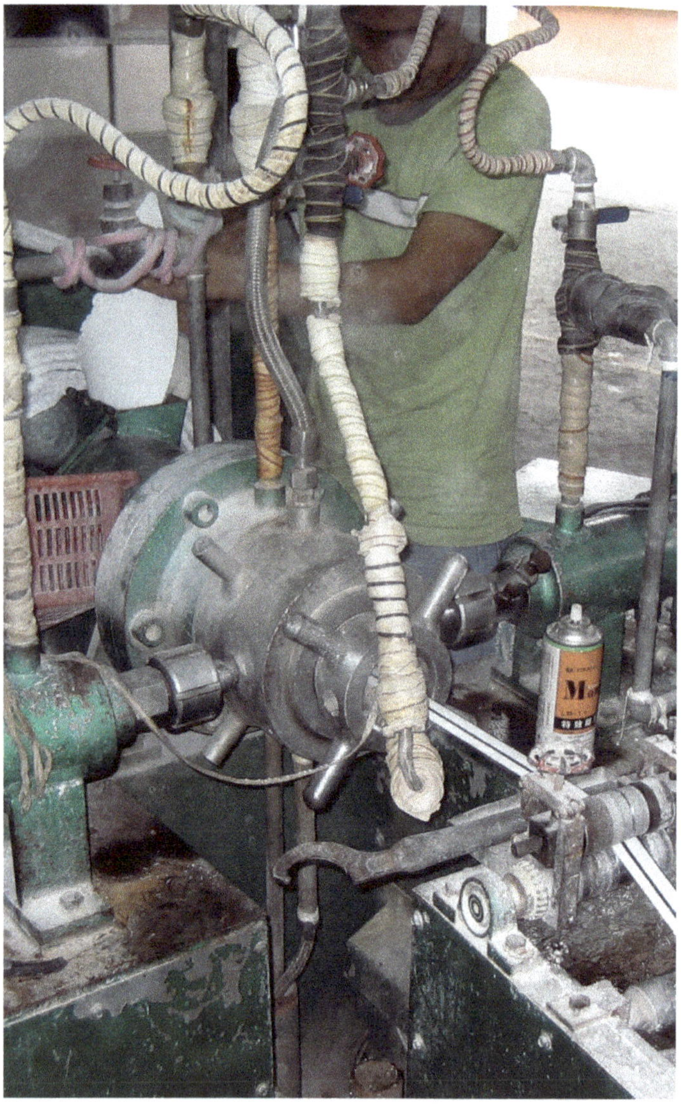

Vertido a molde abierto

Los materiales de PU y TPR se pueden moldear en moldes abiertos. Estos moldes no tienen tapa. Los materiales son autonivelantes, y no necesitan presión de inyección para llenar el molde. Las piezas de goma con el logotipo que se encuentran en zapatillas y en ropa están hechas a mano; los operarios aplican el color gota a gota en los moldes. Después, las piezas se curan en un horno antes de liberarlas del molde.

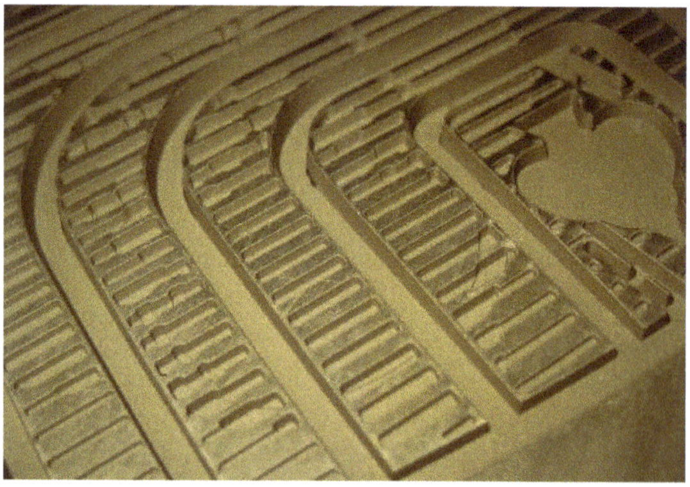

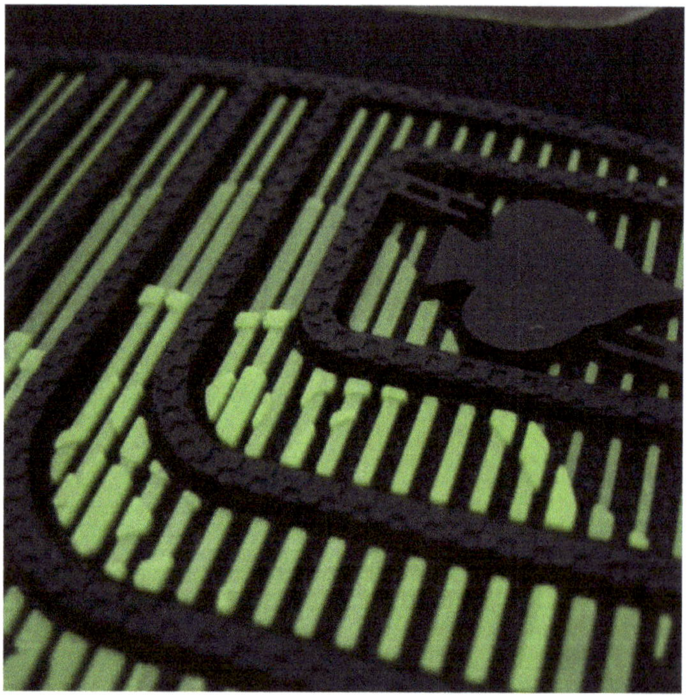

Fabricación de piezas plásticas termoendurecibles

La espuma de poliuretano es el plástico termoendurecible más utilizado en calzado. Los dos componentes químicos precursores se mezclan creando un proceso catalítico de unión. El PU fluye de la máquina como si fuese un almíbar espeso. Si se deja al aire libre, las celdas de dentro del PU se expanden, haciendo que el material quede como una tarta de espuma, si se cierra en un molde de entresuela, el PU llena la cavidad creando una unidad de espuma con una superficie exterior sólida. Cuanto más PU, mayor densidad tendrá la pieza. Una vez que el PU reacciona, no se puede rectificar. Este proceso se utiliza para fabricar entresuelas, suelas, plantillas y piezas del corte.

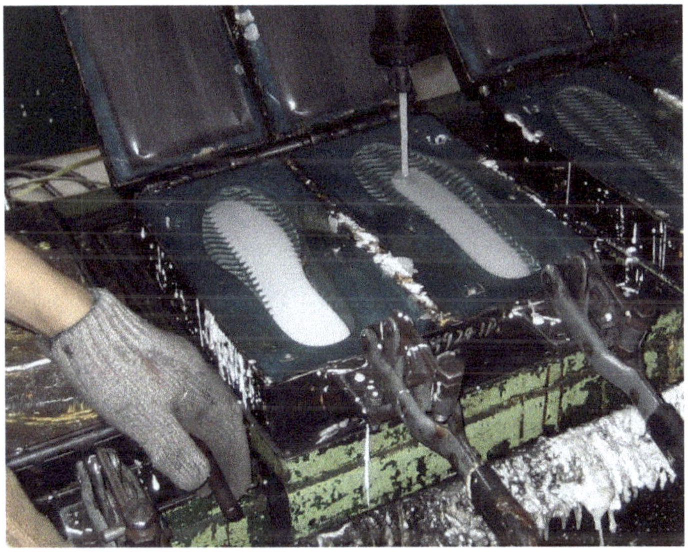

Composite de fibra de carbono termoendurecible

Lo que se conoce como piezas de fibra de carbono, o de fibra de vidrio, es en realidad un compuesto hecho de fibras mezcladas con un plástico termoendurecible. El material que mantiene las fibras en su lugar se llama matriz. El epoxi y el poliéster son los plásticos termoendurecibles más utilizados como matriz. Para hacer una pieza de composite, las fibras se vierten al material matriz plástico en su forma líquida sin curar. Una vez que el plástico líquido se calienta, se solidifica, y no se puede volver a fundir. Este proceso se suele realizar fuera de la fábrica de calzado por una empresa especializada subcontratada.

Las piezas de carbono y de fibra de vidrio se utilizan en las piezas que forman el cambrillón de las suelas. Curiosamente, tanto un zapato de tacón, como una bota de montañismo pueden tener cambrillones hechos con material composite. El cambrillón de composite también se utiliza en botas tácticas o de trabajo cuando no se puede utilizar metal. Las punteras de seguridad de las botas de trabajo también pueden estar hechas de este composite.

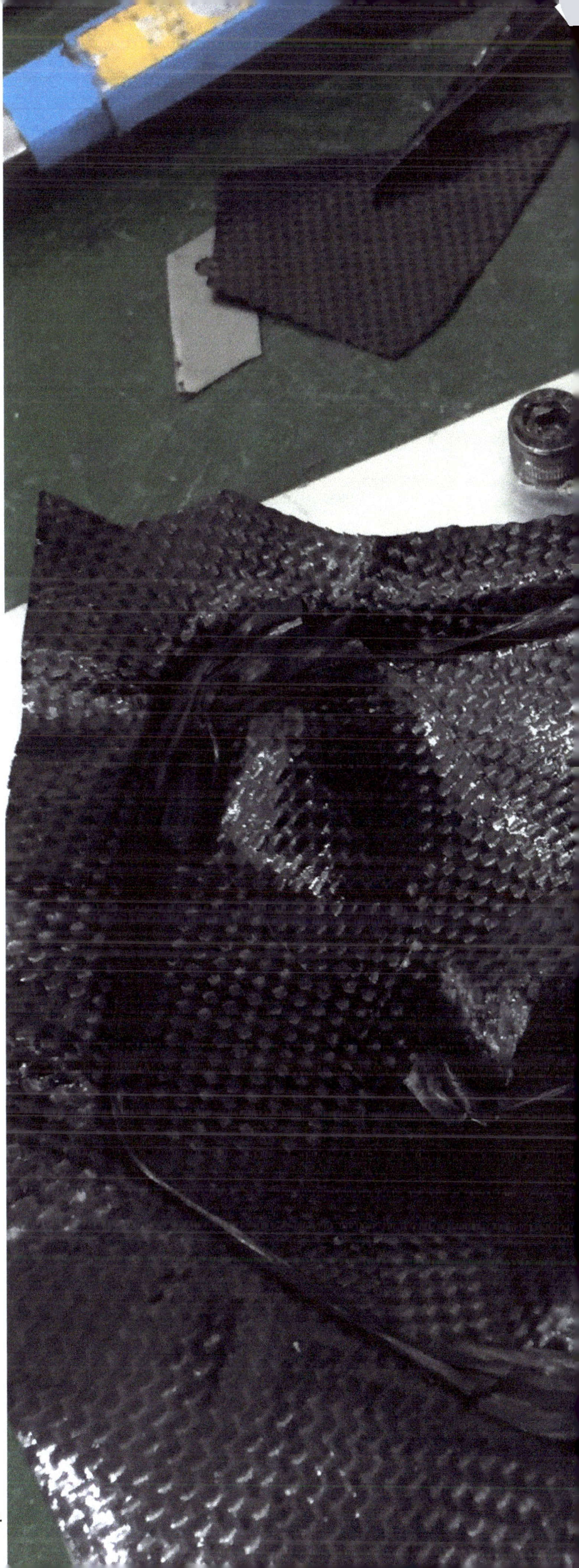

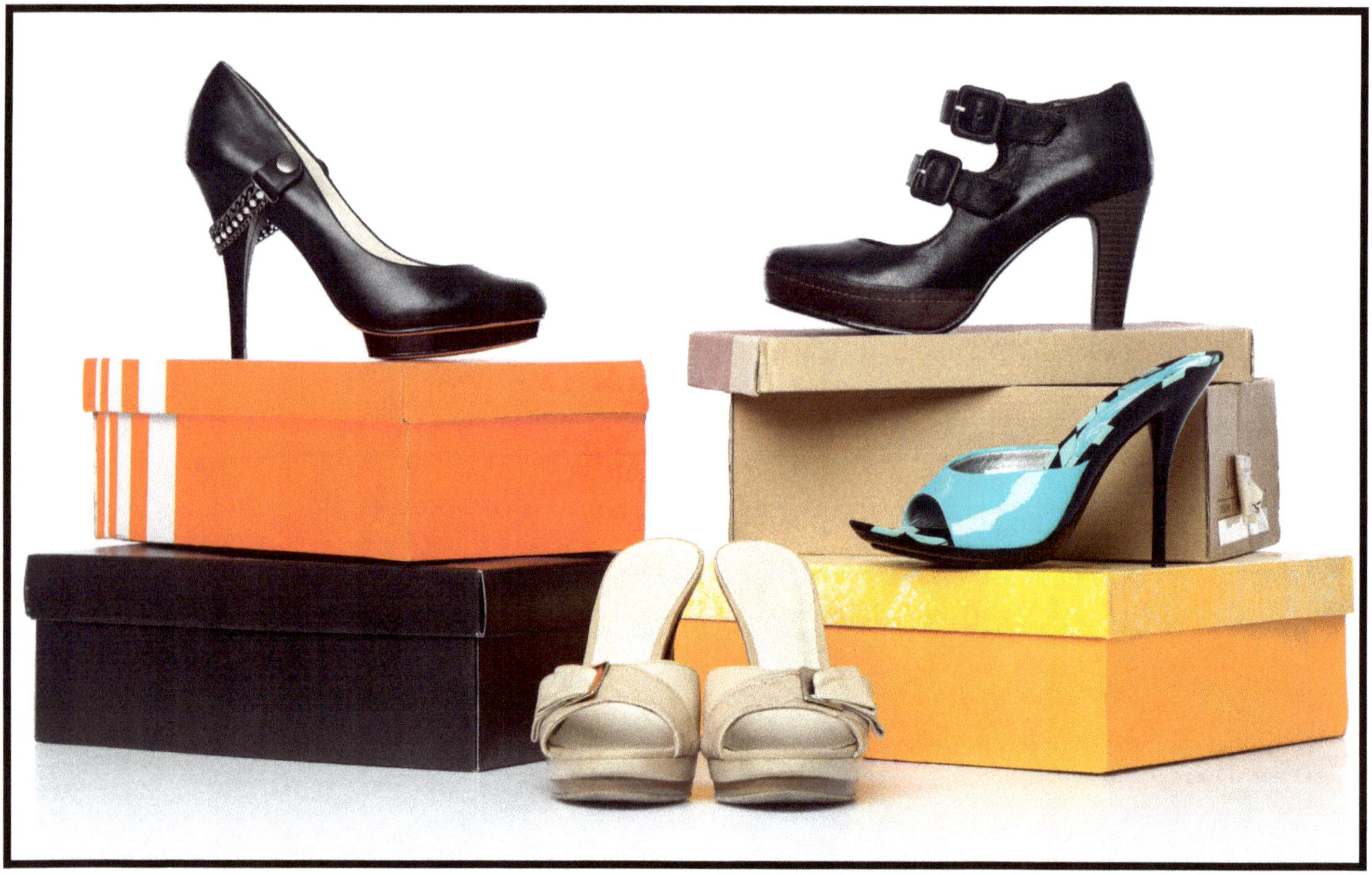

CAPÍTULO 17

REQUISITOS DEL *PACKAGING* DE CALZADO

El diseño del *packaging* es una parte muy importante en cuanto a la presentación a la hora de comercializar un producto. En una tienda minorista repleta de productos de la competencia, las primeras impresiones son las más importantes. Una caja barata puede ahorrarte dinero, pero una caja abollada o dañada manda a tus clientes un mensaje equivocado sobre el producto. Un distribuidor lo tendrá difícil para vender el producto en cajas dañadas a *full price* si el embalaje está dañado.

El aspecto en la tienda

Al diseñar el embalaje debes considerar dónde y cómo se venderán tus productos. ¿Tus zapatos se venderán en una tienda multimarca donde las cajas se guardarán en un almacén oscuro? ¿Quizá tus zapatos se venderán en un minorista retail con las cajas apiladas para ventas tipo autoservicio?

Existen dos tipos de construcción principales para las cajas de calzado. El más utilizado es el cartón corrugado u ondulado que se imprime, se corta, y se dobla. Las cajas de calzado de gama alta están hechas de cartón sólido, o cartón envuelto a mano en papel impreso o con relieve. Muchas empresas de calzado ofrecen *packaging* de edición limitada hecho de plástico, madera, tela, espuma, o una combinación de materiales.

Una caja de calzado deportivo normal cuesta cerca de 0,75 dólares. Una caja reforzada para botas de trabajo grandes, diseñada para apilarse de diez en diez para autoservirse, puede costar más de 2 dólares. Una marca de lujo puede utilizar cajas de cartón forradas a mano con un precioso papel grabado, e inserciones de espuma que pueden costar de 5 a 10 dólares. Los complementos extra pueden ser tales como fundas protectoras, o pernitos.

Recuerda que el *packaging* de gama alta añade 10 dólares al precio en almacén, pero son 50 dólares al precio minorista del zapato. Gasta con cabeza tu presupuesto en el *packaging*.

Cartón corrugado

El cartón corrugado u ondulado está hecho en tres piezas que se laminan juntas: el cartón exterior, el cartón interior y el papel corrugado en el medio. El cartón se especifica por el peso de los cartones exteriores, y el tamaño de la flauta o corrugado. Para las cajas de zapatos, la más utilizada es la flauta E; estas tienen un grosor de 1,5mm, y 94 flautas por pie. Se pueden hacer cajas de zapatos más robustas con flauta C, mientras que las cajas para botas se suelen hacer con planchas de flauta B.

Cartoncillo

Un material para cajas menos utilizado es el cartoncillo, que es una plancha de papel rígido. Si alguna vez has comprado un teléfono de Apple™, habrás visto un *packaging* de cartoncillo. (Todos los iPhones de Apple están empaquetados en cartoncillo). El cartoncillo tiene la ventaja de ser una superficie perfectamente plana, muy buena para la impresión directa, o para el laminado de papel impreso.

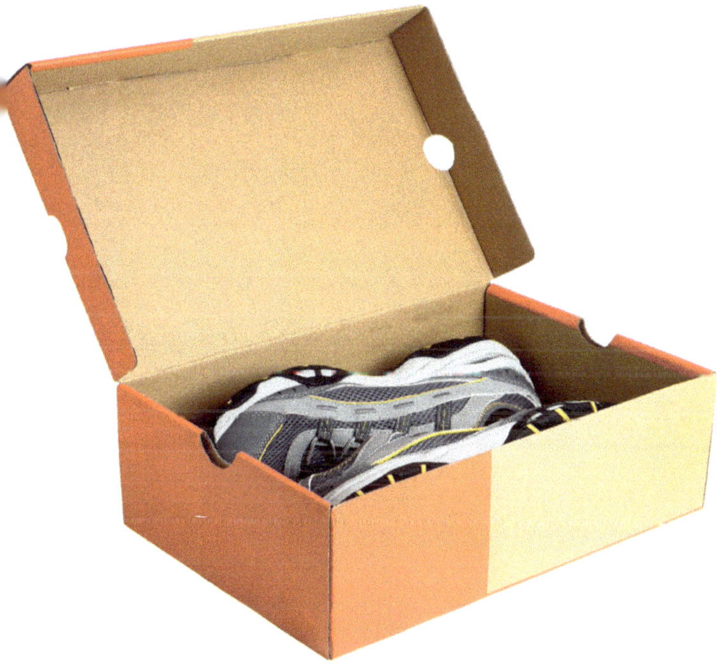

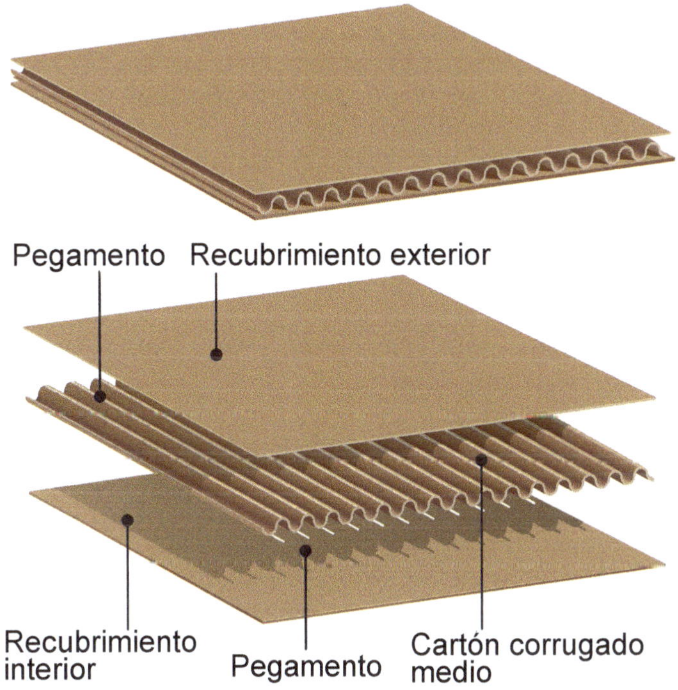

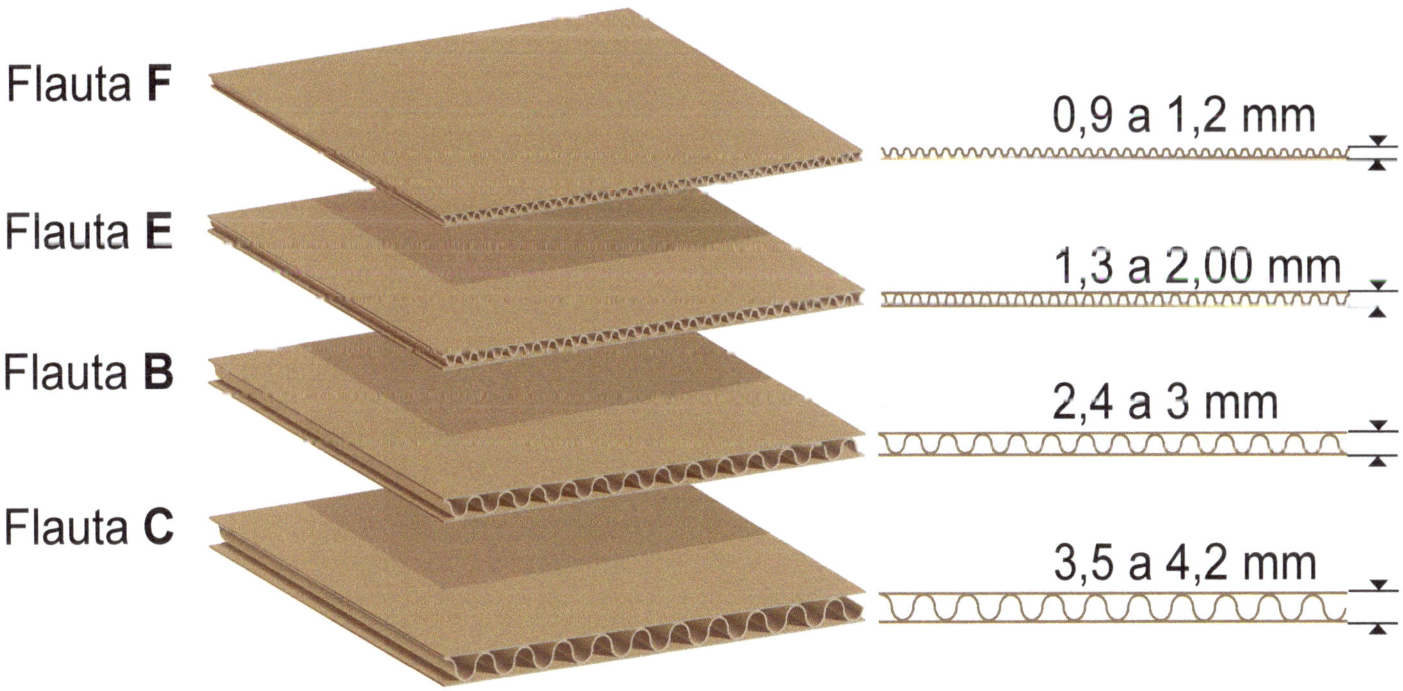

Líneas del troquel

La línea del troquel de la caja es el contorno del patrón de la caja. Esta línea tiene todas las pestañas, ranuras, pliegues, ventanas y perforaciones que permiten doblar el material plano en un producto final en 3D. La creación de la línea del troquel determina el coste y la resistencia de la caja final. Dependiendo del tamaño y del diseño, una caja de zapatos se puede montar tan solo doblando las pestañas, o puede necesitar pegamento y grapas.

Los materiales de cartón vienen de la fábrica de papel en rollos. La impresora de cajas tendrá rollos de diferentes anchos según las máquinas de la fábrica y los tamaños de caja más utilizados. Es importante conocer el ancho de las impresoras para que puedas crear un diseño que utilice el papel de manera eficiente. El precio de la caja se calcula sobre el consumo del papel. Un diseño eficiente utilizará todo el ancho del rollo, y una longitud mínima. Recuerda, al igual que cuando se corta el material para calzado, pagarás por cualquier papel desechado que se corte.

Cuando el diseñador gráfico trabaja en un nuevo diseño de caja, necesitará la línea del troquel para montar la pieza gráfica correctamente. Es muy normal cortar a mano una pequeña maqueta de un nuevo diseño para asegurarse de que los logotipos están posicionados en la dirección correcta.

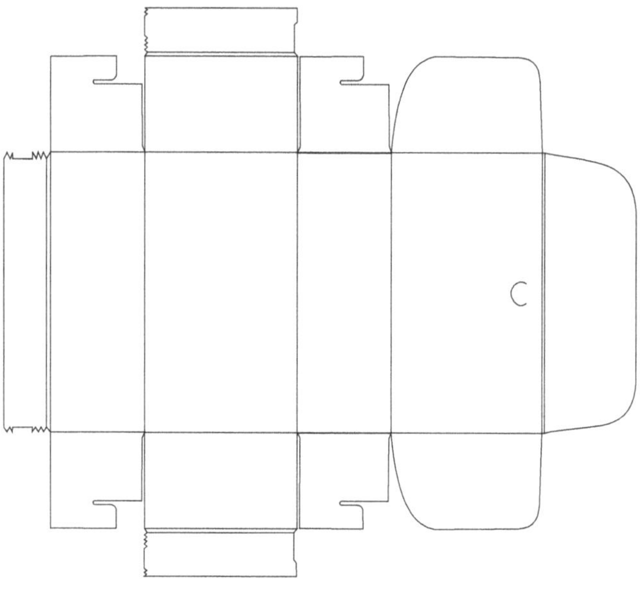

La línea de troquel se utiliza para crear el troquel de corte o las herramientas utilizadas para cortar el cartón en la forma correcta. El troquel se hace marcando el diseño de la caja en una plancha de madera, para después insertar unas cuchillas de acero. Estos troqueles no son caros, y son fáciles de modificar. Una fábrica de cajas con volumen de trabajo tendrá cientos de troqueles de corte entre los que elegir.

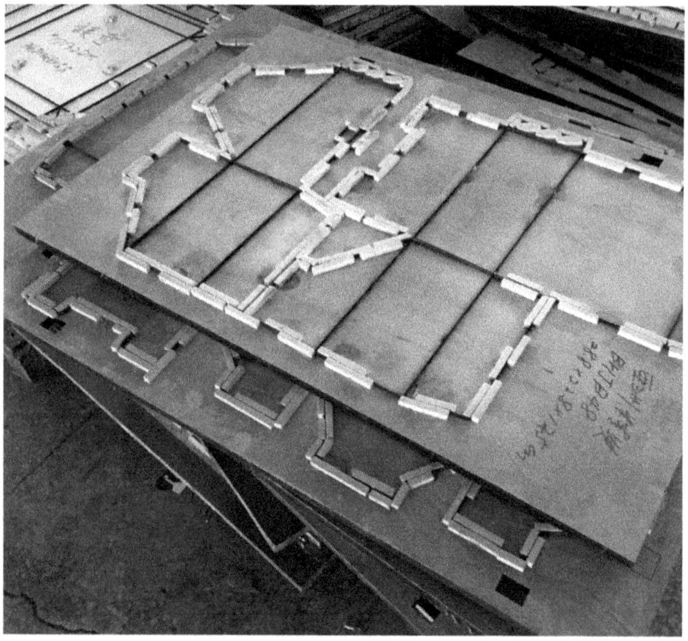

Cómo se hacen las cajas de cartón corrugado para calzado

Primero, la fábrica hará el pedido del papel para las flautas y los exteriores de la caja. Se puede imprimir un diseño sencillo directamente en la superficie exterior del cartón. Para un diseño que requiera más de un color, o un acabado brillante, el papel exterior se imprimirá antes de ser laminado al revestimiento interior.

Una vez que el cartón tiene la parte gráfica impresa, está listo para ser cortado a máquina. Las piezas impresas se posicionan hoja por hoja en la máquina troqueladora. Una vez que la plancha se corta con la forma, las cajas planas se apilan en palés para su envío a la fábrica de calzado. Las cajas se almacenan planas hasta el último momento. Dependiendo del diseño de la caja, un trabajador la doblará, grapará y pondrá pegamento de secado rápido para montar la caja.

Cómo se hacen las cajas forradas a mano

Las cajas forradas se hacen imprimiendo primero la parte gráfica en el papel exterior, después se corta el papel con la forma. A continuación, un rodillo aplica pegamento caliente en la parte posterior del papel impreso. El cartón se corta, se dobla para darle la forma, y se coloca sobre el papel. Finalmente, el papel se envuelve rápidamente sobre el cartón antes de que se enfríe el pegamento.

Otros efectos gráficos

Tanto las cajas de zapatos de cartón corrugado, como las de cartón, pueden tener arte gráfico a 4 colores. Antes de la laminación, los papeles de los exteriores de la caja se pueden texturizar, estampar con foil metálico, o utilizar una sobreimpresión con brillo.

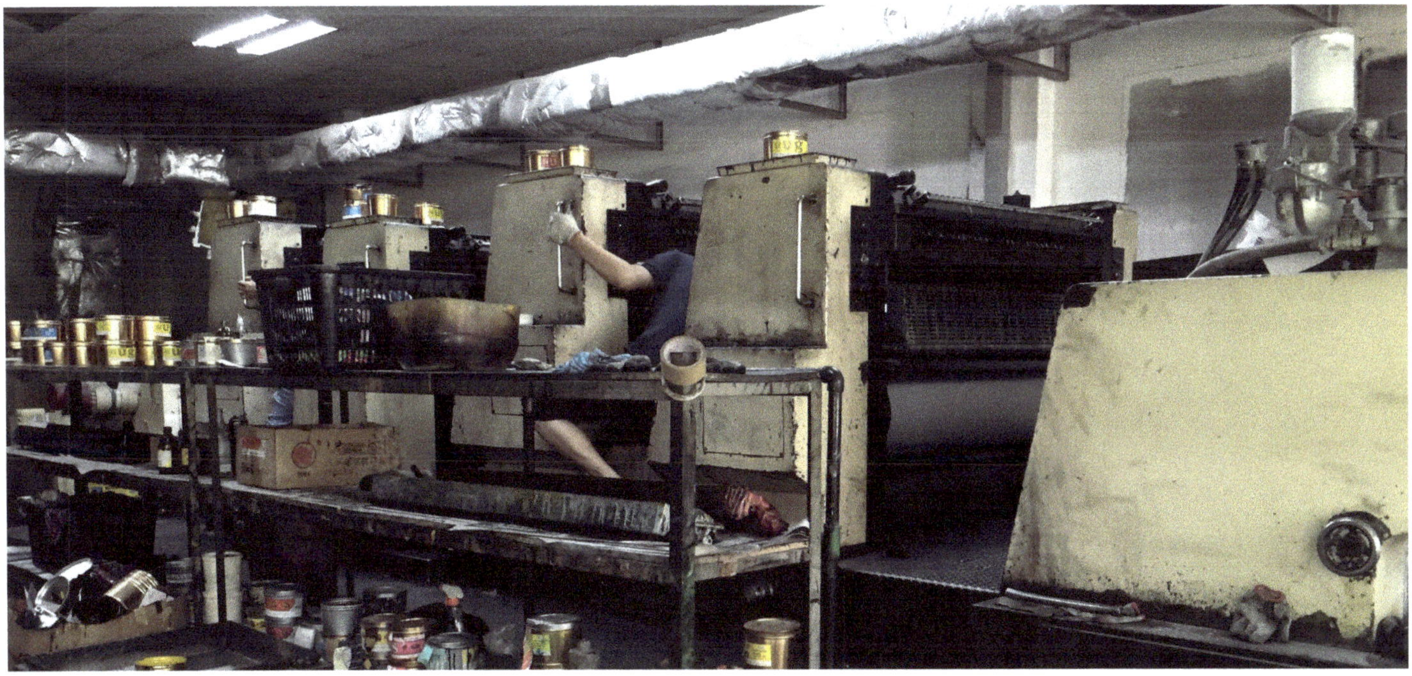

Caja interior y *master carton*

En el comercio del calzado, lo que todos conocemos como caja de zapatos, es la caja interior. Al final de la línea de montaje, los zapatos se colocan en la caja interior. Después, las cajas se etiquetan con la talla y el nombre del modelo antes de colocarlas en la caja exterior, o *master carton*. Esta caja exterior suele tener espacio para doce cajas de zapatos en su interior. Si son botas grandes, pueden caber solo seis.

El *master carton* está diseñado para proteger las cajas interiores. Las fábricas de calzado pueden pedir que los pedidos se realicen en múltiplos de doce para completar las cajas. El tamaño de la caja exterior dependerá de las regulaciones laborales del país importador; algunas son de gran tamaño y supone un peligro para los trabajadores, con lo cual, pueden pedir tarifas de transporte más altas cuando se envían a los distribuidores.

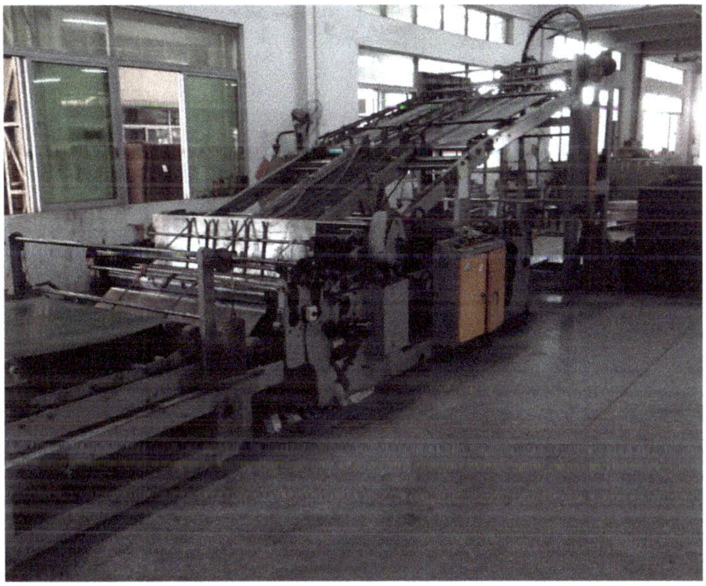

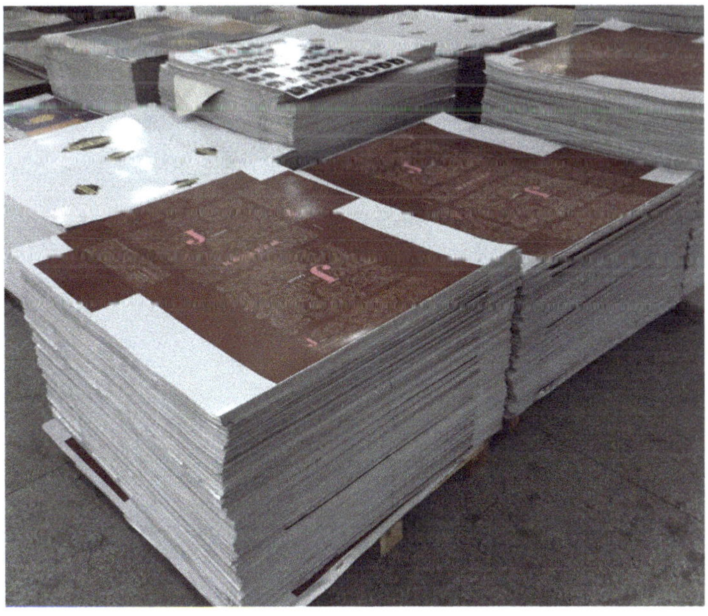

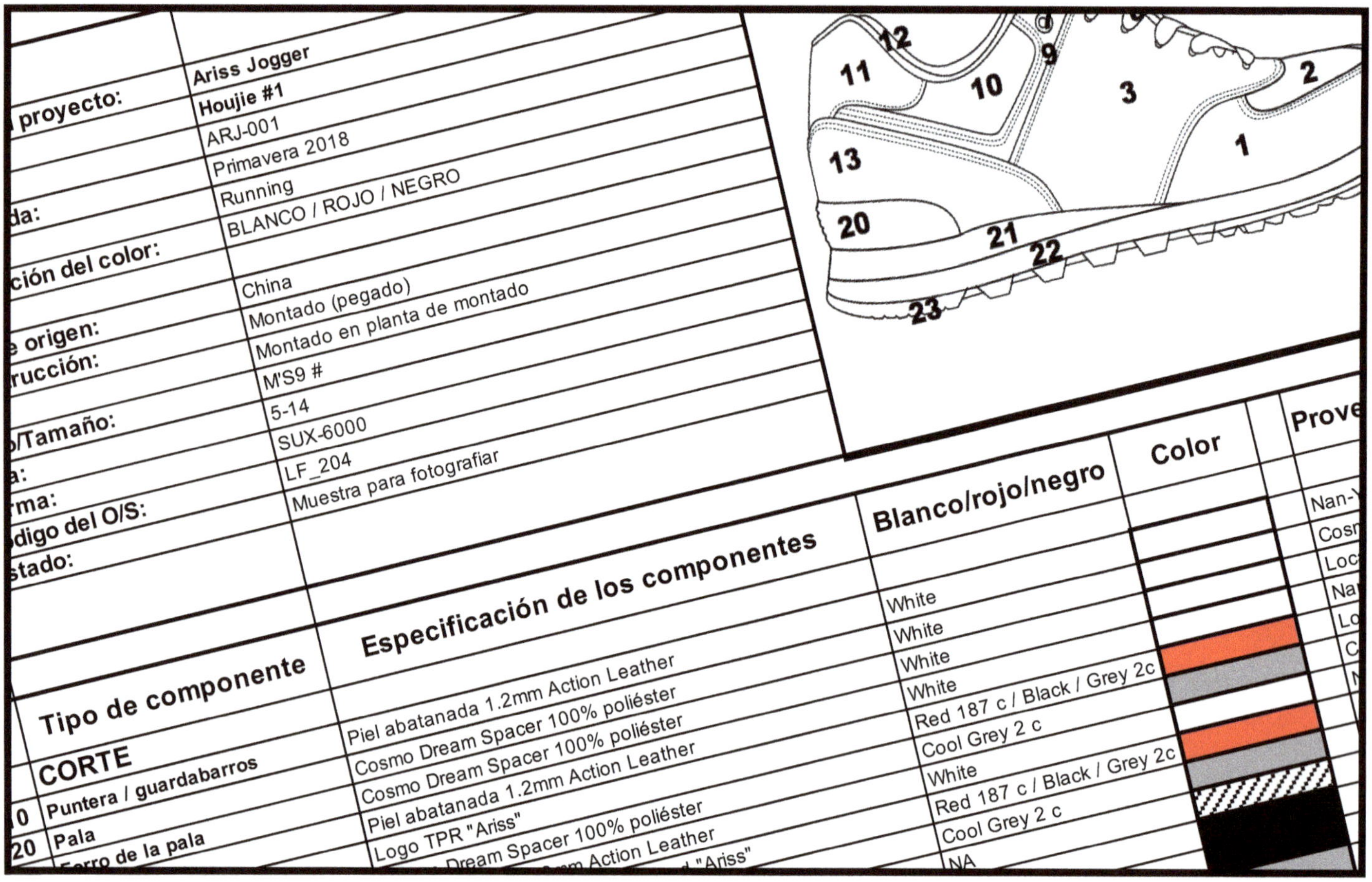

CAPÍTULO 18

ESPECIFICACIONES DE MATERIALES

Una vez que se hayan escogido los materiales, deberás comunicarlo a la fábrica. Si eres un diseñador de calzado que trabaja para una empresa pequeña, es posible que seas tú el responsable de hacer la ficha técnica del modelo. Si trabajas para una marca grande, puedes pasar los dibujos a los desarrolladores, y ellos completarán las especificaciones del modelo.

En este capítulo, describiremos los requisitos mínimos para crear una ficha técnica básica. Las grandes marcas de calzado suelen tener programas para crear y almacenar datos, mientras que las pequeñas empresas crearán fichas técnicas en Microsoft™ Excel™ u otro software que trabaje hojas de cálculo.
La ficha técnica enumera cada pieza, material, grosor, color, y proveedor que compone el modelo. Cuando se crea una ficha técnica para un nuevo desarrollo pueden faltar muchos detalles, pero no pasa nada, ya que el trabajo de los desarrolladores será el de completar los espacios en blanco a medida que avance el desarrollo del modelo. Una vez se envíe la ficha técnica a la fábrica, el personal de la fábrica trabajará junto con el desarrollador y los diseñadores para completarla.

La ficha técnica es un documento muy importante, por lo tanto, cuando llega el momento de la producción, la ficha técnica aprobada se convierte en el contrato con la fábrica, y es también un documento cambiante a medida que se desarrolla el zapato, ya que va cambiando y actualizándose en la producción.
La ficha técnica que se incluye aquí es muy simple y pertenece a un artículo básico. Sin embargo, una zapatilla de deporte de alto rendimiento, o unas botas de *snowboard* puede tener fichas técnicas de muchas páginas. Para un artículo complicado, también se debe incluir el número de piezas al proveedor de los materiales.

Nombre del proyecto:	Ariss Jogger
Fábrica:	Houjie #1
Modelo:	ARJ-001
Temporada:	Primavera 2018
División:	Running
Descripción del color:	BLANCO / ROJO / NEGRO
País de origen:	China
Construcción:	Montado (pegado)
	Montado en planta de montado
Sexo/Tamaño:	M'S9 #
Talla:	5-14
Horma:	SUX-6000
Código del O/S:	LF_204
Estado:	Muestra para fotografiar

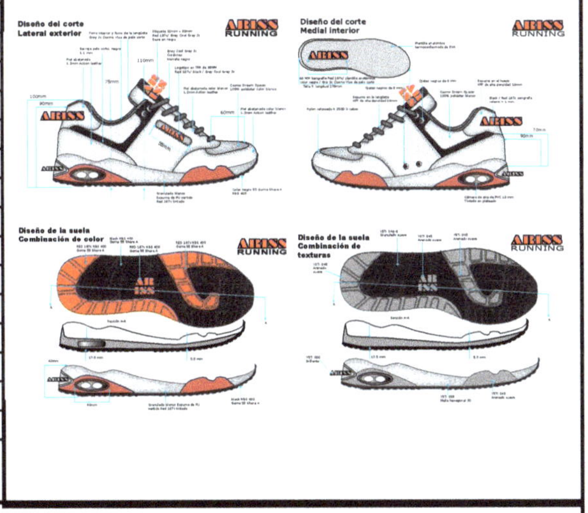

	Tipo de componente	Especificación de los componentes	Blanco/rojo/negro	Color	Proveedor
	CORTE				
0	Puntera / guardabarros	Piel abatanada 1.2mm Action Leather	White		Nan-Ya Tanning
1	Pala	Cosmo Dream Spacer 100% poliéster	White		Cosmo HK
2	Forro de la pala	Cosmo Dream Spacer 100% poliéster	White		Local
3	Pared	Piel abatanada 1.2mm Action Leather	White		Nan-Ya Tanning
4	Logotipo en pared	Logo TPR "Ariss"	Red 187 c / Black / Grey 2c		Local
5	Lengüeta	Cosmo Dream Spacer 100% poliéster	Cool Grey 2 c		Cosmo HK
6	Trabilla de la lengüeta	Piel abatanada 1.2mm Action Leather	White		Nan-Ya Tanning
7	Logotipo de la lengüeta	Etiqueta tejida 32 x 32mm Staked "Ariss"	Red 187 c / Black / Grey 2c		Local
8	Forro de la lengüeta	Visa Terry + 4MMKF329+24GT/C	Cool Grey 2 c		Local
9	Espuma de la lengüeta	Espuma de PU 20mm KFF	NA		Local
10	Ojetes	8mm acero	Black		Dae-Sung
11	Ojetes lado medial	8mm acero	Black		Dae-Sung
12	Cordones	8mm ovalado	Cool Grey 2 c		Pahio
13	Panel subyacente hueco	Serraje de pelo corto 1.2 mm	Black		Local
14	Panel del hueco	Cosmo Dream Spacer 100% poliéster	White		Cosmo HK
15	Logotipo del talón	Impreso + grabado 55mm ARISS	Black / Red		Local
16	Forro del talón	Visa Terry + 4MMKF329+24GT/C	NA		Cosmo HK
17	Pieza contrafuerte exterior	Abatanado blanco 1.2mm Action Leather	NA		Nan-Ya Tanning
18	Contrafuerte interno	Termoplástico Texon Rite 1.4mm	NA		Texon
19	Tope	Termoplástico Texon Sportflex .35mm	NA		Texon
20	Refuerzo ojetes	Super Tuff	NA		Local
21	Hilo para el corte	Nylon reforzado 6 3 250D 3 cabos	A tono		Coats o A&E
	SUELA				
22	Entresuela cuña superior	Eva termoconformada Asker "C" 45-50	White		Local
23	Suela	#1 11 NBS400 Shore "A" 65 +or-3 SG 1.1 +1.4	Black		CW Pressing
24	Piezas de color en suela	NBS400 Shore "A" 65 +or-3 SG 1.1 +1.4	Red		CW Pressing
25	Logotipo de la suela	"ARISS" Logo NBS400 Shore "A" 65 +or-3 SG 1.1 +1.4	Red		CW Pressing
26	Costura de la puntera	Nylon reforzado 6 850D 3 cabos	Red		Coats o A&E
27	Planta Strobel	Texon T28	White		Texon
28	Plantilla anatómica	EVA conformada Asker "C" 45 molde abierto estándar	Black		Local
29	Recubrimiento de la plantilla ana	Cosmo Hex Weave	White		Cosmo HK
30	Logotipo de la plantilla anatómic	Serigrafía "ARISS" 65mm termotransfer	Black / Red		Local
31	Cemento/ pegamento	PU base de agua	Transparent		Nan-Pou
	EMBALAJE				
32	Caja interna	2016 Box art E-Flue - Recubrimiento blanco de PVC	Red		Lai Wah
33	Caja exterior	Marrón	Brown		Local
34	Etiqueta de la lengüeta	3cm x 3cm Blanco + Base negro + Fundido	Black / White		Local
35	Etiquetado EEC	2 cm x 2 cm blanco + impresión negro	Black / White		Local
36	HangTag	Impresión a 4 colores	Color		Lai Wah
37	Tag pin	Blanco	White		Local
38	Papel de seda	10 gramos 2 hojas	White		Local
39	Papel interior puntera	10 gramos 2 hojas	White		Local

La ficha técnica

La ficha técnica tiene varias funciones:

1. Nombrar a la fábrica el nombre de cada pieza en el diseño.
2. Detalla qué material compone cada parte del modelo.
3. Informa a la fábrica de qué color es cada pieza.
4. Detalla quién suministrará cada material a la fábrica.

Una buena ficha técnica es absolutamente necesaria para tener éxito. Dejar huecos sin rellenar hará que el desarrollador de la fábrica escoja lo que tenga disponible para estas piezas. Esto puede ser bueno, o malo, y dará un resultado inesperado.

La ficha técnica también sirve para verificar las nuevas muestras que llegan de la fábrica. Es importante revisar cada muestra junto con la ficha técnica para asegurarte que la fabrica siguió las indicaciones. También, es bueno resaltar las diferencias y preguntar a la fábrica por qué no siguieron las instrucciones. Quizá tengan una sugerencia mejor de la que elegiste. En muchos casos, el desarrollador de la fábrica, o el patronista, sustituirá el material con alguno que tenga disponible, y puede que funcione mejor que tu idea original.

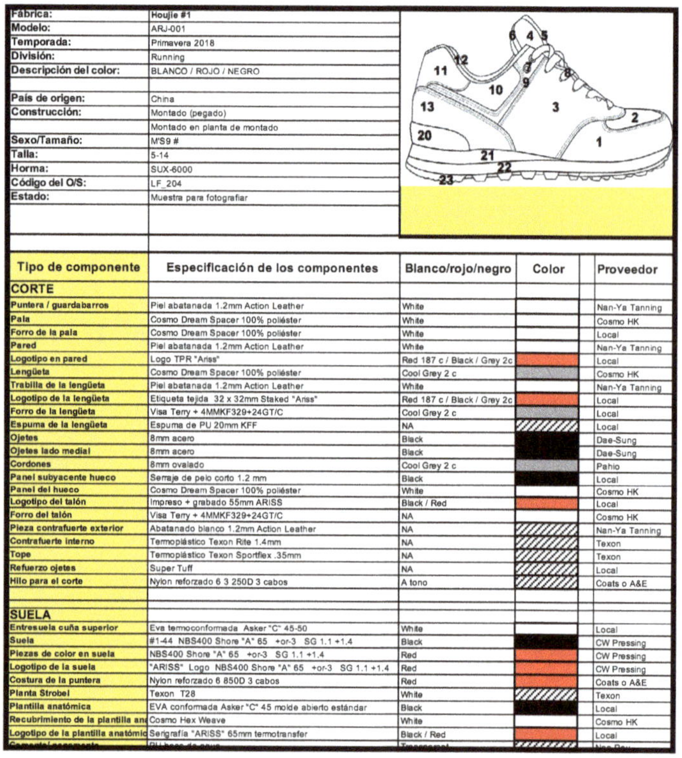

Fábrica:	Houjie #1
Modelo:	ARJ-001
Temporada:	Primavera 2018
División:	Running
Descripción del color:	BLANCO / ROJO / NEGRO
País de origen:	China
Construcción:	Montado (pegado)
	Montado en planta de montado
Sexo/Tamaño:	M'S9 #
Talla:	5-14
Horma:	SUX-6000
Código del O/S:	LF_204
Estado:	Muestra para fotografiar

Tipo de componente	Especificación de los componentes	Blanco/rojo/negro	Color	Proveedor
CORTE				
Puntera / guardabarros	Piel abatanada 1.2mm Action Leather	White		Nan-Ya Tanning
Pala	Cosmo Dream Spacer 100% poliéster	White		Cosmo HK
Forro de la pala	Cosmo Dream Spacer 100% poliéster	White		Local
Pared	Piel abatanada 1.2mm Action Leather	White		Nan-Ya Tanning
Logotipo en pared	Logo TPR "Ariss"	Red 187 c / Black / Grey 2c		Local
Lengüeta	Cosmo Dream Spacer 100% poliéster	Cool Grey 2 c		Cosmo HK
Trabilla de la lengüeta	Piel abatanada 1.2mm Action Leather	White		Nan-Ya Tanning
Logotipo de la lengüeta	Etiqueta tejida 32 x 32mm Staked "Ariss"	Red 187 c / Black / Grey 2c		Local
Forro de la lengüeta	Visa Terry + 4MMKF329+24GT/C	Cool Grey 2 c		Local
Espuma de la lengüeta	Espuma de PU 20mm KFF	NA		Local
Ojetes	8mm acero	Black		Dae-Sung
Ojetes lado medial	8mm acero	Black		Dae-Sung
Cordones	8mm ovalado	Cool Grey 2 c		Pahio
Panel subyacente hueco	Serraje de pelo corto 1.2 mm	Black		Local
Panel del hueco	Cosmo Dream Spacer 100% poliéster	White		Cosmo HK
Logotipo del talón	Impreso + grabado 55mm ARISS	Black / Red		Local
Forro del talón	Visa Terry + 4MMKF329+24GT/C	NA		Cosmo HK
Pieza contrafuerte exterior	Abatanado blanco 1.2mm Action Leather	NA		Nan-Ya Tanning
Contrafuerte interno	Termoplástico Texon Rite 1.4mm	NA		Texon
Tope	Termoplástico Texon Sportflex .35mm	NA		Texon
Refuerzo ojetes	Super Tuff	NA		Local
Hilo para el corte	Nylon reforzado 6 3 250D 3 cabos	A tono		Coats o A&E
SUELA				
Entresuela cuña superior	Eva termoconformada Asker "C" 45-50	White		Local
Suela	#1-44 NBS400 Shore "A" 65 +or-3 SG 1.1 +1.4	Black		CW Pressing
Piezas de color en suela	NBS400 Shore "A" 65 +or-3 SG 1.1 +1.4	Red		CW Pressing
Logotipo de la suela	"ARISS" Logo NBS400 Shore "A" 65 +or-3 SG 1.1 +1.4	Red		CW Pressing
Costura de la puntera	Nylon reforzado 6 850D 3 cabos	Red		Coats o A&E
Planta Strobel	Texon T28	White		Texon
Plantilla anatómica	EVA conformada Asker "C" 45 molde abierto estándar	Black		Local
Recubrimiento de la plantilla ana	Cosmo Hex Weave	White		Cosmo HK
Logotipo de la plantilla anatómic	Serigrafía "ARISS" 65mm termotransfer	Black / Red		Local

Mapa de materiales

Se debe hacer un mapa de materiales para detallar por primera vez un artículo que la fábrica no ha visto antes. Es importante que la fábrica de calzado conozca la terminología empleada.

Utiliza un dibujo en blanco y negro para asignar un número a cada pieza. Asegúrate que los números en la ficha técnica coincidan con el dibujo; solo tardarás unos minutos y puede ahorrarte cometer errores.

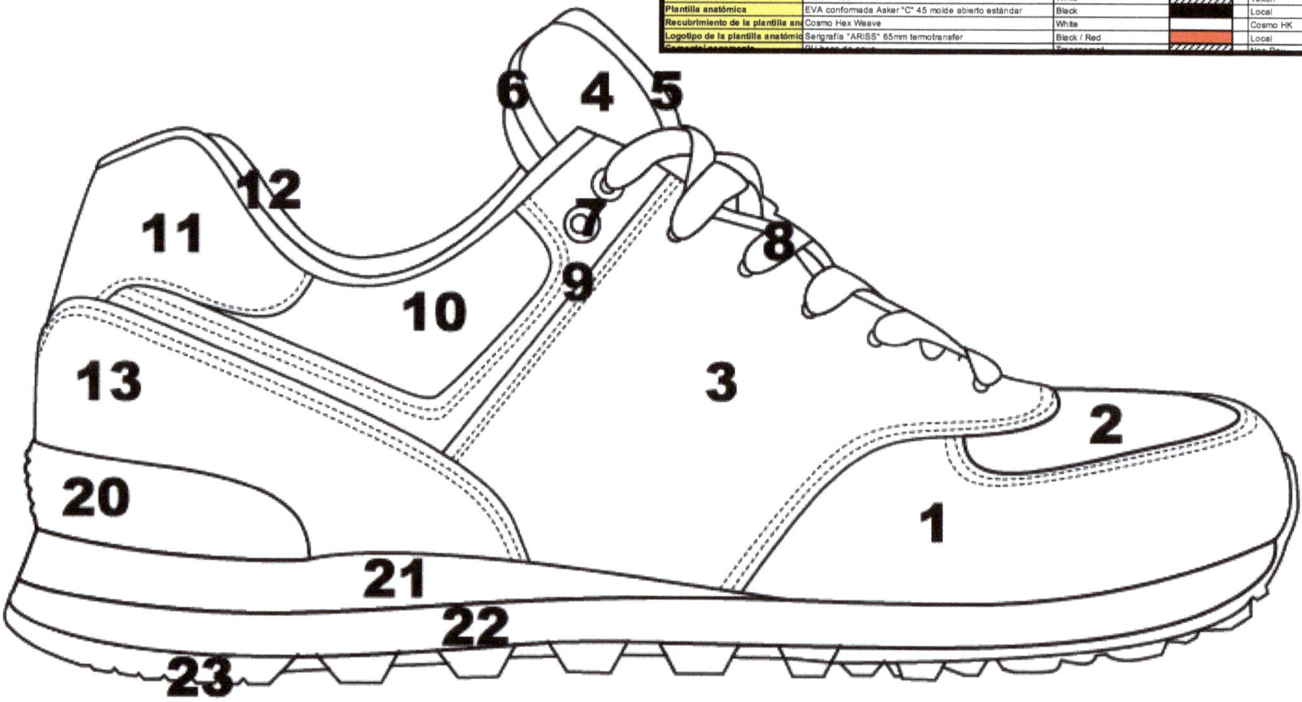

Encabezado de la ficha técnica

Las grandes empresas cuentan con una base de datos para hacer las fichas técnicas, pero las pequeñas y medianas empresas suelen utilizar Microsoft Excel, u otros programas con hojas de cálculo.

El encabezado de la ficha técnica contiene mucha información importante que la fábrica necesita para mantener tu proyecto organizado, y poder elaborar las muestras.

El encabezado debe incluir:

Modelo a desarrollar, año y temporada.
Nombre de la fábrica de calzado.
Nombre o el número de modelo (si lo tiene).
Código del modelo de suela.
Escala de tallas del modelo.
Nombre del diseñador, o desarrollador.
Código del modelo de horma utilizado.
Información del colorido de la muestra.
Estado de la muestra.

	Nombre del proyecto:	Ariss Jogger
	Fábrica:	Houjie #1
	Modelo:	ARJ-001
	Temporada:	Primavera 2018
	División:	Running
	Descripción del color:	BLANCO / ROJO / NEGRO
	País de origen:	China
	Construcción:	Montado (pegado)
		Montado en planta de montado
	Sexo/Tamaño:	M'S9 #
	Talla:	5-14
	Horma:	SUX-6000
	Código del O/S:	LF_204
	Estado:	Muestra para fotografiar

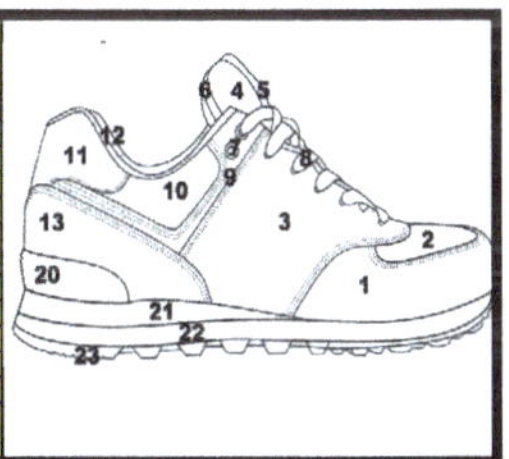

	Tipo de componente	Especificación de los componentes	Blanco/rojo/negro	Color		Proveedor
	CORTE					
10	Puntera / guardabarros	Piel abatanada 1.2mm Action Leather	White			Nan-Ya Tanning
20	Pala	Cosmo Dream Spacer 100% poliéster	White			Cosmo HK
30	Forro de la pala	Cosmo Dream Spacer 100% poliéster	White			Local
40	Pared	Piel abatanada 1.2mm Action Leather	White			Nan-Ya Tanning
50	Logotipo en pared	Logo TPR "Ariss"	Red 187 c / Black / Grey 2c			Local
60	Lengüeta	Cosmo Dream Spacer 100% poliéster	Cool Grey 2 c			Cosmo HK
70	Trabilla de la lengüeta	Piel abatanada 1.2mm Action Leather	White			Nan-Ya Tanning
80	Logotipo de la lengüeta	Etiqueta tejida 32 x 32mm Staked "Ariss"	Red 187 c / Black / Grey 2c			Local
90	Forro de la lengüeta	Visa Terry + 4MMKF329+24GT/C	Cool Grey 2 c			Local
100	Espuma de la lengüeta	Espuma de PU 20mm KFF	NA			Local
110	Ojetes	8mm acero	Black			Dae-Sung
120	Ojetes lado medial	8mm acero	Black			Dae-Sung
130	Cordones	8mm ovalado	Cool Grey 2 c			Pahio
140	Panel subyacente hueco	Serraje de pelo corto 1.2 mm	Black			Local
150	Panel del hueco	Cosmo Dream Spacer 100% poliéster	White			Cosmo HK
160	Logotipo del talón	Impreso + grabado 55mm ARISS	Black / Red			Local
170	Forro del talón	Visa Terry + 4MMKF329+24GT/C	NA			Cosmo HK
180	Pieza contrafuerte exterior	Abatanado blanco 1.2mm Action Leather	NA			Nan-Ya Tanning
190	Contrafuerte interno	Termoplástico Texon Rite 1.4mm	NA			Texon
200	Tope	Termoplástico Texon Sportflex .35mm	NA			Texon
210	Refuerzo ojetes	Super Tuff	NA			Local
220	Hilo para el corte	Nylon reforzado 6 3 250D 3 cabos	A tono			Coats o A&E
	SUELA					
230	Entresuela cuña superior	Eva termoconformada Asker "C" 45-50	White			Local
240	Suela	#1-44 NBS400 Shore "A" 65 +or-3 SG 1.1 +1.4	Black			CW Pressing
250	Piezas de color en suela	NBS400 Shore "A" 65 +or-3 SG 1.1 +1.4	Red			CW Pressing
260	Logotipo de la suela	"ARISS" Logo NBS400 Shore "A" 65 +or-3 SG 1.1 +1.4	Red			CW Pressing
270	Costura de la puntera	Nylon reforzado 6 850D 3 cabos	Red			Coats o A&E
280	Planta Strobel	Texon T28	White			Texon
290	Plantilla anatómica	EVA conformada Asker "C" 45 molde abierto estándar	Black			Local
300	Recubrimiento de la plantilla an	Cosmo Hex Weave	White			Cosmo HK
310	Logotipo de la plantilla anatómic	Serigrafía "ARISS" 65mm termotransfer	Black / Red			Local
320	Cemento/ pegamento	PU base de agua	Transparent			Nan-Pou

Nombre del proyecto:	Ariss Jogger
Fábrica:	Houjie #1
Modelo:	ARJ-001
Temporada:	Primavera 2018
División:	Running
Descripción del color:	BLANCO / ROJO / NEGRO
País de origen:	China
Construcción:	Montado (pegado)
	Montado en planta de montado
Sexo/Tamaño:	M'S9 #
Talla:	5-14
Horma:	SUX-6000
Código del O/S:	LF_204
Estado:	Muestra para fotografiar

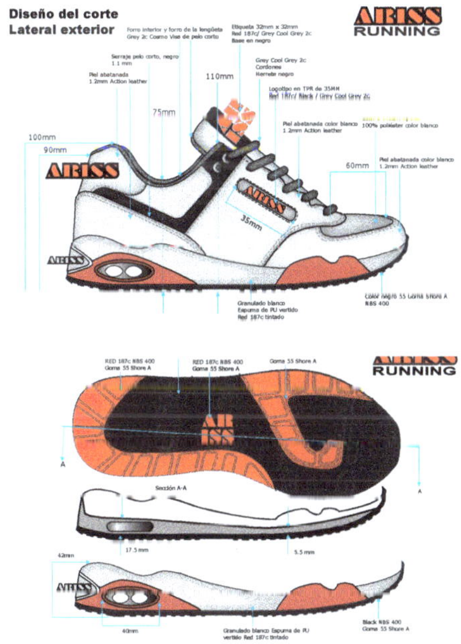

Rellenar la ficha técnica

Normalmente, se dividen los componentes del modelo en varias secciones. La primera sección detalla los componentes del corte del diseño. Una buena opción es comenzar con la parte delantera del modelo, y terminar con la parte trasera. Después, continuar con los componentes del forro interior, y los refuerzos; todas aquellas piezas que uno no puede ver en el interior de un diseño, como, por ejemplo, el forro de la pala o del escote. En esta sección, también se desglosan componentes como el pegamento, la densidad y el grosor de la espuma del escote, y el tipo de hilo que se va a utilizar.

La mayor parte de la información de la ficha técnica incluye los nombres de los componentes, y después, el material específico para cada componente. Al detallar las calidades, o materiales, del modelo, se debe escribir el nombre, el fabricante y código de referencia, o el muestrario.

Dependiendo del material, se menciona el grosor, el grabado y refuerzo.

	Nombre del proyecto:	Ariss Jogger
	Fábrica:	Houjie #1
	Modelo:	ARJ-001
	Temporada:	Primavera 2018
	División:	Running
	Descripción del color:	BLANCO / ROJO / NEGRO
	País de origen:	China
	Construcción:	Montado (pegado)
		Montado en planta de montado
	Sexo/Tamaño:	M'S9 #
	Talla:	5-14
	Horma:	SUX-6000
	Código del O/S:	LF_204
	Estado:	Muestra para fotografiar

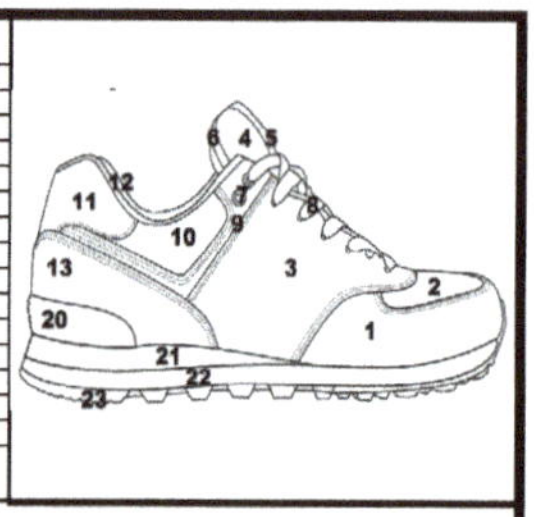

	Tipo de componente	Especificación de los componentes	Blanco/rojo/negro	Color		Proveedor
	CORTE					
0	Puntera / guardabarros	Piel abatanada 1.2mm Action Leather	White			Nan-Ya Tanning
1	Pala	Cosmo Dream Spacer 100% poliéster	White			Cosmo HK
2	Forro de la pala	Cosmo Dream Spacer 100% poliéster	White			Local
3	Pared	Piel abatanada 1.2mm Action Leather	White			Nan-Ya Tanning
4	Logotipo en pared	Logo TPR "Ariss"	Red 187 c / Black / Grey 2c			Local
5	Lengüeta	Cosmo Dream Spacer 100% poliéster	Cool Grey 2 c			Cosmo HK
6	Trabilla de la lengüeta	Piel abatanada 1.2mm Action Leather	White			Nan-Ya Tanning
7	Logotipo de la lengüeta	Etiqueta tejida 32 x 32mm Staked "Ariss"	Red 187 c / Black / Grey 2c			Local
8	Forro de la lengüeta	Visa Terry + 4MMKF329+24GT/C	Cool Grey 2 c			Local
9	Espuma de la lengüeta	Espuma de PU 20mm KFF	NA			Local
10	Ojetes	8mm acero	Black			Dae-Sung
11	Ojetes lado medial	8mm acero	Black			Dae-Sung
12	Cordones	8mm ovalado	Cool Grey 2 c			Pahio
13	Panel subyacente hueco	Serraje de pelo corto 1.2 mm	Black			Local
14	Panel del hueco	Cosmo Dream Spacer 100% poliéster	White			Cosmo HK
15	Logotipo del talón	Impreso + grabado 55mm ARISS	Black / Red			Local
16	Forro del talón	Visa Terry + 4MMKF329+24GT/C	NA			Cosmo HK
17	Pieza contrafuerte exterior	Abatanado blanco 1.2mm Action Leather	NA			Nan-Ya Tanning
18	Contrafuerte interno	Termoplástico Texon Rite 1.4mm	NA			Texon
19	Tope	Termoplástico Texon Sportflex .35mm	NA			Texon
20	Refuerzo ojetes	Super Tuff	NA			Local
21	Hilo para el corte	Nylon reforzado 6 3 250D 3 cabos	A tono			Coats o A&E
	SUELA					
22	Entresuela cuña superior	Eva termoconformada Asker "C" 45-50	White			Local
23	Suela	#1-44 NBS400 Shore "A" 65 +or-3 SG 1.1 +1.4	Black			CW Pressing
24	Piezas de color en suela	NBS400 Shore "A" 65 +or-3 SG 1.1 +1.4	Red			CW Pressing
25	Logotipo de la suela	"ARISS" Logo NBS400 Shore "A" 65 +or-3 SG 1.1 +1.4	Red			CW Pressing
26	Costura de la puntera	Nylon reforzado 6 850D 3 cabos	Red			Coats o A&E
27	Planta Strobel	Texon T28	White			Texon
28	Plantilla anatómica	EVA conformada Asker "C" 45 molde abierto estándar	Black			Local
29	Recubrimiento de la plantilla ana	Cosmo Hex Weave	White			Cosmo HK

Ejemplo de ficha técnica

El número 1 es la puntera.

El grosor de la calidad escogida es de 1,2mm. El material es PU (cuero sintético de poliuretano). El nombre del producto es Duratec. En este caso, se dio un acabado resistente al agua (*WR*) al refuerzo. El material está disponible en muchos tipos de texturas grabadas, o pastillas. En este caso, grabado BS1. El color es blanco, y el fabricante del material es Nan-Ya.

Si es la primera vez que el proveedor del material trabaja con la fábrica, es útil añadir el contacto de la fábrica en alguna parte de la ficha técnica.

	Tipo de componente	Especificación de los componentes	Blanco/rojo/negro	Color		Proveedor
	CORTE					
0	Puntera / guardabarros	Piel abatanada 1.2mm Action Leather	White			Nan-Ya Tanning
1	Pala	Cosmo Dream Spacer 100% poliéster	White			Cosmo HK
2	Forro de la pala	Cosmo Dream Spacer 100% poliéster	White			Local
3	Pared	Piel abatanada 1.2mm Action Leather	White			Nan-Ya Tanning
4	Logotipo en pared	Logo TPR "Ariss"	Red 187 c / Black / Grey 2c			Local
5	Lengüeta	Cosmo Dream Spacer 100% poliéster	Cool Grey 2 c			Cosmo HK
6	Trabilla de la lengüeta	Piel abatanada 1.2mm Action Leather	White			Nan-Ya Tanning
7	Logotipo de la lengüeta	Etiqueta tejida 32 x 32mm Staked "Ariss"	Red 187 c / Black / Grey 2c			Local
8	Forro de la lengüeta	Visa Terry + 4MMKF329+24GT/C	Cool Grey 2 c			Local
9	Espuma de la lengüeta	Espuma de PU 20mm KFF	NA			Local
10	Ojetes	8mm acero	Black			Dae-Sung
11	Ojetes lado medial	8mm acero	Black			Dae-Sung
12	Cordones	8mm ovalado	Cool Grey 2 c			Pahio
13	Panel subyacente hueco	Serraje de pelo corto 1.2 mm	Black			Local
14	Panel del hueco	Cosmo Dream Spacer 100% poliéster	White			Cosmo HK
15	Logotipo del talón	Impreso + grabado 55mm ARISS	Black / Red			Local

Detallar la suela

La siguiente sección nombra los componentes de la suela. Se enumeran las piezas de goma, los colores, y otros detalles como el logotipo. También se puede especificar:

La dureza del caucho (escala Shore A).
El *SG*, o gravedad específica.
El color de la goma.
El material que compone la entresuela.
La dureza, o durómetro de la entresuela.
El tipo de espuma de la plantilla.
El tipo de tejido de la plantilla.

Nombre del proyecto:	Ariss Jogger
Fábrica:	Houjie #1
Modelo:	ARJ-001
Temporada:	Primavera 2018
División:	Running
Descripción del color:	BLANCO / ROJO / NEGRO
País de origen:	China
Construcción:	Montado (pegado)
	Montado en planta de montado
Sexo/Tamaño:	M'S9 #
Talla:	5-14
Horma:	SUX-6000
Código del O/S:	LF_204
Estado:	Muestra para fotografiar

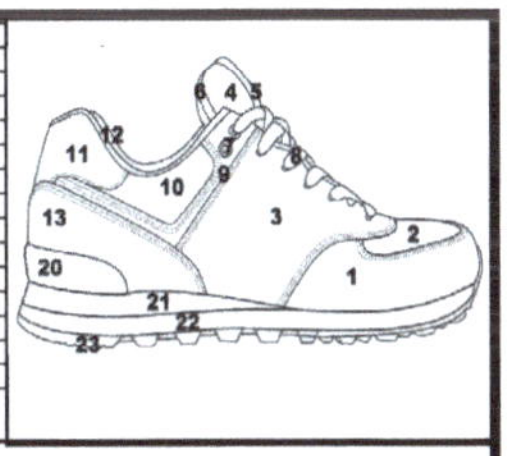

Tipo de componente	Especificación de los componentes	Blanco/rojo/negro	Color		Proveedor
CORTE					
Puntera / guardabarros	Piel abatanada 1.2mm Action Leather	White			Nan-Ya Tanning
Pala	Cosmo Dream Spacer 100% poliéster	White			Cosmo HK
Forro de la pala	Cosmo Dream Spacer 100% poliéster	White			Local
Pared	Piel abatanada 1.2mm Action Leather	White			Nan-Ya Tanning
Logotipo en pared	Logo TPR "Ariss"	Red 187 c / Black / Grey 2c			Local
Lengüeta	Cosmo Dream Spacer 100% poliéster	Cool Grey 2 c			Cosmo HK
Trabilla de la lengüeta	Piel abatanada 1.2mm Action Leather	White			Nan-Ya Tanning
Logotipo de la lengüeta	Etiqueta tejida 32 x 32mm Staked "Ariss"	Red 187 c / Black / Grey 2c			Local
Forro de la lengüeta	Visa Terry + 4MMKF329+24GT/C	Cool Grey 2 c			Local
Espuma de la lengüeta	Espuma de PU 20mm KFF	NA			Local
Ojetes	8mm acero	Black			Dae-Sung
Ojetes lado medial	8mm acero	Black			Dae-Sung
Cordones	8mm ovalado	Cool Grey 2 c			Pahio
Panel subyacente hueco	Serraje de pelo corto 1.2 mm	Black			Local
Panel del hueco	Cosmo Dream Spacer 100% poliéster	White			Cosmo HK
Logotipo del talón	Impreso + grabado 55mm ARISS	Black / Red			Local
Forro del talón	Visa Terry + 4MMKF329+24GT/C	NA			Cosmo HK
Pieza contrafuerte exterior	Abatanado blanco 1.2mm Action Leather	NA			Nan-Ya Tanning
Contrafuerte interno	Termoplástico Texon Rite 1.4mm	NA			Texon
Tope	Termoplástico Texon Sportflex .35mm	NA			Texon
Refuerzo ojetes	Super Tuff	NA			Local
Hilo para el corte	Nylon reforzado 6 3 250D 3 cabos	A tono			Coats o A&E
SUELA					
Entresuela cuña superior	Eva termoconformada Asker "C" 45-50	White			Local
Suela	#1-44 NBS400 Shore "A" 65 +or-3 SG 1.1 +1.4	Black			CW Pressing
Piezas de color en suela	NBS400 Shore "A" 65 +or-3 SG 1.1 +1.4	Red			CW Pressing
Logotipo de la suela	"ARISS" Logo NBS400 Shore "A" 65 +or-3 SG 1.1 +1.4	Red			CW Pressing
Costura de la puntera	Nylon reforzado 6 850D 3 cabos	Red			Coats o A&E
Planta Strobel	Texon T28	White			Texon
Plantilla anatómica	EVA conformada Asker "C" 45 molde abierto estándar	Black			Local
Recubrimiento de la plantilla ana	Cosmo Hex Weave	White			Cosmo HK
Logotipo de la plantilla anatómic	Serigrafía "ARISS" 65mm termotransfer	Black / Red			Local
Cemento/ pegamento	PU base de agua	Transparent			Nan-Pou

Ejemplo de ficha técnica

La suela de goma es el número 23.
En esta ficha técnica, se ve que el código del molde es #1-44, el compuesto de caucho es NBS400 (extra duradero); la dureza del caucho (escrita en valor Shore A) es Shore A 65, notificando a la fábrica un rango de ± 3; y la densidad es *SG* 1,1 +1,4.

La entresuela es de EVA termoconformada, con la dureza medida en la escala Asker C, y un valor de 45-50.

	SUELA					
22	Entresuela cuña superior	Eva termoconformada Asker "C" 45-50	White			Local
23	Suela	#1-44 NBS400 Shore "A" 65 +or-3 SG 1.1 +1.4	Black			CW Pres
24	Piezas de color en suela	NBS400 Shore "A" 65 +or-3 SG 1.1 +1.4	Red			CW Press
25	Logotipo de la suela	"ARISS" Logo NBS400 Shore "A" 65 +or-3 SG 1.1 +1.4	Red			CW Press
26	Costura de la puntera	Nylon reforzado 6 850D 3 cabos	Red			Coats o A
27	Planta Strobel	Texon T28	White			Texon
28	Plantilla anatómica	EVA conformada Asker "C" 45 molde abierto estándar	Black			Local
29	Recubrimiento de la plantilla ana	Cosmo Hex Weave	White			Cosmo HK
30	Logotipo de la plantilla anatómic	Serigrafía "ARISS" 65mm termotransfer	Black / Red			Local

Embalaje

Recuerda, todo lo que se va a enviar con el modelo deberá estar reflejado en la ficha técnica.

La última sección de la ficha técnica deberá detallar cualquier elemento que no necesariamente forme parte del diseño, pero sea parte del embalaje.

Por ejemplo: la caja de cartón, el papel tisú o de seda, las etiquetas, el relleno, un par adicional de cordones, un llavero, o un manual de instrucciones en una bolsa de plástico. Cualquier elemento extra deberá incluirse en la última sección de la ficha técnica.

	EMBALAJE					
32	Caja interna	2016 Box art E-Flue - Recubrimiento blanco de PVC	Red			Lai Wah
33	Caja exterior	Marrón	Brown			Local
34	Etiqueta de la lengüeta	3cm x 3cm Blanco + Base negro + Fundido	Black / White			Local
35	Etiquetado EEC	2 cm x 2 cm blanco + impresión negro	Black / White			Local
36	HangTag	Impresión a 4 colores	Color			Lai Wah
37	Tag pin	Blanco	White			Local
38	Papel de seda	10 gramos 2 hojas	White			Local
39	Papel interior puntera	10 gramos 2 hojas	White			Local

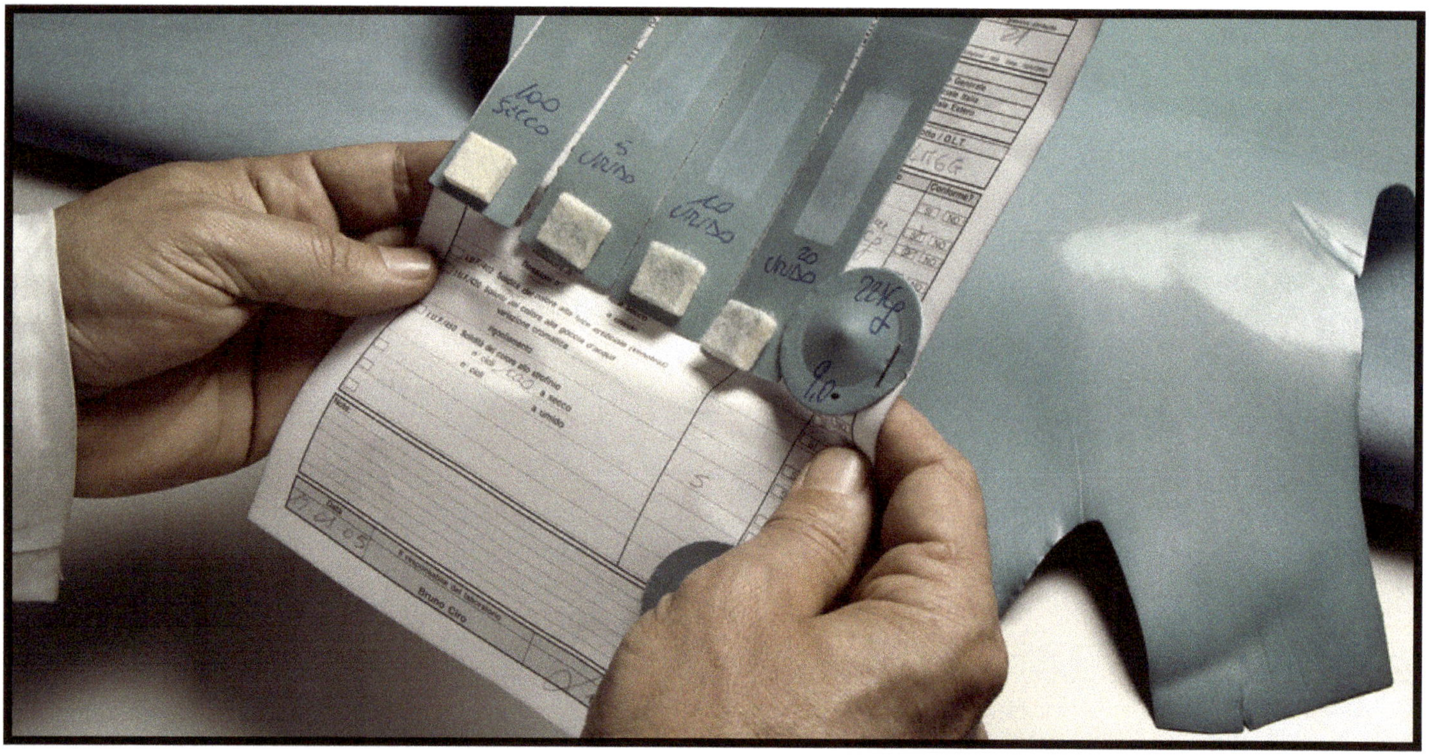

CAPÍTULO 19

ENSAYOS DE MATERIAL DE CALZADO

Los test de los materiales es muy importante en la producción de calzado de calidad. Un zapato bien diseñado, cuidadosamente modelado, y meticulosamente elaborado puede echarse a perder si los materiales seleccionados no son los apropiados, o están mal fabricados. Se necesitan ensayos y test de laboratorio de los materiales y del producto terminado para garantizar que los zapatos sean aptos.

Ensayos físicos de los materiales de muestra
Ensayos físicos de los materiales de producción
Ensayos de laboratorio de los zapatos terminados
Pruebas de calce
Uso de los modelos de calce

Ensayos físicos de los materiales de muestra

Cuando se especifica un nuevo material para un componente hay que asegurarse de que las propiedades sean aptas para la pieza escogida. La mayoría de las cartas de materiales de los proveedores incluyen los resultados de los ensayos y las pruebas físicas hechas en laboratorio. Una carta de material incluye las diferentes opciones de color y grabado en la cara principal, y los ensayos en la cara posterior.

Las propiedades de rendimiento se desglosan con el método del ensayo o prueba de laboratorio y el resultado de este. Hay cientos de pruebas diferentes según el tipo de material, la industria, y el país. El informe de los ensayos suele mostrar los estándares de los ensayos de una de las siguientes organizaciones:
AS™™ American Section of the International Association for Testing Materials
SATRA™ Shoe and Allied Trades Research Association
DIN™ German Institute for Standardization
ISO™ International Organization for Standardization
ANSI™ American National Standards Institute
AFNOR™ French Standardization Association

Estas organizaciones crean los estándares de las pruebas que permiten a los laboratorios de todo el mundo seguir los mismos procedimientos asegurando que las pruebas de laboratorio realizadas en una fábrica china, coincidirá con la prueba realizada en un laboratorio francés. Estos estándares no incluyen todas las obligaciones legales, pero pueden dar cierta protección legal. En el caso de trabajar calzado de seguridad, hay normativas concretas para productos antideslizantes y oleófugos.

Ensayos de los materiales

Un estudio preliminar te permite comparar y apreciar la idoneidad de un material. Los vendedores de materiales te ayudarán a encontrar el material adecuado para tu proyecto, y estarán encantados de explicarte los resultados de los ensayos. Las marcas más grandes tendrán establecido un estándar de rendimiento de los materiales.

Peso

La medición del peso aseguran que la fábrica entrega un producto con el mismo contenido y composición de la fibra que el producto de la muestra.

Grosor

La densidad del material vuelve a asegurar que la fábrica está entregando las especificaciones del producto deseadas. Materiales con densidades desiguales pueden causar problemas de calce.

Resistencia a la tracción, largo y ancho

También llamada fuerza tensil, es la fuerza tracción necesaria para romper una muestra. Los materiales deben testarse en ambas direcciones si la superficie del material no es direccional.

Resistencia al estiramiento, largo y ancho

Igual que el ensayo anterior, la resistencia a la tracción, esta prueba permite saber cuánto se estira un material antes de quebrarse. Es importante para materiales elásticos como la lycra, el neopreno, y materiales tejidos hechos con nudos.

Estiramiento bajo carga, largo y ancho

Muestra el resultado de la capacidad de retroceso, o de volver a su forma, de un material elástico.

Resistencia al desgarro, largo y ancho

En esta prueba obtenemos la resistencia interna de un material cuando se rasga por la incisión de una raja. Técnicamente se llama resistencia a la rotura o solidez de la estructura.

Resistencia a la rotura de la puntada, largo y ancho

Al unir dos materiales, suele ser mejor cuantas más puntadas, pero no siempre. Esta prueba muestra cómo responde el material a las perforaciones causadas por la costura. Algunos materiales pueden perder resistencia cuando se cosen.

Resistencia a la rotura

La prueba de la resistencia se realiza asegurando el material a lo largo del perímetro de una pieza circular; después, se aplica presión en el centro con una pieza inflable. La resistencia a la rotura de un material da la resistencia para las operaciones de montado sobre la horma. Un material con baja resistencia a la rotura no es viable sin refuerzos.

Abrasión Martindale seco y húmedo

Se utiliza un material similar al papel de lija para lijar la superficie de los materiales de calzado para testar la capacidad de uso, durabilidad y daño de la fibra. Un buen resultado aprueba que un material sea adecuado para su uso como forro de plantilla, y esté en contacto con la piel.

Solidez del color a la transpiración

La solidez del color es la resistencia del tinte del tejido al desteñido del color. Esta prueba se realiza tanto con agua, como con una simulación del sudor. Esta prueba asegura que el forro de una zapatilla de *running* no destiñe cuando esté mojado.

Frote en húmedo y seco

También llamada *crocking*, es similar a la prueba de la solidez del color, pero se centra en la transferencia de color por fricción o frote en seco.

Resistencia a los rayos UV

Esta prueba simula cómo un material resiste los efectos de la luz solar. Un material con una mala clasificación puede decolorarse cuando se coloque en la estantería de una tienda, o si se deja en el exterior durante unos días. Los pigmentos negros y azules son más resistentes que los pigmentos rojos, y los colores neón brillan porque los pigmentos están siendo destruidos por los rayos UV.

Envejecimiento acelerado

Se hace dentro de una especie de horno llamada cámara climática, donde la atmósfera contiene una iluminación ultravioleta intensa, humedad y diferentes ciclos de temperatura.

Resistencia a la flexión del cuero

Esta máquina testa la piel, cuero con revestimientos, y cuero sintético. La prueba de la flexión asegura que la superficie del cuero permanece adherida de manera firme, y no se agrieta.

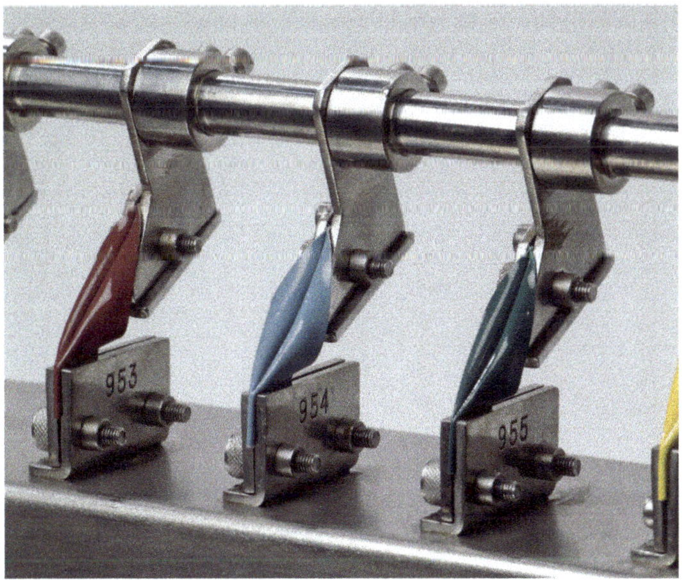

Ensayos de materiales de producción

Las pruebas de los materiales de producción ayudan a garantizar que el material funcione según lo especificado. La fábrica de materiales debe entregar materiales que se ajusten a tus especificaciones; si no, estos materiales deben ser rechazados o puedes aplicar un descuento. Un material para la plantilla *strobel* que revienta durante la operación de montado en la horma, o un forro que destiñe, hará que se rechace el modelo. La fábrica puede también ser considerada responsable de las reclamaciones de la garantía, por lo que es mejor chequear los materiales antes de montar los modelos.

Las fábricas y las marcas de calzado testarán en laboratorios los materiales de los nuevos proveedores, y pueden revisar los pedidos entregados de proveedores fiables. Los materiales que pueden afectar a la seguridad de un producto pueden ser testados en cada entrega.

Ensayos físicos del calzado terminado

Aunque todos los materiales cumplan con los estándares de los controles de calidad, se necesita testar el producto terminado para garantizar el rendimiento y la durabilidad del producto. Los materiales mal trabajados o ensamblados incorrectamente pueden provocar fallos en el producto. Estas pruebas deben realizarse durante la fase de desarrollo para calificar los modelos, y durante la producción para garantizar que los estándares se cumplen de nuevo.

Los test más comunes en calzado terminado:

Resistencia al deslizamiento

Este es un requisito importante para el calzado de trabajo. El zapato terminado se coloca sobre una superficie con un coeficiente de fricción estándar. La fuerza requerida para mover el zapato es la medida de su resistencia al deslizamiento. El calzado para uso hospitalario tiene una clasificación de resistencia al deslizamiento.

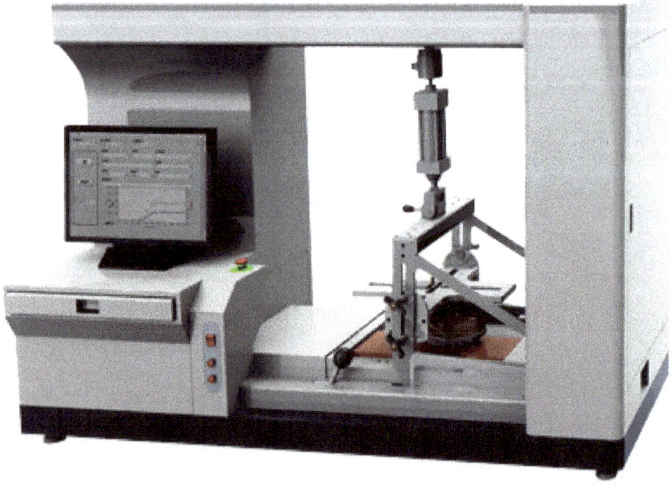

Resistencia a la adherencia

Cuando un nuevo modelo de zapato está en preproducción, la fábrica de calzado realizará pruebas de fuerza de la adherencia con cualquier nuevo material para garantizar que el encolado y pegado sea correcto. La fábrica puede ajustar la configuración del túnel de calor, la viscosidad del cemento, o probar diferentes fórmulas de halogenado para los diferentes materiales. El fabricante del pegamento también puede mandar a un técnico con varios compuestos diferentes para testar dentro de la fábrica de calzado. Las piezas de los ensayos se pasarán al laboratorio para su examen.

Del zapato montado, se corta un pedazo de 10 mm de ancho de las superficies unidas. Se utiliza una máquina para tirar de las piezas y medir la fuerza necesaria para separar los 10 mm de longitud. Para el calzado deportivo, el estándar de adherencia suele ser de 4,0kg por centímetro cuadrado.

Pruebas fuerza en fornituras metálicas

Cualquier componente que el cliente pueda tirar o arrancar debe someterse a pruebas de laboratorio para garantizar que pueda soportar el sobreuso. Las fornituras para atarse los zapatos debe soportar pruebas de tracción de 35kg, y las fornituras de botas de *snowboard* debe pasar un estándar de 75kg. Las piezas y correas de las sandalias deben probarse para garantizar que los materiales sean lo suficientemente fuertes. También se deben testar los tiradores de las correas hacia atrás, y las lengüetas.

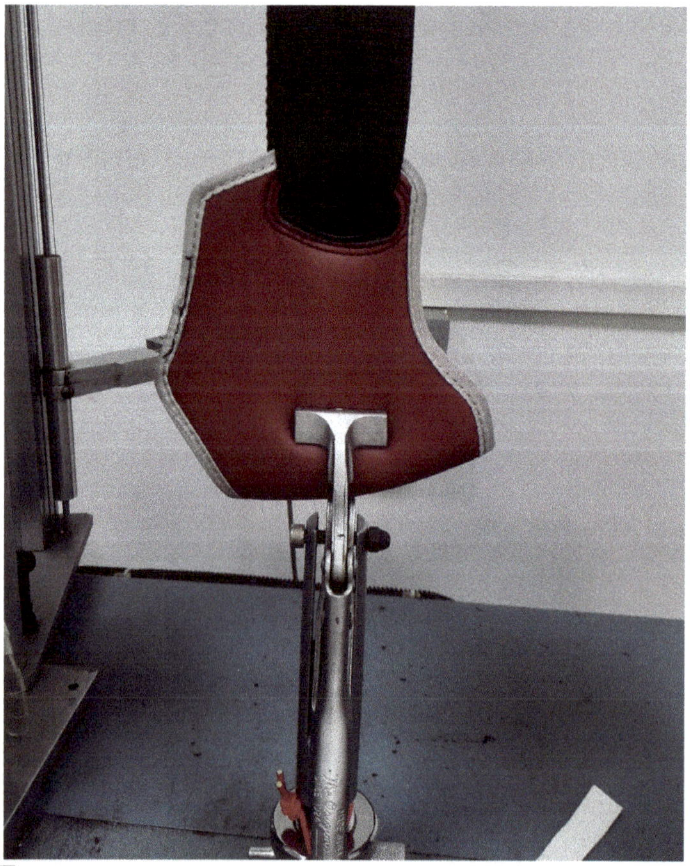

Ensayo de resistencia al frío

Todos los componentes plásticos de los modelos que estén diseñados para uso en climas fríos deben someterse a pruebas para detectar fisuras o grietas que aparezcan con el frío. Determinados materiales plásticos, como el PU y el PVC, pueden congelarse en climas fríos y, en lugar de doblarse, pueden agrietarse y fallar. Toda la bota de *snowboard*, o tan solo las piezas plásticas, se enfrían, y después se prueban. Una fábrica especializada en botas de nieve tendrá la maquinaria para testar las piezas dentro de una cámara refrigerada.

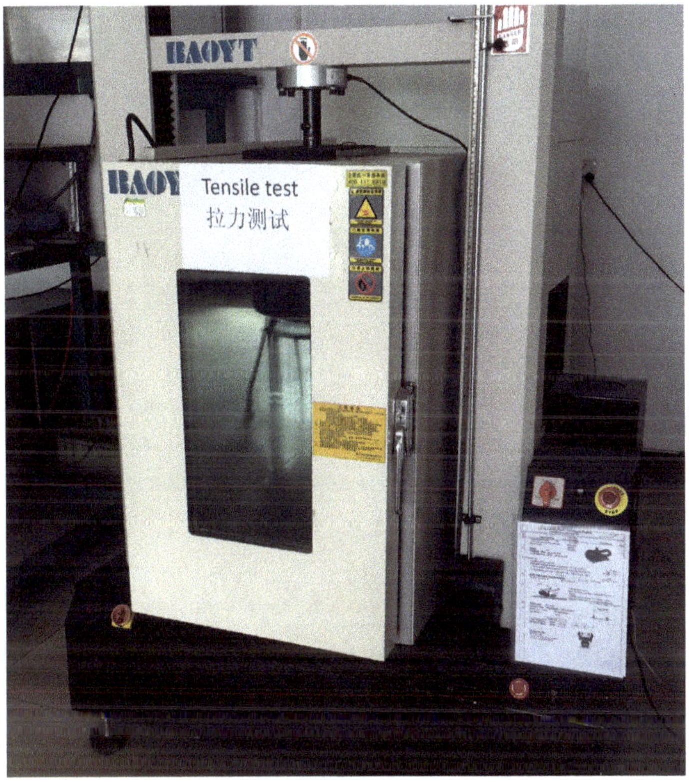

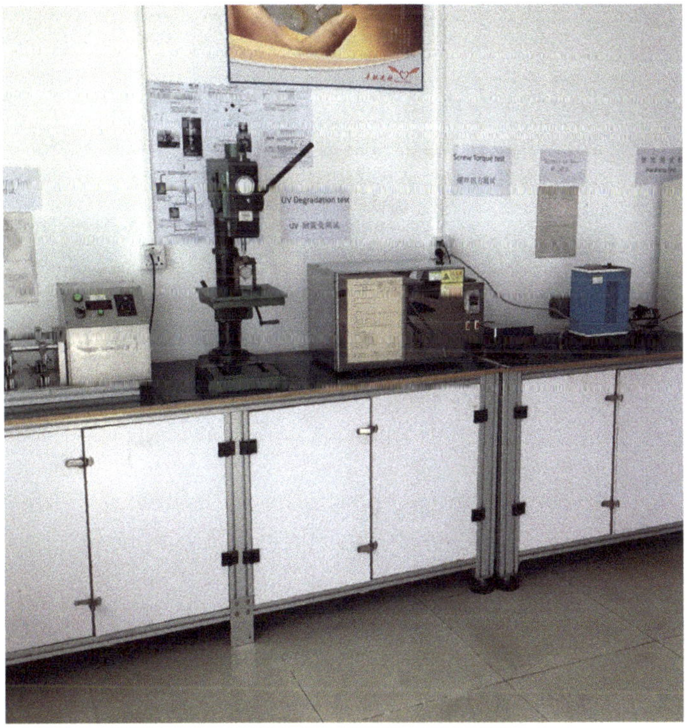

Ensayo de resistencia al doblado y plegado

La prueba al doblado de calzado terminado dará como resultado si el diseño del patrón, la ubicación de la costura y el material funcionan en conjunto correctamente. Las costuras mal construidas pueden abrirse, un material puede romperse, y las puntadas pueden deshacerse. La prueba de doblado también puede confirmar si un cambrillón está correctamente fijado, o si la suela está correctamente diseñada.

Pruebas para calzado impermeable

Para asegurar que un zapato impermeable seguirá siendo impermeable durante el uso, se necesita una prueba de doblado o plegado dentro del agua. La prueba de resistencia a la penetración de agua Maeser (AS™ D2099) dobla el zapato mientras está en un tanque con agua teñida de color. Un electrodo en el zapato apaga la máquina cuando el agua penetra el corte. Pasar el test supone flexionar 5.000 veces sin ninguna penetración de agua. El agua teñida permite al desarrollador seguir el camino del agua que se filtra en el zapato. Igual que leer un mapa, el tinte muestra qué componente falló.

Otras pruebas

Más allá de las pruebas de rendimiento físico, las pruebas de calce y desgaste son fundamentales para asegurarse de que los nuevos modelos se ajustan a la talla y funcionen perfectamente según su función.

Pruebas de calce

Las pruebas de calce se llevan a cabo durante el desarrollo de un nuevo modelo. Se realiza la tirada de las tallas del nuevo modelo en la sala de muestras, y se envían a la firma para el calce. El jefe de producto, o el departamento de calidad pasará los modelos a las personas que tengan el pie con la talla necesaria para su evaluación.

Uso de los modelos de calce

Usar los modelos para testar puede ser una prueba útil, o una prueba de durabilidad a largo plazo. Se suministran estos modelos a los atletas o empleados de la empresa para que los usen para su evaluación.

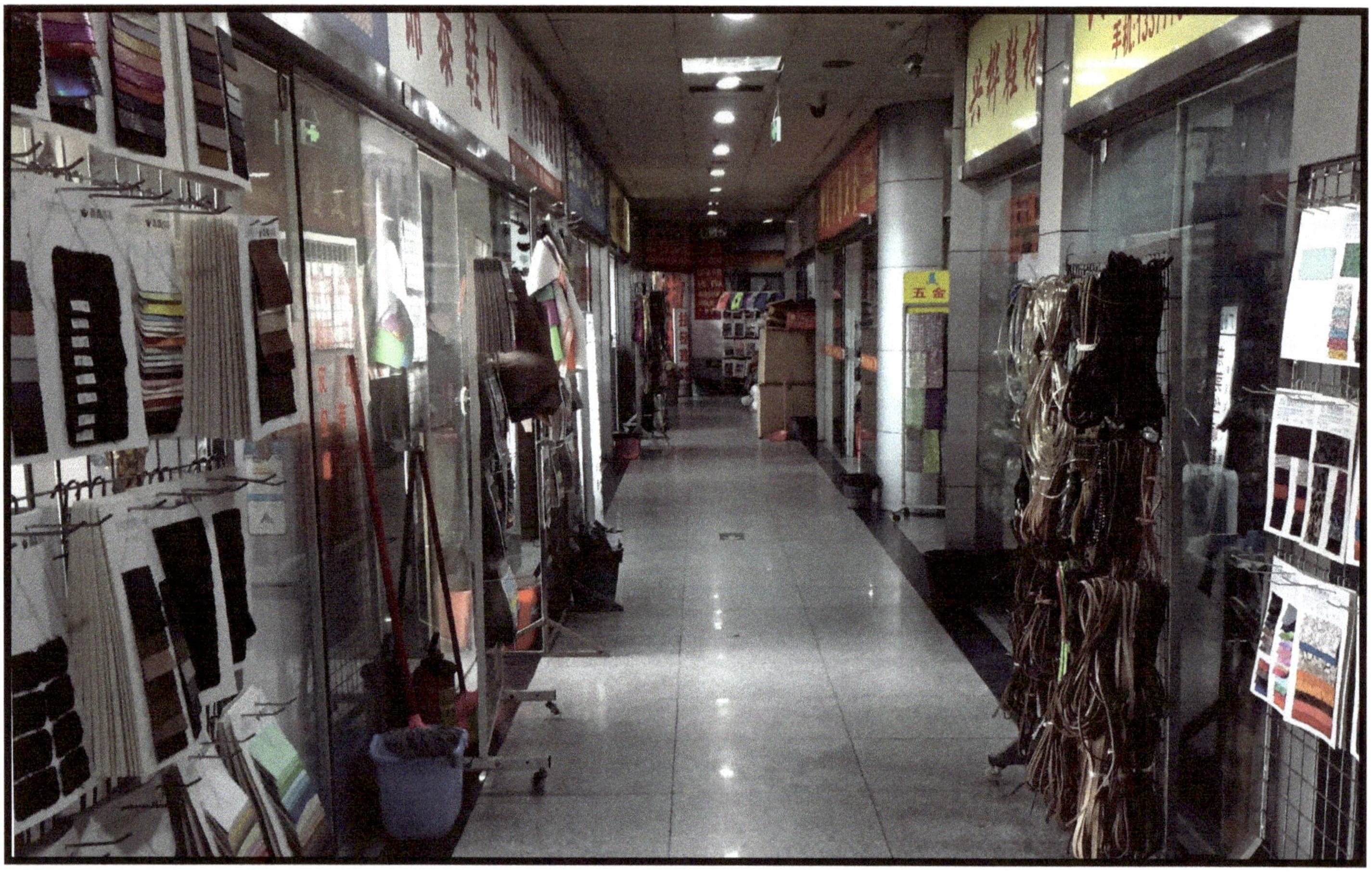

CAPÍTULO 20

MATERIALES DEL MERCADO LOCAL

En las principales zonas industriales del calzado en China podrás encontrar muchos mercados de materiales para calzado. Los mercados locales son grandes y pequeños escaparates con todo tipo de materiales, componentes, y equipos de fabricación para calzado disponibles para comprar. Hay muchos sitios que enseñan las muestras de los material disponibles para pedir a fábricas cercanas, o materiales en *stock* que podrás comprar inmediatamente para usar en la fabricación de las muestras. Estas zonas están muy bien organizadas; verás que las calles están llenas de proveedores, e incluso hay centros comerciales abarrotados de todo tipo de materiales para calzado.
Vamos a describir una zona concurrida de un mercado de material de calzado en la ciudad de Houjie, en China. Houjie está a dos horas en coche del aeropuerto de Hong Kong. Es una ciudad industrial muy popular en China. La ciudad tiene una sólida industria de calzado y mobiliario. Está ubicado a cinco minutos a pie del hotel Sheraton™, ahí tendrás cientos de distribuidores de materiales y equipo para calzado.

Qué podrás encontrar en los mercados de material de calzado

Encontrarás casi todo lo que necesitas para hacer casi todo tipo de calzado. Lo único que quizá no encuentres, es un distribuidor de materiales que hable inglés. Para aprovechar al máximo la visita al mercado de materiales de Houjie, es posible que necesites ayuda con la traducción. Asegúrate de llevar tarjetas de visita, o catálogos para que el distribuidor pueda ver qué tipo de calzado trabajas. Además, debes traer el pantonario para ver los colores, y los bocetos de tus modelos para ayudar al distribuidor a comprender lo que estás buscando. No olvides el dinero, necesitarás pagar en RMB chino si quieres comprar material.

El mercado de materiales local es muy buen sitio para buscar nuevas ideas, y también es una herramienta para encontrar materiales de cara a fabricar las muestras, o una producción pequeña. Si tienes una gran producción, el proveedor del material estará encantado de ayudarte a realizar el pedido directamente a la fábrica.

El mercado de materiales de Houjie también es un buen sitio para encontrar cuero. Hay muchos proveedores diferentes con varios tipos de piel. Lo encontrarás en todos los colores, de grueso a fino, y en muchos acabados diferentes. Puedes comprar la pieza entera de cuero, o una docena. Por supuesto, si tienes un pedido de producción, tendrás a alguien disponible para ayudarte.

Los materiales textiles también abundan en el mercado local. Puedes comprar muestras, o rollos de 100 metros. Verás también malla para el corte de las zapatillas, materiales para el forro, fábricas de tejido 4K, y tiendas enteras con tejidos de refuerzo y material para construcción *strobel*.

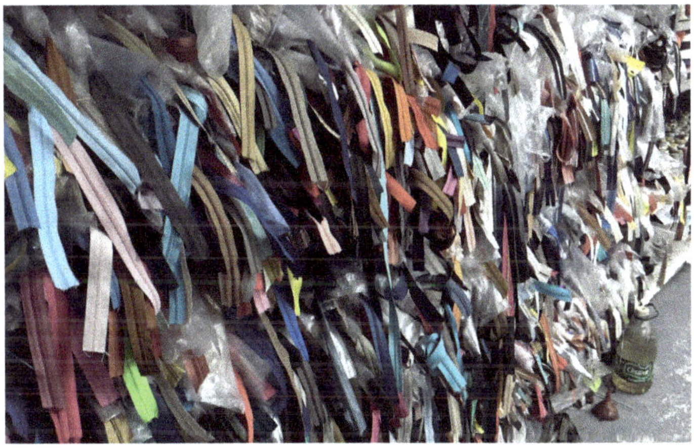

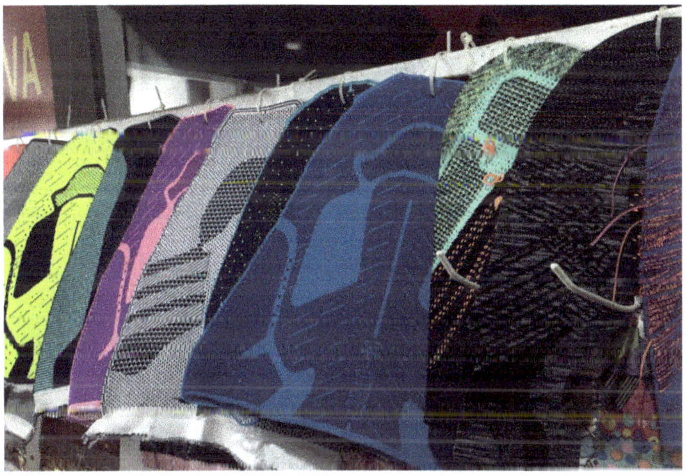

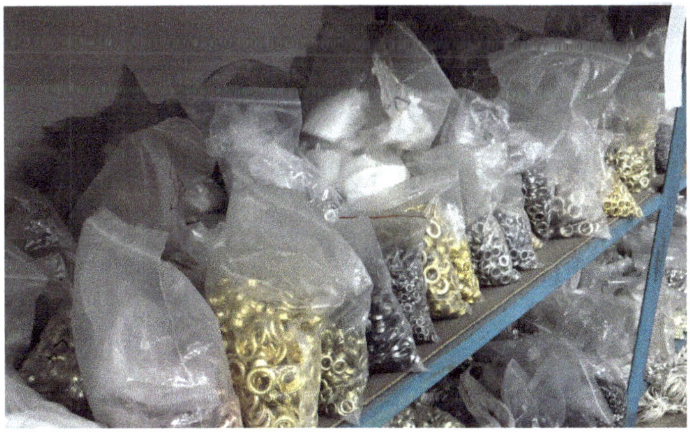

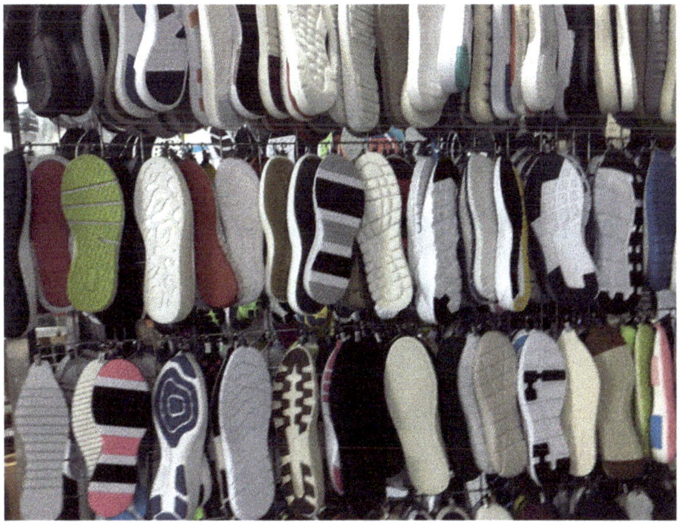

Las suelas también están disponibles en el mercado local. Encontrarás distribuidores con muchos modelos de suelas disponibles. Estas suelas son de molde abierto. Tendrás disponible todo tipo de suelas para cada tipo de zapato. Puede encontrar suelas para calzado deportivos, zapatos de vestir, botas, sandalias, plataformas de mujer, tacos de fútbol, o suelas más informales y de *running*. En el mercado local también tendrás las copias de los diseños de calzado más novedosos (sin logotipos).

No podrás comprar solo un juego de suelas, tendrás que pedir pequeñas tiradas de 5 a 10 unidades para las muestras. El problema de las suelas del mercado local, es que el piso de la horma ya viene dado en la suela. Esto puede funcionar, o no, para tu mercado. Puedes comprar la horma con las suelas, o pedirle a un fabricante de hormas que te modele la horma para que se ajuste a las suelas.

Los mercados de materiales son un buen lugar para encontrar todo tipo de accesorios para calzado: cordones, herrajes, refuerzos, plantillas y cualquier otra cosa se puede comprar en pequeñas cantidades para hacer las muestras.

Debes tener cuidado al comprar materiales para calzado en el mercado local. Es posible que el contacto de la fábrica no esté disponible, o que no haya información de los test y ensayos de esos materiales.

Antes de utilizar cualquier material comprado en el mercado, se debe mandar al laboratorio para asegurarse de que el material sea adecuado para tus modelos.

Los mercados de materiales son un sitio excelente para encontrar nuevas ideas, busca a nuevos proveedores, y explora las opciones que quizá no haya visto antes. No hay otro sitio donde puedas ver tantos materiales juntos, y a tantos proveedores de calzado diferentes.

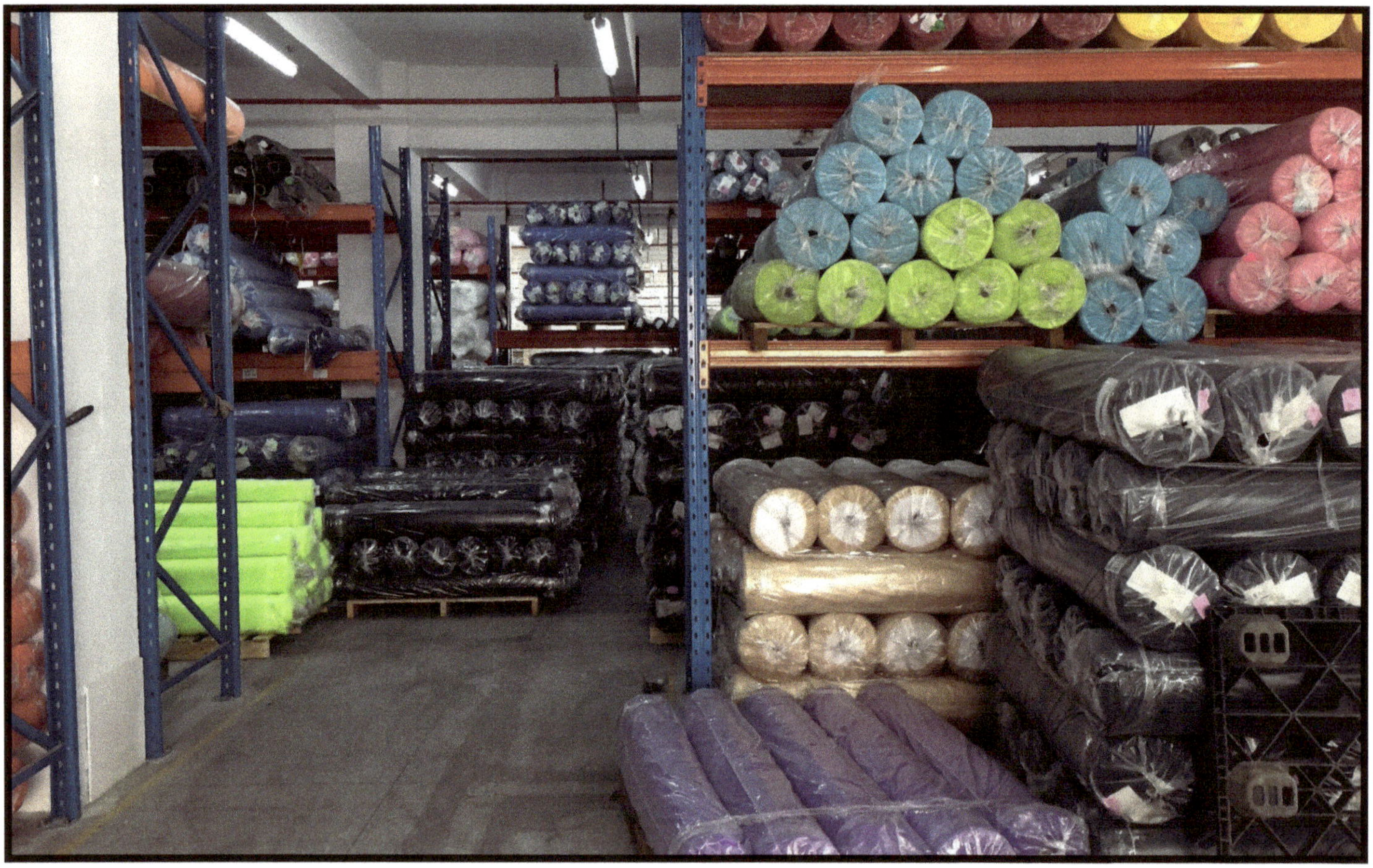

CAPÍTULO 21

RELACIONES CON LOS PROVEEDORES

El suministro de materiales y componentes de calzado de alta calidad es clave para lograr calzado duradero y con buen aspecto. Los proveedores de materiales son los mejores socios a medida que se diseña, y se desarrollan las líneas de calzado. Tener buena relación con los proveedores traerá muchos beneficios. El proveedor puede recomendar materiales, y también ayudar a fabricar, o a encontrar, nuevos materiales únicos. Si hay pedidos constantes por tu parte, la fábrica priorizará tu pedido, y serán los primeros en ofrecer ayuda si hay algún problema.

Establecer una relación directa con los proveedores de los materiales puede llevar mucho tiempo, pero vale la pena el esfuerzo. Las grandes marcas de calzado suelen tener empleados dedicados a tiempo completo a la obtención y desarrollo de nuevos materiales. Para las pequeñas empresas de calzado, serán los propios diseñadores y desarrolladores los que sientan las bases para las relaciones con los proveedores en los viajes.

Encontrar proveedores de material para calzado

Los proveedores que abastecen a las fábricas son un buen punto de partida. Se puede pedir a tu departamento de desarrollo en fábrica que pida muestrarios y muestras para estudiarlos. Suelen tener muchas cartas de piel, textiles, cuero sintético, y plásticos; no hay que olvidarse de pedir el listado de precios. Si no pueden conseguir los muestrarios, haz una foto para pedirlo tú mismo al proveedor. Si no hay nada atractivo, no hay que tener miedo de buscar y encontrar nuevos proveedores por tu cuenta. Hay muchas ferias repletas de proveedores en busca de nuevos clientes. The Material Show y Alibaba.com son buenas plataformas para encontrar materiales cerca de las fábricas de calzado.

Los proveedores vendrán a ti

Una vez que empieces, los proveedores vendrán a ti. Si trabajas para una marca importante, posiblemente rechazarás a algunos. Las relaciones a largo plazo con los comerciales es una ayuda para obtener información. Puede que tu comercial te diga: "estamos haciendo mucho de este material para ...". Aparte, el comercial es un gran medio para saber información sobre la industria. "¿Sabías que tal persona se ha cambiado a la nueva empresa de calzado ...?". Hay que estar alerta.

Visitar a tus proveedores de materiales

Al viajar, hay que asegurarse de visitar a tus proveedores para ver cómo fabrican sus productos; las visitas siempre merecen la pena. Te darán conocimiento sobre las capacidades y los procesos; puedes ver algo que te abra la mente, como por ejemplo, maquinaria nueva o vieja, un proceso determinado, material de la competencia en producción, hay mucho que ver si estás allí y eres consciente de lo que te rodea.

Tómate unos minutos y bebe un poco de té, es posible que encuentres algo nuevo.

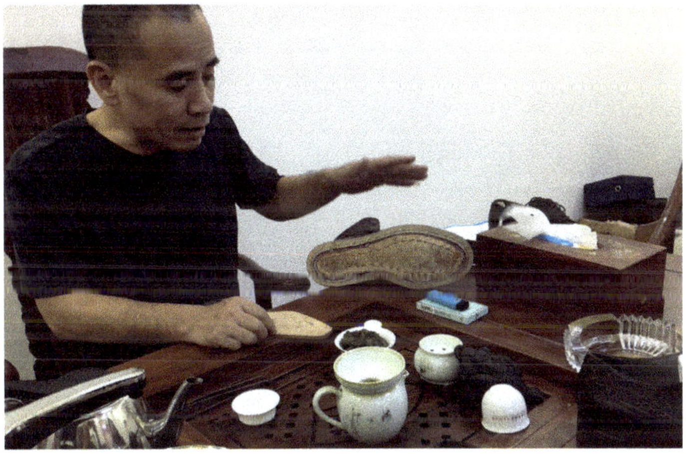

Nominar proveedores: ventajas y desventajas

Aunque la fábrica de calzado es la responsable de comprar las materias primas para los zapatos, puedes nominar al proveedor al que quieres que le compren. Para materiales muy concretos o especiales, puede que haya solo un proveedor, pero para la mayoría de los materiales hay muchos proveedores. Es muy probable que la fábrica de calzado tenga una relación ya existente con un proveedor concreto, y prefiera no seguir tu especificación de proveedores.

¿Por qué nominar a un proveedor de materiales?

Como marca de calzado, puedes designar a un proveedor para mantener la coherencia entre las diversas fábricas de calzado. La caja del embalaje, y los proveedores de cuero son los primeros proveedores que debes considerar nominar. Esto te asegurará la calidad de tus cajas, y que tus zapatos tengan la misma calidad en cuanto a la piel.

También puede optar por nominar a un proveedor para controlar las negociaciones del precio del material. Si el proveedor de materiales tiene una buena relación con la fábrica de calzado, es posible que nunca veas el precio real que la fábrica de calzado paga por los materiales. Deberás confiar en que la fábrica siempre te está diciendo la verdad sobre el precio de los materiales.

Cuando tienes un proveedor designado, también puedes negociar un precio más bajo basado en la compra de material al por mayor. Las grandes marcas de calzado con producción en diferentes fábricas suelen firmar contratos con los proveedores de materiales para comprometerse a comprar un volumen determinado con descuento.

Desarrollo material

Una relación cercana con el proveedor de materiales te puede dar el primer soplo de un material nuevo que tenga en desarrollo. Las grandes marcas de calzado también pueden exigir, u otorgar, derechos exclusivos a los nuevos materiales si aceptan comprar grandes cantidades. Los proveedores de materiales también pueden dar el coste del desarrollo con descuento para los buenos clientes. Muchos proveedores de materiales no ofrecen servicios de desarrollo de nuevos materiales a pequeños clientes, pero si tienes una buena relación, es posible que puedas obtener algo de ayuda con los nuevos materiales, incluso si es una marca pequeña.

Trato especial

Los proveedores de material para calzado también darán un trato especial a los buenos clientes. Si aceptas realizar compras al por mayor con un gran volumen de materiales básicos, o acepta comprar un tipo de material exclusivamente de un solo proveedor, este te devolverá el favor ofreciéndote un *MOQ* más bajo para artículos especiales. También puedes obtener el envío urgente, o prioritario, para tus materiales. Si negocias un acuerdo de compra con un buen volumen, la fábrica puede aceptar mantener el *stock* de producto terminado para ti; esto puede reducir el tiempo de entrega del material y reducir potencialmente el tiempo de producción.

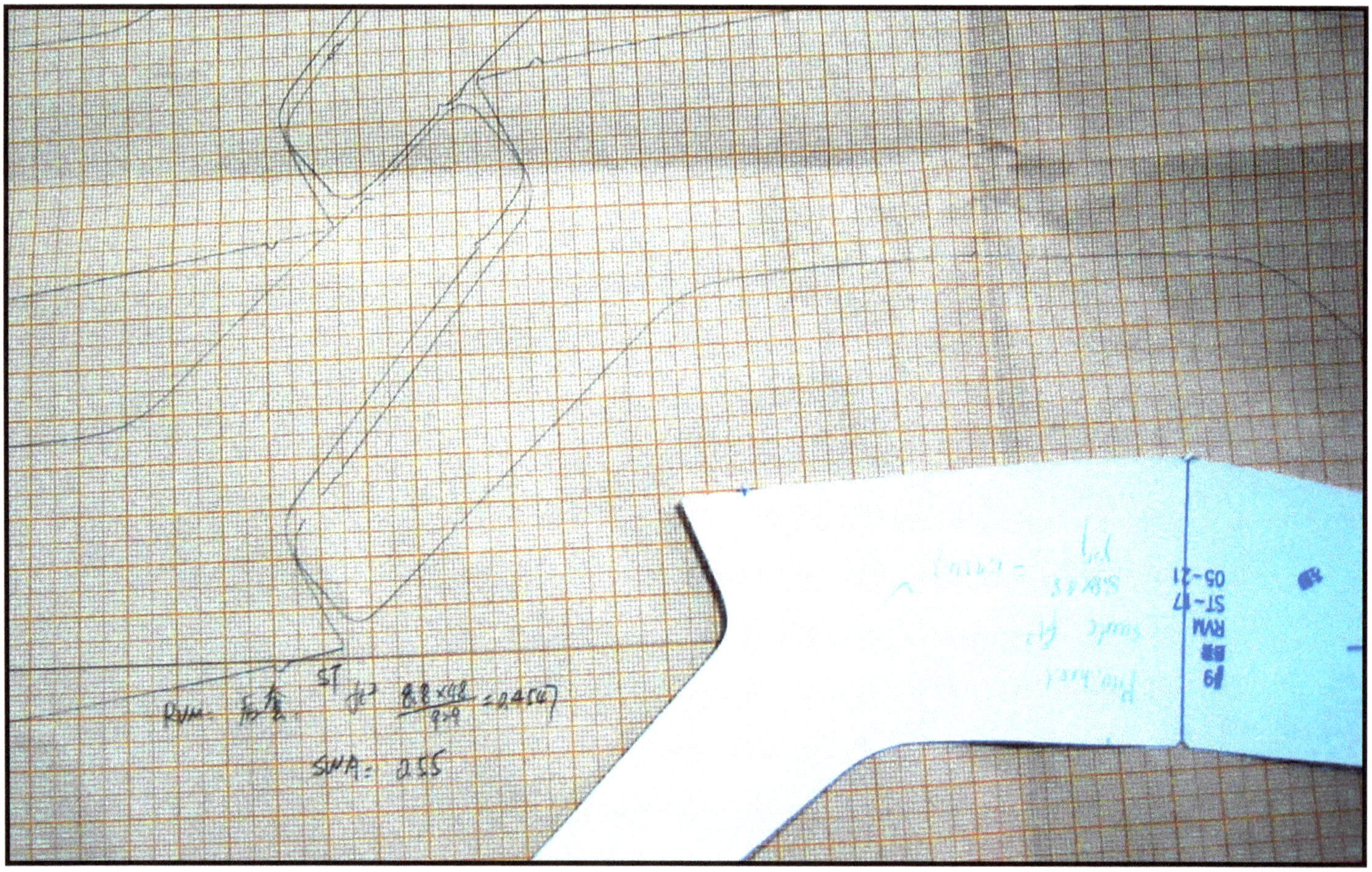

CAPÍTULO 22

COSTE Y CONSUMO DE LOS MATERIALES

El costo total de un modelo se basa en el precio unitario de sus materiales, el consumo del patrón, y la mano de obra, gastos, y beneficio de la fábrica (*LOP*). Al trabajar el coste de un nuevo modelo, es importante asegurarse de que los materiales que selecciones sean los apropiados para el precio objetivo, y de que el diseño del patrón utilice los materiales de manera eficiente.

¿Cómo se calcula el coste de un zapato?

Una vez que el diseño se confirme, la fábrica tomará las especificaciones del zapato y detallará el coste de cada artículo. Este documento se llama escandallo u hoja de costes. La hoja de costes incluirá cada parte del modelo, incluido el pegamento, hilo, papel de relleno, paquete de gel de sílice, etiquetas, etc. Se enumerará todo lo que va en la caja de zapatos (incluida la caja de zapatos y la caja de cartón). El escandallo enumera cada componente, el material del componente, la cantidad de consumo y el precio unitario del material. Con esta información se calcula el precio unitario de cada componente.

Consumo de los patrones
Porcentaje de desperdicio
Mano de obra, gastos y beneficios (*LOP*)
Conversión de moneda

Estos cálculos de costes se realizan en un zapato talla 9 americana para hombre, y talla 7 americana para mujer. La fábrica cotizará el mismo precio para todas las tallas. La talla 6 consume menos material, mientras que la talla 13 consume más. La mano de obra para fabricar el zapato es casi la misma. Aunque es verdad que hay menor número de puntadas en un zapato más pequeño, el número total de operaciones de corte, aparado, y de trabajadores requeridos es el mismo.

Consumo de patrones

Cada pieza se enumera con su coste unitario, y el total para fabricar la cantidad necesaria. También se añade el porcentaje de desperdicio (o pérdida en el corte), que es la cantidad de material sobrante una vez que todas las partes son cortadas. Sí, el precio del modelo incluye el coste del porcentaje de desperdicio. Un patrón eficiente, con poco consumo de material, y un desperdicio bajo, costará menos que un patrón que desperdicia material. Un zapato diseñado con materiales de gama alta puede ser menos costoso si las piezas están diseñadas para aprovechar la marcada, y tener un desperdicio de material mínimo.

Porcentaje de desperdicio para cada tipo de material

Los materiales en rollo, como la tela, pueden tener muy poco desperdicio, menos del 5%. El cuero sintético, y la piel con revestimiento también tendrán un porcentaje de desperdicio relativamente bajo. Si el material tiene un patrón direccional, el porcentaje de desperdicio puede aumentar.

En el caso del cuero para un zapato caro, la fábrica no puede utilizar ninguna pieza con cortes o cicatrices del animal. El porcentaje de desperdicio puede llegar al 25%. Los materiales más caros con un gran porcentaje de desperdicio, harán que los zapatos tengan un precio elevado.

El tamaño y la forma de la materia prima también pueden afectar al rendimiento de corte. Un rollo de malla, tela o PU de 64 pulgadas de ancho es fácil de cortar. Una piel vacuna, que tiene una silueta curva y dirección de grano variable, no se puede cortar con tanta eficiencia como los materiales artificiales. Las pieles de ternera, cabra, cerdo, y serpiente son bastante pequeñas, por lo que el uso de las mismas piezas que se utilizan con materiales vendidos a rollo, tiene mayor desperdicio.

El margen de beneficio de una fábrica de calzado suele ser inferior al 10% del precio de venta del modelo. El desperdicio debe calcularse cuidadosamente, o la fábrica puede perder dinero. Debes mirar cuidadosamente el valor del desperdicio, y del consumo para asegurarte de que la fábrica no añade de más a su favor.

Las marcas de calzado más grandes tendrán técnicos especialistas para verificar el precio del material de cada proveedor y medir el uso del material.

Tanto la fábrica como la marca harán el mismo estudio y compararán los resultados. Es un trabajo que requiere tiempo, pero si la producción es muy grande, el ahorro es enorme. Un técnico de costes con un programa de ordenador afín puede ahorrar a una empresa muchos miles de dólares.

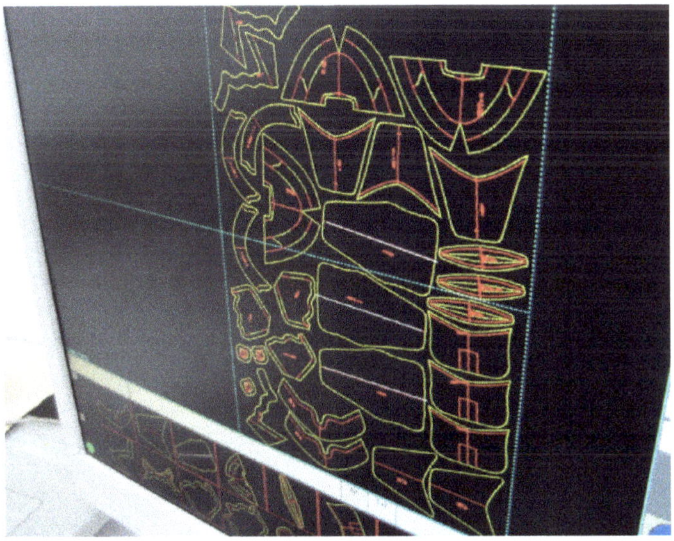

Mano de obra, gastos y beneficios (*LOP*)

Una vez que la fábrica ha calculado los costes de material, se sumarán los gastos de la fábrica. ¿Cuál es el coste de la mano de obra, los gastos y los beneficios? La fábrica de calzado puede calcular el *LOP* de muchas formas. El cálculo más utilizado es una tarifa plana por modelo. El coste del material, más 3,50 dólares *LOP* puede ser el precio final de una zapatilla básica. Para una bota de *snowboard* más compleja, el *LOP* puede ser de 10 dólares por par. Algunas fábricas empezarán con el coste del material, y después añadirán un porcentaje fijo de *LOP* de entre el 15% y el 20% aproximadamente.

Se tienen en cuenta muchos factores dentro del *LOP*. ¿La fábrica se encuentra en una zona cara, como el sur de China o Italia? Puedes encontrar un *LOP* más bajo en el oeste de China, o en Polonia, por ejemplo. ¿El espacio de la fábrica está en propiedad, o es alquilado? ¿Cuál es el coste de pedir dinero prestado? ¿Cuál es la situación del mercado laboral local en el entorno de la fábrica? Todos estos gastos se suman al *LOP*.

Conversión de moneda

Después de que todos los gastos de material se sumen a los gastos de *LOP*, tendrás el coste final del modelo. Es posible que el precio se calcule en la moneda local de la fábrica, como el RMB chino, o en euros. Se deberá acordar con la fábrica de calzado qué tasa de conversión de divisa se utilizará. Verifica la tasa de conversión con tu banco y los bancos de tu país para asegurarte de tener una tasa justa ambos. Si no tienes cuidado, estarás dándole a la fábrica un pequeño porcentaje de bonificación.

Desglose de los costes de los materiales (*cost break down*)

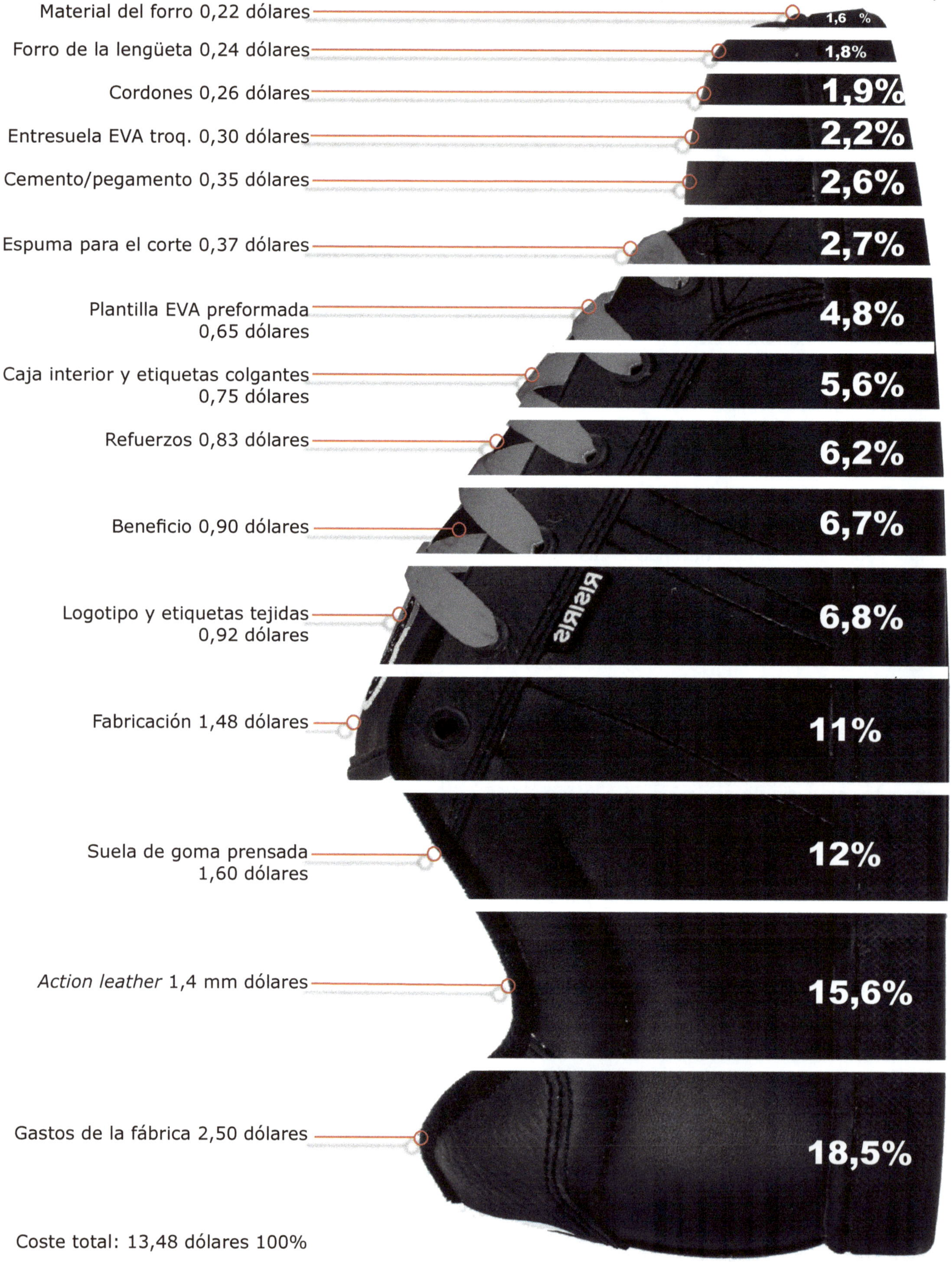

Nombre del proyecto:	Sneaker Factory Jogger
Fábrica:	Houjie #1
Modelo	MSK069
Temporada:	Primavera 2018
División:	Running
Descripción de color:	BLANCO / GRIS / NEGRO
País de origen:	China
Construcción:	Cemento frío
Sexo/Tamaño:	M'S9 #
Talla:	5-14
Horma:	SUX-6000
Código del O/S:	LF_204
Estado:	Muestra para fotografiar

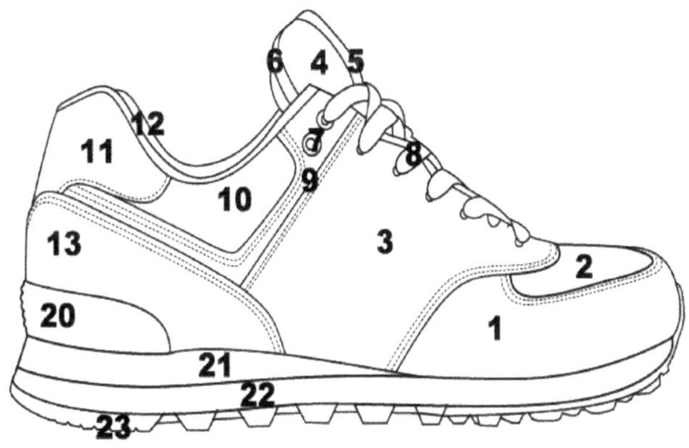

	Tipo de componente	Especificación de los componentes	Proveedor	Unidades	Precio unitario	Aprovecha-miento neto	Aprovecha-miento bruto	Precio / par
	CORTE							
1	Puntera / guardabarros	1.2mm PU Duratec (WR) grabado #BS1	Nan-Ya	44" /Y	1,250	0,595	0,607	0,7583
2	Pala	MALLA + 4MMKF329+24GT/C	Cosmo HK	44" /Y	3,560	0,043	0,044	0,1569
	Forro de la pala	Cambrelle	Local	44" /Y	1,250	0,927	0,946	1,1824
3	Lateral / Carrillera	1.2mm PU Duratec (WR) grabado #BS1	Nan-Ya	44" /Y	0,150	1,000	1,000	0,1500
	Logotipo del lateral	Logotipo de TPR cosido en lateral	Local	44" /Y	3,560	0,056	0,057	0,2044
4	Lengüeta	MALLA + 4MMKF329 + 24GT/C	Cosmo HK	44" /Y	1,250	0,504	0,514	0,6426
5	Logotipo de la lengüeta	Bordado texto del logotipo	Local	2,000	0,150	1,000	1,000	0,1500
6	Forro de la lengüeta	Visa Terry + 4MMKF329+24GT/C	Local	44" /Y	3,560	0,040	0,041	0,1452
	Espuma para la lengüeta	Espuma de PU 20mm KFF	Local	44" /Y	2,940	0,040	0,041	0,1200
7	Ojetes	8mm acero	Dae-Sung	8,000	2,940	0,095	0,097	0,2849
8	Cordones	8mm ovalado	Pahio	2,000	2,955	0,042	0,043	0,1257
9	Panel subyacente hueco	1.2mm PU Duratec (WR) grabado #BS1	Cosmo HK	36" /Y	2,955	0,044	0,045	0,1338
10	Panel del hueco	MALLA + 4MMKF329 + 24GT/C	Cosmo HK	44" /Y	0,870	0,138	0,140	0,1220
11	Logotipo del talón	Bordado texto del logotipo	Local	2,000	0,850	0,029	0,030	0,0255
12	Forro del talón	Visa Terry + 4MMKF329+24GT/C	Cosmo HK	pares	0,102	1,000	1,020	0,1040
13	Pieza contrafuerte exterior	1.2mm PU Duratec (WR) grabado #BS1	Nan Ya	54" /Y	1,670	0,020	0,020	0,0334
	Contrafuerte interno	Texon 4mm	Texon	2,000	0,353	0,361	0,368	0,1298
	Tope	Texon 2mm	Texon	2,000	0,030	1,000	1,020	0,0306
	Refuerzo ojetes	Super Tuff	Local	2,000	0,060	1,115	1,137	0,0682
	Hilo para el corte	Bonded Nylon 6 250D 3 cabos	Coats o A&E	2,000	0,030	1,000	1,020	0,0306
								4,6478
	SUELA							
20	Contrafuerte	Plástico inyectado color rojo	Xie-Xie Injection	pares	2,000	1,000	1,000	0,6500
21	Entresuela cuña superior	Eva termoconformada Asker "C" 45-50	Local	pares	2,000	1,000	1,000	0,7000
22	Entresuela cuña inferior	Eva termoconformada Asker "C" 55-60	Local	pares	0,500	1,000	1,000	0,5000
23	Suela	#1-44 NBS400 Shore A 65 +or-3 SG 1.1 +1.4	CW Pressing	pares	0,850	1,000	1,000	1,5000
	Planta Strobel	Texon T28	Texon	54" /Y	0,850	1,000	1,000	0,8500
	Plantilla anatómica	EVA conformada Asker "C" 45 molde abierto estándar	Local	2	1,600	0,055	0,056	0,0898
	Recubrimiento de la planta anat.	Malla como muestra + 4MMKF329 + 24GT/C	Cosmo HK	54" /Y	0,500	1,000	1,000	0,5000
	Logotipo de la plantilla anatómica	Serigrafía logotipo "Texto" 45 x 25 MM	Local	pares				**4,7898**
	Cemento/ pegamento	PU base de agua	Nom-Pou	1,000				
	EMBALAJE			PRS	0,100	1,000	1,000	0,7000
	Caja interna	2016 Box art E-Flue - Recubrimiento blanco de PVC		PRS	0,040	1,000	1,000	0,0400
	Caja exterior	Marrón	Lai Wah	PRS	0,005	1,000	1,000	0,0050
	Etiqueta de la lengüeta	3cm x 3cm Blanco + Base negro + Fundido	Local	PRS	0,020	1,000	1,000	0,0200
	Etiquetado EEC	2 cm x 2 cm blanco + impresión negro	Local	PRS	0,060	1,000	1,000	0,0600
	HangTag	Impresión a 4 colores	Local	PRS	0,005	1,000	1,000	0,0050
	Tag pin	Blanco	Lai Wah	PRS	0,020	1,000	1,000	0,0200
	Bolsa de polietileno (PE)		Local	PRS	0,010	1,000	1,000	0,0100
	Papel de seda	10 gramos 2 hojas	Local	PRS	0,010	1,000	1,000	0,0100
	Papel interior puntera	10 gramos 2 hojas	Local	PRS	0,010	1,000	1,000	0,0100
								0,8800
	1. Coste total del material:							**10,3176**
	2. Mano de obra total:							**2,0000**
	a. Corte:							
	4. OTROS	Molde TPR US$400,00	Basado en:					**0,0040**
	5. Ganancia:	7,00%						
	6. Herramientas:							0,0000
	a. Troqueles	$0,00	Basado en:					
	b. Horma:	$0,00	Basado en:					
	c. Molde de la suela:	$25.000,00	Basado en:					0,2500
						Gran Total FOB US$		**14,5716**
						Precio confirmado FOB US$		

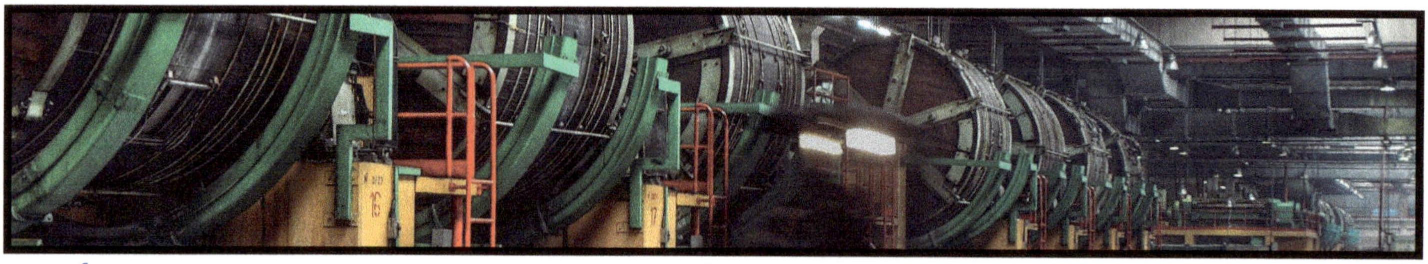

CAPÍTULO 23

CADENA DE SUMINISTRO DEL MATERIAL

En este capítulo veremos cómo llega a tiempo para la producción un material a la fábrica; a esto se le llama cadena de suministro de los materiales.

La cadena de suministro se compone de todos los pasos necesarios para que el material, o componente de su calzado escogido, se mueva desde la ficha técnica del producto hasta el montaje final. La cadena de suministro del material es a veces complicada, y el proceso de tener cada material disponible para la producción en el sitio indicado, y en el momento adecuado, suele complicarse.

Si soy el diseñador de calzado, ¿por qué me debo preocupar de la cadena de suministro de los materiales? Este es el problema de otra persona, ¿verdad? No. Como diseñador, debes asumir la responsabilidad de garantizar el éxito de tu producto. Ignorar la cadena de suministro de los materiales puede causar retrasos, problemas de calidad, problemas de precios, sustituciones de material no deseado, y otros fallos en la producción. Saber cómo funciona la cadena de suministro puede ahorrarte tiempo y problemas.

Al mirar la cadena de suministro de un material, hay cuatro factores principales a considerar. Estos cuatro factores serán diferentes para cada material que se nomine. Recuerda, incluso un modelo de calzado básico puede tener materiales de más de una docena de proveedores diferentes.

Tiempo de entrega del material de producción
Cantidad mínima de pedido
País de origen
Condiciones de compra del proveedor

Tiempo de entrega del material de producción

El plazo de entrega de un material es el tiempo que tarda un proveedor de materiales en entregar el material a la fábrica de calzado una vez realizado el pedido. Al igual que la fábrica debe programar la fabricación de los modelos, el proveedor de materiales debe proveerse de las materias primas, y programar la producción del material. Cuando una fábrica da una fecha de entrega de 90 días para realizar el pedido, tienes que tener en cuenta que la entrega de los materiales resta cerca de 45 días de ese tiempo.

Cuando una fábrica de calzado recibe tu pedido, el departamento de compra de los materiales es el encargado de asegurar los materiales de tus pedidos. Las fábricas de calzado pueden tener *stock* de algunos materiales básicos, pero no pueden permitirse el lujo de tener cantidades para producción de los diferentes materiales de calzado en un almacén esperando a los pedidos.

Los plazos de entrega de los materiales varían según la cantidad, el tipo de material, el atraso de los proveedores y las necesidades de las herramientas. Todos los materiales de producción se hacen por encargo, el proveedor de materiales no tiene un *stock* infinito. Los proveedores de material de calzado saben que los pedidos tienen un plazo inferior a 60 días, por lo que han adaptado sus procesos. Un proveedor de material de forros tendrá el material en color blanco en *stock* esperando las instrucciones para hacer los lotes de tinte en color. Las curtidoras de cuero tendrán un suministro constante de pieles que entran a la fábrica en un estado parcialmente curtido esperando las indicaciones de color y grabado del producto.

Las piezas moldeadas, como las entresuelas y las suelas, se piden a las fábricas de prensado. Las fábricas de prensado tendrán las materias primas de caucho y EVA en *stock*, solo será necesario hacer la mezcla y ajustar el color antes empezar la producción. El plazo de entrega de las piezas moldeadas dependerá de la productividad del molde. Las piezas de inyección se pueden fabricar a una velocidad de 60 piezas por hora, mientras que una entresuela de EVA moldeada puede que solo se fabriquen 6 por hora. Es posible que se necesite doblar el número de herramientas para producir grandes pedidos. Las tallas más demandadas de las entresuelas de EVA, de las tallas 9 a 11 americano, suelen necesitar moldes extra para acelerar la producción.

Los materiales que se obtienen fuera del país de origen de la fábrica, necesitan plazos de entrega más largos. Es necesario prever y almacenar un material especial con un tiempo de entrega prolongado dentro de la fábrica de calzado antes de la orden de producción. La fábrica de calzado puede aumentar el precio unitario de un material si se pide que lo compre por adelantado. También puedes ser responsable de pagar materiales no utilizados si tu proyección es incorrecta. Si un material necesita que se mande por avión para cumplir con el plazo de producción, deberás pagar este coste.

Materiales con un tiempo de entrega prolongado: materiales exóticos, materiales localizados fuera del país.

Materiales con un tiempo de entrega prolongado corto: artículos o materias primas en *stock*.

Cantidad mínima de pedido o *MOQ*

El *MOQ* es el mínimo de cantidad de material que se puede comprar; varía dependiendo del material, el proveedor, y la relación con el proveedor. Un tejido personalizado puede tener un *MOQ* de 5.000 yardas, mientras que ajustar el color para un material existente en *stock* puede tener un *MOQ* de tan solo 500 yardas. El *MOQ* para cada color suele basarse en el tamaño de los tanques para teñir.

Para el cuero, el *MOQ* también se basa en el tamaño del bombo. Aproximadamente, 500 pies cuadrados (25 pieles) dan para hacer cerca de 250 pares de zapatos. El *MOQ* para adornos en PU puede ser de tan solo 25 yardas. Estas pequeñas tiradas se realizan en la sala de muestras de la fábrica, y suele costar un 50% más caro.

Muchos materiales tienen *MOQ* bajo, o nulo. Los materiales de refuerzo más utilizados, como el *Super-Tuff*, materiales para hacer el *strobel*, y los contrafuertes, se tienen en *stock*, y pueden ser entregados bajo demanda. Estos materiales no hay que teñirlos, por lo que el proveedor tendrá disponibles las cantidades para la producción.

Es importante proporcionar a las fábricas de calzado una idea de la producción para un nuevo modelo o SKU para planificar la compra de material de forma sistemática, y recibir mejores precios y un mejor servicio si pueden realizar un solo pedido de material. Con una previsión adecuada, la fábrica de calzado podrá cumplir con el *MOQ* para un artículo incluso si el primer pedido está por debajo del *MOQ*. Las fábricas de calzado suelen quejarse del *MOQ* de los materiales para modelos especiales. Tendrás que ser flexible y trabajar con ellos para hacer el diseño como lo quieres.

País de origen

Es importante saber dónde se fabrica cada material. Si fabricas calzado en Europa, haz todo lo posible usar material local. Para calzado fabricado en China, los materiales pueden ser locales, pedirse a Corea, Taiwán o Japón sin problema.

Los artículos como las suelas, entresuelas y piezas de inyección deben fabricarse de manera local. El desarrollo de estas piezas debe ser supervisado por la fábrica de calzado, ya que ellos son los responsables del montaje. Es una pesadilla que los componentes lleguen de un país extranjero y no ajusten según lo planeado.

Para materiales básicos, nomina a un proveedor local. Los materiales especiales que son importantes para tu diseño se pueden mandar por avión, pero no pierdas tiempo seleccionando materiales raros para componentes internos que están ocultos, a menos que tengas una necesidad de rendimiento diferente. Pide a la fábrica que te proporcione muestras de las opciones disponibles en el mercado local si no puedes encontrar una por ti mismo.

Los materiales que se importen pueden estar sujetos a tarifas, impuestos o derechos de importación. Algunas fábricas tienen un almacén aduanero donde se permite a la fábrica importar material libre de impuestos si tiene como fin exportar el material como producto terminado.

Condiciones de compra del proveedor

Los materiales exóticos con un valor elevado, o los materiales especiales de una sola fuente pueden venir con condiciones de compra determinadas. Por ejemplo, los proveedores extranjeros pueden exigir el pago total antes del envío a China. En este caso, la fábrica de calzado tendrá que pagar el material mucho antes de enviar la mercancia y de facturarlo a tu empresa.

El flujo de efectivo necesario para la compra de materiales puede hacer que la fábrica pida un pago por adelantado de entre el 30% y 50%. Casi todas las fábricas piden prestado dinero para comprar materias primas, así que no te sorprendas. La fábrica de calzado también puede pedir un margen de beneficio adicional para un material especial según los términos de compra del proveedor, y las tasas de interés que existan para pedir el prestado para las compras de los materiales.

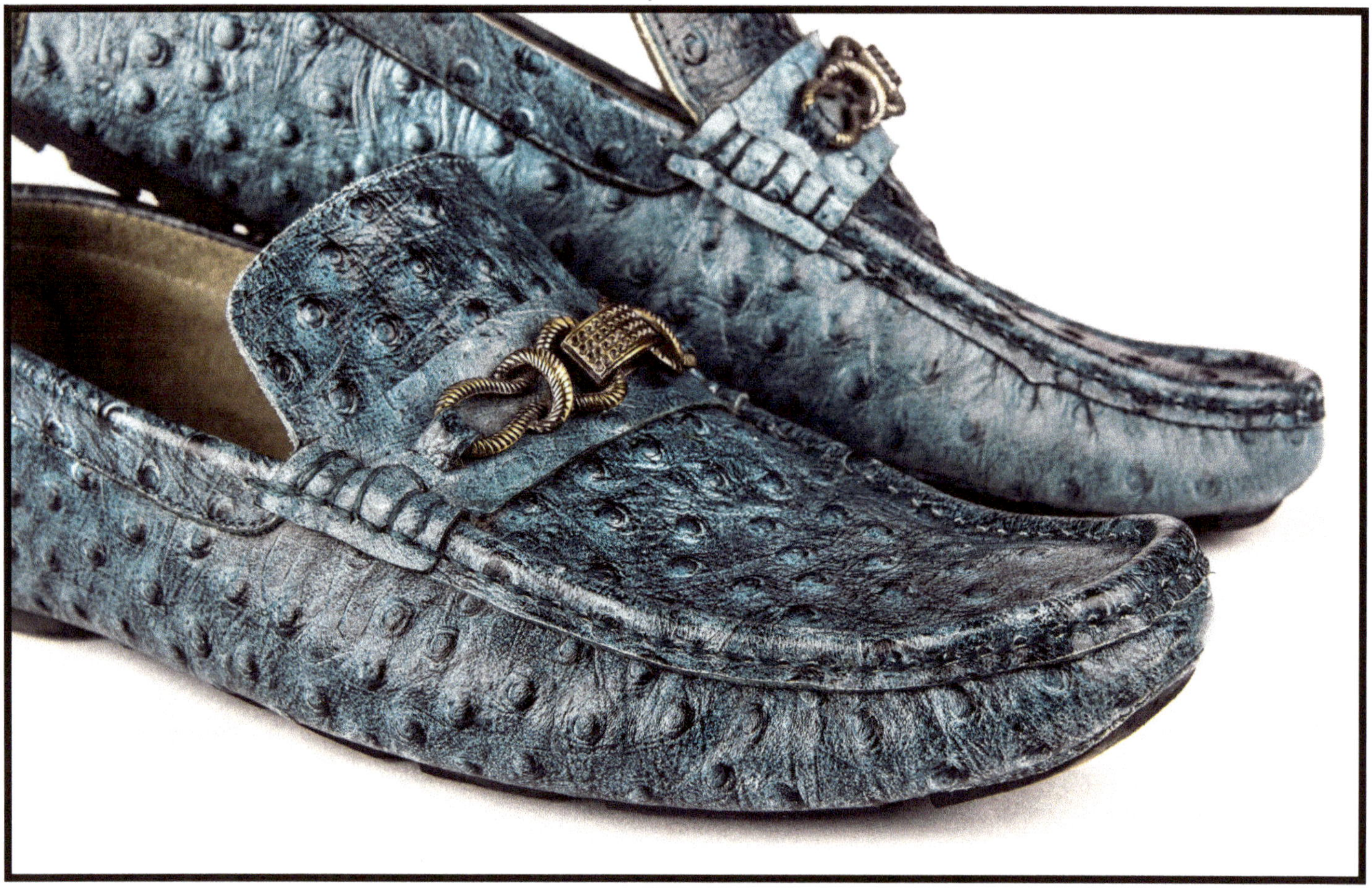

CAPÍTULO 24

MATERIALES EXÓTICOS E ILEGALES

Las pieles de animales exóticos, como serpiente, avestruz, caimán, e incluso elefantes, se utilizan en el calzado para crear piezas de lujo y otorgar exclusividad. Aunque estos materiales exóticos pueden ser difíciles de encontrar, difíciles de usar, sorprendentemente caros, o ilegales de importar; cada uno tiene su apariencia y textura que los hace únicos, apetecibles para utilizar en calzado.

¿Puedo utilizar pieles exóticas?

Sí, puedes usar pieles exóticas. Aunque podemos pensar en el avestruz, el lagarto y la serpiente como animales exóticos, o en amenaza, la verdad es que abundan, no están amenazados y se crían de acuerdo con las regulaciones internacionales. La cría en cautividad, la agricultura y la matanza regulada son las fuentes legales de las pieles exóticas. Las especies amenazadas, en peligro de extinción, o los animales cazados en la naturaleza, no se pueden comercializar de manera legal.

Trabajar con materiales exóticos

Trabajar con materiales exóticos requiere un conocimiento especial para usar las pieles de manera adecuada, y comprender cómo obtener y vender legalmente el producto final.

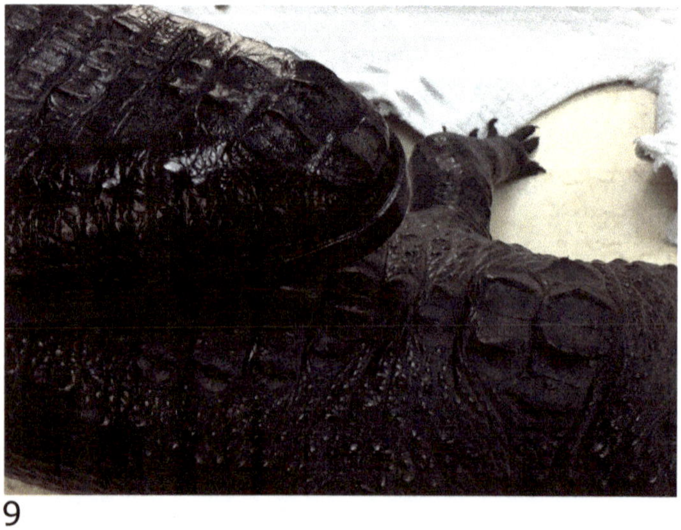

La piel del aligátor (*alligator*) está disponible en lomo (*hornback*), y vientre (*belly*), cada una tiene un uso que da un aspecto único en calzado. Debido al alto valor de las pieles exóticas, los errores pueden resultar muy caros. Revise el patrón dos veces antes de cortar.

¿Cómo saber si un material es legal?

Cuando trabajes con materiales exóticos, primero debes buscar el animal, o el material, en el sitio web de CITES.

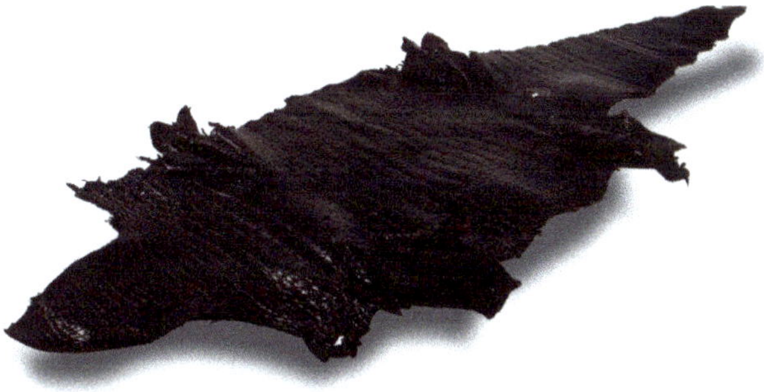

La Convención sobre el Comercio Internacional de Especies Amenazadas de Fauna y Flora Silvestres, CITES, es un acuerdo internacional entre gobiernos. El objetivo de esta organización es garantizar que el comercio internacional de especies de animales y plantas silvestres no amenace su supervivencia. Cerca de 5.600 especies de animales están protegidas por CITES contra la sobreexplotación a través del comercio internacional. Se enumeran en tres anexos, donde las especies se agrupan según lo amenazados que estén por el comercio internacional. El acuerdo CITES cubre a los animales vivos, y a los productos derivados de ellos.

Además de las regulaciones CITES, el Departamento de Pesca y Vida Silvestre de EE.UU. tiene sus propias regulaciones, al igual que H*M Revenue & Customs* en el Reino Unido, y el estado de California en EE.UU.

Deberás consultar con los departamentos de aduana y flora y fauna silvestre de tu país de origen para asegurarte de poder manipular e importar legalmente estos materiales.

Aquí dejamos algunos enlaces de interés:

http://checklist.cites.org/#/en

https://www.gov.uk/guidance/importing-animal-furs-*skin*s-and-fish

Evitar las complicaciones legales

La mejor forma de evitar las complicaciones legales es comprar los materiales únicamente de proveedores acreditados y regulados. Los principales proveedores trabajan cumpliendo con las regulaciones CITES, las regulaciones de EE.UU., y te proporcionan la documentación necesaria para importar, exportar, y reimportar las materias primas y los productos terminados.

En Estados Unidos, Rojé Leathers es uno de los principales proveedores de todo tipo de pieles exóticas. Tienen una gran selección de pieles de origen legal, y etiquetadas con CITES.

Piel de cocodrilo: $400 a $700 por pieza entera.
Grosor: 1,1 a 2,1 mm

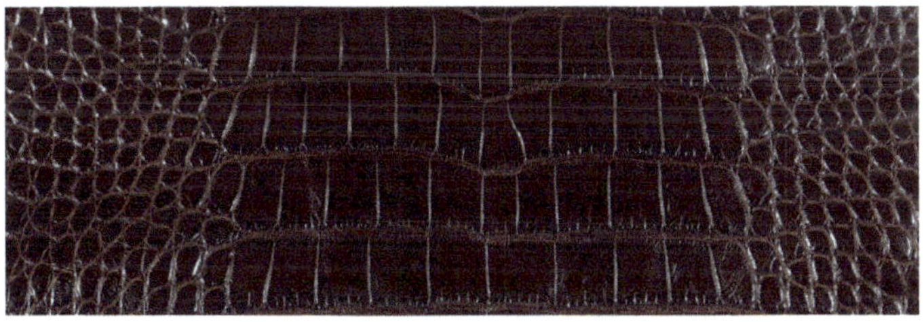

Piel de caimán: $200 a $250 por pieza entera.
Grosor: 1,2 a 1,8 mm

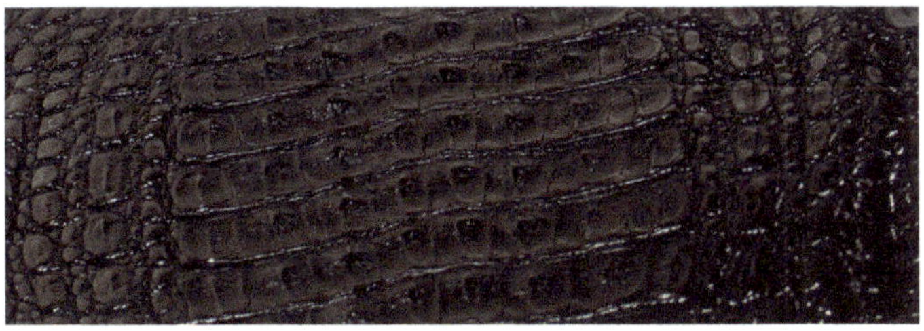

Piel de cocodrilo del Nilo: $500 a $900 por pieza entera. Grosor: 0,7 a 2,1 mm

Piel de avestruz: $30 por pie cuadrado.
Grosor: 0,5 a 1,9 mm

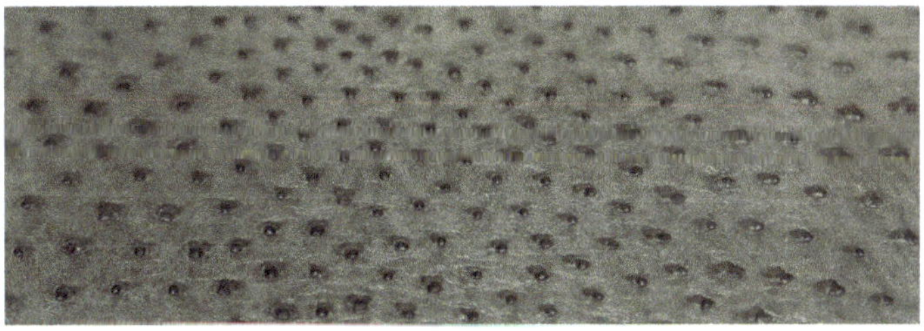

Piel de lagarto: $65 por pie cuadrado
Grosor: 0,4 a 0,9 mm

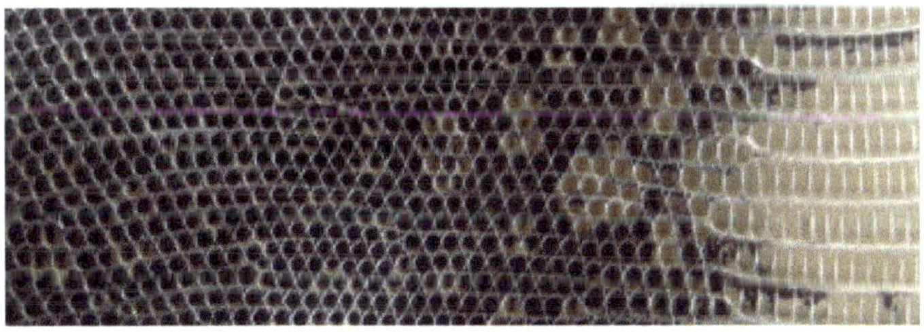

Piel de pitón: $245 por pieza entera
Grosor: 1/2 a 1oz.

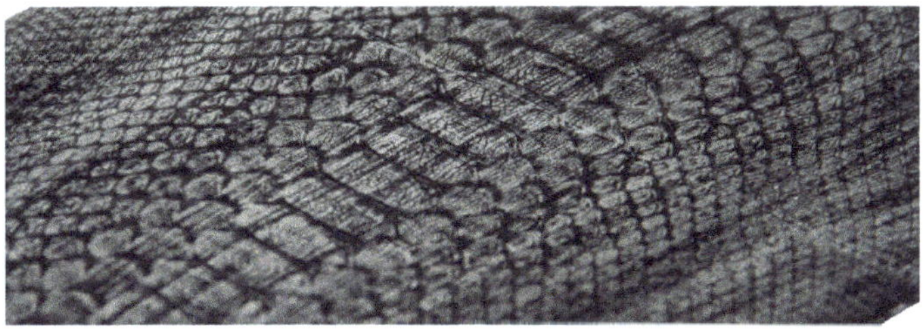

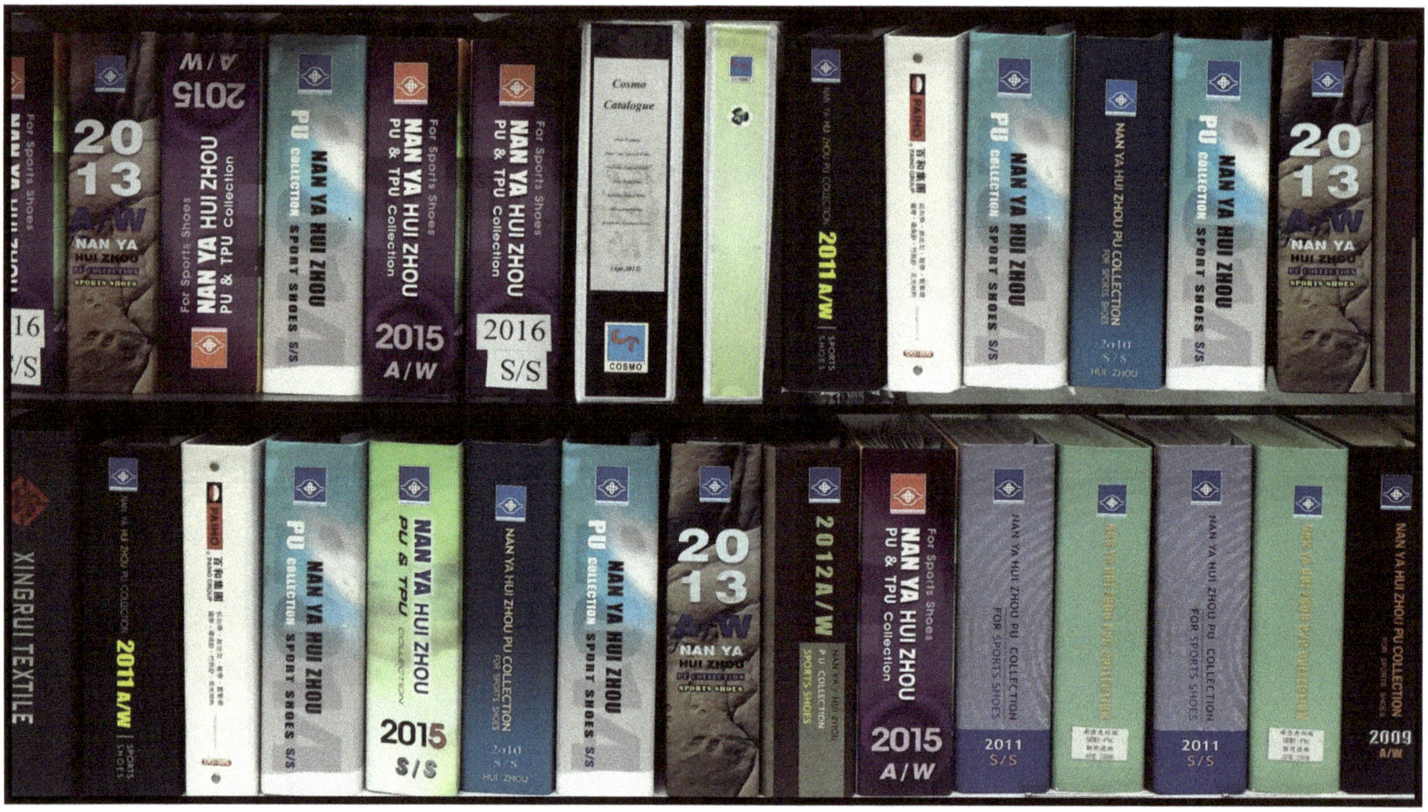

CAPÍTULO 25

CONSTRUIR TU BIBLIOTECA DE MATERIALES

Tener una biblioteca de materiales bien surtida es muy importante para cualquier oficina que trabaje en el diseño de calzado; es fundamental crear un archivo con muestras de materiales importantes y muestrarios, o cartas de color. Si estás diseñando unas zapatillas para correr, las cartas de materiales de mallas y los muestrarios de plantillas será lo que necesites. Si estás diseñando botas de montaña, te resultará útil tener muestras de cuero y palmillas o plantas de montado. Tener los materiales a mano te permite mostrar cómo se verá el diseño a los jefes de producto, gerentes de ventas, o a los clientes.

Cartas de materiales

Hay muestrarios y cartas de materiales disponibles para todo tipo de material de calzado. Malla, cuero, sintéticos, fornituras, hilos, refuerzos, espumas, caucho, plásticos, textura para los moldes, todo lo que un diseñador necesite está ahí fuera. Las cartas de materiales vienen en diferentes formas y tamaños. Las muestras de tejido se pueden organizar en carpetas anillas, pegarlas a cartulinas, o atarlas con una cuerda. Las muestras de cuero se suelen cortar en cuadrados pequeños y se guardan en cajas. Las fornituras metálicas y las piezas de goma se pueden pegar en carpetas, o sellar al vacío en cartulinas.

Los proveedores más importantes tendrán diferentes colecciones de materiales organizadas por año y temporada, con nuevos catálogos para primavera/verano y otoño/invierno. Un catálogo normal suele ser una carpeta con tres anillas, y un corte de cada tipo de material con los colores disponibles al lado. Se pega tan solo un lado del material para poder tocar, quitar, y ver las capas de refuerzo de la muestra. Los mejores proveedores tendrán los resultados de los ensayos, el tamaño del rollo, y el *MOQ* del material en la contraportada. Estos muestrarios pueden tener, o no, el precio escrito. El precio nunca se encuentra en la carta de materiales en sí, sino que se indica en una página separada.

¿Cómo consigo el muestrario de una fábrica de material de malla de China?

Tienes que preguntar. Los proveedores de materiales envían muestrarios de manera gratuita a las fábricas, las marcas, y a los diseñadores. Los diseñadores que trabajan para grandes marcas no tendrán problemas para conseguir las últimas y nuevas cartas de materiales. Las fábricas de materiales saben que si un diseñador de Nike tiene su muestrario, podría significar un pedido grande en el futuro. Los diseñadores *freelance*, o los diseñadores que trabajan para marcas más pequeñas, a lo mejor tienen que ser un poco más creativos para conseguir estos muestrarios.

Agentes de ventas de materiales

Ve a conocer a los representantes de ventas de las fábricas de material de calzado. Los grandes proveedores de materiales tendrán personal comercial en Asia, Europa y América. El agente de tu zona se lleva una comisión de venta sobre cualquier material que compres si se asegura el pedido a la fábrica. Si les pareces prometedor, te harán una visita, o te enviarán un archivador con materiales. Si trabajas para una gran empresa de calzado, asegúrate de mantener el contacto personal con los proveedores de materiales, es posible que necesites estos contactos en el futuro.

Preferencia de proveedores

Si ya estás trabajando con algunas fábricas de calzado, asegúrate de pedirles los libros de materiales de sus proveedores. No tengas miedo a preguntar a tu fábrica de calzado si puedes llevarte sus muestrarios. Pueden pedir otros nuevos. Asegúrate de pedirlos el primer día de tu visita para que la fábrica tenga tiempo de conseguirlos a tiempo.

¿Qué hay en la fábrica de zapatos?

Pídale a tu fábrica de calzado que haga un muestrario de los materiales que tienen en su almacén. La fábrica estará más que feliz de hacer un libro con las muestras del *stock* de material que tienen con la esperanza de que puedas diseñar un modelo para ayudarles a gastarlo. También puedes negociar un descuento en algún material antiguo que puedas utilizar.

Planificar las visitas a la fábrica

Cuando viajes, intenta organizar visitas a tus principales proveedores de materiales. Siempre es bueno ver exactamente cómo se fabrican los materiales para que puedas entender las posibilidades del diseño, y las limitaciones del proceso de producción. El final de la visita es buen momento para actualizar tus libros de muestras y echar un vistazo a los nuevos desarrollos.

Asegúrate de visitar las fábricas de suelas y fornituras para ver cómo se fabrican estas piezas. No tengas miedo de pedir muestras de cualquier cosa que veas en producción. Los proveedores suelen tener piezas que no sirven para ayudarte a que te inspires. Pregúntales, si te dicen que no, a lo mejor te dejan hacer una foto de la pieza.

Si no puedes llegar a la fábrica de materiales, no te preocupes. Si está cerca, la fábrica puede enviar a un agente de ventas para que se reúna contigo en la fábrica de calzado.

Visita las ferias de materiales de calzado

En Europa y en EE.UU., hay varias ferias dedicadas a los materiales de calzado. Los agentes de ventas y los vendedores de la fábrica estarán disponibles para reunirse contigo. Lleva tus tarjetas de visita y tus diseños para que los proveedores de materiales puedan ver en qué estás trabajando. Estarán ansiosos por ayudarte. Trae también una bolsa, o una maleta para los libros de materiales.

Dedicado al calzado, The Material Show tiene lugar dos veces al año. The NW Material Show en Portland, OR; y NE Material Show en Wilmington, MA. Diseñadores de calzado de todo el país visitan esta feria para ponerse al día con las novedades. https://americanevents.com

Mercado local de materiales

Cuando viajes a las zonas de producción de calzado y ropa, asegúrate de visitar los mercados de materiales. Estos mercados son un buen lugar para pedir los muestrarios y cartas de materiales para tus muestrarios. En China, hay zonas con cientos de tiendas de materiales con producto expuesto. En tan solo unos días puedes ver a decenas de proveedores fabricando todo tipo de componentes para calzado.

Pregunta

No tengas miedo de llamar o enviar un email a los proveedores de materiales. Lo peor que te puede pasar es que te digan que no, o te pidan que pagues las muestras y el envío.

DIY, hazlo tú mismo

Puedes hacer tus propias cartas y muestrarios. No tengas miedo de comprar calzado de la competencia para conseguir muestras de material. Corta diferentes muestras de todo lo que veas en el mercado. Chaquetas, mochilas, o cualquier cosa que tenga un material que te guste.

Pide muestrarios antiguos

Si tienes amigos en el mundo del calzado, no tengas miedo de pedirles sus muestrarios viejos. Un muestrario antiguo es mejor que ninguno.

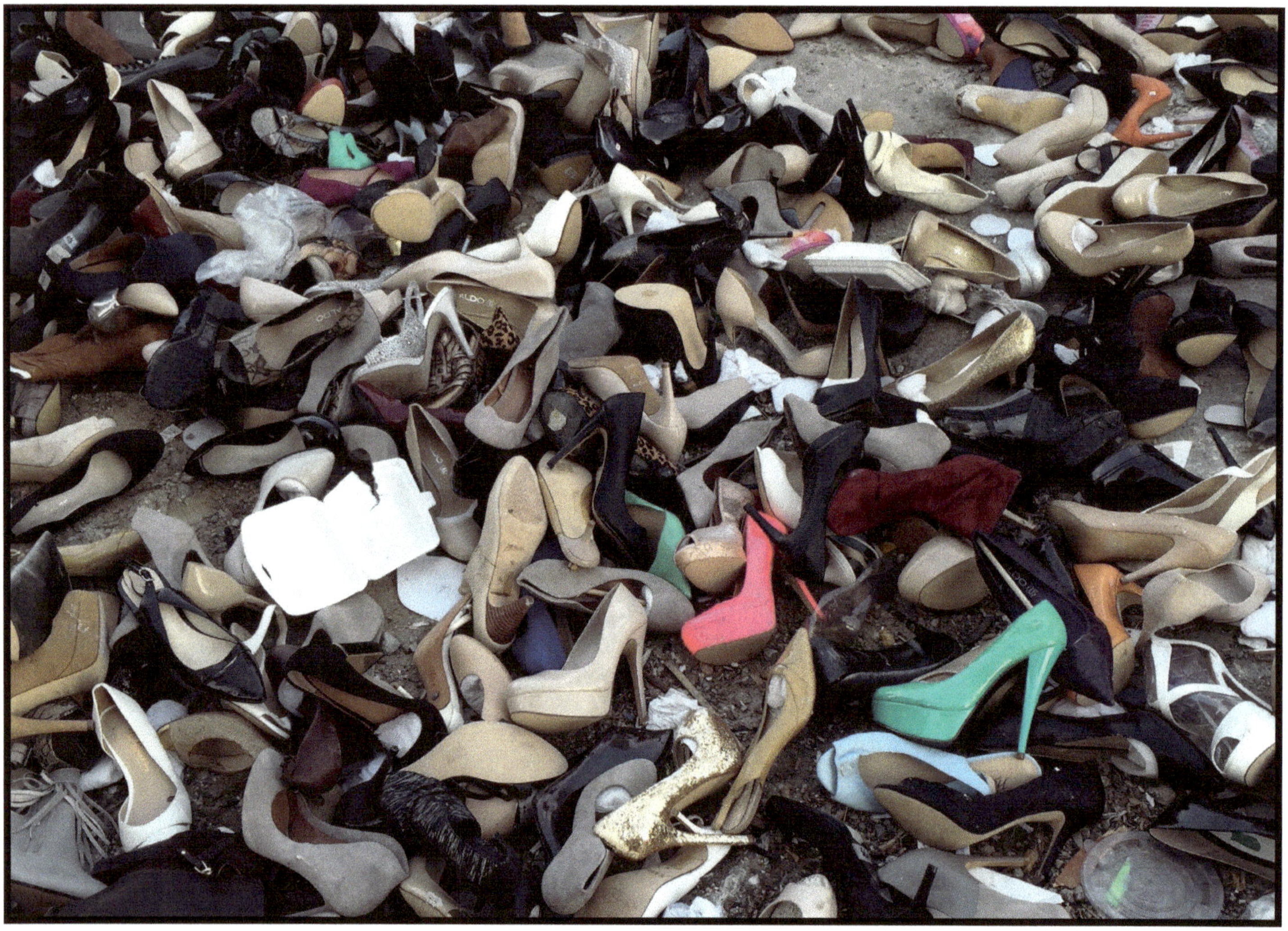

CAPÍTULO 26

PRODUCCIÓN DE CALZADO SOSTENIBLE

La realidad

El calzado actual producido en masa, hecho de materiales textiles, cuero, plástico y piezas de goma pegadas y cosidas, no es sostenible. El calzado es muy difícil de reciclar. Las costuras aseguran el corte, y la suela está unida fuertemente con cemento o pegamento para PU. Es casi imposible desmontar de manera rentable el calzado para que pueda ser reciclado. La fabricación de estos componentes consume mucha cantidad de agua y energía, a la vez que crea grandes cantidades de desecho posindustrial y posconsumo.

Tus opciones

Con este hecho dicho, los diseñadores de calzado, los desarrolladores de calzado, los jefes de producto, y las fábricas pueden tomar decisiones para ayudar a disminuir el impacto negativo a nivel ambiental y social de la producción de calzado. No existen materiales mágicos para el calzado, o técnicas de producción que puedan hacer que un zapato sea completamente ecológico, sostenible o ético, pero dependiendo de tus prioridades ambientales y sociales, hay opciones disponibles.

Consideramos diferentes aspectos de la producción de calzado que pueden hacer que tus modelos sean más, o menos sostenibles:

Selección de material de calzado sostenible
Procesos de producción de calzado respetuoso con el medio ambiente
Reducción de residuos en la fabricación de calzado
Selección de material de calzado sostenible

Materiales textiles orgánicos frente a los sintéticos

Si tu prioridad es la conservación del agua potable, el uso de textiles artificiales es una mejor opción que el algodón, y otros textiles naturales. Aunque el algodón y las fibras sintéticas necesitan gran cantidad de agua para el proceso de teñido, se utiliza un sistema de circuito cerrado que permite poder recuperar, reciclar y reutilizar el agua. En el sur de China, los gobiernos han obligado a las fábricas encargadas de teñir los textiles a trasladarse a polígonos industriales con instalaciones de purificación de agua controladas.

El proceso del cultivo del algodón, especialmente el algodón orgánico, consume enormes cantidades de agua que no se reutiliza en un circuito cerrado. Algunos estudios estiman que se necesitan más de 2.700 litros de agua para hacer el algodón para una sola camiseta de algodón. Una vez que el agua se utiliza en los campos de algodón, regresa a la naturaleza, pero ya no está disponible para consumo, o cultivar alimentos.

En el punto opuesto está la producción de tejidos a base de polímeros sintéticos, como el nylon o el poliéster. La cantidad de agua necesaria para fabricar estas fibras es radicalmente menor, pero la energía necesaria es superior, y existe un mayor peligro de contaminación del agua por productos petroquímicos.

Cuero, y cuero artificial

El cuero natural, de las pieles de animales también requiere grandes cantidades de agua. Según algunos estudios realizados por un importante productor de cuero, la cría de animales y procesar sus pieles necesita más de 1.000 litros de agua para producir dos pies cuadrados de cuero. Dos pies cuadrados de cuero es lo necesario para hacer tan solo un par de zapatos. La cría de animales y el procesado del cuero tiene un doble efecto ambiental, ya que es dañino en el sector agrícola a nivel de las aguas escorrentías, más el agua contaminada con los subproductos del curtido. Dejando de lado el agua, el trato a los animales es una preocupación importante para los clientes veganos, mientras que la producción de cuero sintético creado por el hombre no se suele considerar un riesgo moral.

Al igual que con los tejidos, las alternativas artificiales al cuero natural tienen sus costes ambientales. Los materiales sintéticos artificiales suelen ser capas de tejido de poliéster, espumas y fibras que se pegan entre sí, siendo imposible separarlos una vez que el modelo ha llegado al final de su vida útil. Producir materiales sintéticos también consume energía, y el peligro de la contaminación del agua por productos petroquímicos es alto.

Caucho natural contra caucho sintético

Una vez más, la elección de los componentes de caucho se reduce a tus prioridades. La producción del caucho natural conduce a una mayor deforestación en el sudeste asiático, y reduce la cantidad de tierra que se utiliza para el cultivo de alimentos. El caucho sintético se produce con una combinación de estireno y butadieno, ambos son productos petroquímicos refinados a partir de petróleo crudo. La producción de estos compuestos requiere un importante consumo energético, y son subproductos de la producción de petróleo.

Aunque hay muchas opciones de materiales, cada una tiene un coste ambiental, o social. Debes decidir de acuerdo con tus prioridades.

Materiales con contenido reciclado

Otra forma de reducir el impacto ambiental, es especificar materiales reciclados. Al analizar los materiales, es importante entender la diferencia entre el desecho posconsumo y posindustrial. Muchos procesos industriales generan desechos o desperdicios dentro de las fábricas. Estos materiales muchas veces se pueden recuperar y reprocesar en materiales terminados. El plástico inyectado y la espuma se pueden volver a moler y moldear, mientras que las fibras textiles se pueden triturar y reutilizar. Para muchas fábricas, esto es un proceso eficiente y una forma inteligente de ahorrar dinero. Otros residuos postindustriales se envían para su reprocesado en otros productos.

Se produce contenido reciclado posconsumo cuando las materias primas se recuperan del flujo de residuos después de su uso. Estos productos pueden costar más, ya que los materiales pueden necesitar ser clasificados, limpiados, o reprocesados de manera compleja. La cantidad de material posconsumo en un producto depende de las propiedades físicas requeridas. Por lo general, los estándares físicos más altos exigirán un contenido reciclado posconsumo más bajo. Los tejidos ahora se encuentran disponibles con un contenido reciclado entre el 10% y 70%.

Los tejidos y las materias de punto, ahora se fabrican con fibras de plástico PET recicladas posconsumo. Las palmillas de calzado, y los materiales del *strobel* se producen con desecho posindustrial y posconsumo. Las palmillas o las plantas de montado hechas a base de fibra de papel, se suelen fabricar con más de un 50% de residuo posconsumo.

Los productos hechos con espuma para las plantillas y el forro también se están fabricando con material de espuma reciclado posconsumo y postindustrial. Hay disponibles nuevos aditivos biodegradables que permiten que el plástico se degrade en décadas en lugar de siglos.

Procesos de producción respetuosos con el medio ambiente

Aparte de la elección de materiales, muchos de los procesos en la fabricación del calzado pueden adaptarse para ser más respetuosos con el medio ambiente.

La producción de calzado está evitando cada vez más la utilización de pegamentos tipo cemento a base de solventes, optando por cemento a base de agua. Este adhesivo tiene bastantes menos compuestos orgánicos volátiles (COV), pero requiere más energía térmica para ser utilizado en la fábrica, y puede no ser tan fuerte como el cemento a base de solventes. Las tintas también se están moviendo a procesos a base de agua, pero el rendimiento de la tinta a base de agua es inferior.

Estos productos a base de agua tienen algunos efectos secundarios. Generalmente, requieren más calor y ciclos más largos para procesarse. Para la fábrica, esto significa facturas de energía más altas, y líneas de montaje más lentas. Por lo tanto, estos productos cuestan más, y pueden reducir la eficiencia de la fábrica.

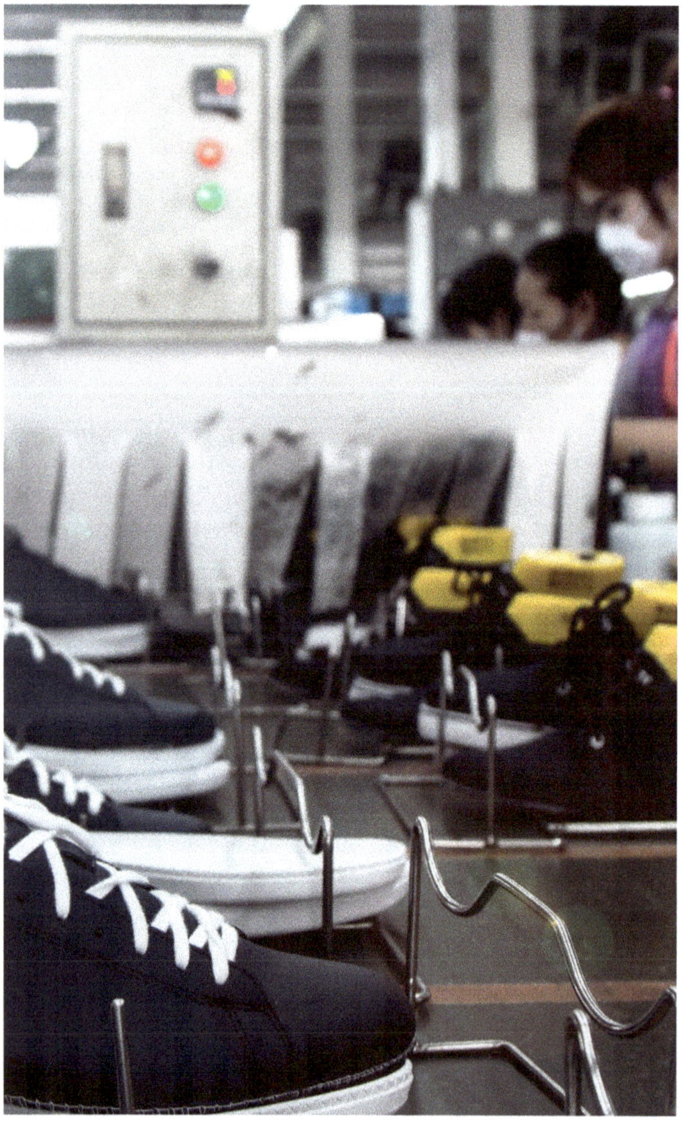

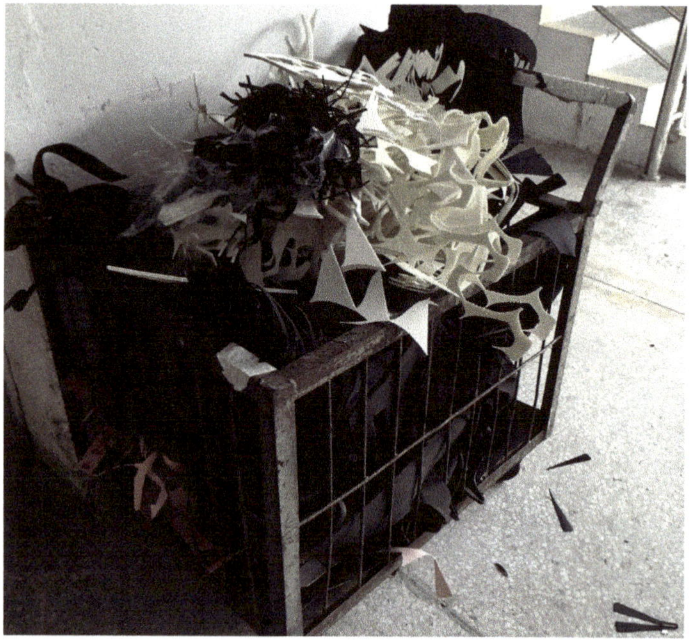

Reducción de residuos en la fabricación

Esta es una buena práctica comercial independientemente de los objetivos ambientales. Reducir el material de desecho se traduce en mejor beneficio.

La fábrica de calzado puede abordar el problema de la reducción de desperdicios en el departamento de corte con una capacitación más avanzada de los trabajadores y operaciones optimizadas. El diseñador también tiene un papel importante en la reducción de los residuos. Un diseño con pocas piezas grandes generará más desperdicio al crear el corte, mientras que diseñar un corte moderno, con tejido de malla 4K con máquina CNC, se puede conseguir sin generar casi desperdicio.

La producción de las entresuelas de EVA se ha transformado gracias a la introducción de piezas preformadas o inyectadas. Estas nuevas piezas sustituyen al troquelado, y reducen el desperdicio en casi un 50%. Otros materiales de la entresuela, como la espuma Adidas Boost™, se forman dentro del molde, en una sola operación que lleva muy poco desperdicio. La impresión 3D también es una nueva tecnología que tiene el potencial de reducir, o incluso de eliminar el desperdicio en la producción de las entresuelas.

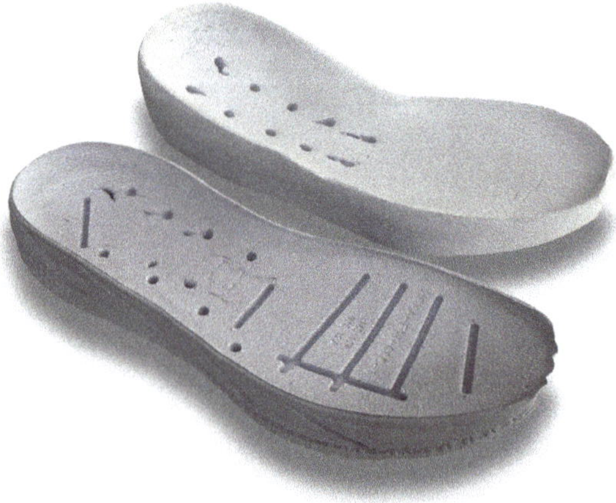

Simplificar el diseño

Al pensar en el diseño y producción de calzado sostenible, el concepto "menos es más" puede simplificar el diseño y generar menos materiales, desperdicio, y energía en la producción.

El zapato convencional se fabrica ensamblando muchas piezas, se puede lograr un efecto similar grabando con láser el diseño del patrón, termosoldando el diseño, imprimiendo, o tejiéndolo. Incluso puedes moldear una zapatilla con una sola pieza de espuma. Simplificar no significa que un modelo de calzado sea aburrido o económico.

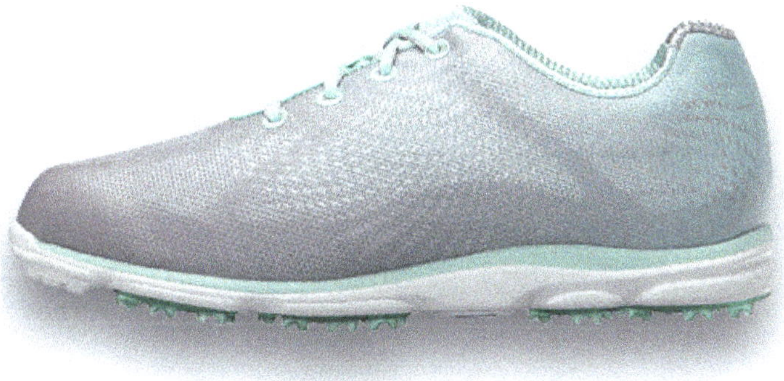

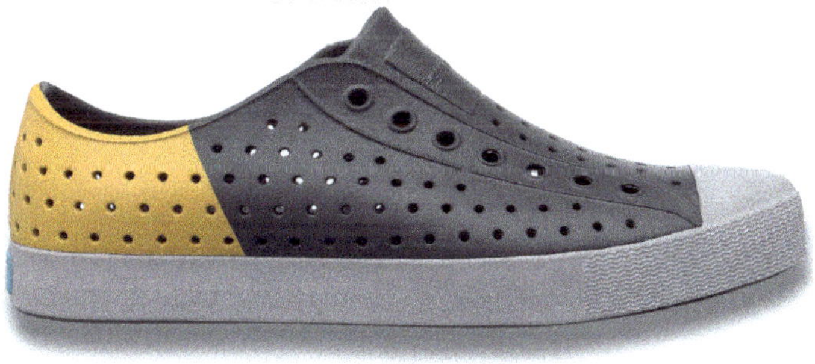

Vida útil del producto

El calzado con una vida útil prolongada ayudan a mantener los zapatos fuera de los vertederos. Tu diseño y la elección de materiales son los factores decisivos para la vida útil del producto.

Hay que encontrar el equilibrio en el diseño. Una suela con más grosor durará más tiempo, pero tendrá un precio más elevado, y será más pesada. Es menos probable que los colores oscuros se ensucien o se manchen, pero ¿qué tipo de mundo tendríamos si todos usáramos calzado color negro?

El calzado de cuero de alta calidad puede durar muchos años si tienen suelas reemplazables. Pero no todo el mundo puede permitirse este tipo de calzado. Las modernas zapatillas de *running* tienen la suerte de durar 500 millas. Para un corredor entregado, incluso un modelo específico hecho para correr, y de alta calidad se gastará después de tan solo unos meses de uso. Sí, el caucho es más grueso y la EVA es más dura pueden durar más, pero pocos atletas serios van a sacrificar el rendimiento por una mayor durabilidad.

¿Producción ética del calzado?

Podríamos escribir un libro, o una biblioteca completa de libros sobre el tema de la ética en el calzado. Este es otro caso en el que tendrás que decidir qué significa para ti la producción ética del calzado. ¿Es ética la producción y la venta de tacones de aguja de trece centímetros si se tiene en cuenta el dolor que sufren las mujeres en los pies?

Si buscas en el mercado, podrás encontrar muchas empresas que ofrecen zapatos producidos de manera ética. Aquí, dejamos una lista de las características que puedes considerar para tus zapatos.

Hecho artesanalmente
Cooperación directa con fábricas
Precios de producción éticos, no marcados
Artesanía de Perú hecho por mujeres
Prácticas laborales justas
Hecho en EE.UU.
Productos veganos
Producción ética y de bajo impacto
Hecho con materiales reciclados
Hecho con materiales reciclables
Empleo y becas para mujeres
Materiales orgánicos
Producción de residuos nula, o muy baja
Producción respetuosa con el medioambiente
Materiales de granjas familiares del comercio justo en Brasil
Respetar los estándares del comercio justo
Derechos de los trabajadores en África subsahariana
Producción y diseño ecológico
Calzado sin cromo
Acabar con el desperdicio de neumáticos, transformándolos en calzado
Materiales ecológicos y reciclados
Sandalias de Haití hechas de manera ética
Zapatos libres de crueldad animal
Zapatos hechos con condiciones de trabajo éticas
Sin intermediarios

¿Qué deberías hacer?

Ya hemos visto que hay opciones disponibles cuando se trata de producir un producto más favorable con el medio ambiente; el diseñador tiene que elegir sobre el impacto ambiental causado por la producción de los materiales seleccionados, y el fabricante cuenta con leyes que tiene que seguir en cuanto a la reutilización del agua y las regulaciones de contaminación.

Todos los días se crean nuevos materiales que reutilizan los residuos posconsumo. Además, se están introduciendo y adaptando nuevos procesos de fabricación, reduciendo los productos de desecho, ya sean materiales de desecho o productos químicos nocivos, en un esfuerzo por hacer que los procesos de producción sean más respetuosos con el medio ambiente.

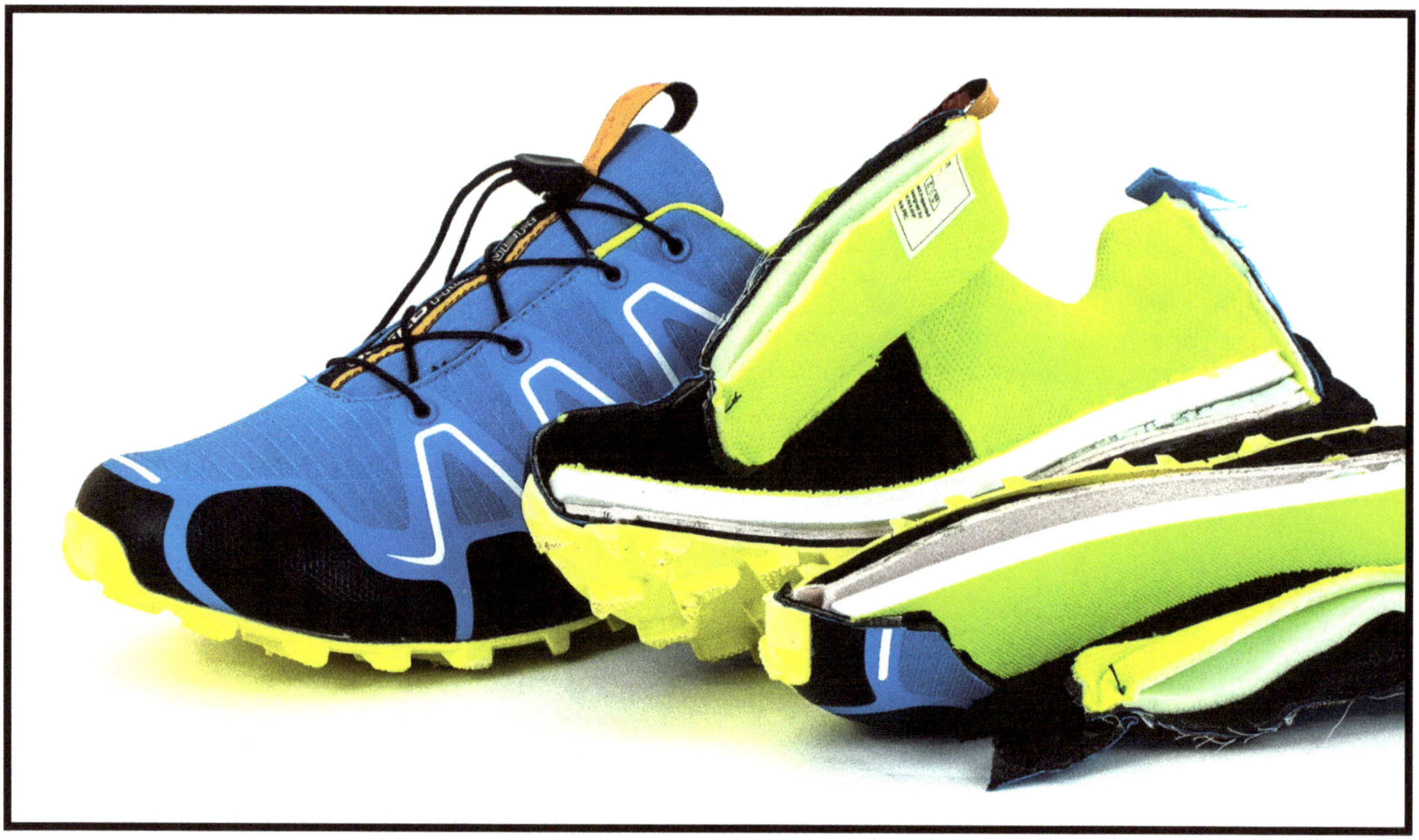

CAPÍTULO 27

ANÁLISIS DE CALZADO

La mejor forma de entender cómo se utilizan los materiales, es comprobándolo. Como diseñador o desarrollador, es importante ver el tipo de construcción de cada modelo de calzado. Con solo unos cortes, podrás ver lo que Nike™ utiliza dentro de las nuevas *Air Max*, o cómo Adidas™ hace sus tacos para fútbol.

Este tipo de inspección no tiene por qué ser cara. Los modelos clásicos de Nike se pueden encontrar en Ebay™, o en Craigslist™ por poco dinero. Un par de zapatillas de deporte de segunda mano, usadas, puede también darte buena información.

Te hemos ahorrado algo de tiempo, esfuerzo y dinero recopilando treinta y cinco modelos de zapatos diferentes para que los estudies. Cada modelo se ha abierto para estudiar la construcción interna.

Aunque no tenemos acceso a las especificaciones técnicas de estos zapatos, podemos medir y comparar fácilmente los materiales que encontramos en el interior.

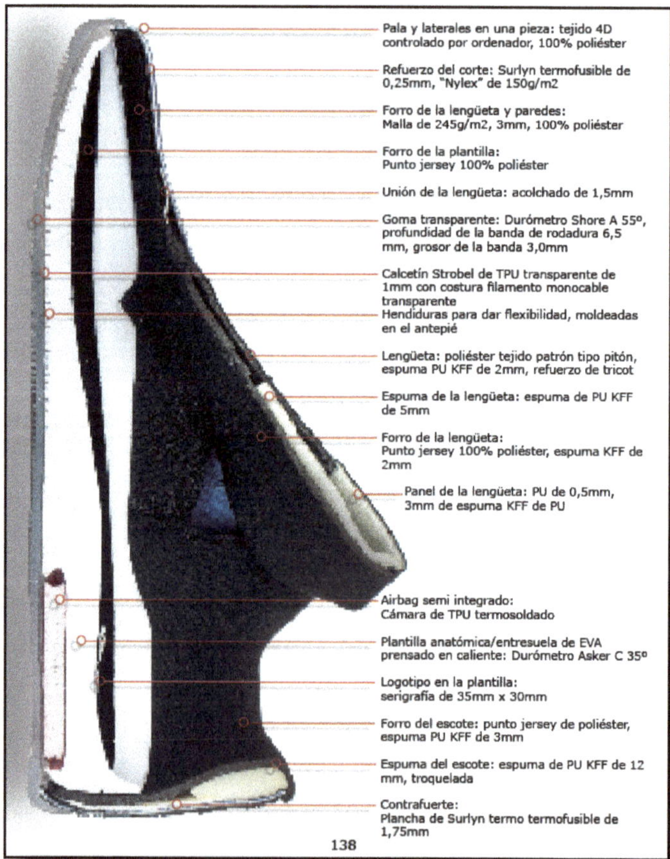

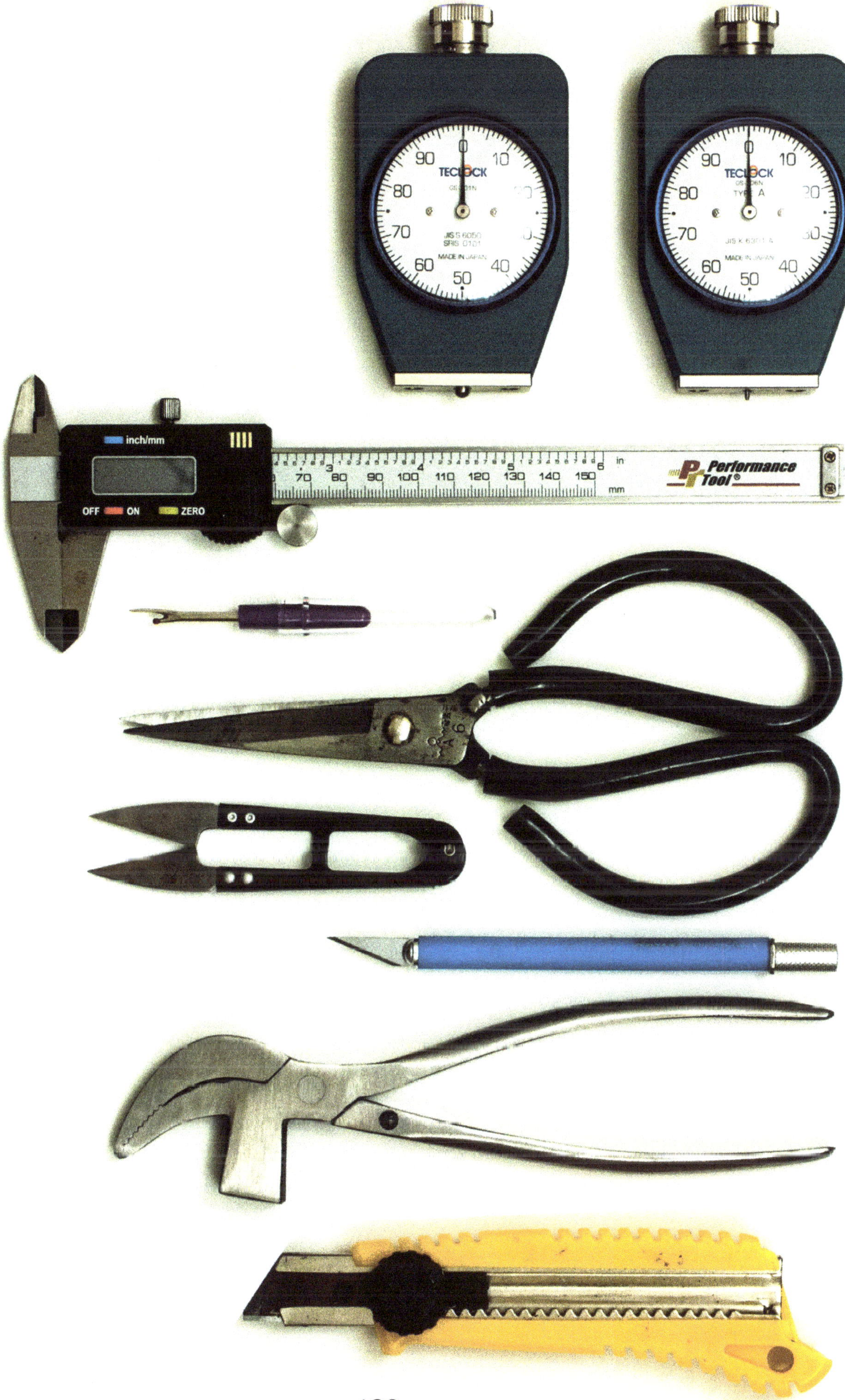
TECLOCK
TECLOCK
inch/mm
OFF
ON
ZERO
Performance Tool®

Zapatilla casual con puntera

Lanzada en 1969, la puntera de goma se comercializó como zapatilla de voleibol profesional, y como zapatilla de baloncesto. Se hizo famosa por la estrella de la NBA Kareem Abdul-Jabbar, esta zapatilla con puntera de goma se convirtió en la zapatilla favorita por los jugadores de la NBA de los años 70. Más tarde, la adaptaron los pioneros de la música rap, Run DMC; este modelo se convirtió en un clásico de la cultura de las zapatillas.

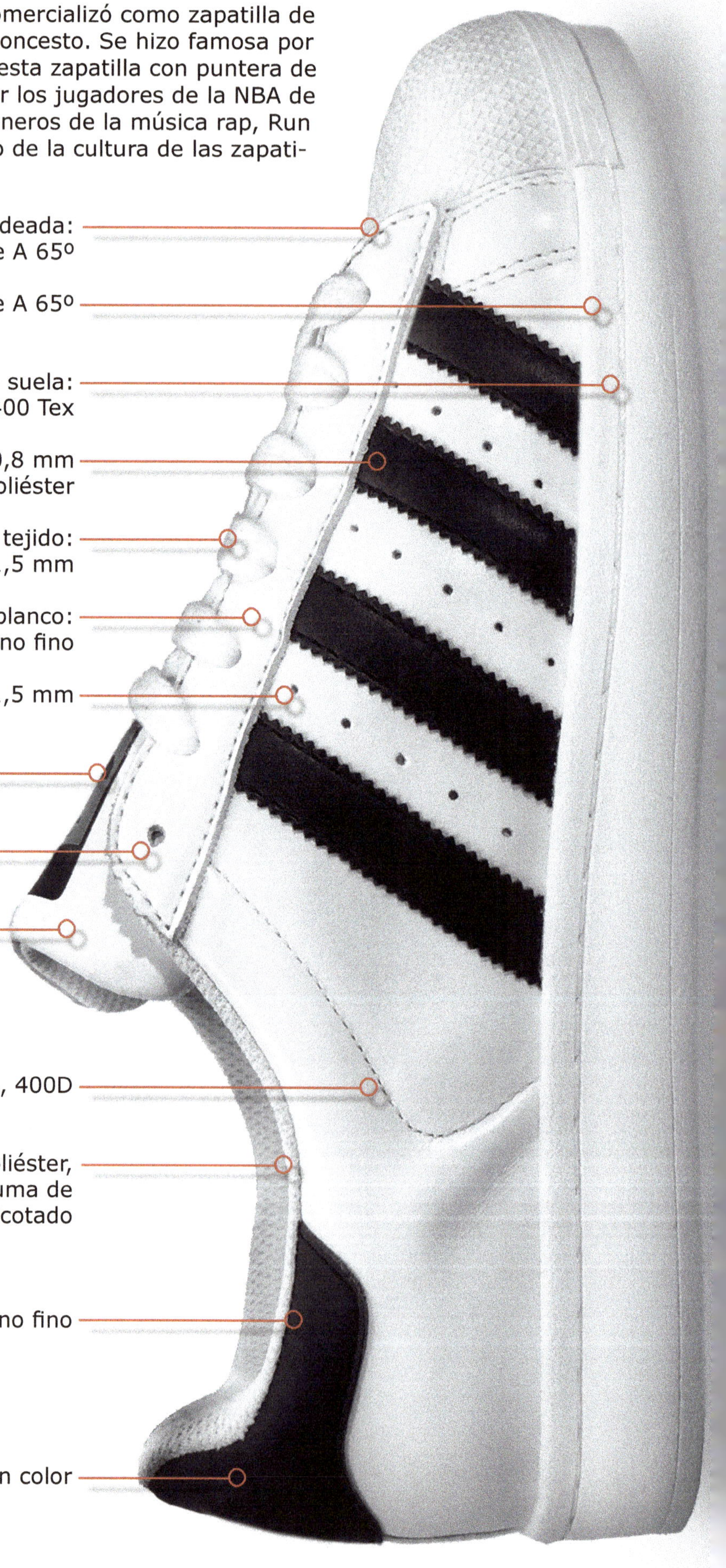

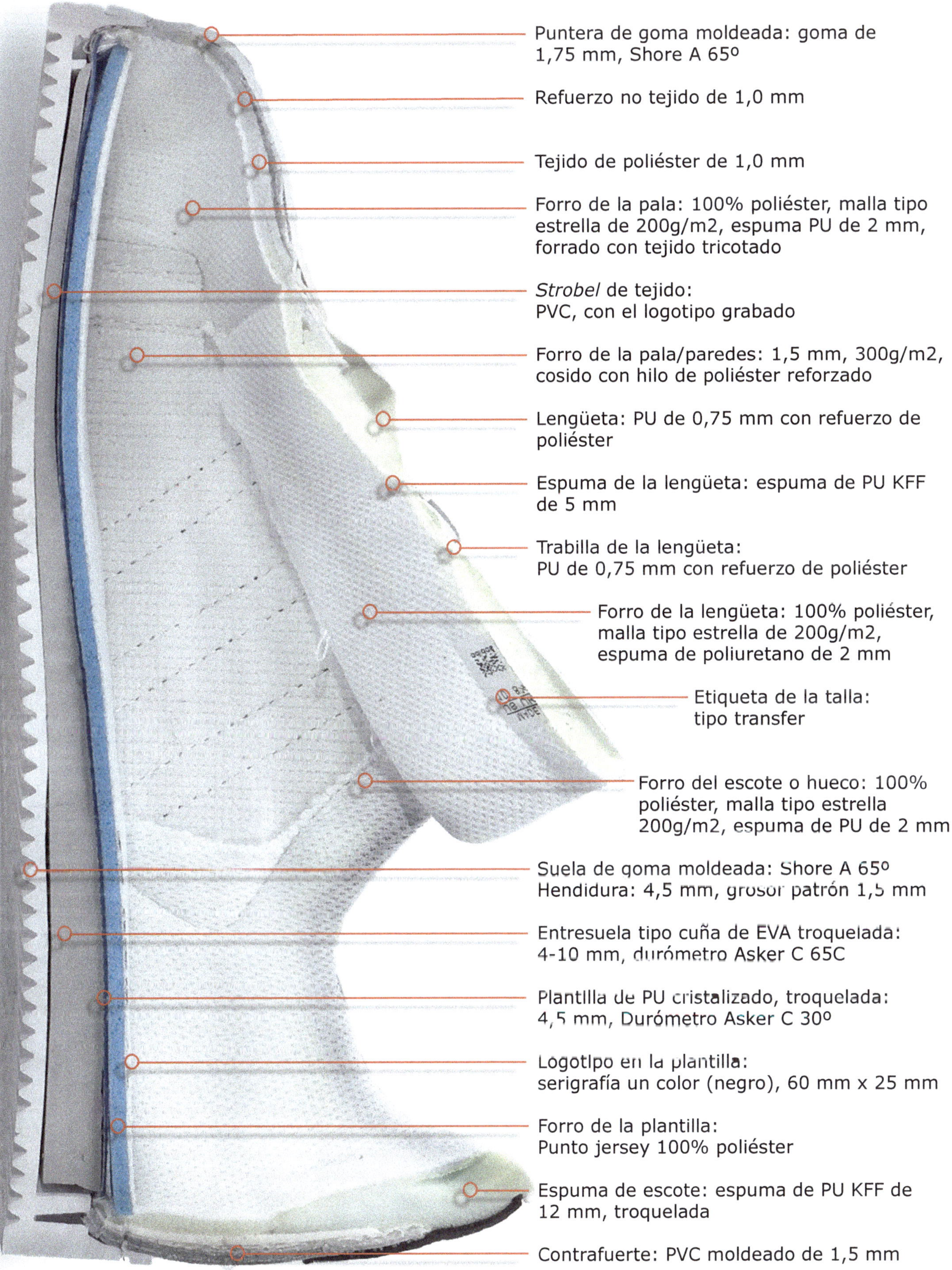
Puntera de goma moldeada: goma de 1,75 mm, Shore A 65º
Refuerzo no tejido de 1,0 mm
Tejido de poliéster de 1,0 mm
Forro de la pala: 100% poliéster, malla tipo estrella de 200g/m2, espuma PU de 2 mm, forrado con tejido tricotado
Strobel de tejido: PVC, con el logotipo grabado
Forro de la pala/paredes: 1,5 mm, 300g/m2, cosido con hilo de poliéster reforzado
Lengüeta: PU de 0,75 mm con refuerzo de poliéster
Espuma de la lengüeta: espuma de PU KFF de 5 mm
Trabilla de la lengüeta: PU de 0,75 mm con refuerzo de poliéster
Forro de la lengüeta: 100% poliéster, malla tipo estrella de 200g/m2, espuma de poliuretano de 2 mm
Etiqueta de la talla: tipo transfer
Forro del escote o hueco: 100% poliéster, malla tipo estrella 200g/m2, espuma de PU de 2 mm
Suela de goma moldeada: Shore A 65º Hendidura: 4,5 mm, grosor patrón 1,5 mm
Entresuela tipo cuña de EVA troquelada: 4-10 mm, durómetro Asker C 65C
Plantilla de PU cristalizado, troquelada: 4,5 mm, Durómetro Asker C 30º
Logotipo en la plantilla: serigrafía un color (negro), 60 mm x 25 mm
Forro de la plantilla: Punto jersey 100% poliéster
Espuma de escote: espuma de PU KFF de 12 mm, troquelada
Contrafuerte: PVC moldeado de 1,5 mm

Zapatillas de pista

Diseñado para ser ultraligeras y tener tracción, las zapatillas de pista son una máquina de correr, elegante y simple. El corte tiene un diseño minimalista con una malla termosoldada; la entresuela es muy fina, y la suela ha sido reemplazada por una placa con tacos de plástico moldeados por inyección. Diseñada para la velocidad, no hay refuerzos adicionales.

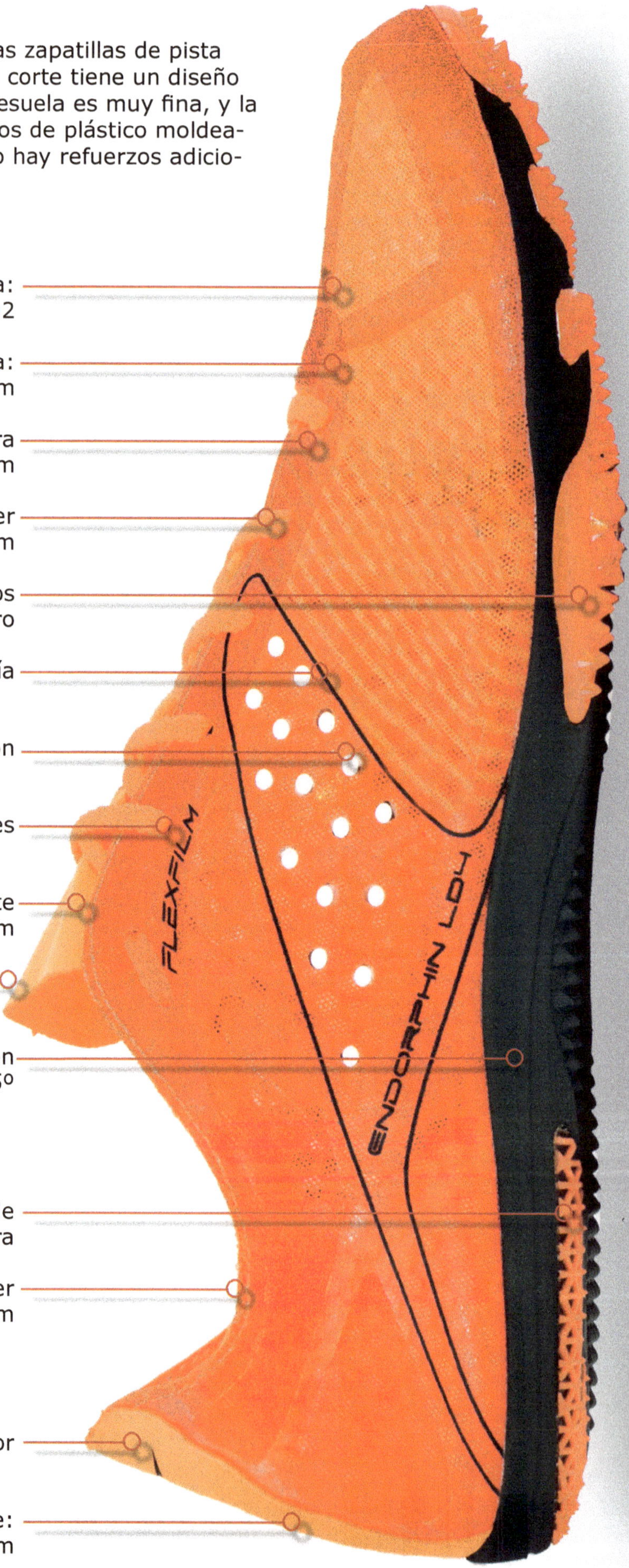

Pala y laterales en una pieza: malla 100% nylon, 180g/m2

Película de TPU termo soldada: refuerzo de malla superior de 0,5 mm

Refuerzos de los pinchazos: microfibra tipo ante de 0,5 mm, *Super-Tuff* de 0,4 mm

Cordones: 100% poliéster 5 mm de ancho x 1 mm

Placa de clavos Pebax™ moldeados por inyección con inserciones de acero

Detalles en serigrafía

Perforaciones para la ventilación

Pinchazos para los Cordones

Lengüeta: microfibra tipo ante de poliéster de 0,5 mm

Logotipo de la lengüeta: serigrafía a un color

Entresuela de EVA moldeada prensada en caliente: Durómetro Asker C 55º

Nylon moldeado por inyección con textura de banda de rodadura

Forro del escote: microfibra tipo ante de poliéster de 0,5 mm

Logotipo del talón: serigrafía a un color

Cobertura del contrafuerte: microfibra tipo ante de poliéster de 0,5 mm

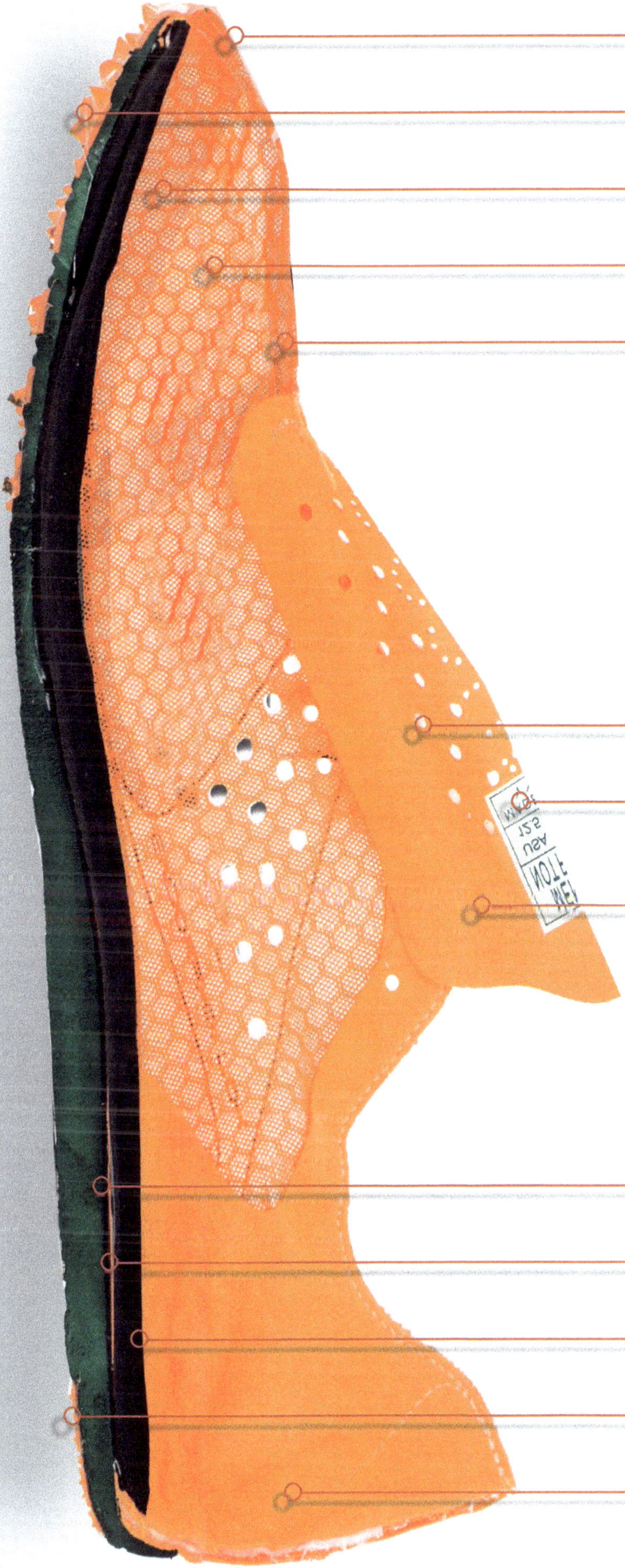
Tope: película de TPU termosoldada, 0,5 mm
Placa de clavos Pebax™ moldeados por inyección con inserciones de acero
Forro de plantilla: Punto jersey 100% poliéster
Malla 100% nylon, 180g/m2
Unión de la lengüeta: película de TPU termo soldada, refuerzo de 0,5 mm
Perforaciones para la ventilación
Etiqueta de la talla tipo transfer
Lengüeta: Microfibra tipo ante de poliéster de 0,5 mm
Entresuela de EVA prensada en caliente: Durómetro Asker C 53º
Material *Strobel*: Malla 100% nylon, 180g/m2
Plantilla: sin amortiguación, microfibra tipo ante de poliéster de 0,5 mm
Suela de nylon moldeado por inyección, con textura de banda de rodadura
Cobertura del contrafuerte: microfibra tipo ante de poliéster de 0,5 mm

Zapatilla de ***running*** **con suela tipo** *airbag*

Esta zapatilla de entrenamiento cuenta con una entresuela de EVA unida a un *airbag* de TPU moldeado por soplado. El corte está hecho de punto 4k en una sola pieza. Con el degradé de colores y los cordones de aire minimalista, este diseño moderno de alta tecnología se convierte en una obra maestra del marketing deportivo.

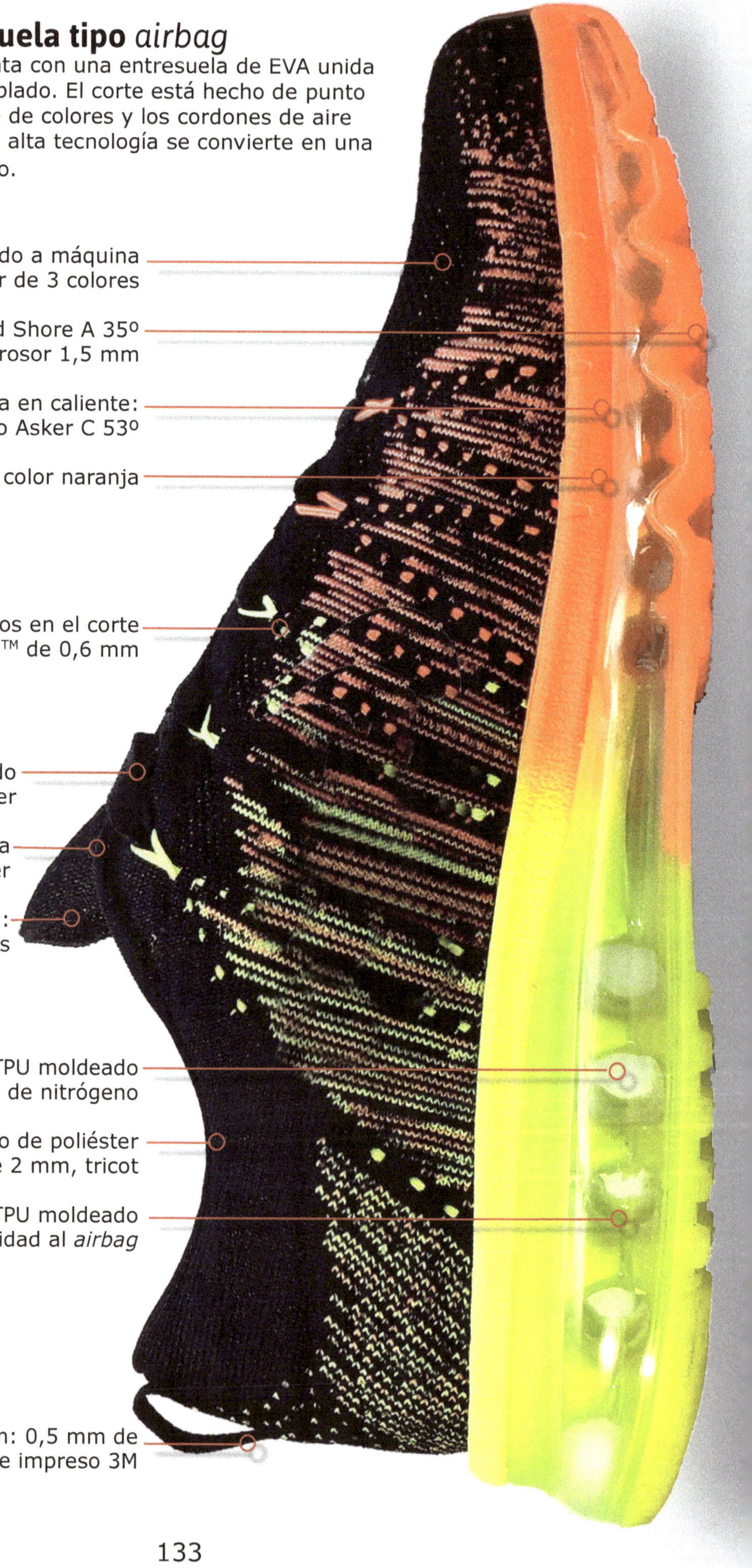

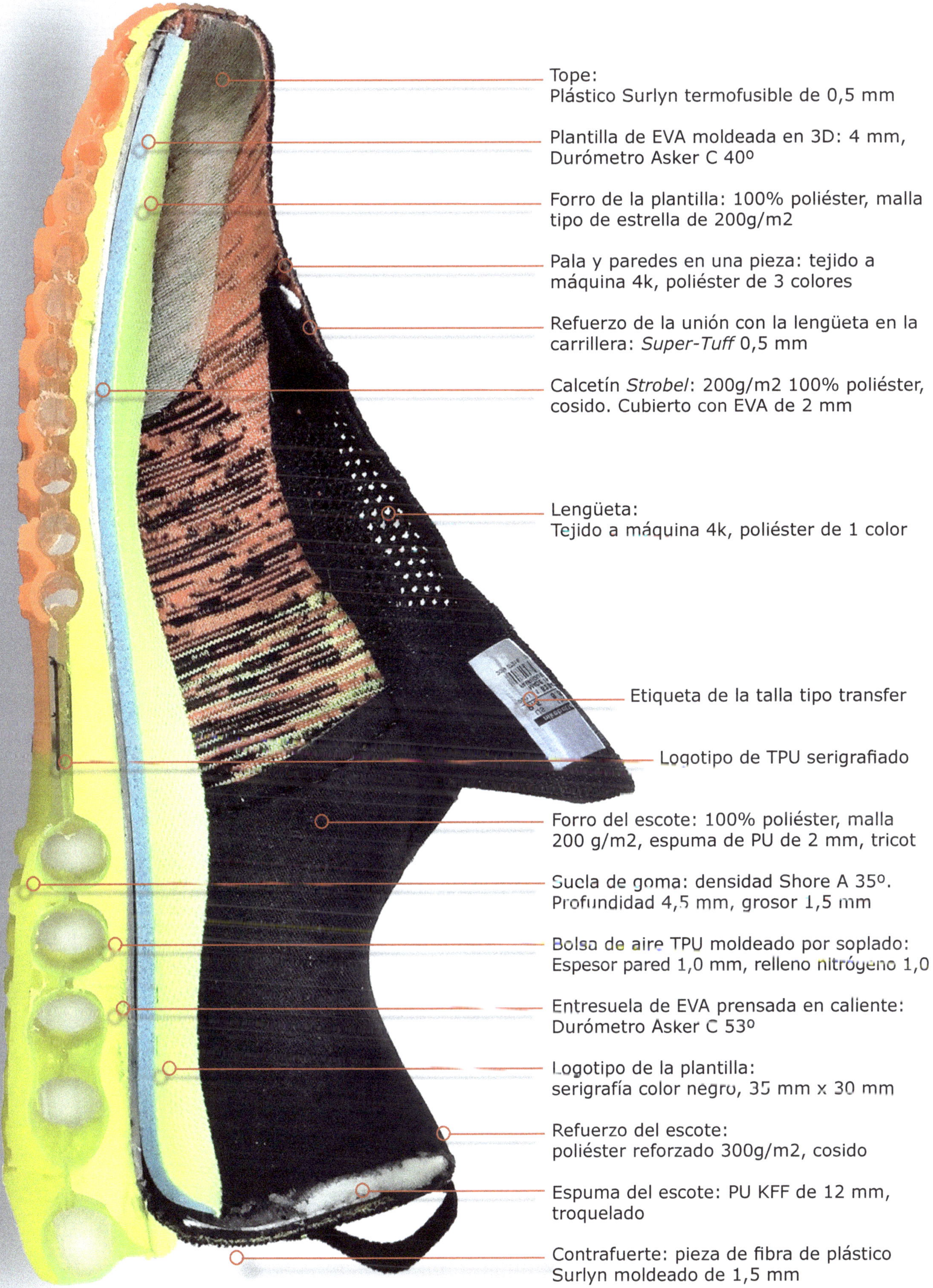
Tope:
Plástico Surlyn termofusible de 0,5 mm
Plantilla de EVA moldeada en 3D: 4 mm,
Durómetro Asker C 40º
Forro de la plantilla: 100% poliéster, malla
tipo de estrella de 200g/m2
Pala y paredes en una pieza: tejido a
máquina 4k, poliéster de 3 colores
Refuerzo de la unión con la lengüeta en la
carrillera: *Super-Tuff* 0,5 mm
Calcetín *Strobel*: 200g/m2 100% poliéster,
cosido. Cubierto con EVA de 2 mm
Lengüeta:
Tejido a máquina 4k, poliéster de 1 color
Etiqueta de la talla tipo transfer
Logotipo de TPU serigrafiado
Forro del escote: 100% poliéster, malla
200 g/m2, espuma de PU de 2 mm, tricot
Suela de goma: densidad Shore A 35º.
Profundidad 4,5 mm, grosor 1,5 mm
Bolsa de aire TPU moldeado por soplado:
Espesor pared 1,0 mm, relleno nitrógeno 1,0
Entresuela de EVA prensada en caliente:
Durómetro Asker C 53º
Logotipo de la plantilla:
serigrafía color negro, 35 mm x 30 mm
Refuerzo del escote:
poliéster reforzado 300g/m2, cosido
Espuma del escote: PU KFF de 12 mm,
troquelado
Contrafuerte: pieza de fibra de plástico
Surlyn moldeado de 1,5 mm

Zapatilla de *running* ultramoderna

Esta zapatilla para correr tiene una suela con *airbag* muy complicada de fabricar, pero su característica más llamativa es el corte. Está hecho con muy pocas costuras, tejida por ordenador con máquina 4k, y todos los refuerzos y logotipos están termosoldados.

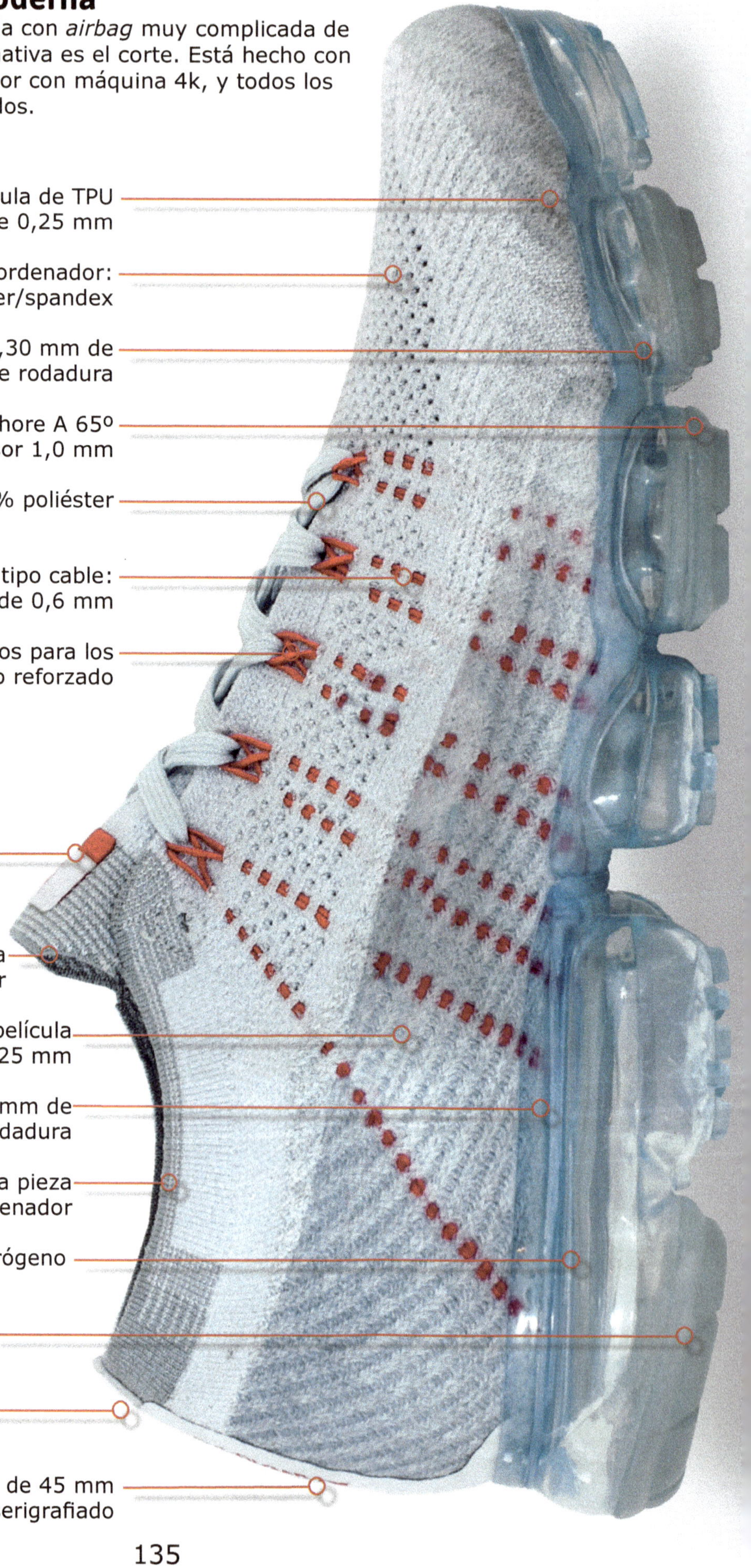

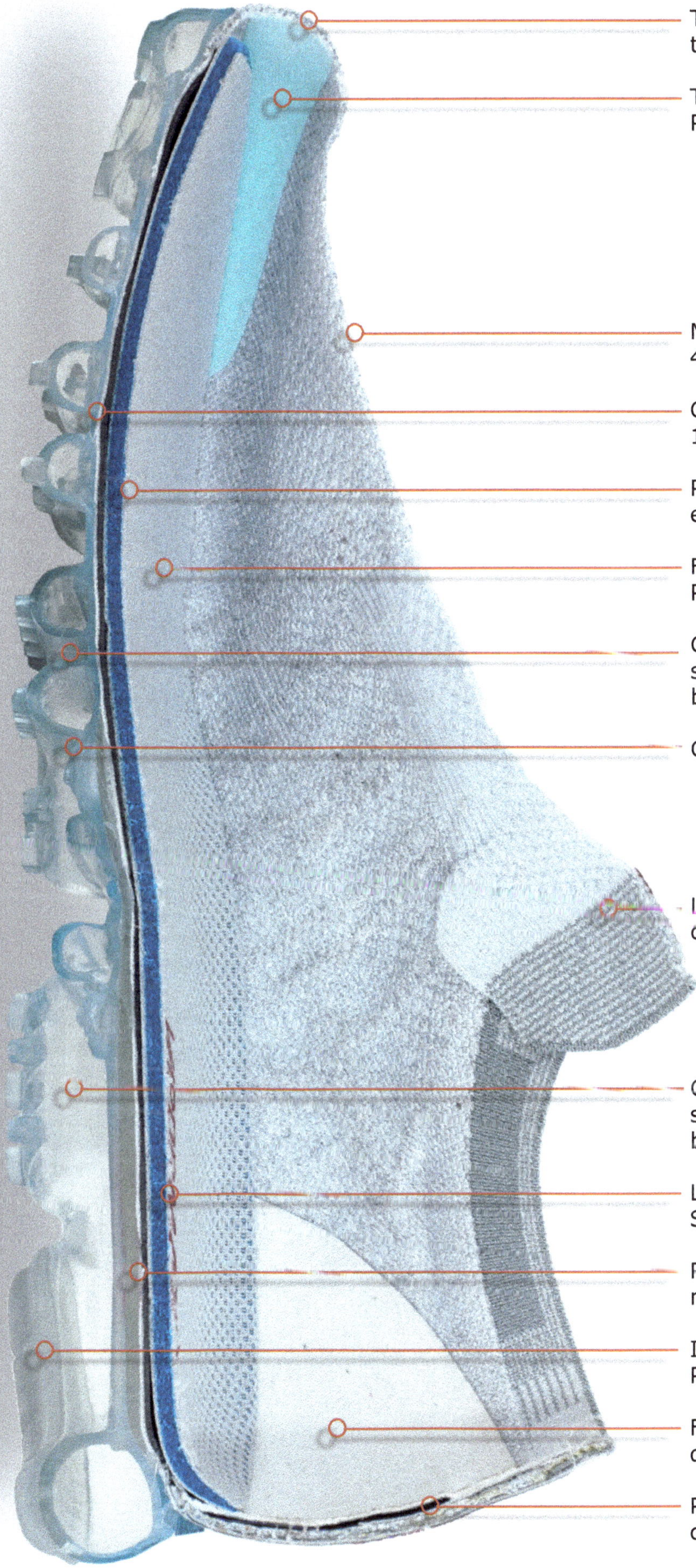
Tope termosoldado por RF: película de TPU transparente de 0,25 mm
Tope:
Plástico Surlyn termofusible de 0,5 mm
Material del corte: tejido *ripstop* de poliéster, 420D, espuma PU de 2 mm, refuerzo tricot
Calcetín *Strobel* de tejido no elástico: 100% poliéster con EVA de 1 mm
Plantilla de PE prensado en frío: 3 mm espuma doble capa, Durómetro Asker C 60º
Forro de la plantilla:
Punto jersey 100% poliéster
Cámara de aire de TPU moldeado por soplado: pared de 1,30 mm de espesor con banda de rodadura moldeada en la suela
Cámara de aire llena de nitrógeno
Lengüeta: tejido 4D controlado por ordenador, fibra de poliéster/spandex
Cámara de aire de TPU moldeado por soplado: pared de 1,30 mm de espesor con banda de rodadura moldeada en la suela
Logotipo de la plantilla anatómica: Serigrafía color rojo, 35 mm x 30 mm
Placa de nylon moldeado por inyección de 3 mm: transparente, durómetro Shore A 75º
Inserto de goma: Durómetro Shore A 65º
Profundidad de la banda de rodadura 3,5 mm
Forro del contrafuerte: microfibra tipo ante de 1 mm
Plástico Surlyn de 0,5 mm moldeado con calor, EVA de 1 mm

Zapatilla de baloncesto moderna de corte bajo

Este es un modelo profesional para una de las principales estrellas de la NBA, esta zapatilla de baloncesto de corte bajo tiene una inserción combinada de plantilla/entresuela de EVA moldeada. Una pequeña cámara de aire semi integrada localizada en la entresuela proporciona una amortiguación adicional. La suela de goma transparente se complementa con un *strobel* transparente.

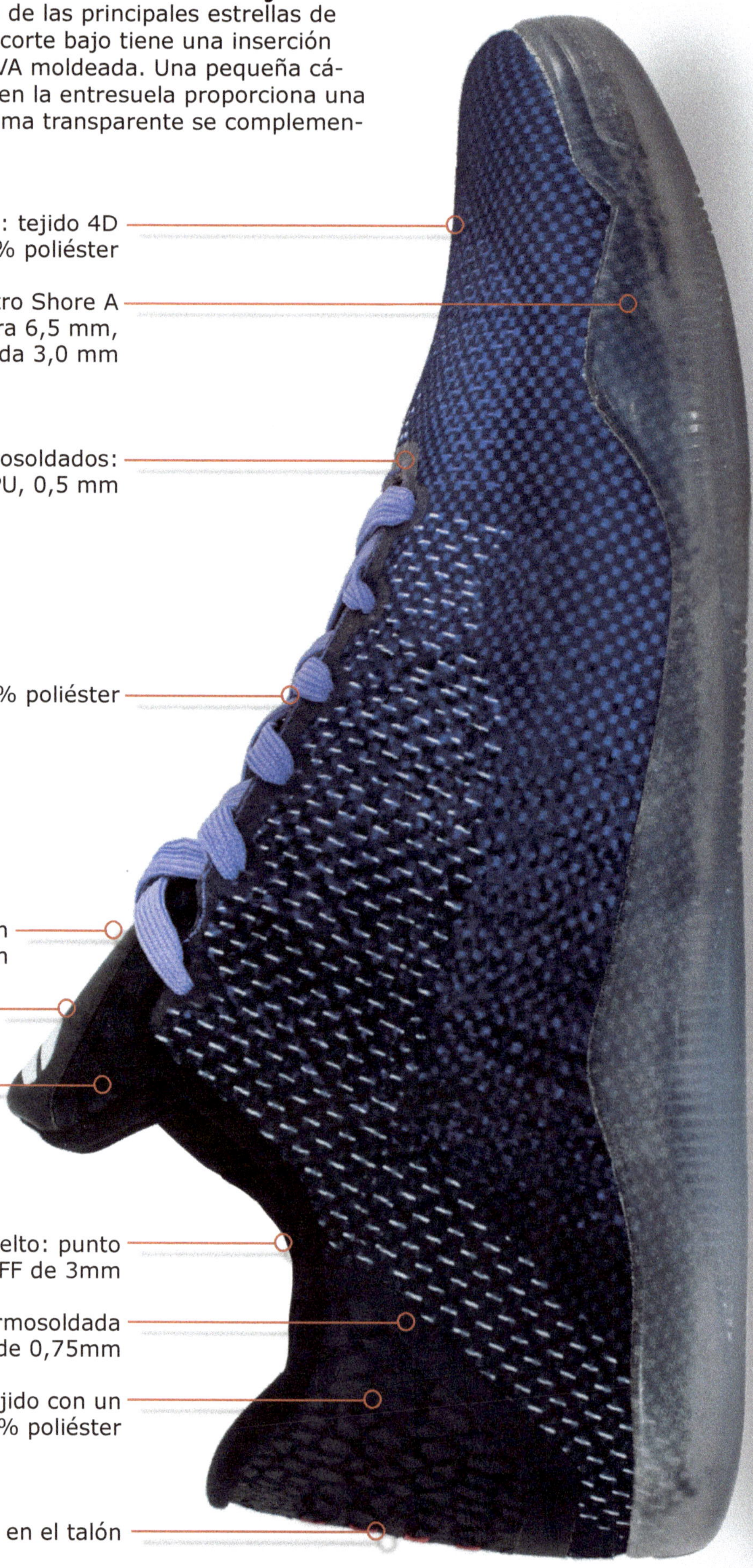

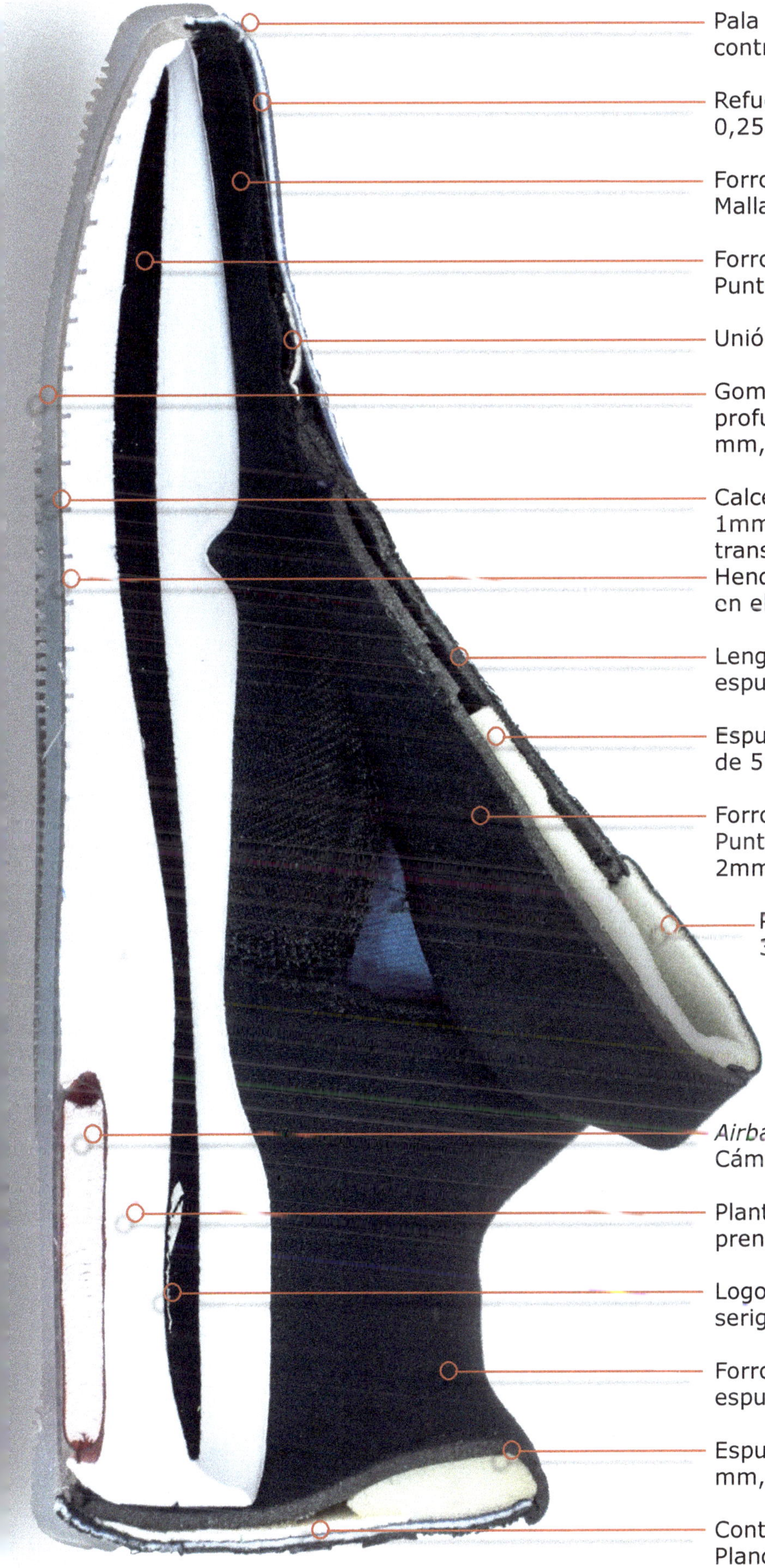
Pala y laterales en una pieza: tejido 4D controlado por ordenador, 100% poliéster
Refuerzo del corte: Surlyn termofusible de 0,25mm, "Nylex" de 150g/m2
Forro de la lengüeta y paredes: Malla de 245g/m2, 3mm, 100% poliéster
Forro de la plantilla: Punto jersey 100% poliéster
Unión de la lengüeta: acolchado de 1,5mm
Goma transparente: Durómetro Shore A 55º, profundidad de la banda de rodadura 6,5 mm, grosor de la banda 3,0mm
Calcetín *Strobel* de TPU transparente de 1mm con costura filamento monocable transparente
Hendiduras para dar flexibilidad, moldeadas en el antepié
Lengüeta: poliéster tejido patrón tipo pilón, espuma PU KFF de 2mm, refuerzo de tricot
Espuma de la lengüeta: espuma de PU KFF de 5mm
Forro de la lengüeta: Punto jersey 100% poliéster, espuma KFF de 2mm
Panel de la lengüeta: PU de 0,5mm, 3mm de espuma KFF de PU
Airbag semi integrado: Cámara de TPU termosoldado
Plantilla anatómica/entresuela de EVA prensado en caliente: Durómetro Asker C 35º
Logotipo en la plantilla: serigrafía de 35mm x 30mm
Forro del escote: punto jersey de poliéster, espuma PU KFF de 3mm
Espuma del escote: espuma de PU KFF de 12 mm, troquelada
Contrafuerte: Plancha de Surlyn termo termofusible de 1,75mm

Zapatilla de baloncesto moderna de caña alta

Esta zapatilla cuenta con el corte en tejido estampada con refuerzos de plástico moldeado. La suela tiene una entresuela extra gruesa, con un marco moldeado por inyección a modo de soporte. El interior de este modelo no podría ser más diferente al exterior, el corte es muy complicado comparado con un forro depurado y casi sin costuras.

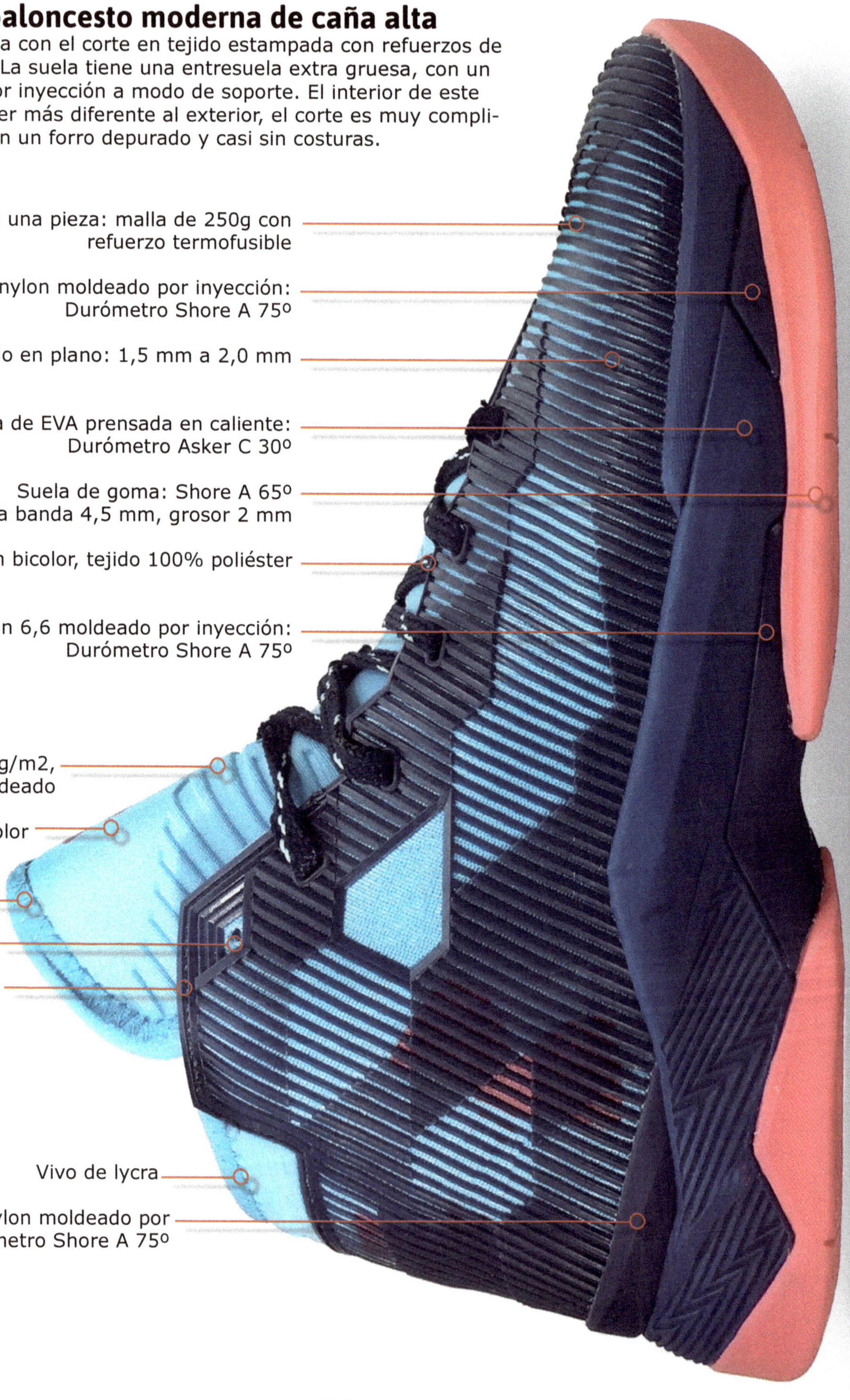

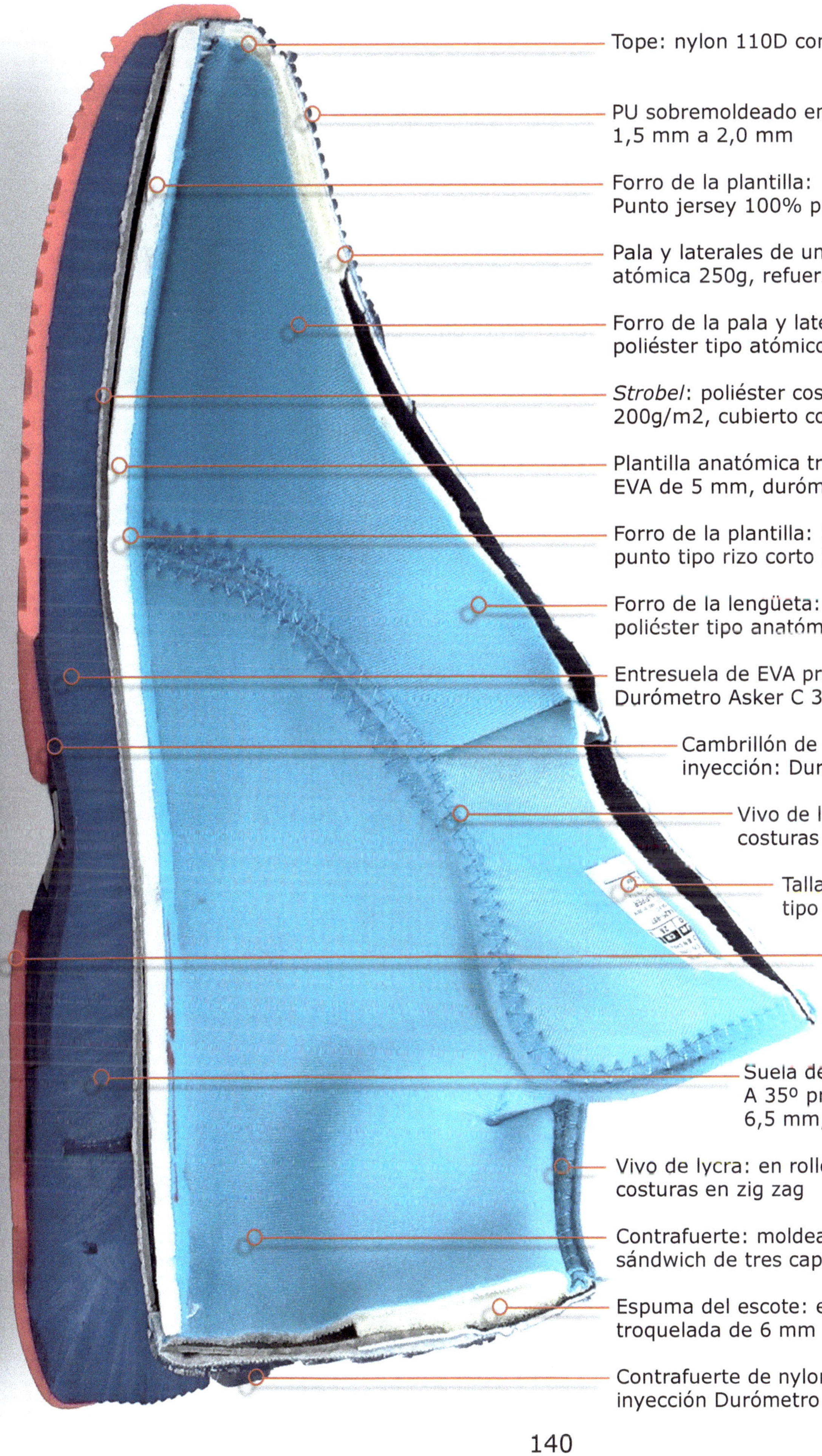
Tope: nylon 110D con refuerzo termofusible
PU sobremoldeado en plano: 1,5 mm a 2,0 mm
Forro de la plantilla: Punto jersey 100% poliéster
Pala y laterales de una pieza: malla tipo atómica 250g, refuerzo termofusible
Forro de la pala y laterales: punto jersey de poliéster tipo atómico 250g/m2, 0,9 mm
Strobel: poliéster cosido con hilo reforzado de 200g/m2, cubierto con de EVA de 2 mm
Plantilla anatómica troquelada: EVA de 5 mm, durómetro Asker C 35º
Forro de la plantilla: 100% poliéster, tejido de punto tipo rizo corto 185g/m2, de 1,25 mm
Forro de la lengüeta: punto jersey de poliéster tipo anatómico 250g/m2, 0,9 mm
Entresuela de EVA prensada en caliente: Durómetro Asker C 30º
Cambrillón de Nylon 6,6 moldeado por inyección: Durómetro Shore A 75º
Vivo de lycra: en rollo, con costuras en zig zag
Talla: etiqueta de la talla tipo transfer
Suela: Densidad Shore A 65º profundidad de la banda de rodadura 4,5 mm, grosor 2 mm
Suela de goma: Densidad Shore A 35º profundidad de la banda 6,5 mm, grosor 2 mm
Vivo de lycra: en rollo, costuras en zig zag
Contrafuerte: moldeado, de 1,75 mm, sándwich de tres capas de material Techno-G
Espuma del escote: espuma de PU KFF troquelada de 6 mm
Contrafuerte de nylon moldeado por inyección Durómetro Shore A 75º

Zapatilla *running* con cámara de aire de los años 90

Esta zapatilla formaba parte de una larga colección de zapatillas con cámara de *aire*, su estilo de los 90 demostró ser atemporal. Relanzado en la década del 2000, este diseño se sigue fabricando en la actualidad. El corte es simple, pero se combina con muchas opciones de Cordones, junto con una cámara de aire visualmente notable que va insertada en la entresuela de PU de estilo retro.

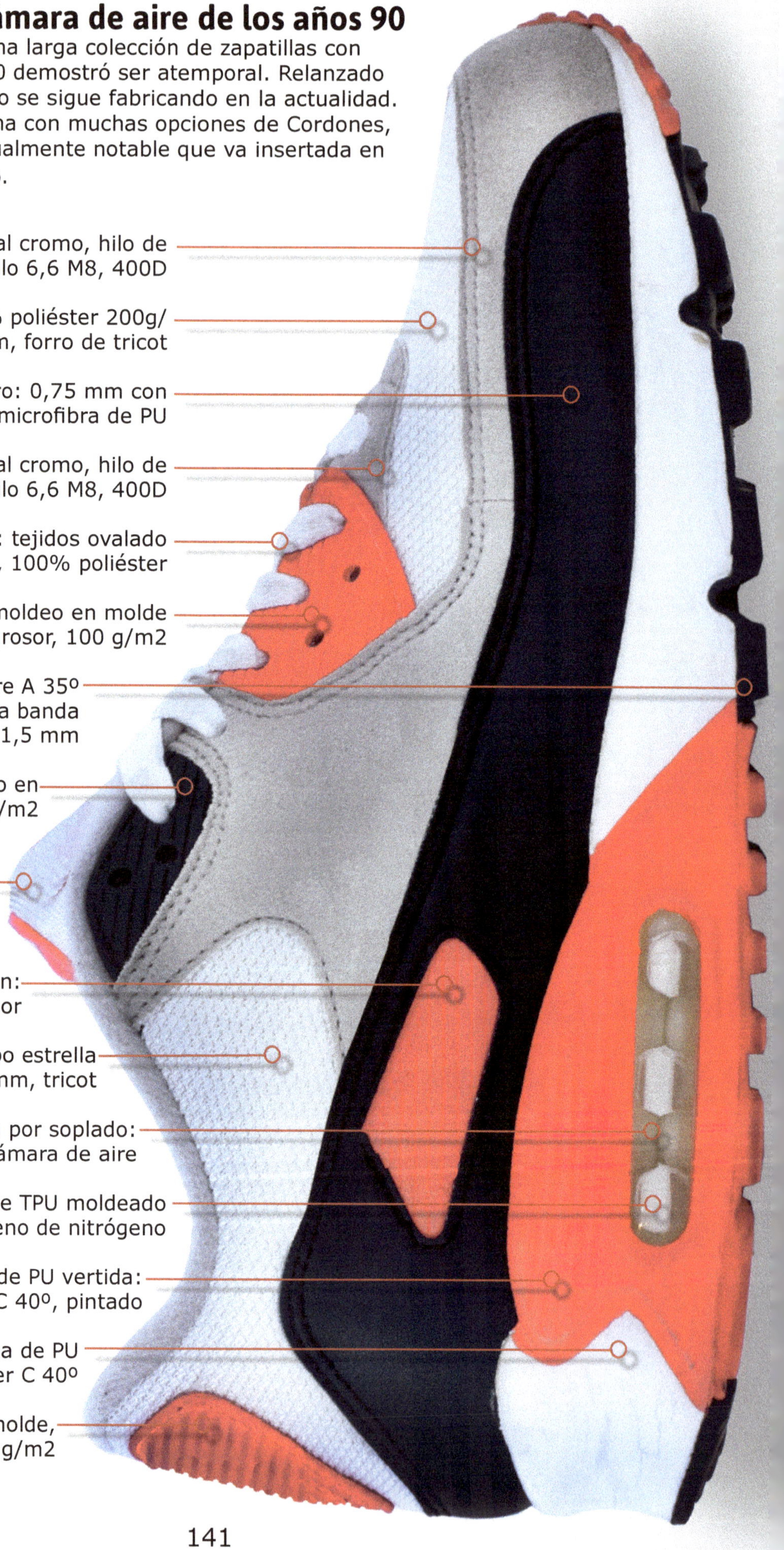

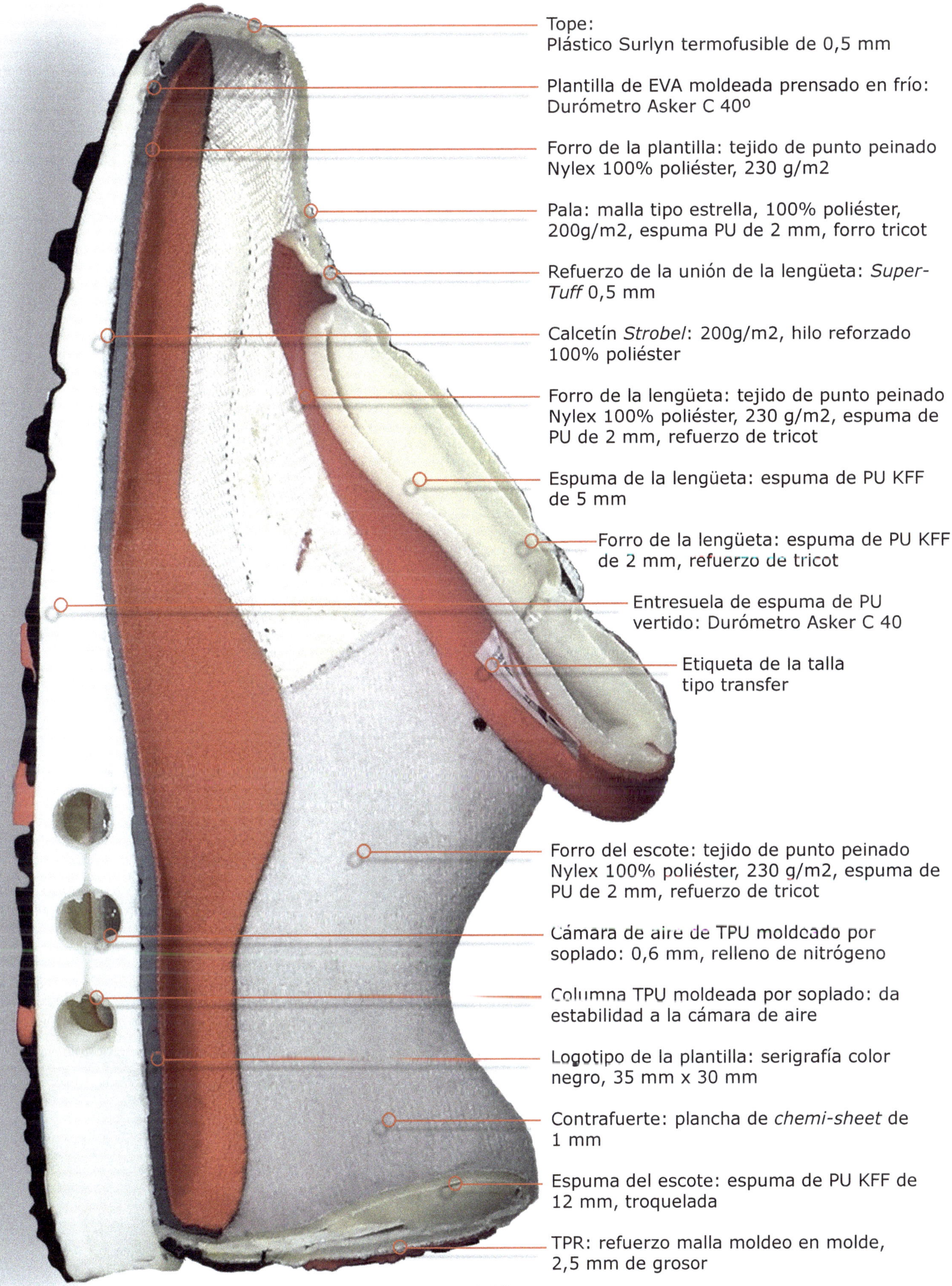
Tope: Plástico Surlyn termofusible de 0,5 mm
Plantilla de EVA moldeada prensado en frío: Durómetro Asker C 40º
Forro de la plantilla: tejido de punto peinado Nylex 100% poliéster, 230 g/m2
Pala: malla tipo estrella, 100% poliéster, 200g/m2, espuma PU de 2 mm, forro tricot
Refuerzo de la unión de la lengüeta: *Super-Tuff* 0,5 mm
Calcetín *Strobel*: 200g/m2, hilo reforzado 100% poliéster
Forro de la lengüeta: tejido de punto peinado Nylex 100% poliéster, 230 g/m2, espuma de PU de 2 mm, refuerzo de tricot
Espuma de la lengüeta: espuma de PU KFF de 5 mm
Forro de la lengüeta: espuma de PU KFF de 2 mm, refuerzo de tricot
Entresuela de espuma de PU vertido: Durómetro Asker C 40
Etiqueta de la talla tipo transfer
Forro del escote: tejido de punto peinado Nylex 100% poliéster, 230 g/m2, espuma de PU de 2 mm, refuerzo de tricot
Cámara de aire de TPU moldeado por soplado: 0,6 mm, relleno de nitrógeno
Columna TPU moldeada por soplado: da estabilidad a la cámara de aire
Logotipo de la plantilla: serigrafía color negro, 35 mm x 30 mm
Contrafuerte: plancha de *chemi-sheet* de 1 mm
Espuma del escote: espuma de PU KFF de 12 mm, troquelada
TPR: refuerzo malla moldeo en molde, 2,5 mm de grosor

Zapatilla de *jogging* **tipo** *waffle*

Este clásico diseño de zapatilla de footing se transformó a una empresa de calzado desconocida, en un imperio del calzado. Diseñada a finales de la década de los 70, esta zapatilla cuenta con una suela con retícula tipo *waffle* y una entresuela tipo cuña de EVA troquelada. Hecha de ante y tejido de malla, el corte está unido a una cuña de EVA con un piso con un patrón o retícula tipo gofre.

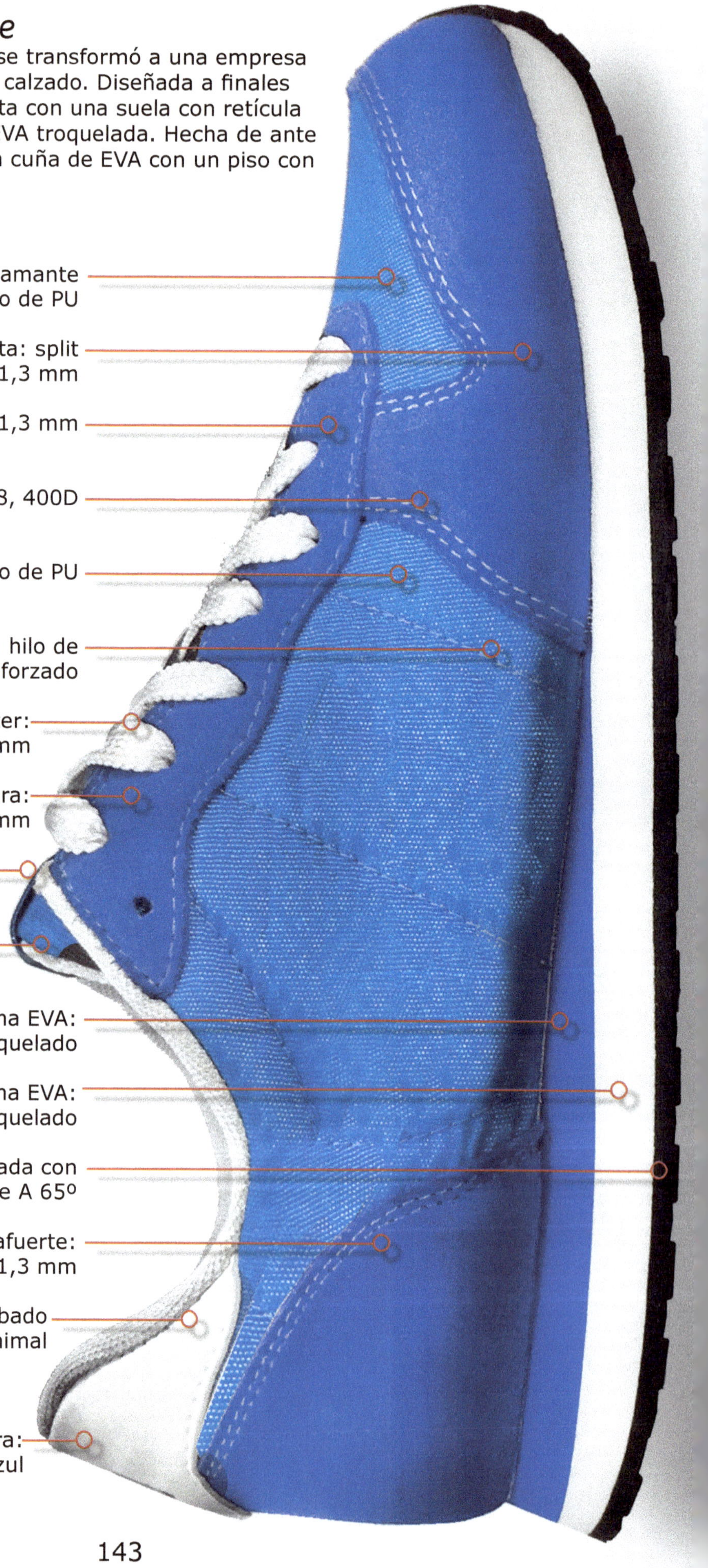

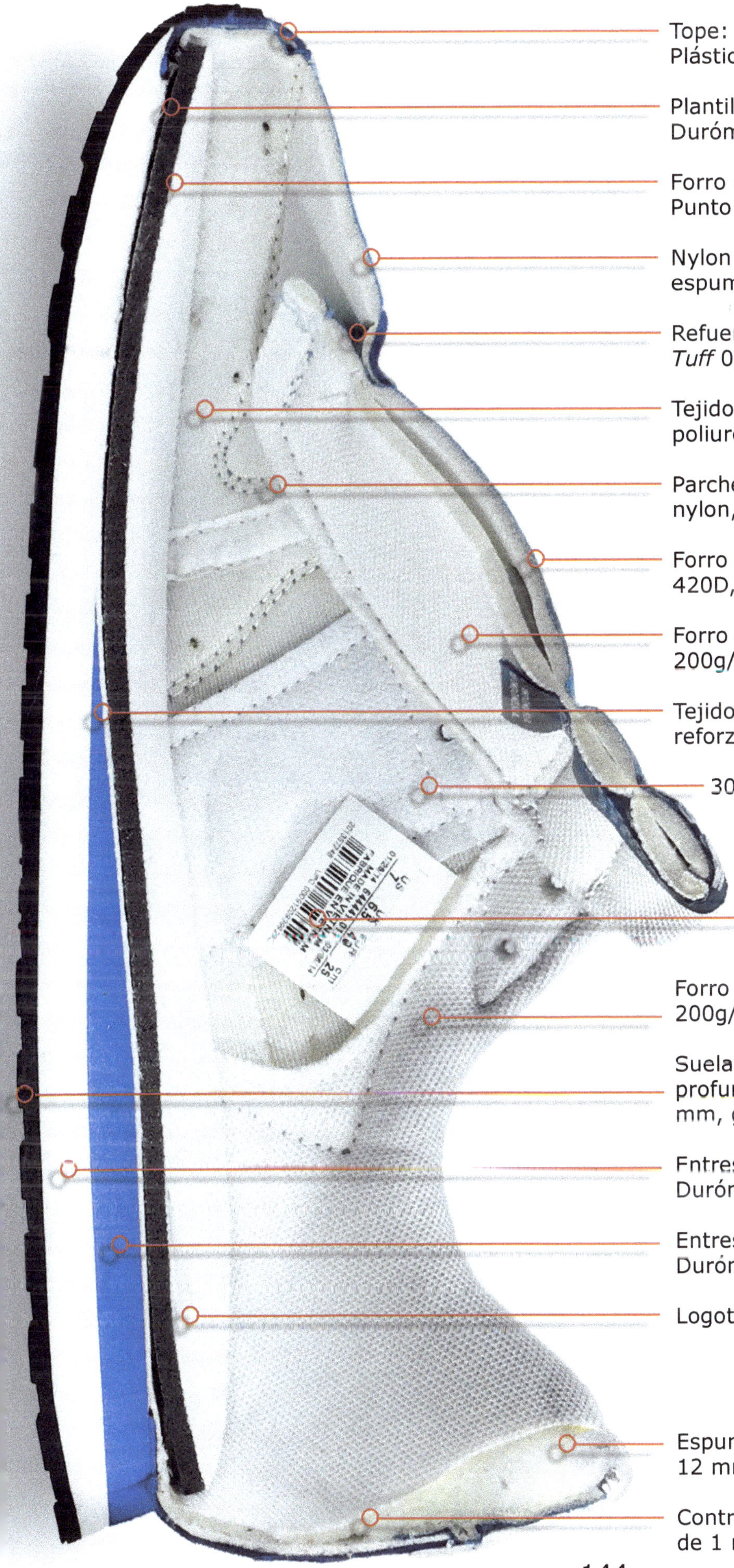
Tope:
Plástico Surlyn termofusible de 0,5 mm
Plantilla de PU, troquelada: 4,5 mm,
Durómetro Asker C 30º
Forro de la plantilla:
Punto jersey 100% poliéster
Nylon tipo diamante 420D: refuerzo de PU,
espuma de PU de 2 mm, refuerzo de tricot
Refuerzo de la unión de la lengüeta: *Super-Tuff* 0,5 mm
Tejido de refuerzo de tricot: espuma de
poliuretano de 2 mm
Parche que une la pala con la pared: cinta
nylon, 10 mm x 0,5 mm
Forro de la lengüeta: nylon tipo diamante
420D, refuerzo de espuma de PU, tricot
Forro de la lengüeta: 100% poliéster, jersey
200g/m2, espuma PU 2 mm, forro de tricot
Tejido del *strobel*: cosido con hilo de poliéster
reforzado de 0,8 mm
300 gramos, malla 100% poliéster
Etiqueta de la talla de papel con
revestimiento plástico
Forro del escote: 100% poliéster, malla jersey
200g/m2, espuma PU 2 mm, forro tricot
Suela de caucho: Durómetro Shore A 65º
profundidad de la banda de rodadura 1,5
mm, grosor de la banda 3 mm
Entresuela de espuma EVA troquelada:
Durómetro Asker C 55º
Entresuela de espuma EVA troquelada:
Durómetro Asker C 55º
Logotipo serigrafiado
Espuma de escote: espuma de PU KFF de
12 mm, troquelada
Contrafuerte: plancha de *chemi-sheet*
de 1 mm

Zapatilla de senderismo

Esta zapatilla ligera, diseñada para un uso fuera de carretera, cuenta con un corte hecho en tejido *ripstop* de una pieza, con refuerzos de TPU termosoldados y una construcción montado en planta. El diseño de la suela montada con palmilla necesita de una plantilla anatómica o entresuela muy gruesa.

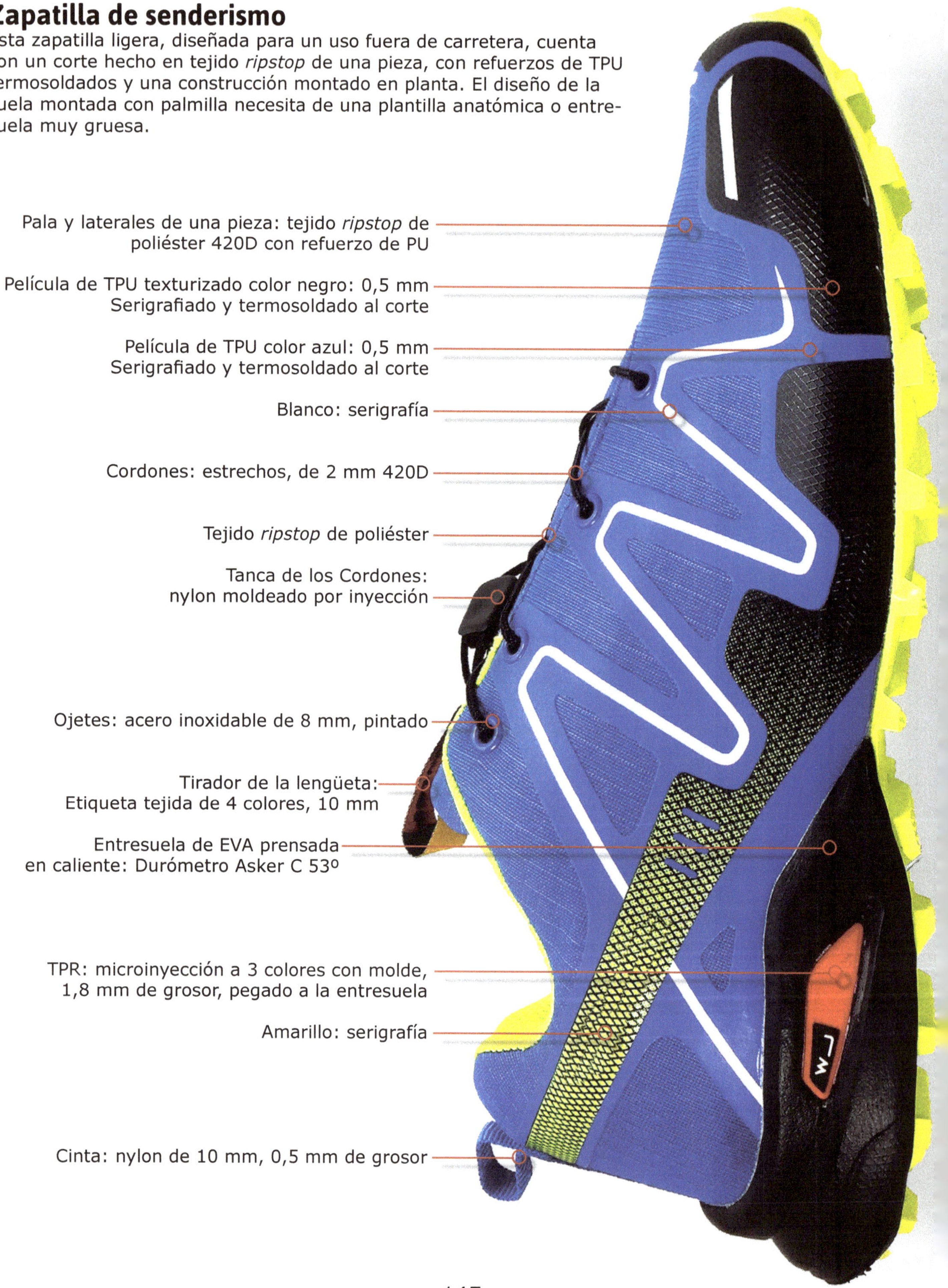

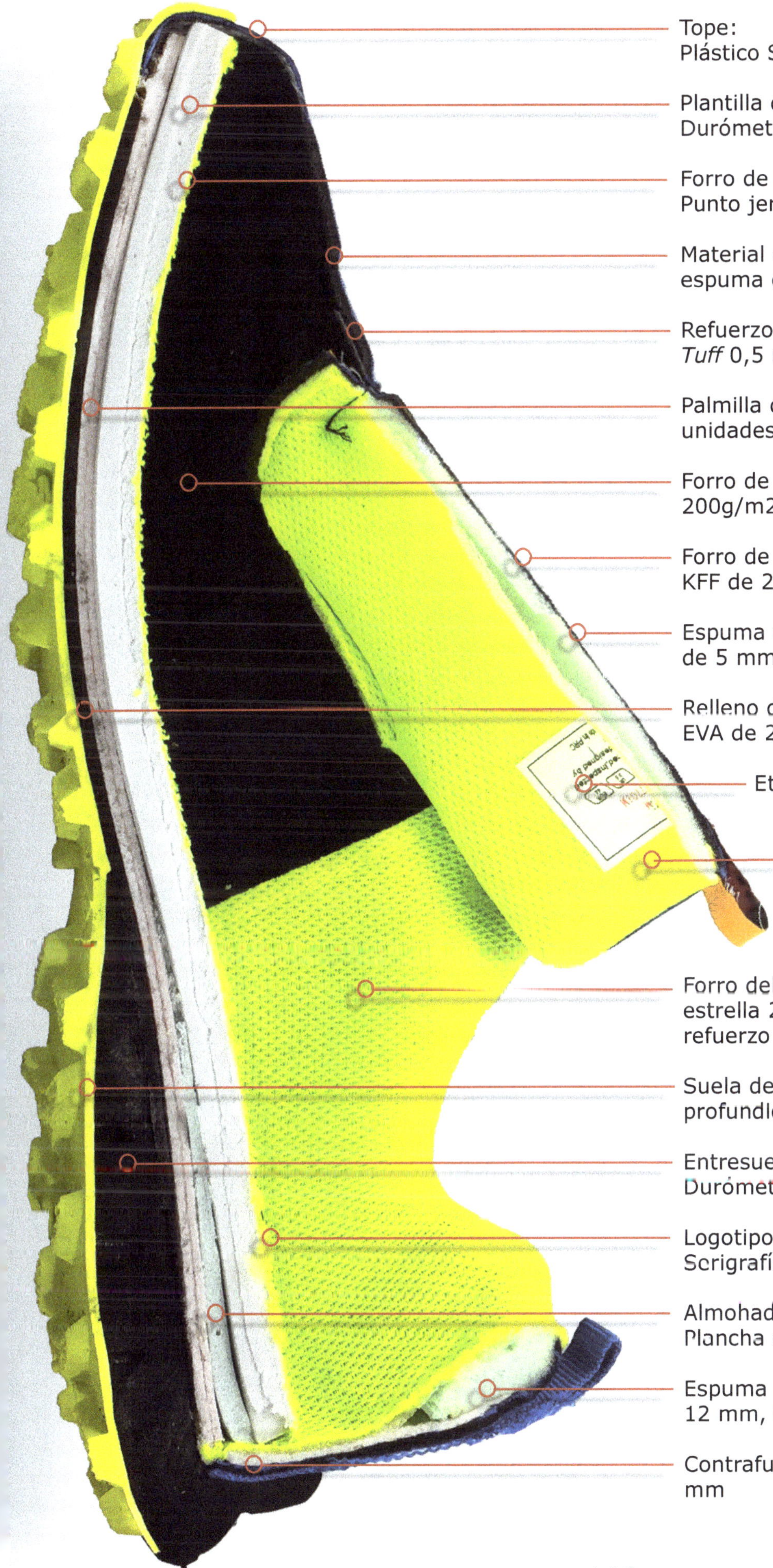
Tope: Plástico Surlyn termofusible de 0,5 mm
Plantilla de EVA troquelada: 9 mm, Durómetro Asker C 40º
Forro de la plantilla: Punto jersey 100% poliéster
Material corte: tejido *ripstop* poliéster 420D, espuma de PU de 2 mm, refuerzo de tricot
Refuerzo de la unión de la lengüeta: *Super-Tuff* 0,5 mm
Palmilla de papel: doble capa 1,5 mm x 2 unidades
Forro de la pala y paredes: 200g/m2, cosido hilo de poliéster reforzado
Forro de la lengüeta: espuma de poliuretano KFF de 2 mm, refuerzo de tricot
Espuma de la lengüeta: espuma de PU KFF de 5 mm
Relleno de la palmilla: EVA de 2 mm, durómetro Asker C 45º
Etiqueta de la talla tipo transfer
Forro de la lengüeta: 100% poliéster, malla tipo estrella 200g/m2, espuma de PU de 2 mm, refuerzo de tricot
Forro del escote: 100% poliéster, malla tipo estrella 200g/m2, espuma de PU de 2 mm, refuerzo de tricot
Suela de goma: Densidad Shore A 35º profundidad banda 6,5 mm, grosor 2 mm
Entresuela de EVA prensada en caliente: Durómetro Asker C 53º
Logotipo de la plantilla: Scrigrafía color negro, 35 mm x 30 mm
Almohadilla de espuma de látex moldeado: Plancha de 4 mm, Durómetro Asker C 15º
Espuma del escote: espuma de PU KFF de 12 mm, troquelada
Contrafuerte: plancha de *chemi-sheet* de 1 mm

Zapatilla tipo *skate* con suela casco vulcanizada

Las zapatillas vulcanizadas pueden ser pesados, requieren mucha mano de obra, y una fábrica de vulcanizado especializada para producirlos. Todo esto se puede evitar utilizando una suela diseñada para asemejarse a la zapatilla vulcanizada que ya conocemos. El uso del serraje y el tejido de lona aptas para el vulcanizado ayuda a que sea más aparente.

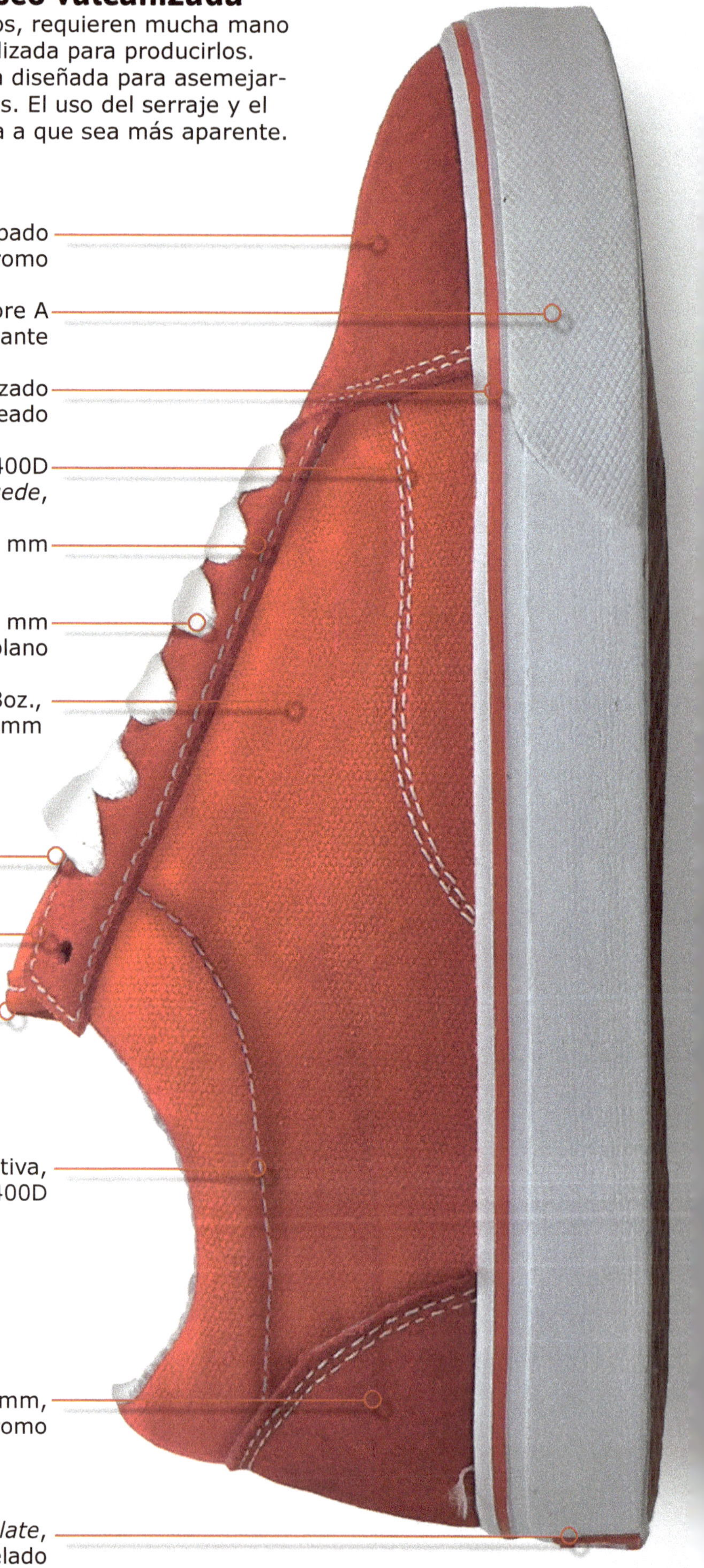

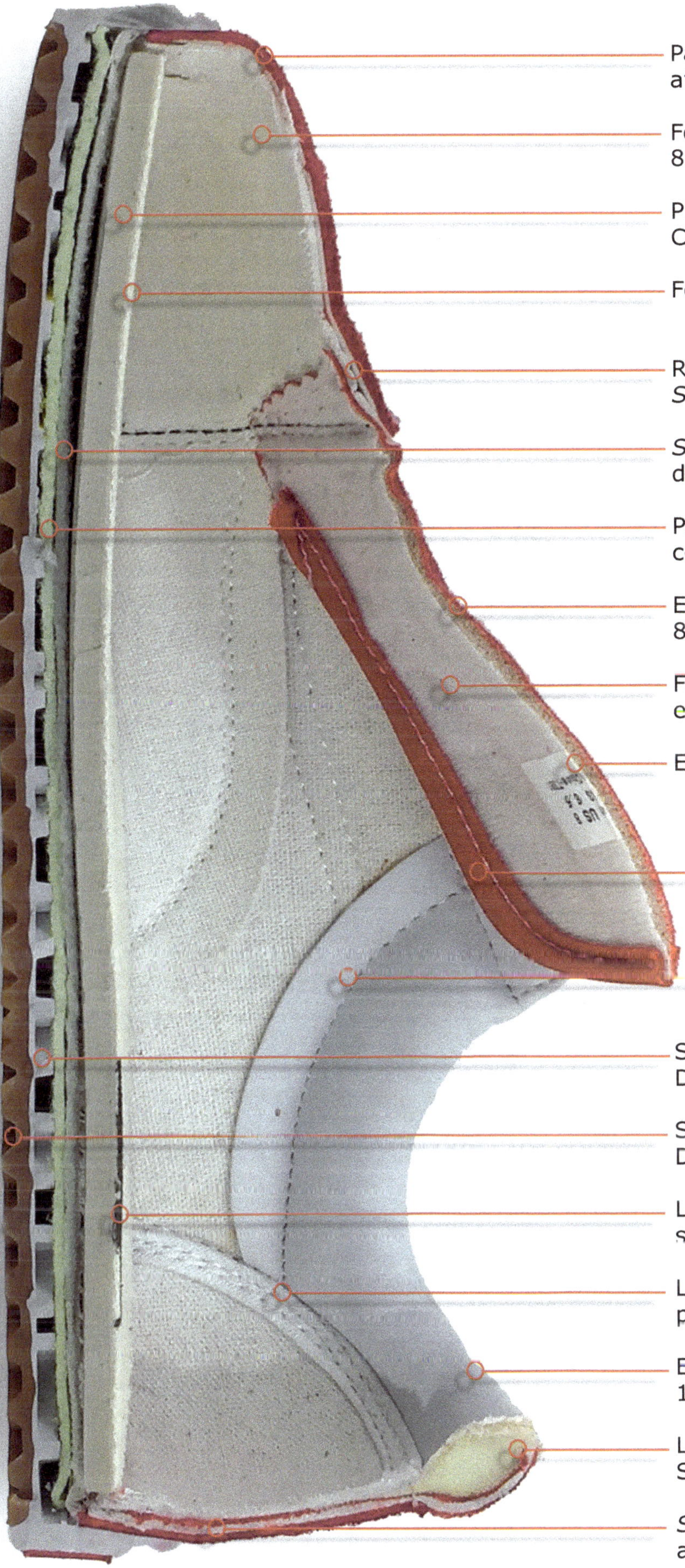
Pala: *split suede*, 1,3 mm, afelpado corto, curtido al cromo
Forro de la pala y pared: lona de algodón, 8oz., refuerzo de espuma SBR de 1 mm
Plantilla de EVA troquelada: Durómetro Asker C 45º, 6 mm
Forro de la plantilla: lona de algodón, 8oz.
Refuerzo de la unión de la lengüeta: *Super-Tuff* 0,5 mm
Strobel: cosido con hilo reforzado de poliéster 250g/m2
Palmilla Cosmo Nature-Tex de 1,5 mm: cosido con hilo de poliéster extruido
Exterior de la lengüeta: lona de algodón, 8oz., refuerzo de espuma SBR de 1 mm
Forro de la lengüeta: lona de algodón, 8oz., espuma de PU KFF de 4 mm
Etiqueta de la talla tipo transfer
Vivo de la lengüeta: punto jersey de poliéster, puntada simple, doble dobladillo
Forro del escote: polipiel 0,5 mm con refuerzo de tejido 100g/m2
Suela de goma: con ahorros moldeados, Densidad Shore A 65º
Suela de goma: con retícula tipo gofre, Densidad Shore A 65º
Logotipo de la plantilla anatómica: serigrafía color negro, 35 mm x 30 mm
Lona de algodón, 8oz.: cosido con hilo de poliéster reforzado de 250g/m2
Espuma del escote: espuma de PU KFF de 12 mm, troquelada
Lona de algodón, 8oz., refuerzo de espuma SBR de 1 mm
Split suede: 1,3 mm, afelpado corto, curtido al cromo

Pies de gato

Esta zapatilla está diseñada específicamente para una sola cosa: escalar. No son aptas para caminar, ni están diseñadas para la comodidad, los pies de gato tienen una figura única que no se encuentra en ningún otro tipo de calzado. Sin casi ninguno de los componentes funcionales que se encuentran en el calzado normal, el pie de gato moderno es una pieza dedicada exclusivamente a la funcionalidad.

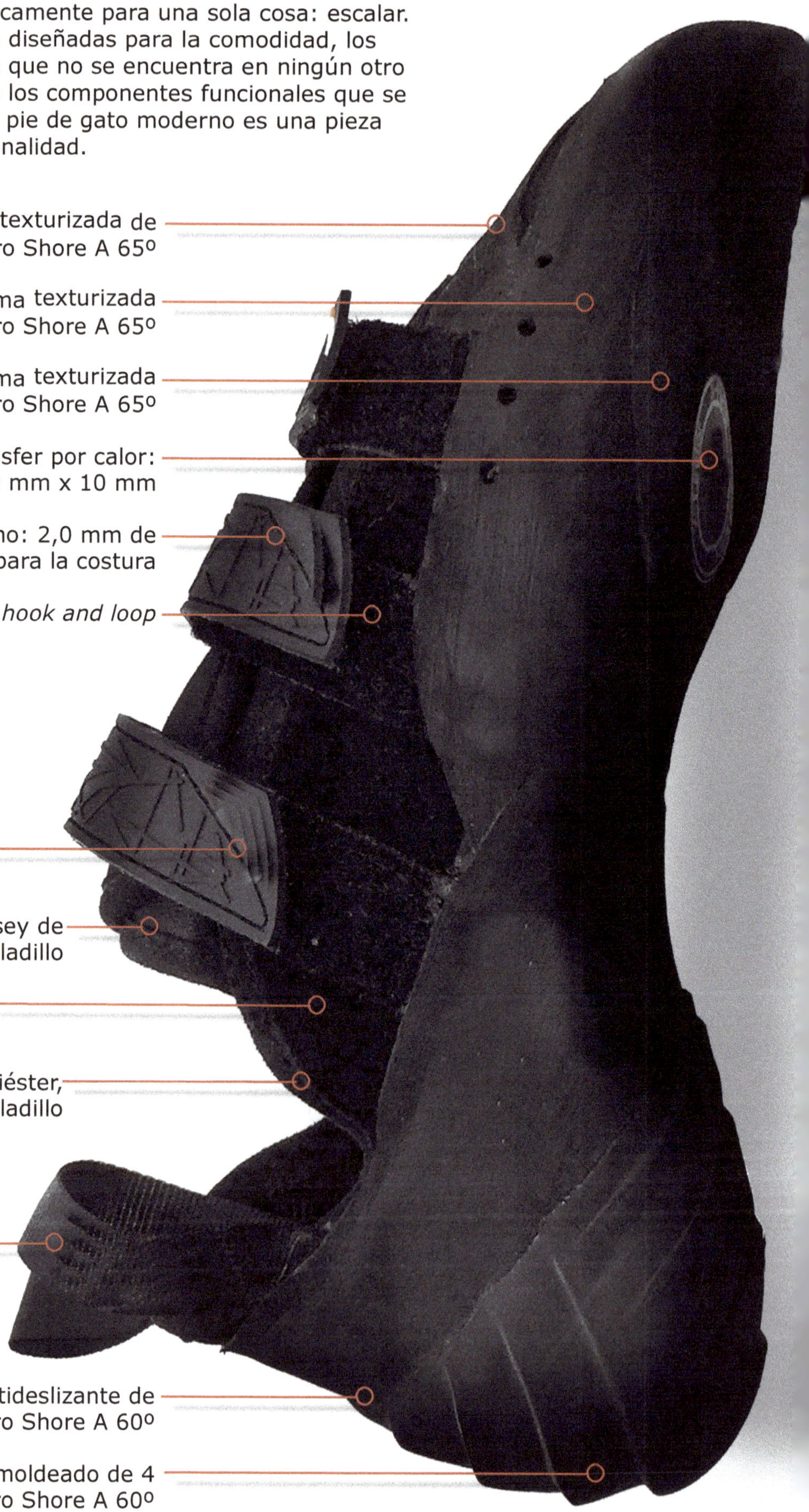

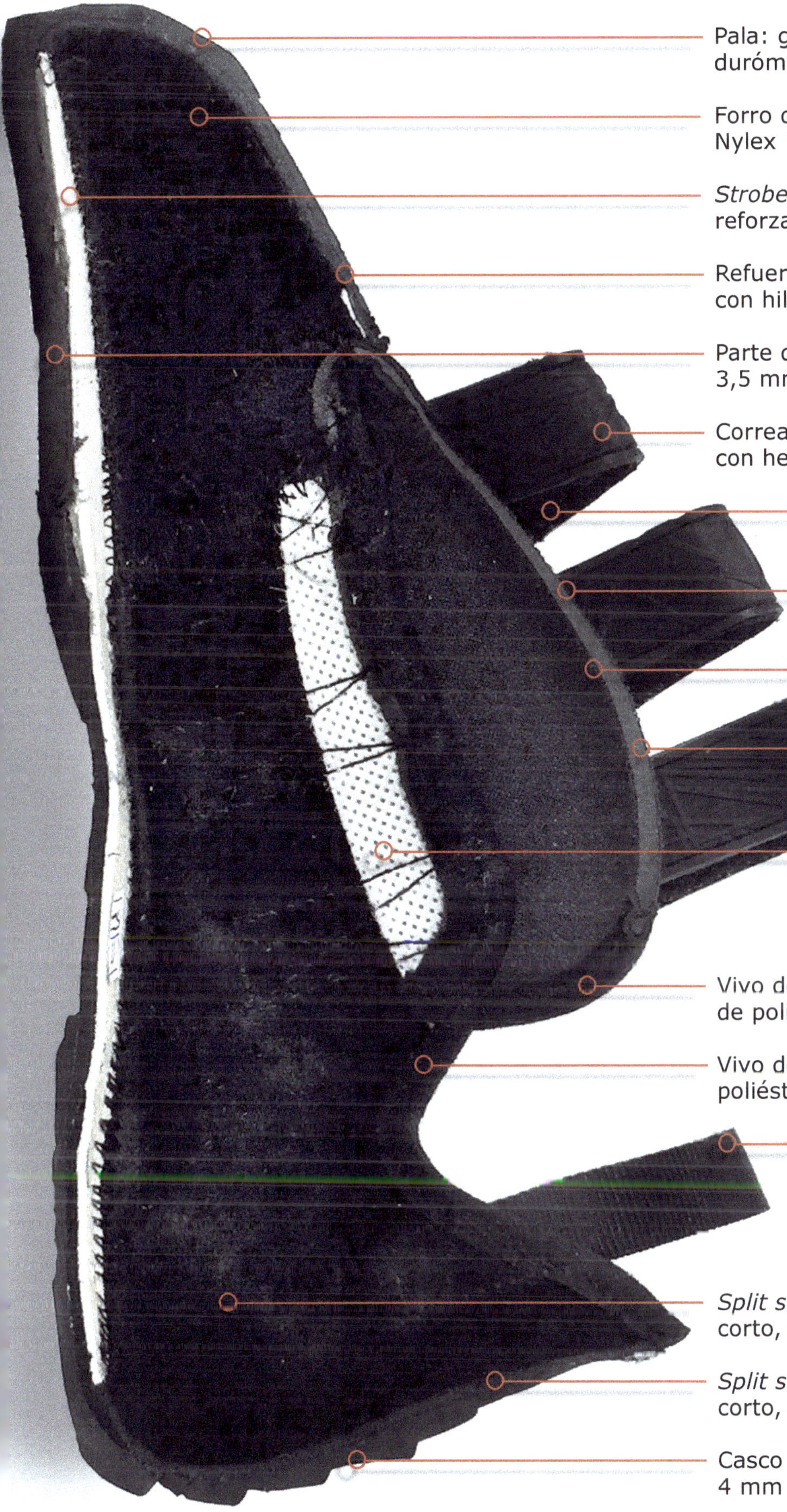
Pala: goma texturizada de 1,5 mm, durómetro Shore A 65º
Forro de la pala: tejido de punto peinado Nylex 100% poliéster, 150g/m2
Strobel: 250g/m2, cosido con hilo poliéster reforzado, forrado en tejido de cáñamo
Refuerzo de la unión de la lengüeta: Cosido con hilo de poliéster reforzado, 200g/m2
Parte delantera: goma texturizada de 3,5 mm, durómetro Shore A 65º
Correa PVC molde fino: 2,0 mm de grosor con hendido para la costura
Velcro: 20 mm, tipo *hook and loop*
Ext. de la lengüeta: punto jersey de poliéster 150g/m2
Forro de la lengüeta: punto jersey de poliéster 150g/m2
Espuma neopreno 3,5 mm: Durómetro Asker C 20º
Refuerzo de la carrillera: cosido con hilo de poliéster reforzado 200g/m2
Vivo de la lengüeta: punto jersey de poliéster, puntada simple, doble dobladillo
Vivo del escote: punto jersey de poliéster, puntada simple, doble dobladillo
Tirador de la talonera: cinta de nylon 0,6 mm grosor x 15 mm
Split suede: 1,3 mm, afelpado corto, curtido al cromo
Split suede: 1,3 mm, afelpado corto, curtido al cromo
Casco o copa del talón: caucho moldeado de 4 mm de espesor, Durómetro Shore A 60º

Botín de fútbol con clavos

Diseñado para dar soporte, tracción y protección, el taco de fútbol actual tiene una suela moldeada por inyección, y una entresuela moldeada. El corte cuenta con contrafuertes rígidos, acolchado extra, y una correa de velcro. El botín está montado sobre una palmilla de nylon de 3 mm.

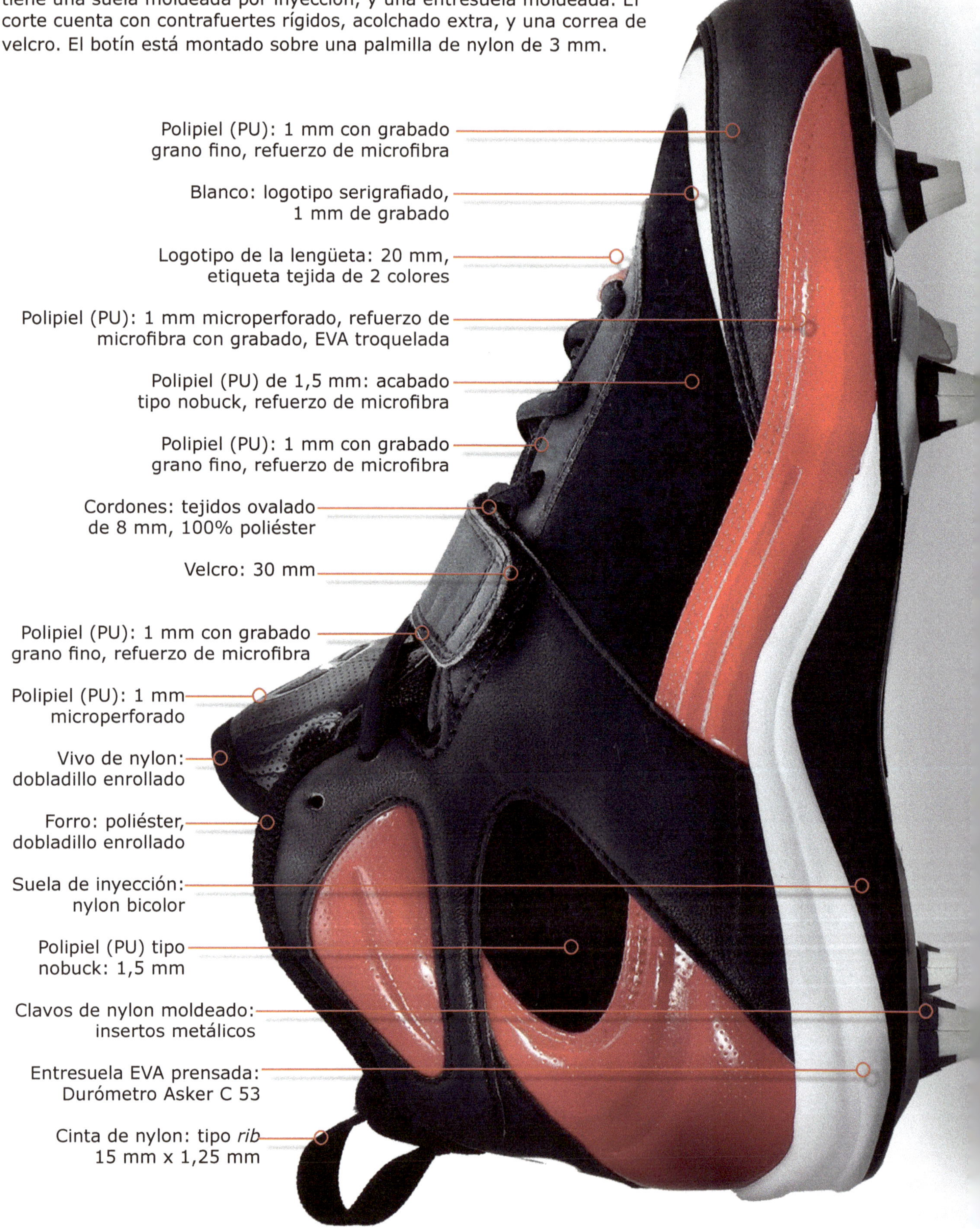

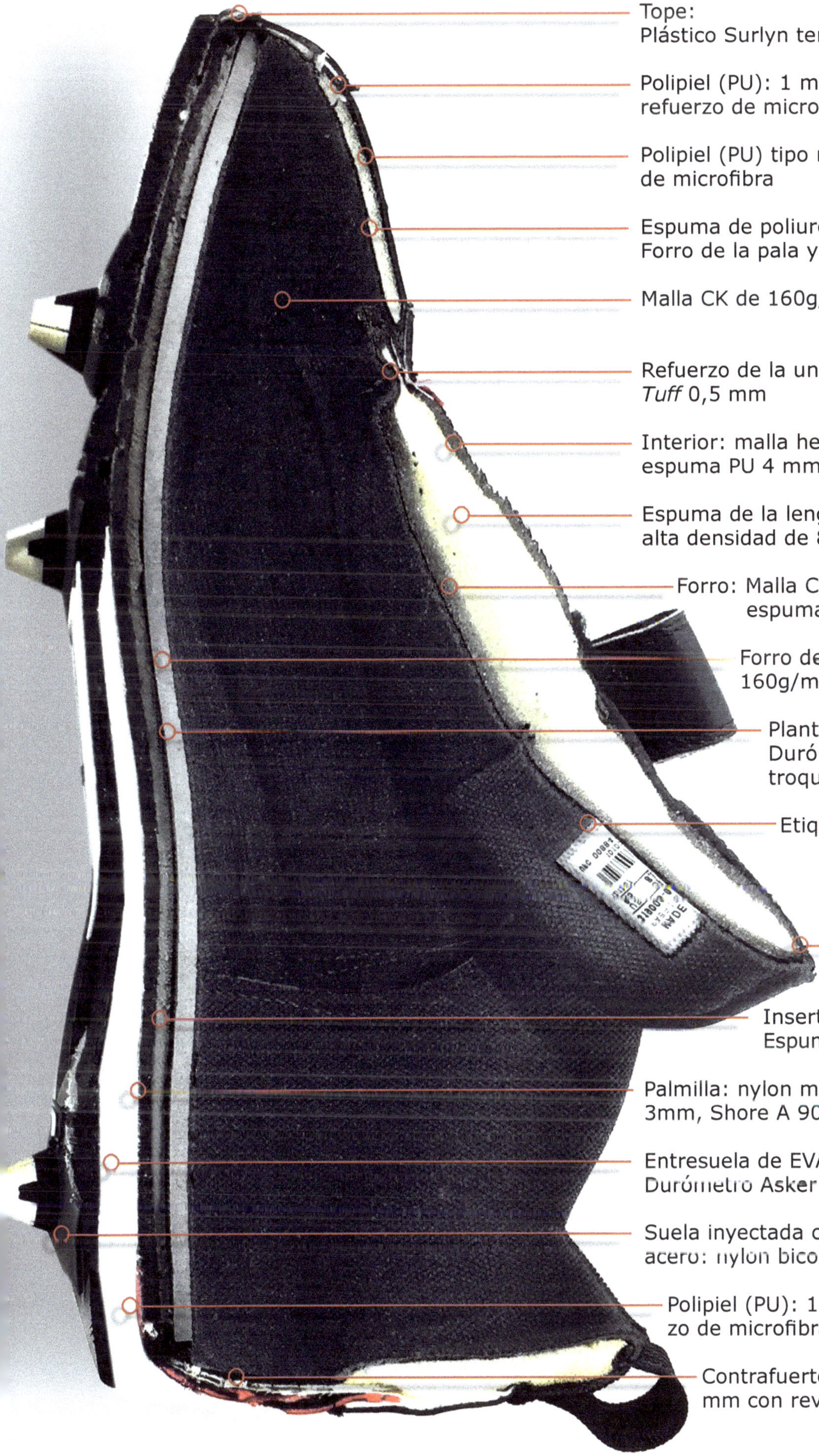
Tope:
Plástico Surlyn termofusible de 0,5 mm
Polipiel (PU): 1 mm con grabado grano fino, refuerzo de microfibra
Polipiel (PU) tipo nobuck: 1,5 mm, refuerzo de microfibra
Espuma de poliuretano KFF de 2 mm
Forro de la pala y paredes:
Malla CK de 160g/m2, 100% poliéster
Refuerzo de la unión de la lengüeta: *Super-Tuff* 0,5 mm
Interior: malla hexagonal poliéster 302g/m2, espuma PU 4 mm, refuerzo tricot
Espuma de la lengüeta: espuma de PU de alta densidad de 8 mm
Forro: Malla CK 160g/m2, 100% poliéster, espuma PU 4 mm, refuerzo tricot
Forro de la plantilla: Malla CK de 160g/m2, 100% poliéster
Plantilla: espuma EVA 5 mm, Durómetro Asker C 40º, troquelada
Etiqueta de la talla tipo transfer
Vivo de nylon
Inserto acolchado en palmilla: Espuma EVA 3 mm, Asker C 45º
Palmilla: nylon moldeado por inyección, 3mm, Shore A 90º
Entresuela de EVA prensada en caliente: Durómetro Asker C 53º
Suela inyectada con insertos de clavos de acero: nylon bicolor, 3 mm, Shore A 95
Polipiel (PU): 1 mm microperforado, refuerzo de microfibra con grabado, troquelado
Contrafuerte: plástico Surlyn de 0,5 mm con revestimiento termofusible

Zapatilla de fútbol con clavos

Las zapatillas de fútbol están diseñadas para un calce ceñido y elegante, con un mínimo acolchado en la lengüeta. El contrafuerte, hecho en plástico moldeado por inyección, está diseñado para dar estabilidad. El escote, a diferencia de la entresuela, está acolchado. La lengüeta se atada hacia un lado para dejar el empeine libre al golpear el balón.

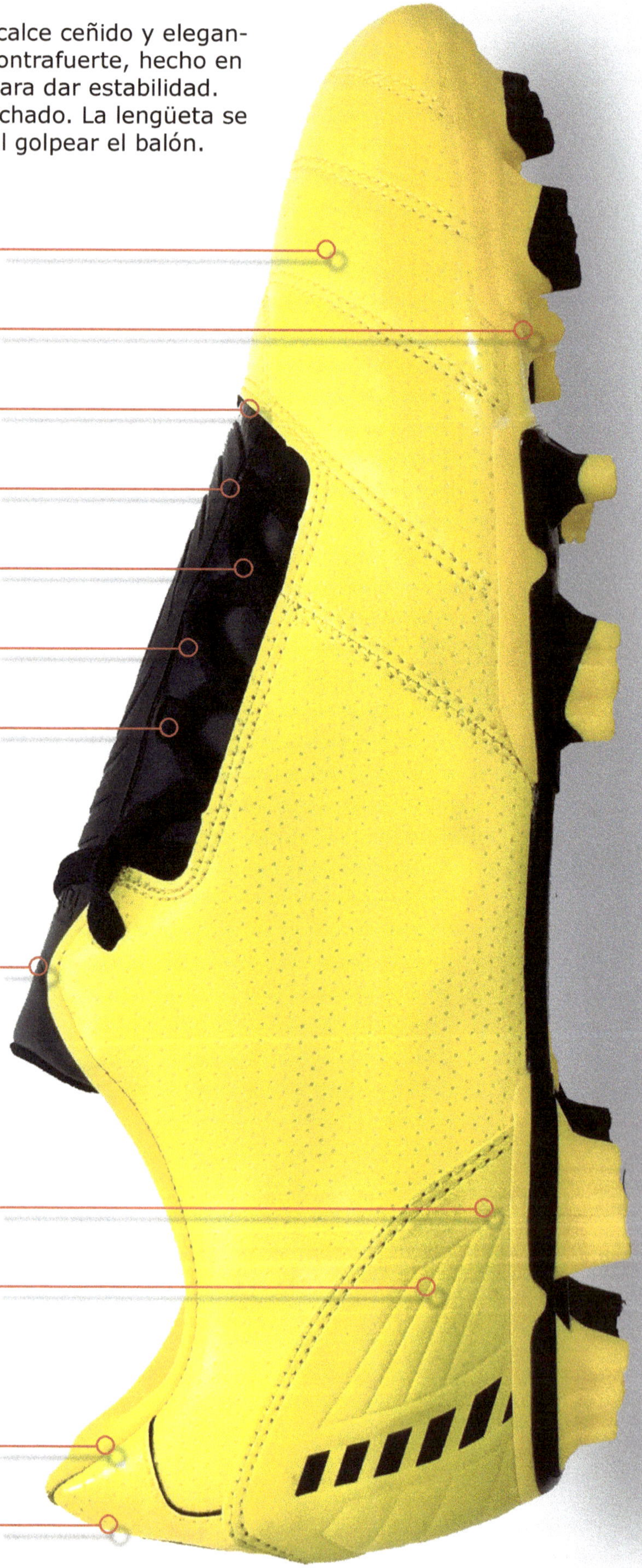

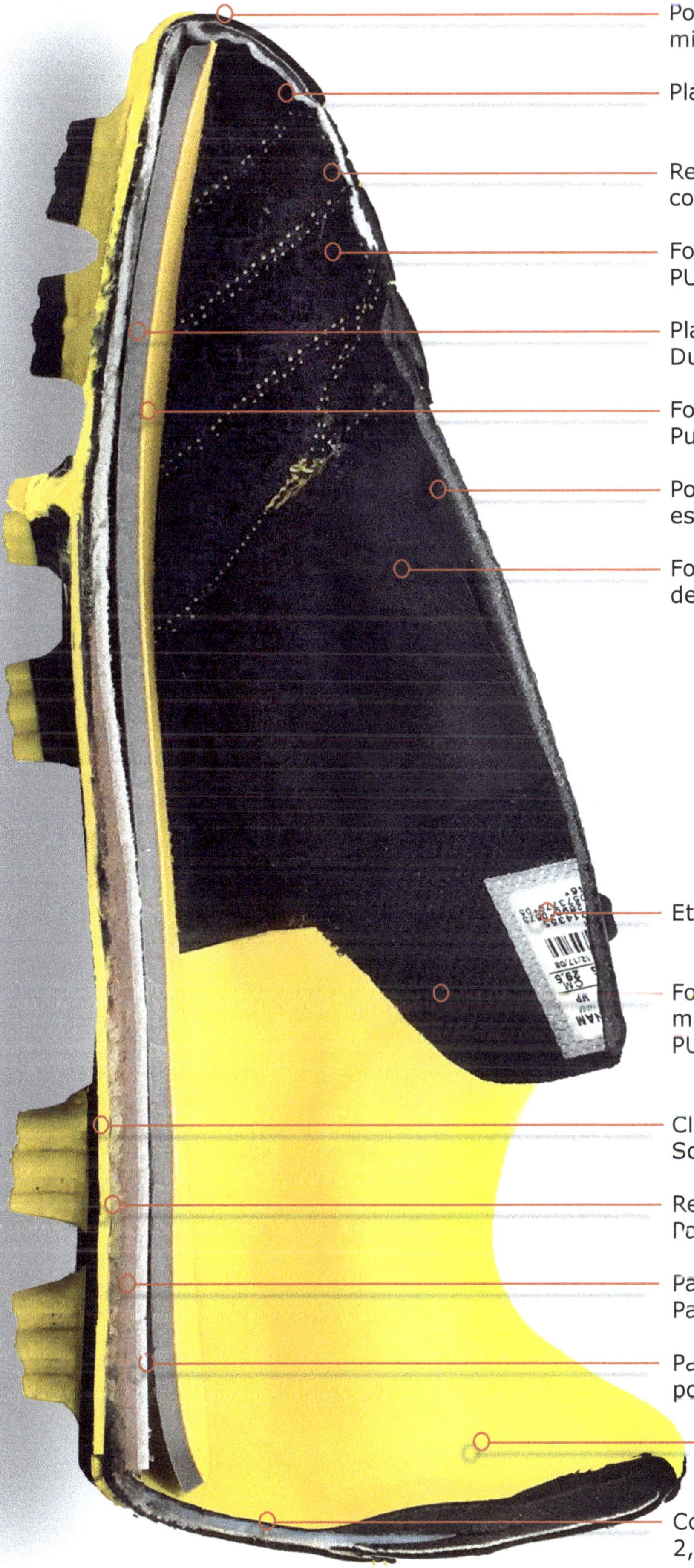
Polipiel: 1 mm microperforado, refuerzo microfibra teñido personalizado en negro
Plástico Surlyn termofusible de 0,5 mm
Refuerzo tejido en la puntera: 200g/m2, cosido con hilo de poliéster reforzado
Forro de la pala: nylon 110D, espuma de PU KFF de 2 mm, refuerzo de tricot
Plantilla de EVA troquelada: 8 mm, Durómetro Asker C 40º
Forro de la plantilla: Punto jersey 100% poliéster
Polipiel: 1 mm, refuerzo de microfibra, espuma PU KFF de 2 mm, refuerzo tricot
Forro de la lengüeta: nylon 110D, espuma de PU KFF de 4 mm, refuerzo de tricot
Etiqueta de la talla tipo transfer
Forro de la lengüeta: 100% poliéster, malla tipo estrella 200 g/m2, espuma de PU de 2 mm
Clavos de nylon moldeado por inyección Sobremolde dos colores logotipo insertado
Relleno en la palmilla: Palmilla de papel 1,5 mm
Palmilla de 3 mm: Palmilla de fibra impregnado en resina
Palmilla: 1 mm cosido con hilo de poliéster reforzado, impregnado en resina
Forro del escote: Polipiel 1,0 mm, espuma KFF alta densidad, 8 mm
Contrafuerte: plástico Surlyn de 2,25 mm moldeado por inyección

Zapatilla de baloncesto clásica vulcanizada

Con un diseño que se remonta a los años veinte del pasado siglo, esta zapatilla de lona dominó el calzado deportivo hasta la década de los 70. El diseño simple y la construcción robusta fueron en su día lo último en tecnología. Ahora, reemplazado en gran parte por las zapatillas cementadas en frío, este icono del calzado es un favorito de la moda y la contracultura.

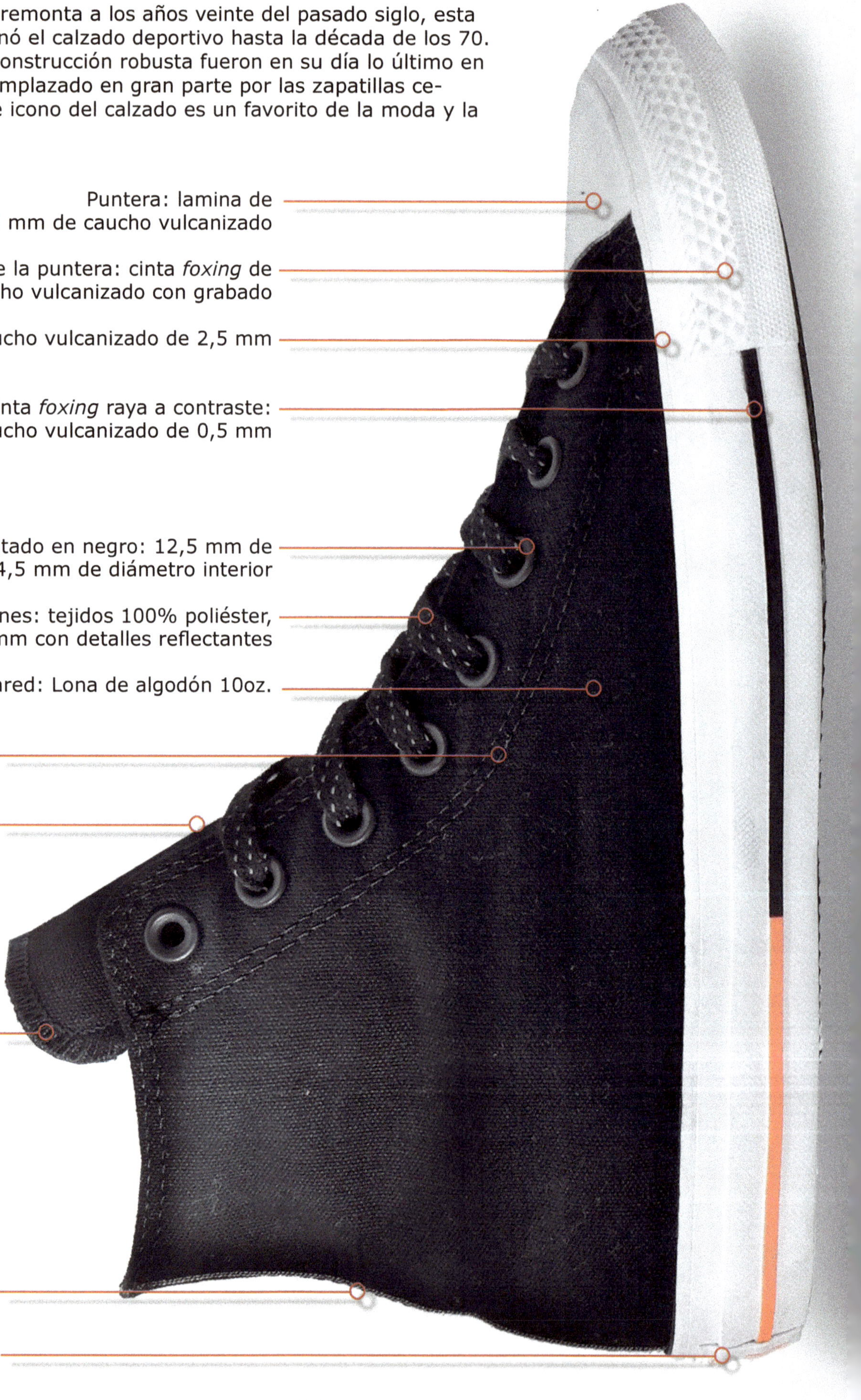

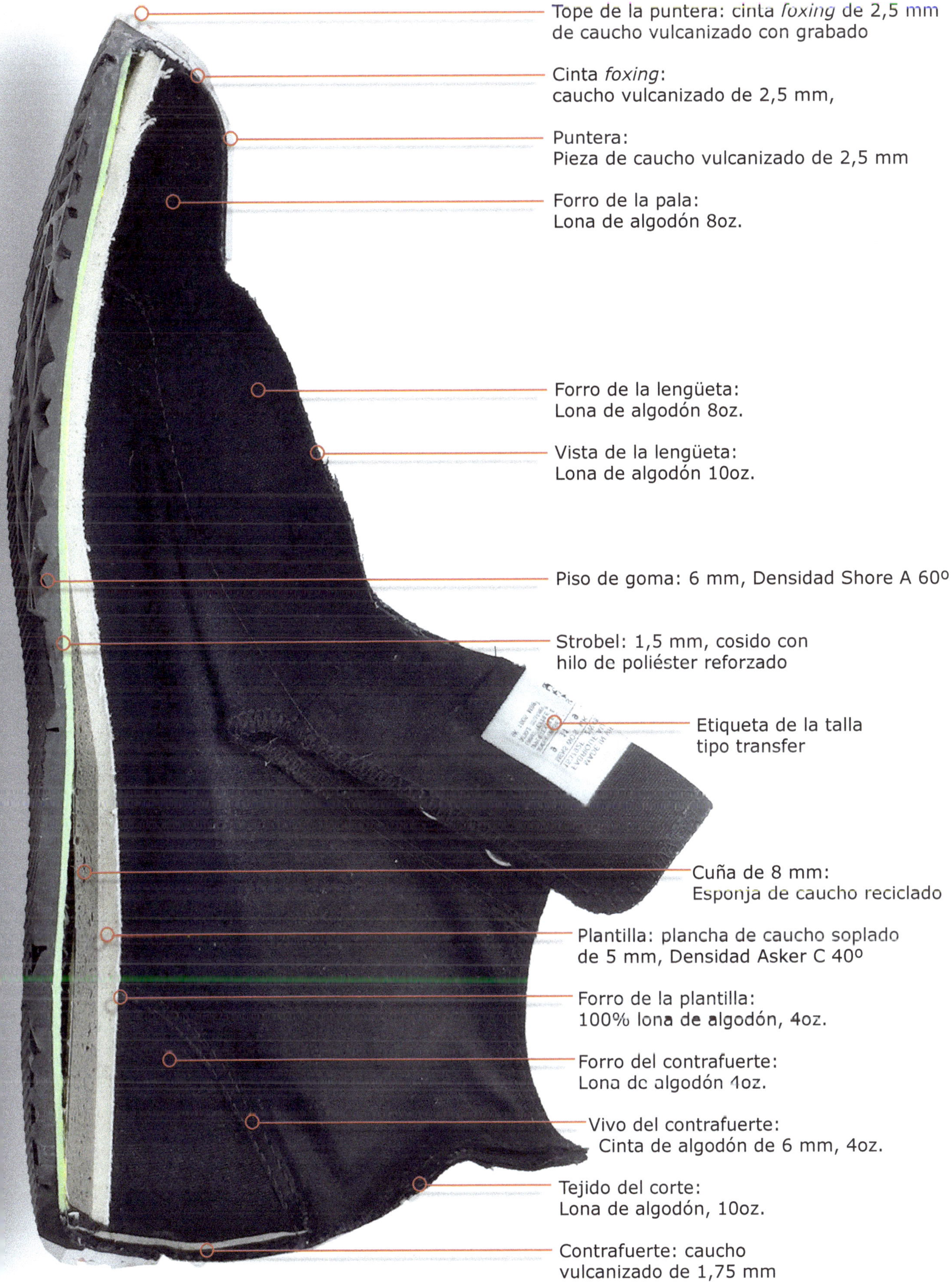
Tope de la puntera: cinta *foxing* de 2,5 mm de caucho vulcanizado con grabado
Cinta *foxing*: caucho vulcanizado de 2,5 mm,
Puntera: Pieza de caucho vulcanizado de 2,5 mm
Forro de la pala: Lona de algodón 8oz.
Forro de la lengüeta: Lona de algodón 8oz.
Vista de la lengüeta: Lona de algodón 10oz.
Piso de goma: 6 mm, Densidad Shore A 60º
Strobel: 1,5 mm, cosido con hilo de poliéster reforzado
Etiqueta de la talla tipo transfer
Cuña de 8 mm: Esponja de caucho reciclado
Plantilla: plancha de caucho soplado de 5 mm, Densidad Asker C 40º
Forro de la plantilla: 100% lona de algodón, 4oz.
Forro del contrafuerte: Lona de algodón 4oz.
Vivo del contrafuerte: Cinta de algodón de 6 mm, 4oz.
Tejido del corte: Lona de algodón, 10oz.
Contrafuerte: caucho vulcanizado de 1,75 mm

Zapatillas de ciclismo

Las zapatillas de ciclismo están diseñadas para sujetar el pie de forma segura y eficiente con el fin de transmitir la energía del ciclista al pedal. La suela está moldeada por inyección, y ancla el taco para distribuir la fuerza del pedaleo al pie sin flexionar.

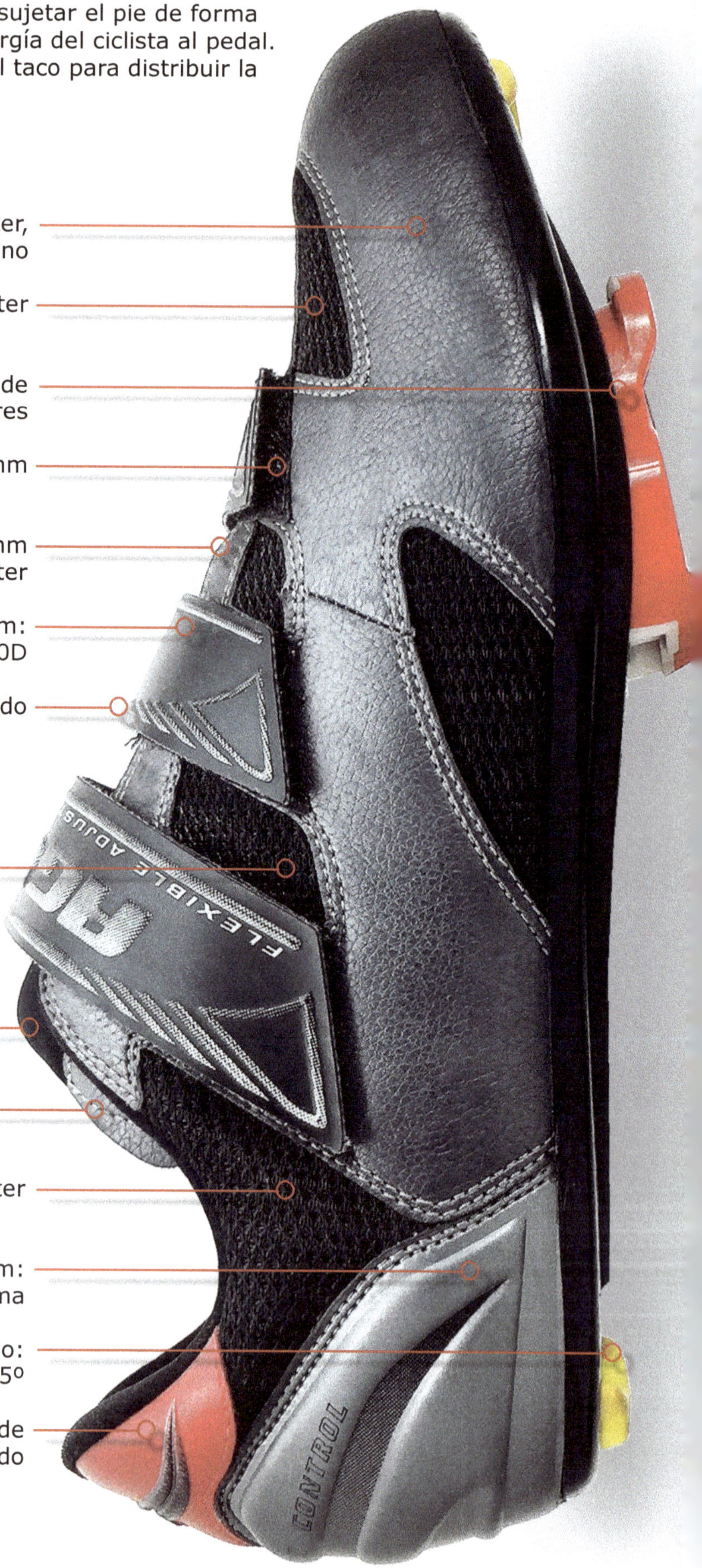

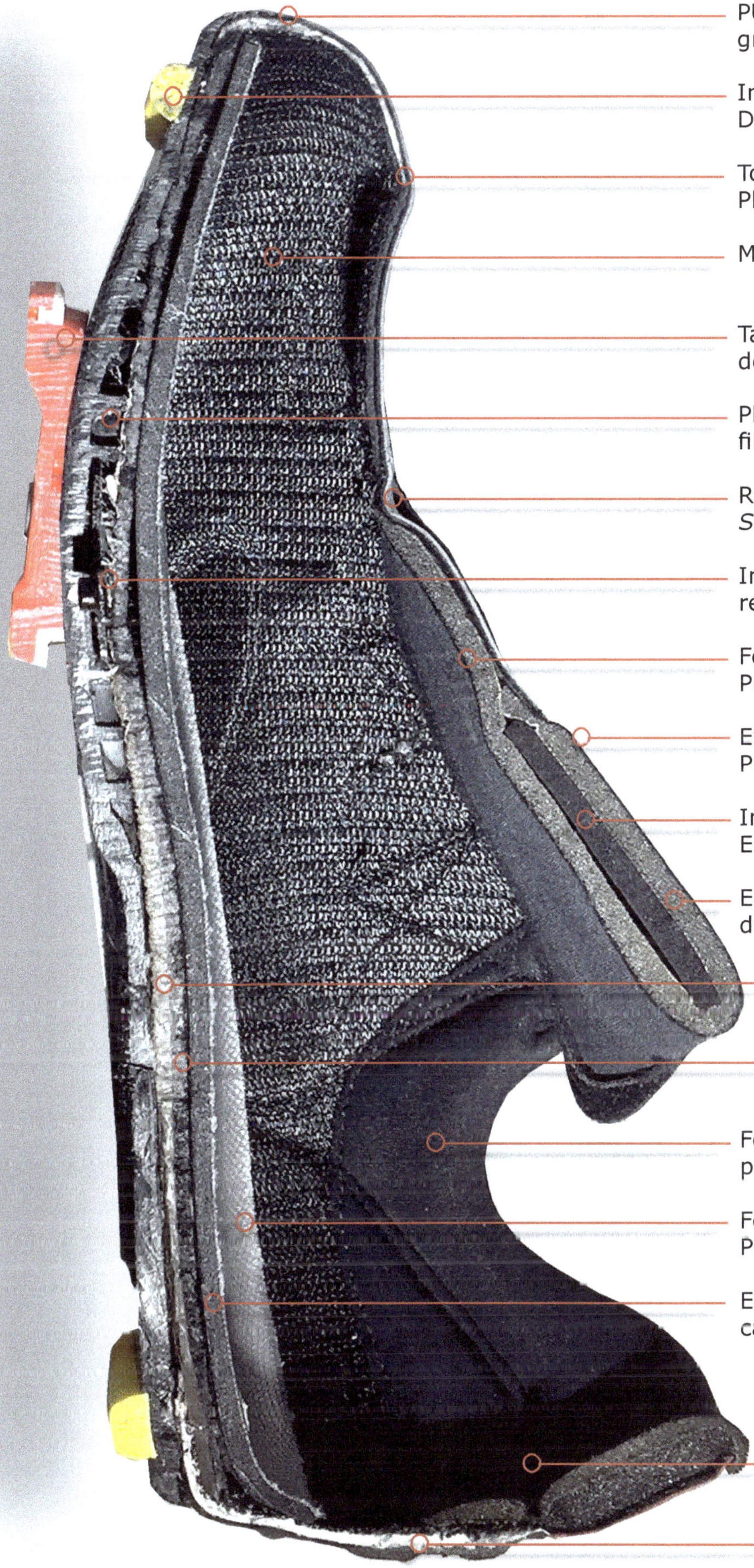
PU de 1,25 mm: refuerzo de poliéster, grabado grano fino
Insertos de plástico nylon sobremoldeado: Durómetro Shore A 85º
Tope: Plástico Surlyn termofusible de 0,5 mm
Malla: 260g/m2, 100% poliéster
Taco de nylon: sobremolde de plástico a dos colores
Plástico de nylon inyectado, reforzado con fibra de vidrio y carbono: Shore A 95º
Refuerzo de la unión de la lengüeta: *Super-Tuff* 0,5 mm
Inserto de acero para fijar el taco: revestimiento negro a prueba de óxido
Forro de la lengüeta: Punto jersey 120 g/m2, 100% poliéster
Exterior de la lengüeta: PU de 1,25 mm con refuerzo de poliéster
Inserto de espuma en la lengüeta: Espuma SBR de alta densidad, 5 mm
Espuma de la lengüeta: espuma de PU KFF de 5 mm
Palmilla de resina fenólica: 2,0 mm, 3/4 del largo
Palmilla de plástico PE: 2 mm, largo completo
Forro escote: Punto jersey 160 g/m2, 100% poliéster, espuma PU 2 mm, forro tricot
Forro de plantilla: Punto jersey 100% poliéster
Entresuela de espuma PE prensada en caliente: Durómetro Asker C 55º
Espuma del escote: PU KFF de 6 mm, troquelada
Contrafuerte: Plástico Surlyn termofusible de 1 mm

Zapatilla de béisbol con tacos

La zapatilla moderna de béisbol con tacos está diseñada para tener una buena tracción y moverse rápido tanto en césped como en grava. Esta zapatilla está diseñada para la velocidad en recto, pero necesita algo de soporte para las curvas en las bases.

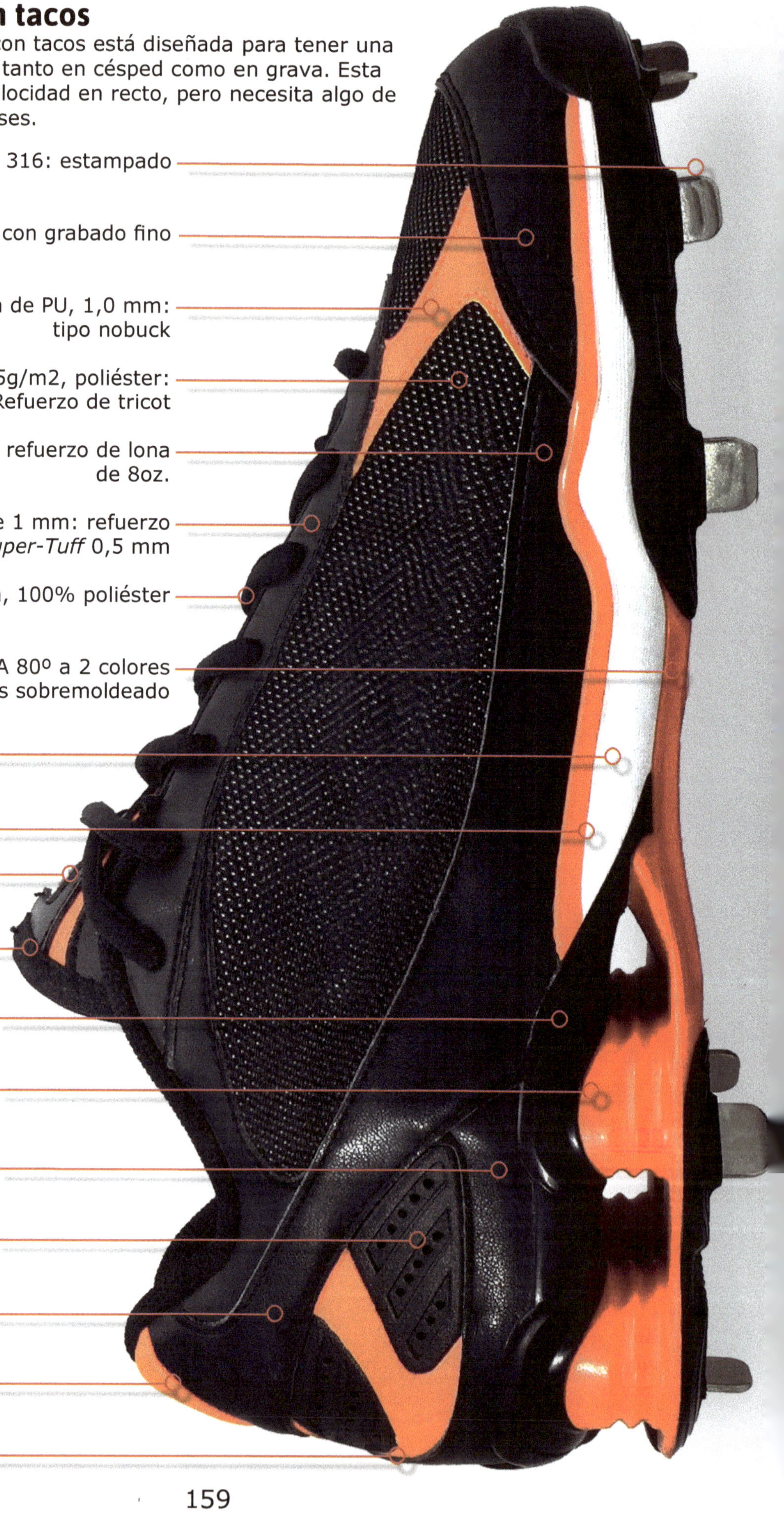

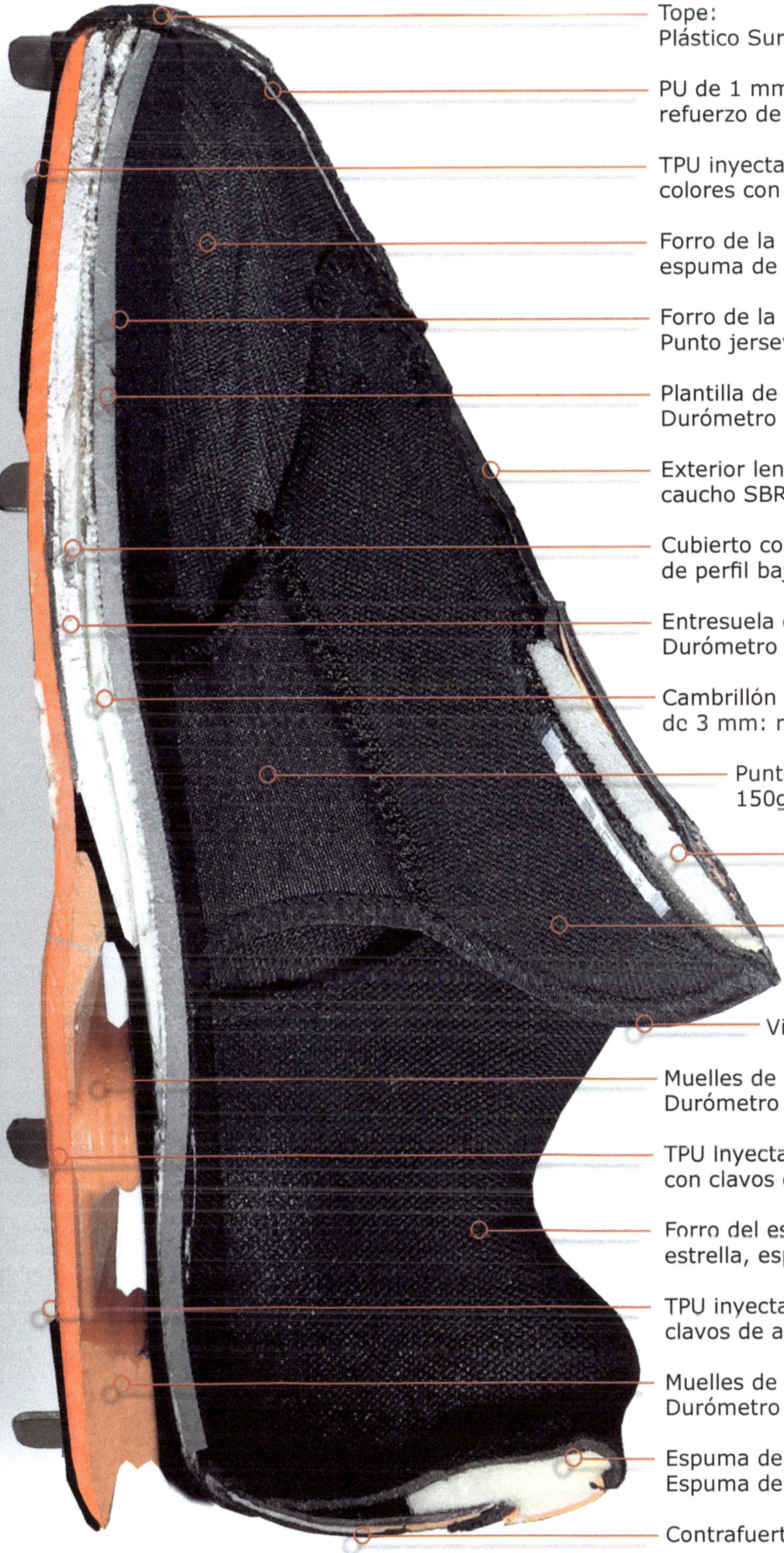
Tope:
Plástico Surlyn termofusible de 0,5 mm
PU de 1 mm: con grabado fino,
refuerzo de lona de 8oz.
TPU inyectado: Shore A 80º a 2
colores con clavos sobremoldeado
Forro de la pala: 150g/m2, malla,
espuma de PU KFF de 2 mm
Forro de la plantilla:
Punto jersey 100% poliéster
Plantilla de EVA troquelada: 9 mm,
Durómetro Asker C 40º
Exterior lengüeta: 150g/m2, punto jersey,
caucho SBR celda cerrada perforada de 2 mm
Cubierto con 0,5 mm de TPU. Cámara de aire
de perfil bajo con estabilizador de fibra
Entresuela de EVA prensada en caliente:
Durómetro Asker C 55º
Cambrillón de fibra de vidrio
de 3 mm: resina de poliéster
Punto jersey de poliéster de
150g/m2, espuma KFF de 2 mm
Espuma de la lengüeta:
espuma PU KFF de 6 mm
Forro de la lengüeta: 100%
poliéster, espuma de PU 2 mm,
forro de tricot
Vivo de lycra: doble dobladillo
Muelles de espuma de PU vertido:
Durómetro Asker C 55º
TPU Inyectado: Shore A 80º a dos colores
con clavos de acero sobremoldeado
Forro del escote: 100% poliéster, malla tipo
estrella, espuma de poliuretano de 2 mm
TPU inyectado: Shore A 80º 2 a colores con
clavos de acero sobremoldeado
Muelles de espuma de PU vertido:
Durómetro Asker C 55º
Espuma del escote:
Espuma de PU KFF de 8 mm, troquelada
Contrafuerte de nylon inyectado: Shore A 80º

Zapatillas de lucha libre

El calzado de *wrestling* moderno está diseñado para ser ligero, y dar movilidad y tracción. El corte es fino y flexible, con mucha ventilación. La suela mantiene al luchador en el suelo, no se necesita amortiguación. Este modelo tiene una palmilla de fibra delgada y flexible.

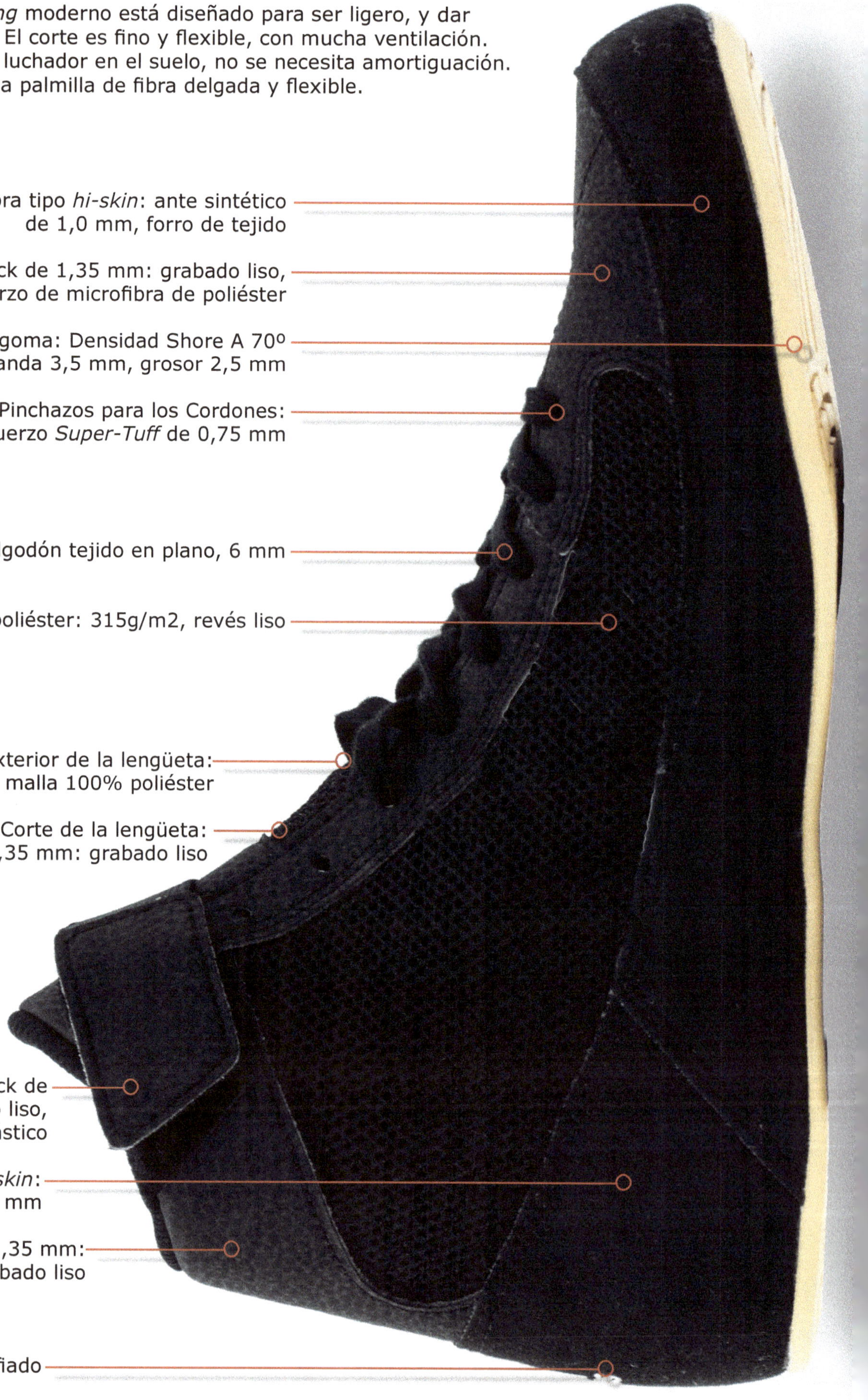

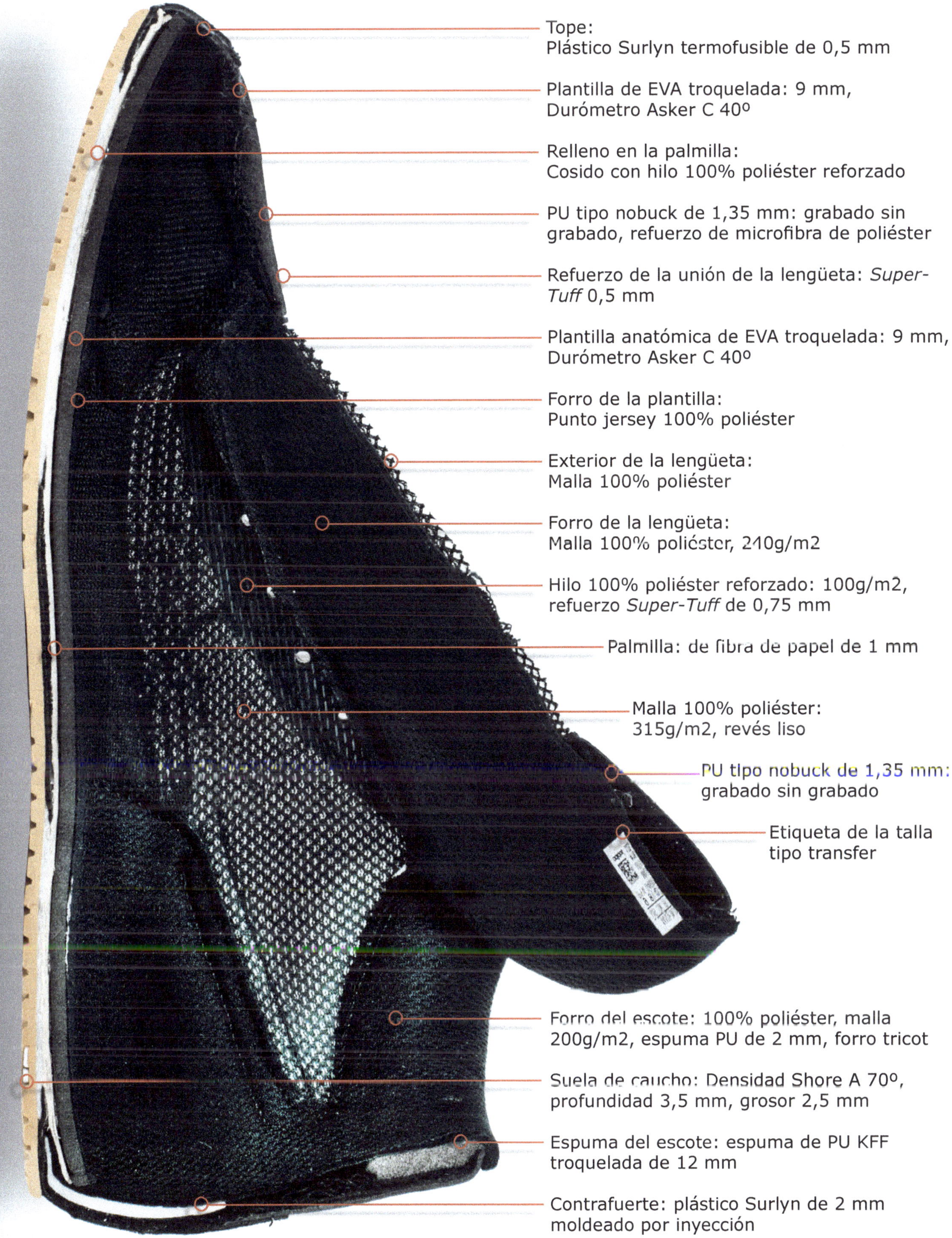
Tope:
Plástico Surlyn termofusible de 0,5 mm
Plantilla de EVA troquelada: 9 mm, Durómetro Asker C 40º
Relleno en la palmilla:
Cosido con hilo 100% poliéster reforzado
PU tipo nobuck de 1,35 mm: grabado sin grabado, refuerzo de microfibra de poliéster
Refuerzo de la unión de la lengüeta: *Super-Tuff* 0,5 mm
Plantilla anatómica de EVA troquelada: 9 mm, Durómetro Asker C 40º
Forro de la plantilla:
Punto jersey 100% poliéster
Exterior de la lengüeta:
Malla 100% poliéster
Forro de la lengüeta:
Malla 100% poliéster, 240g/m2
Hilo 100% poliéster reforzado: 100g/m2, refuerzo *Super-Tuff* de 0,75 mm
Palmilla: de fibra de papel de 1 mm
Malla 100% poliéster:
315g/m2, revés liso
PU tipo nobuck de 1,35 mm:
grabado sin grabado
Etiqueta de la talla tipo transfer
Forro del escote: 100% poliéster, malla 200g/m2, espuma PU de 2 mm, forro tricot
Suela de caucho: Densidad Shore A 70º, profundidad 3,5 mm, grosor 2,5 mm
Espuma del escote: espuma de PU KFF troquelada de 12 mm
Contrafuerte: plástico Surlyn de 2 mm moldeado por inyección

Zapatilla de *skate*

La zapatilla de skate de principios de la década de 2000 tiene una suela con un perfil bajo, una lengüeta muy gruesa, y el corte de un material fino. Este modelo tiene una banda elástica para mantener la lengüeta en su sitio, y un inserto de gel de PVC para reducir los impactos en el talón.

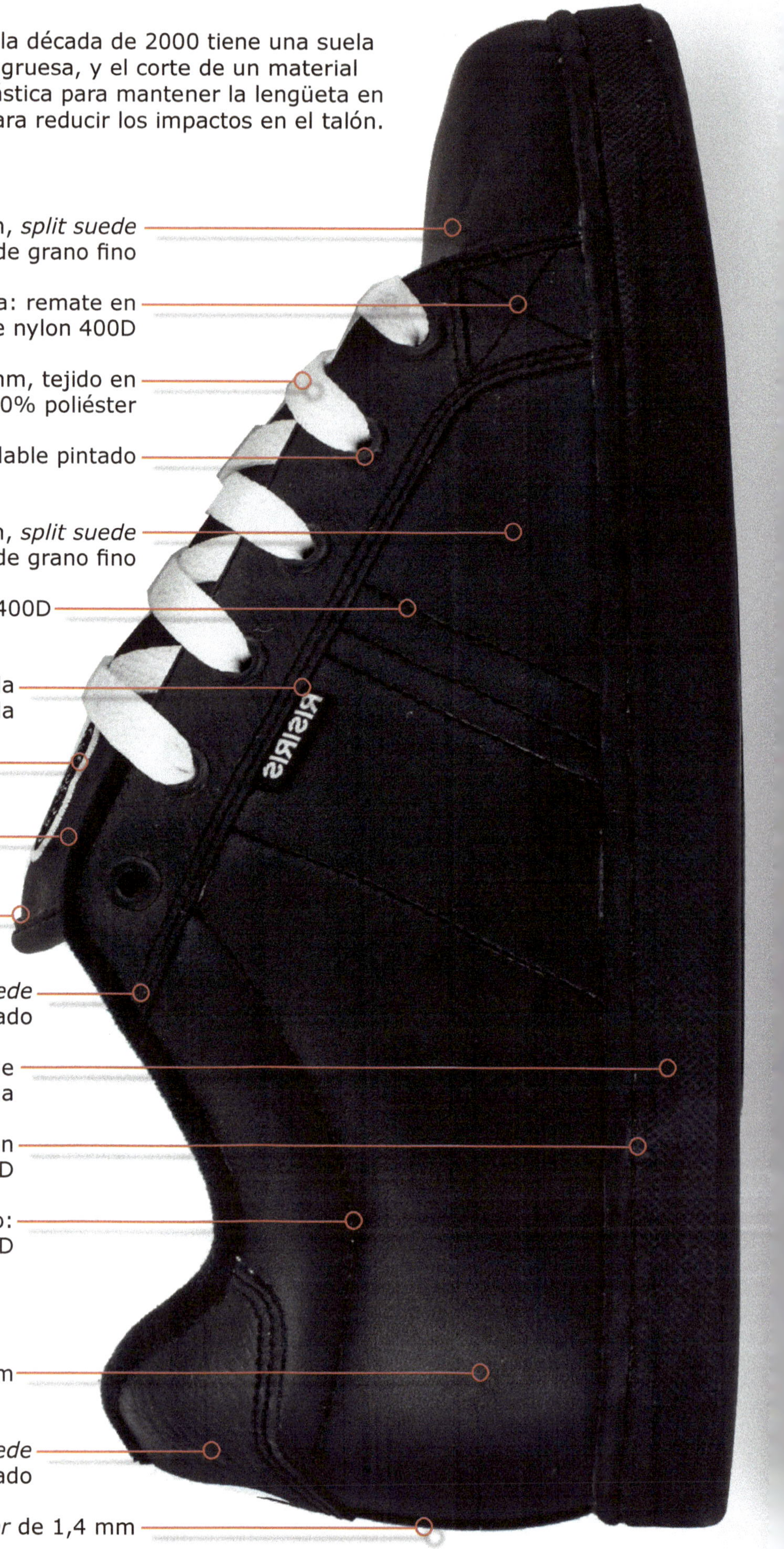

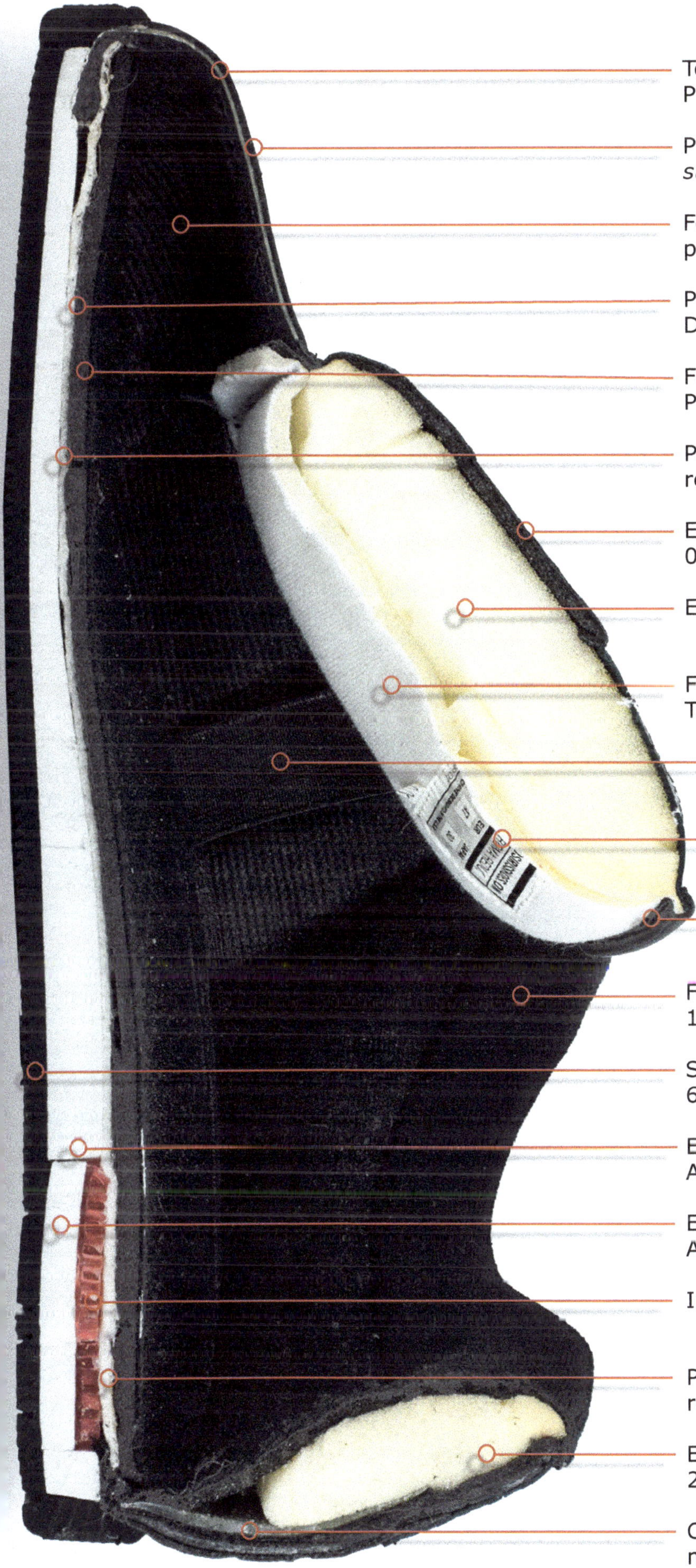

Tope:
Plástico Surlyn termofusible de 0,5 mm
Puntera: *Action leather* de 1,4 mm, *split suede* recubierto de PU con grabado fino
Forro de la pala y paredes: cosido con hilo de poliéster reforzado 200g/m2
Plantilla de EVA troquelada: 9 mm, Durómetro Asker C 40º
Forro de la plantilla:
Punto jersey 100% poliéster
Palmilla: cosido con hilo de poliéster reforzado 300g/m2
Exterior de la lengüeta: capa de PU de 0,3 mm, espuma KFF de 2 mm
Espuma de PU KFF perforada de 25 mm
Forro de la lengüeta:
Tejido Nylex de 175g/m2, 100% poliéster
Tiras de la lengüeta: tira elástica de 25 mm
Etiqueta de la talla cosido en el interior de la lengüeta
Vivo de la lengüeta:
PU de 0,3 mm con refuerzo de punto
Forro del escote: 100% poliéster, malla Nylex 175g/m2, espuma PU 2 mm, refuerzo tricot
Suela de goma: Densidad Shore A 65º 6,5 mm con rayado tipo espiga
Entresuela de EVA troquelada: Durómetro Asker C 53º
Entresuela de EVA troquelada: Durómetro Asker C 53º
Inserto de gel PVC moldeado: Asker C 35º
Palmilla: Cosido con hilo de poliéster reforzado 300g/m2
Espuma del escote: Espuma de PU KFF de 20 mm, troquelada y rebajada
Contrafuerte: plástico Surlyn de 2 mm moldeado por inyección

Zapato náutico clásico

El náutico cuenta con una suela plana con hendiduras de goma creadas para agarrarse a superficies mojadas. Los cordones de cuero sin rematar, la puntera tipo mocasín, y el calce tipo *slip on* hacen este modelo tan característico. Un zapato muy casual, sin refuerzos y sin apenas amortiguación, tiene un *strobel* y después está cosido hasta la suela.

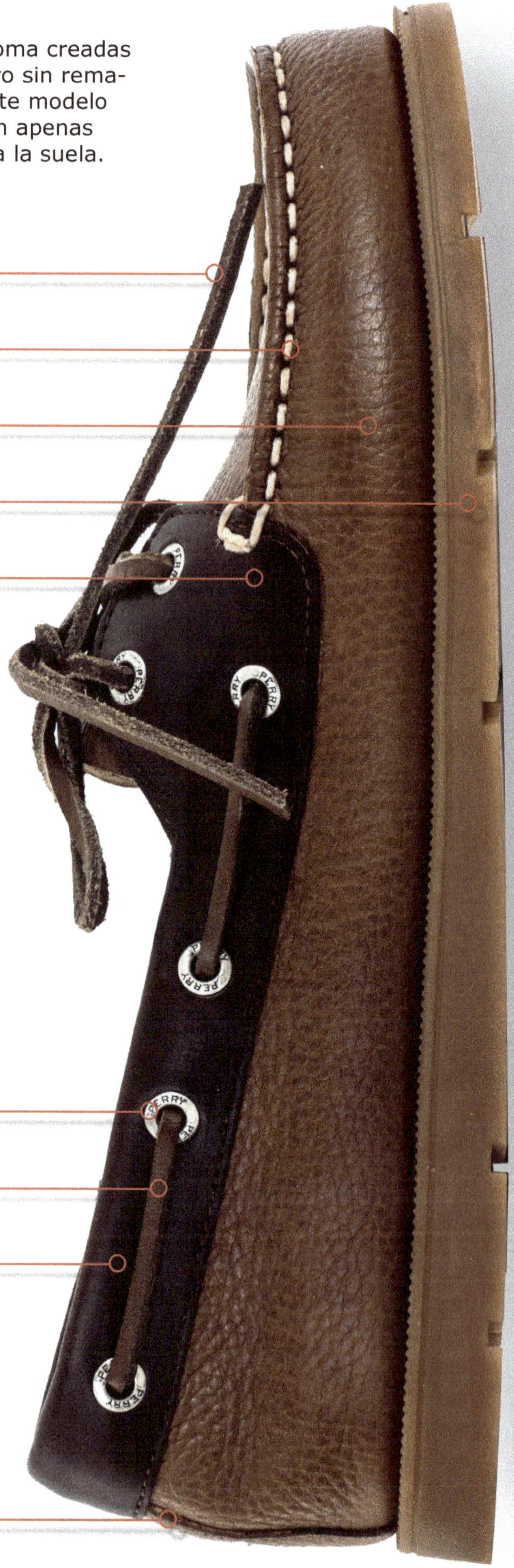

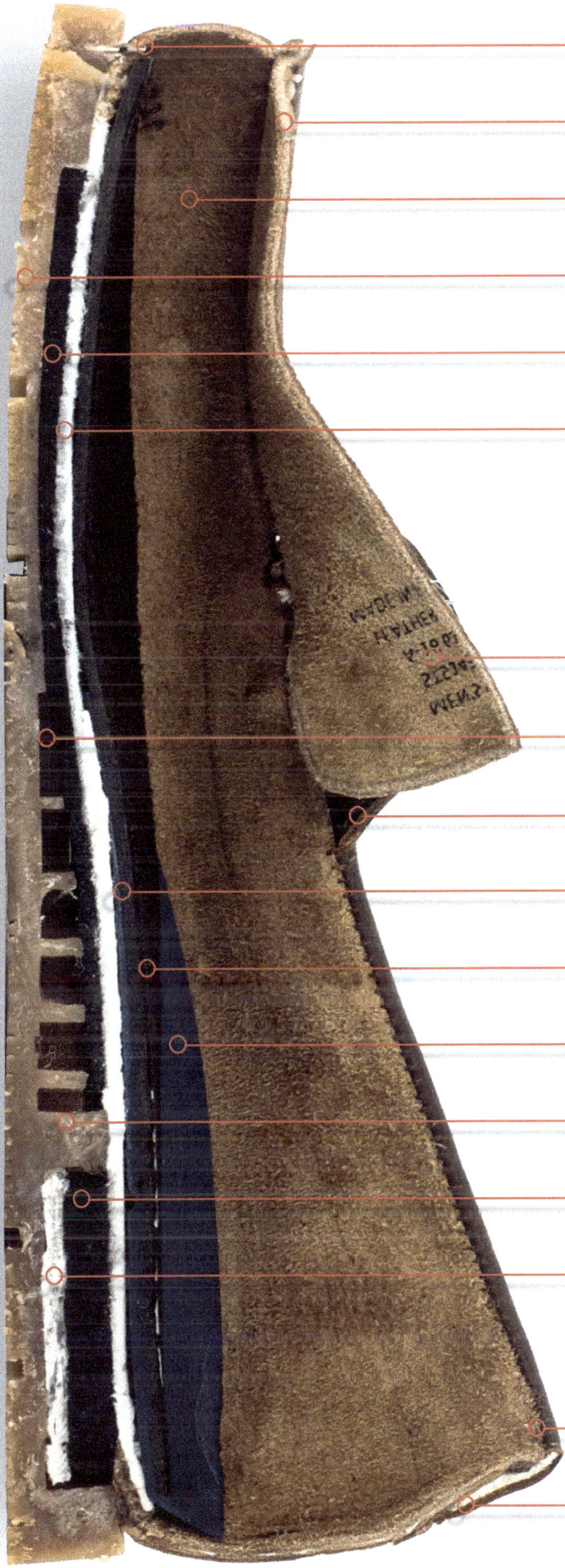
Cosido en la suela:
M5, cosido con hilo de nylon 6,6 600D
Cuero plena flor de 2,25 mm: grabado abatanado, reverso serraje
Forro reverso (serraje)
Suela de goma: Densidad Shore A 60º profundidad de la banda 5 mm
Entresuela de EVA troquelada: 4 mm, Durómetro Asker C 40º
Strobel:
Cosido con hilo de poliéster de 250g/m2
Información de la talla serigrafiado
Entresuela moldeada con ahorros
Cuero plena flor de 1 mm:
refuerzo de lona 8oz.
Plantilla de EVA troquelada: 9 mm, Durómetro Asker C 40º
Forro de la plantilla:
Punto jersey 100% poliéster
Cuña de EVA moldeada: 9 mm, durómetro Asker C 50º
Suela de goma: Profundidad de la banda 4,5 mm, densidad Shore A 65º
Entresuela de EVA troquelada: 7,5 mm, durómetro Asker C 53º
Relleno en el talón:
Material palmilla de papel de 2,0 mm
Costura del escote: costura vuelta, refuerzo del escote de poliéster 350g/m2
Refuerzo de la costura del talón: lona 6oz.

Sandalias de río

Las sandalias de río, o de senderismo, tienen una suela de goma especialmente diseñada para el agarre, con protección en la puntera, y una entresuela de EVA moldeada por compresión. El corte está construido con correas con un ancho variable, y acolchado con espuma de neopreno, que está laminada al tejido de punto de poliéster elástico. Con el corte firmemente asegurado debajo de la entresuela, este modelo puede resistir los ríos más difíciles.

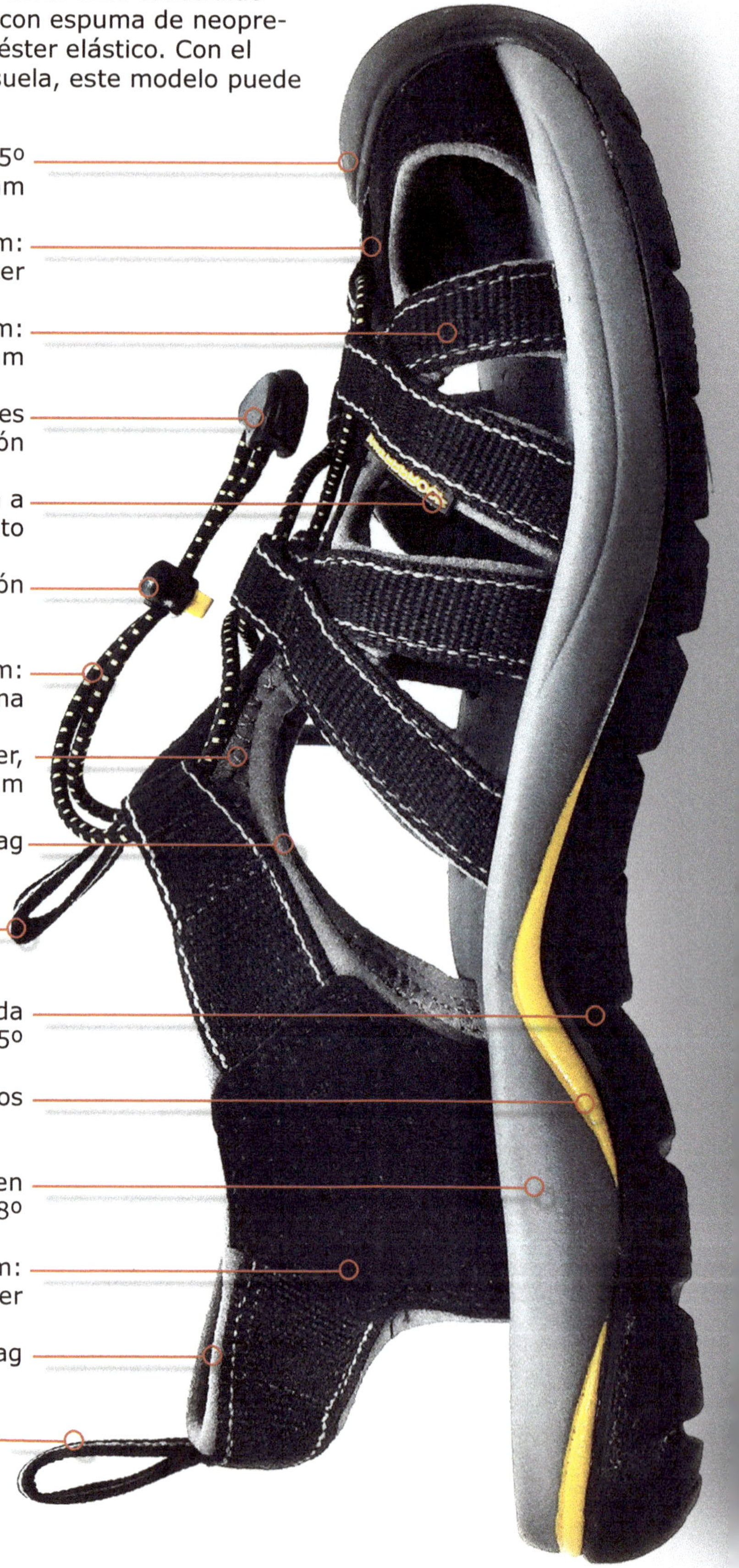

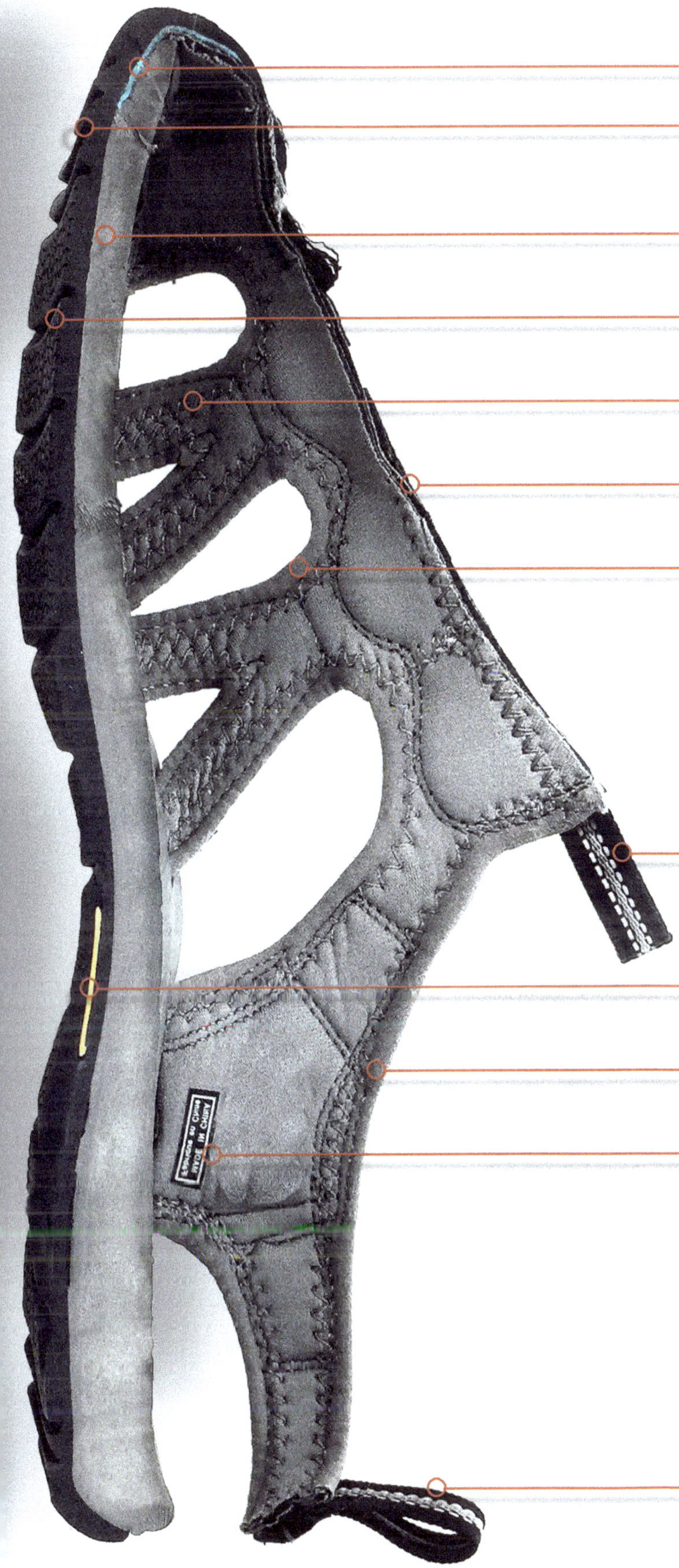
Tope: tejido de poliéster de 150g/m2
Suela de goma: Densidad Shore A 65º Profundidad de la banda de rodadura 5,5 mm, grosor de la banda 3,0 mm
Entresuela de EVA prensada en caliente: doble capa 1,5 mm x 2
Patrón de laminillas, moldeadas
Tejido de punto de poliéster: refuerzo de neopreno de 2 mm
Polipiel tipo nobuck de 0,75 mm: refuerzo de fibra de poliéster
Vivo de lycra con costuras en zig zag
Tirador de cinta de nylon de 12 mm x 1 mm: a dos colores con detalles reflectantes
Logotipo de la suela: Densidad Shore A 65º
Ribete de lycra con costuras en zig zag
Etiqueta de la talla tipo transfer
Tirador de cinta de nylon de 12 mm x 1 mm: a 2 colores con detalles reflectantes

Zapatilla de baloncesto clásica de los años 80

Este tipo de zapatilla fue creada para la leyenda del baloncesto Michael Jordan. El prototipo fue prohibido por el comisionado de la NBA porque no tenía suficiente blanco en el corte. La prohibición se utilizó como herramienta de marketing y Michael Jordan nunca miró para atrás.

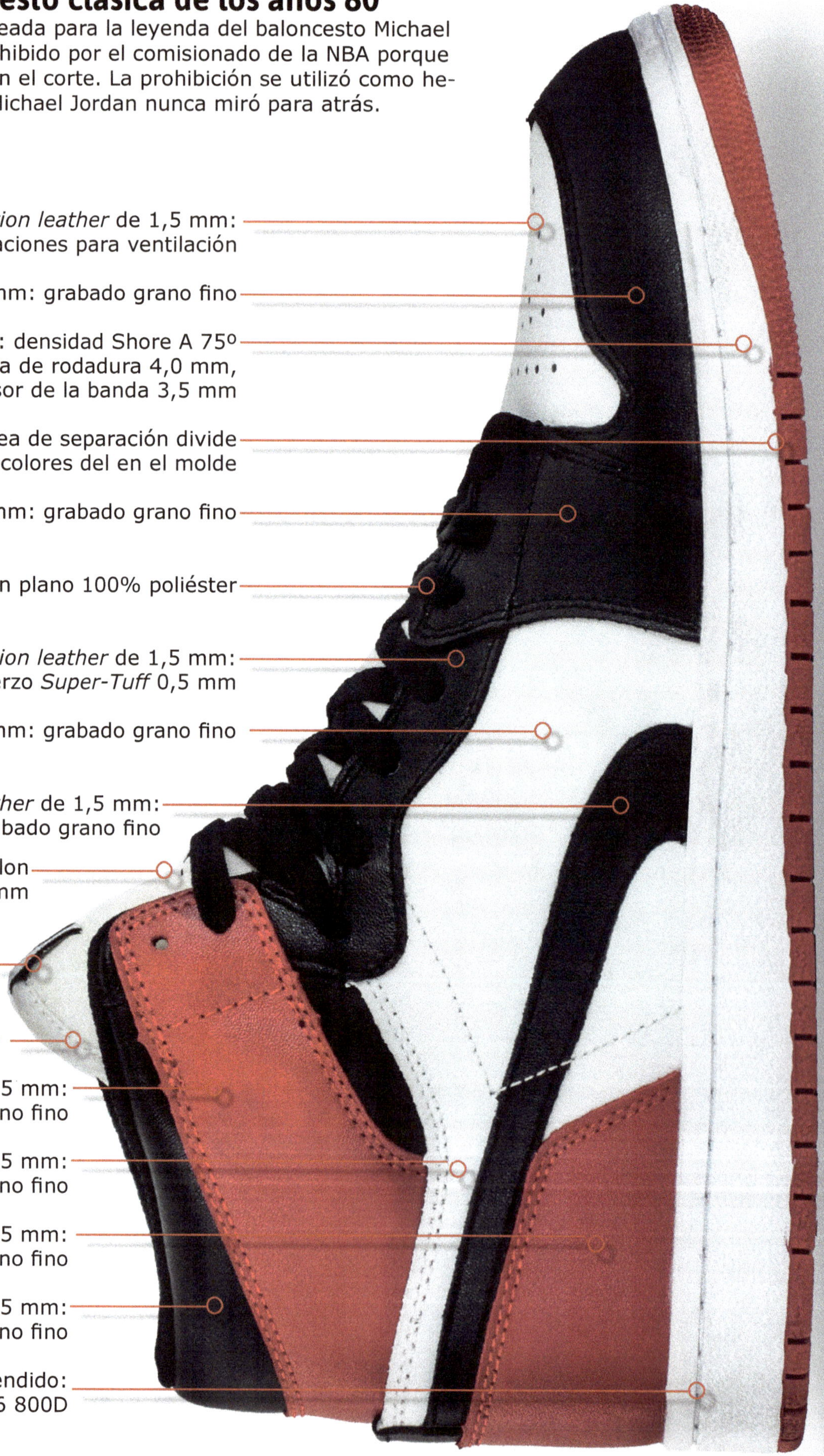

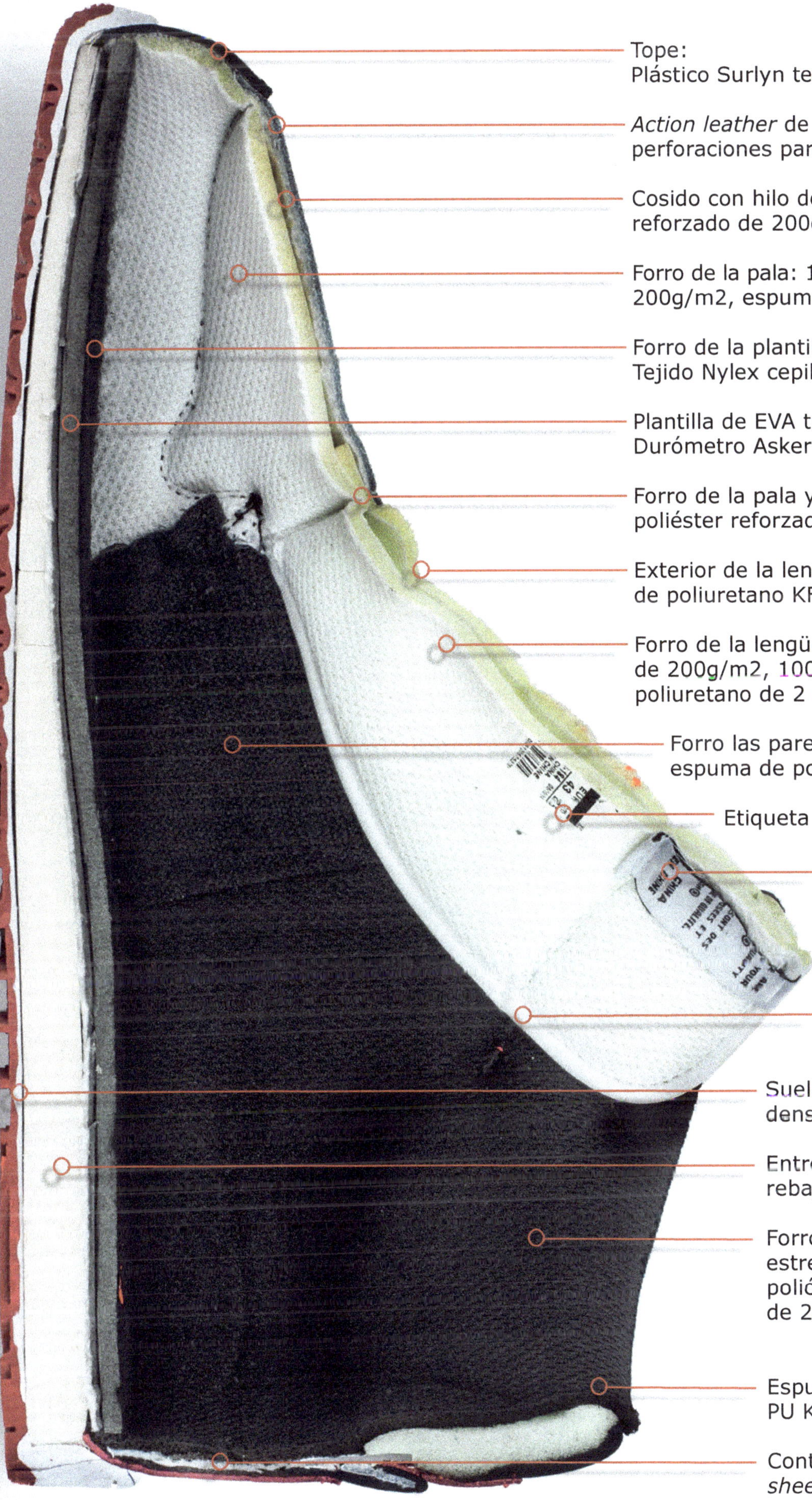
Tope:
Plástico Surlyn termofusible de 0,5 mm
Action leather de 1,5 mm:
perforaciones para ventilación
Cosido con hilo de poliéster
reforzado de 200g/m2
Forro de la pala: 100% poliéster, malla estrella
200g/m2, espuma PU 2 mm, refuerzo tricot
Forro de la plantilla:
Tejido Nylex cepillado 100% poliéster
Plantilla de EVA troquelada: 9 mm,
Durómetro Asker C 40º
Forro de la pala y paredes: cosido con hilo de
poliéster reforzado de 200g/m2
Exterior de la lengüeta: nylon 220D, espuma
de poliuretano KFF 2 mm, refuerzo de tricot
Forro de la lengüeta: malla tipo estrella
de 200g/m2, 100% poliéster, espuma de
poliuretano de 2 mm, refuerzo de tricot
Forro las paredes: tejido 100% poliéster,
espuma de poliuretano de 2 mm
Etiqueta de la talla tipo transfer
Etiqueta tejida de 25 mm:
etiqueta logotipo a 2 colores
Vivo de la lengüeta
nylon 220D
Suela de goma:
densidad Shore A 75º
Entresuela de EVA troquelada y
rebajada: Durómetro Asker C 38º
Forro del escote: malla tipo
estrella de 200g/m2, 100%
poliéster, espuma de poliuretano
de 2mm
Espuma de escote: espuma de
PU KFF troquelada de 12mm
Contrafuerte: plancha de *chemi-
sheet* de 1mm

Zapato de vestir barato

Este zapato de vestir para hombre tiene un detalle no visible: es muy barato. Está fabricado con materiales 100% sintéticos; el corte es de PU, y la suela es de TPR moldeado por inyección con un trabajo de tintado y un tacón forrado en suela (sintético). El forro interior es similar al del calzado deportivo. Un zapato de vestir de piel de precio elevado suele tener el forro entero de cuero.

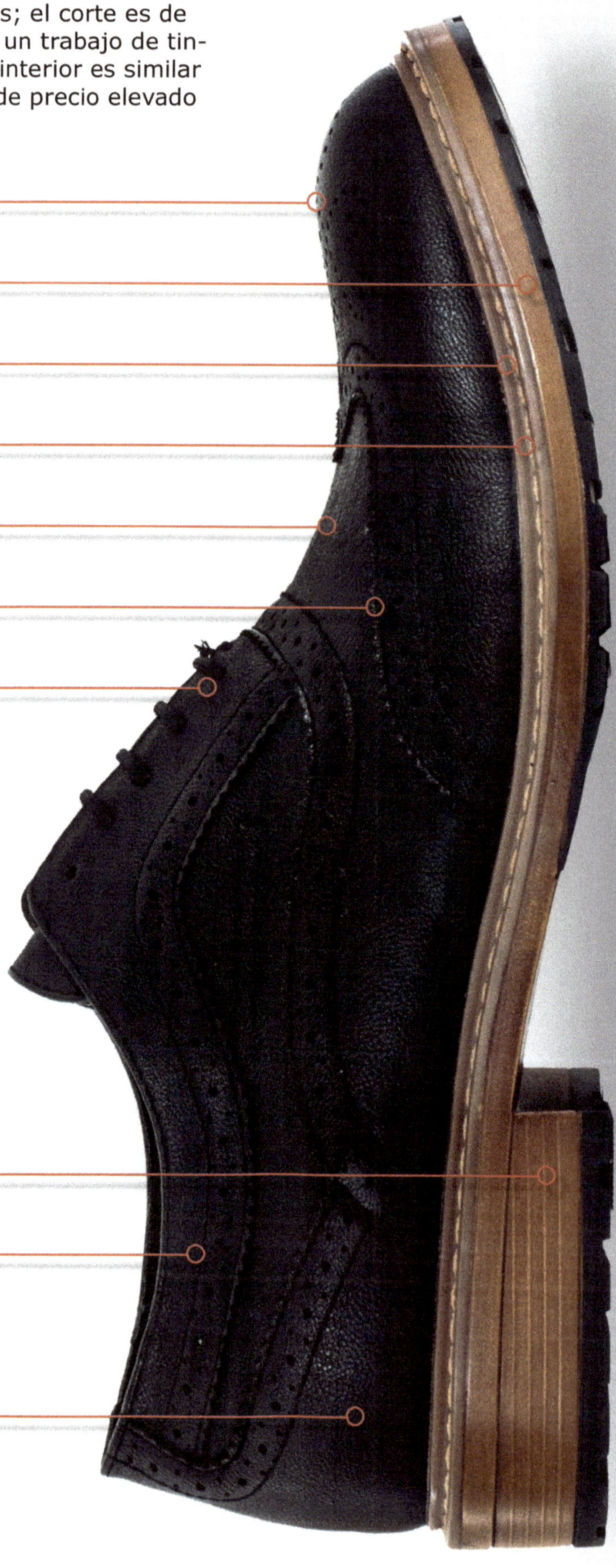

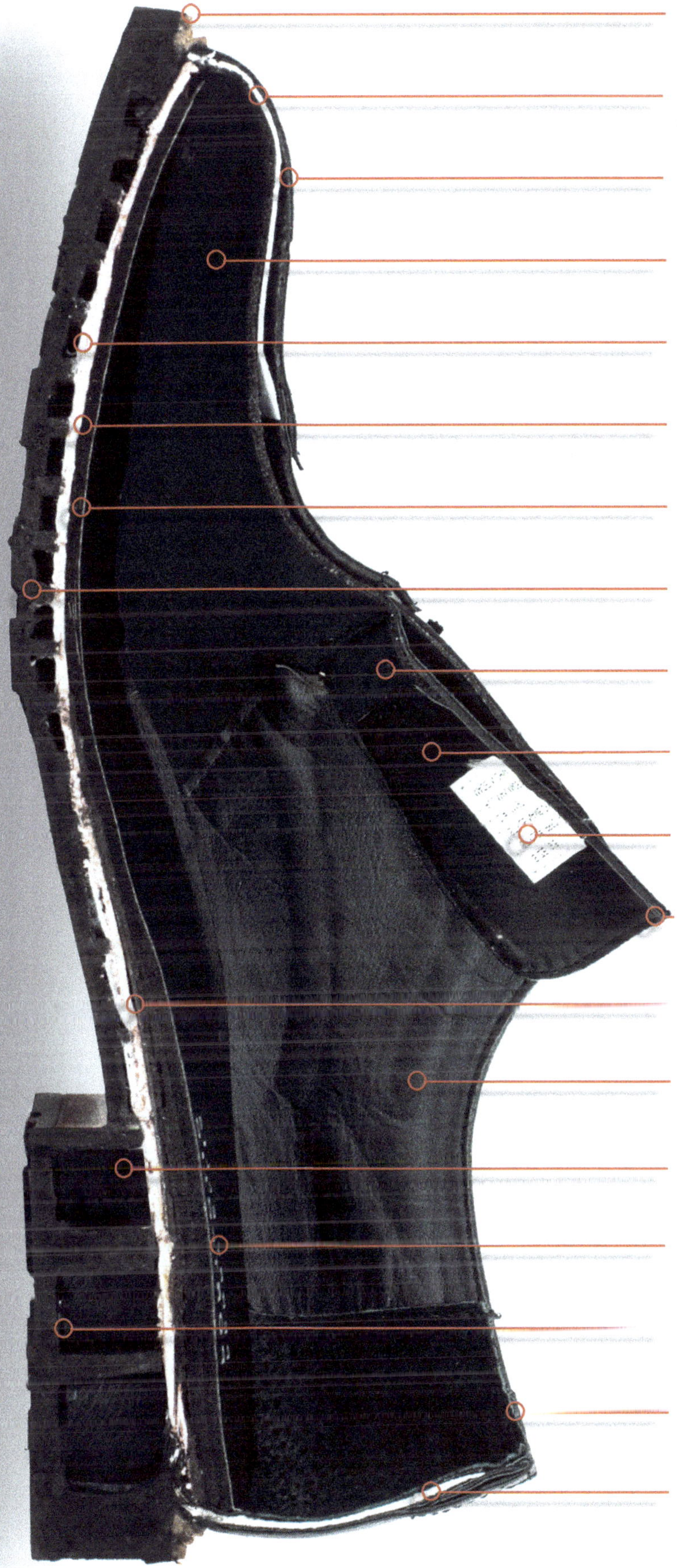
PVC extruido:
Falso cerco cosido
Refuerzo de la pala: plancha de *chemi-sheet* de 0,5 mm
PU de 1,1 mm grabado natural: perforado puntera vega, refuerzo de tejido de poliéster
Forro de la pala: punto jersey 150g/m2, espuma de poliuretano de 2 mm
Palmilla de fibra de papel de 2,0 mm
Plantilla de EVA troquelada:
9 mm, Durómetro Asker C 40º
Forro de la plantilla:
Punto jersey 100% poliéster
Suela TPR inyectado:
amortiguado con ahorros
Forro de la lengüeta: punto jersey 150g/m2, espuma de poliuretano de 2 mm
Forro de la lengüeta:
PU de 0,5 mm con grabado natural
Etiqueta de la talla tipo transfer
Exterior de la lengüeta:
PU de 1,1 mm con grabado natural
Palmilla: 3/4 de largo, 2,0 mm de grosor
Forro del escote:
PU de 0,5 mm con grabado natural
Elevación del talón de los ahorros
Plantilla:
logotipo hecho con transfer
Entrada del molde de inyección
en la suela oculto en el interior
Forro del contrafuerte: PU sintético tipo piel de cerdo cosido con hilo reforzado
Contrafuerte: plancha
de *chemi-sheet* de 1,3 mm

Mocasín tipo *driver*

Este zapato está diseñado para dar comodidad y ajuste. El mocasín envuelve el pie con la piel nobuck, sin ningún tipo de refuerzo. El piso y la suela están unidos al corte en piel para dar una sensación más flexible. La forma del talón permite que el zapato ande mientras la textura de goma se adhiere al piso.

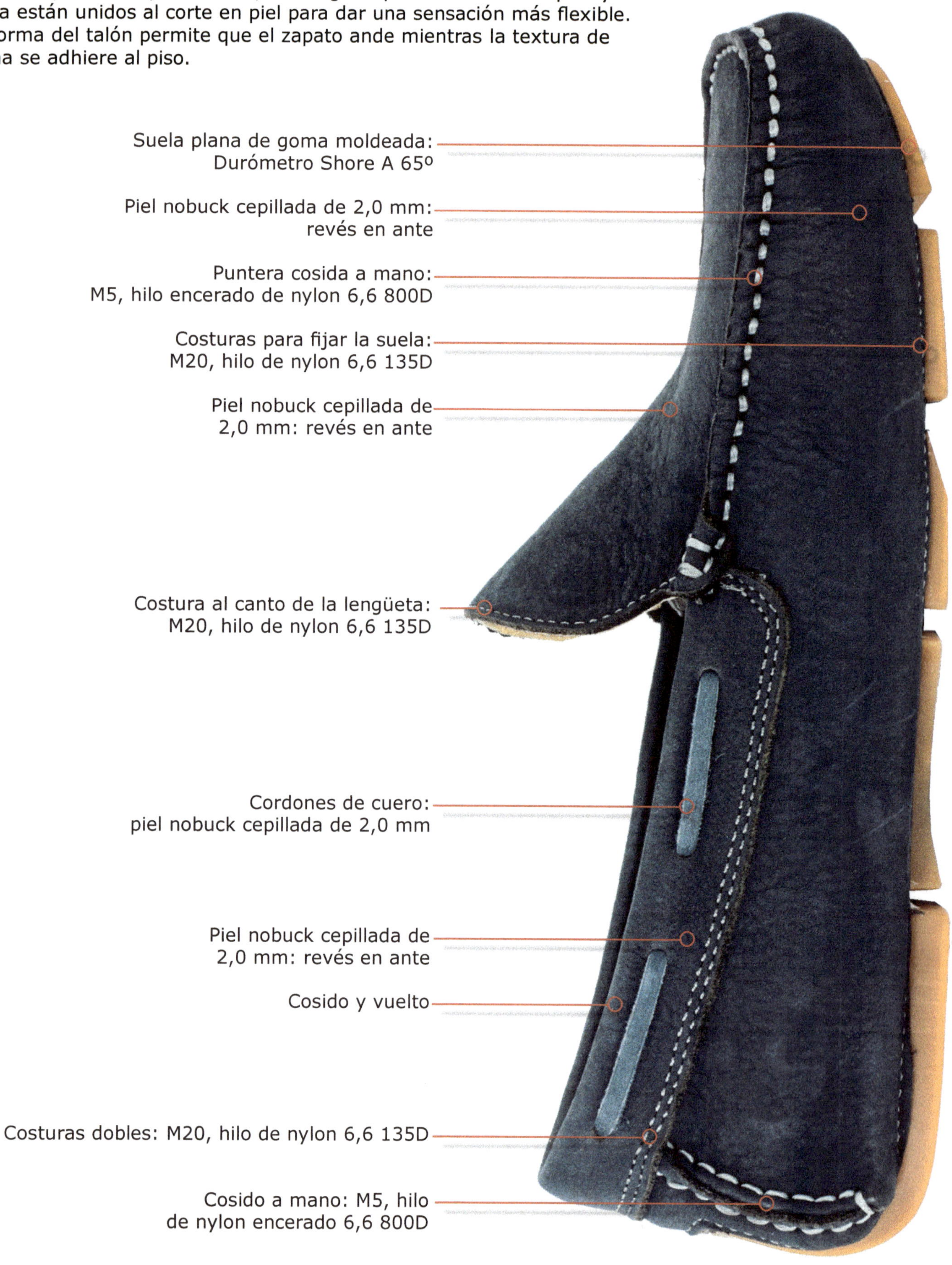

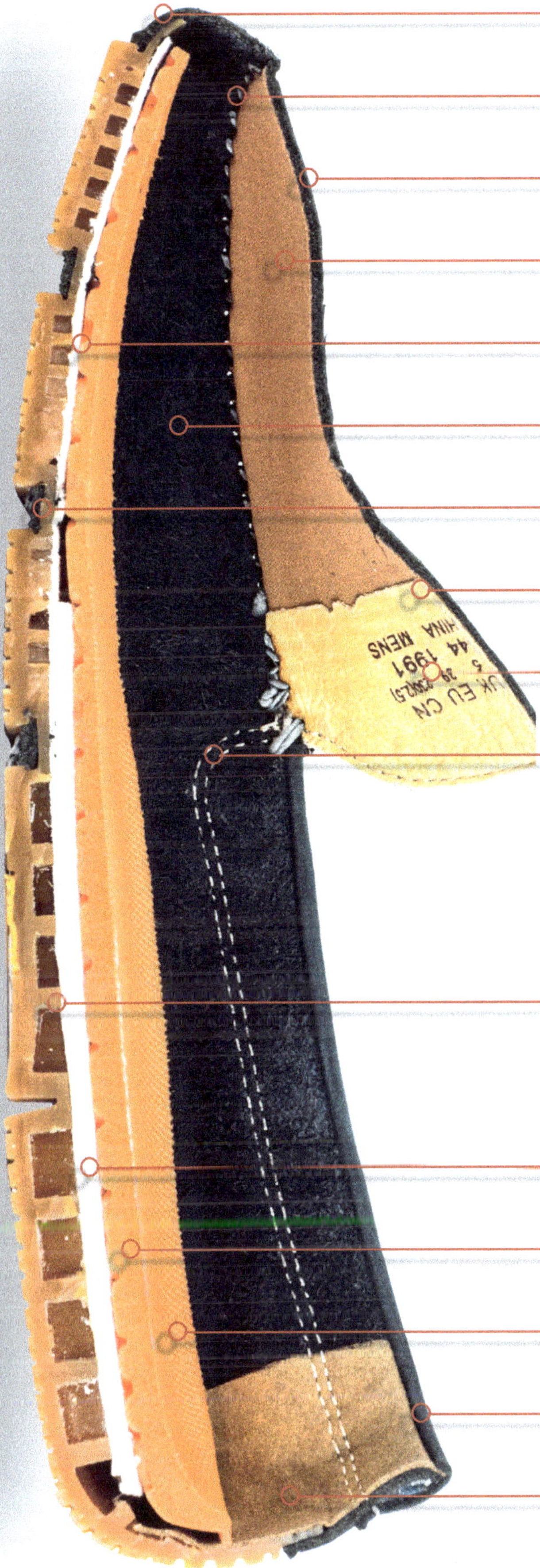
Costura para fijar la suela: M20, hilo de nylon 6,6 135D
Puntera cosida a mano: M5, hilo encerado de nylon 6,6 800D
Piel nobuck cepillada de 2,0 mm
Forro de la lengüeta: Punto jersey 100% poliéster 150g/m2
Refuerzo del cosido suela: 1,0 mm, cosido con hilo de poliéster reforzado de 250g/m2
Piel nobuck cepillada de 2,0 mm, revés en ante
Piel nobuck cepillada de 2,0 mm, envuelve la suela por debajo
Forro de la lengüeta: cuero de cerdo de 1 mm
Talla grabada
Costura doble: M20, hilo de nylon 6,6 135D
Suela con ahorros
Palmilla refuerzo de la suela, 3/4 del largo: tres capas de Surlyn, 0,75 mm forro poliéster
Plantilla de EVA troquelada: 9 mm, Durómetro Asker C 40º
Forro de la plantilla: Punto jersey 100% poliéster
Costura cosida y vuelta
Forro de la talonera: ante sintético de 1,5 mm, 100% microfibra de poliéster

Bota de excursionismo ligera

Esta bota de excursión ligera está diseñada para un uso todoterreno. Tiene el corte de un serraje muy resistente, con paneles de malla transpirable. La suela tiene un tope de goma en la puntera, y una entresuela de EVA que cubre la planta con el cambrillón justo debajo de la palmilla.

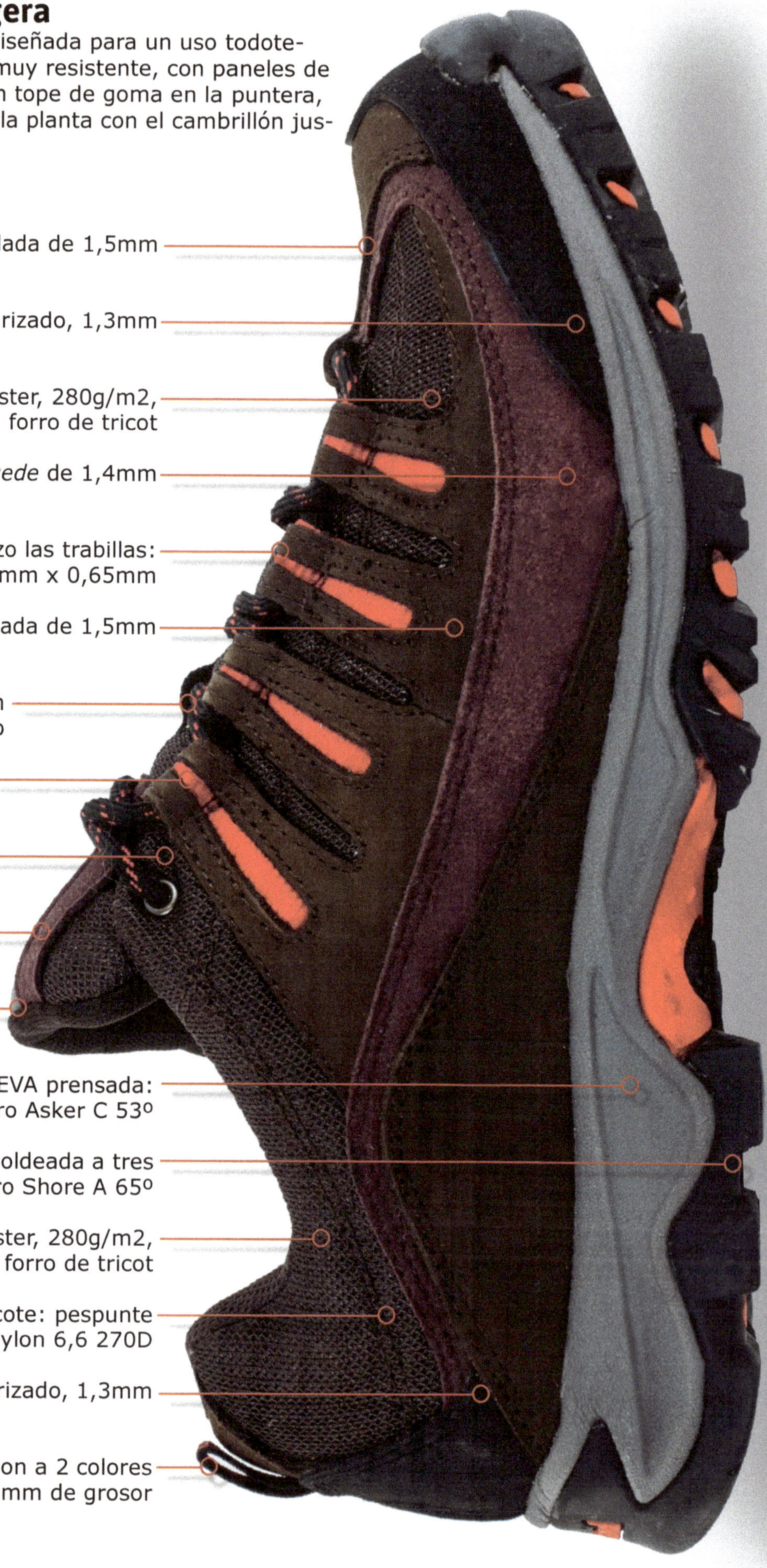

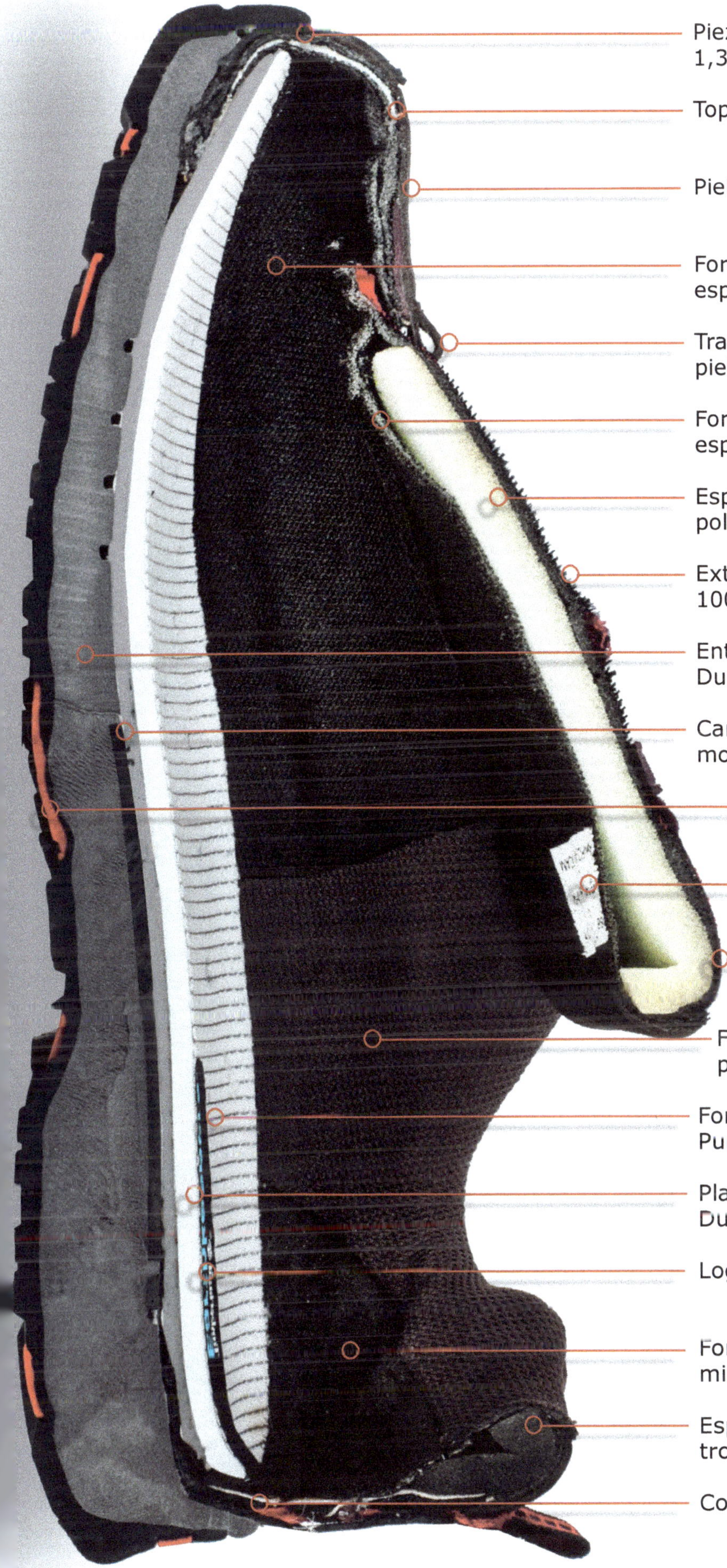
Pieza de cuero texturizado, 1,3mm, troquelado
Tope: lámina *chemi-sheet* de 1mm
Piel nobuck cepillada de 1,5mm
Forro de la pala: malla cuadrada 200g/m2, espuma PU de 2mm, refuerzo de tricot
Trabilla de los cordones: piel nobuck cepillada de 1,5mm
Forro de la pala: malla cuadrada 200g/m2, espuma PU de 2mm, refuerzo de tricot
Espuma de la lengüeta: espuma de poliuretano KFF de 10mm
Exterior de la lengüeta: malla tipo cadena, 100% poliéster, 280g/m2, espuma PU 2mm
Entresuela de EVA prensada: Durómetro Asker C 53º
Cambrillón de plástico: 3mm de grosor, moldeado junto con la entresuela de EVA
Suela de goma: moldeada, a tres colores, durómetro Shore A 65º
Etiqueta de la talla tipo transfer
Logotipo de la lengüeta: etiqueta tejida a 2 colores, 30mm x 40mm
Forro del escote: malla tipo estrella 100% poliéster, 200g/m2, espuma PU de 2mm
Forro de la plantilla: Punto jersey 100% poliéster
Plantilla de EVA prensada en frío: 9mm, Durómetro Asker C 40º
Logotipo de la plantilla: en serigrafía
Forro de la talonera en ante sintético: microfibra 100% poliéster de 1,5mm
Espuma de escote: espuma de PU KFF troquelada de 12mm
Contrafuerte: lámina *chemi-sheet* de 1mm

Bota de senderismo impermeable

Esta bota de senderismo está diseñada para aguantar terrenos difíciles y un clima húmedo. La bota de caña baja tiene un forro impermeable en el interior, una puntera de goma que aporta resistencia, y una suela de goma de alta gama con diseño italiano. La palmilla de plástico es completa, y actúa como cambrillón; la entresuela es de EVA de alta densidad, haciendo esta bota adecuada para *trekking* con poco peso.

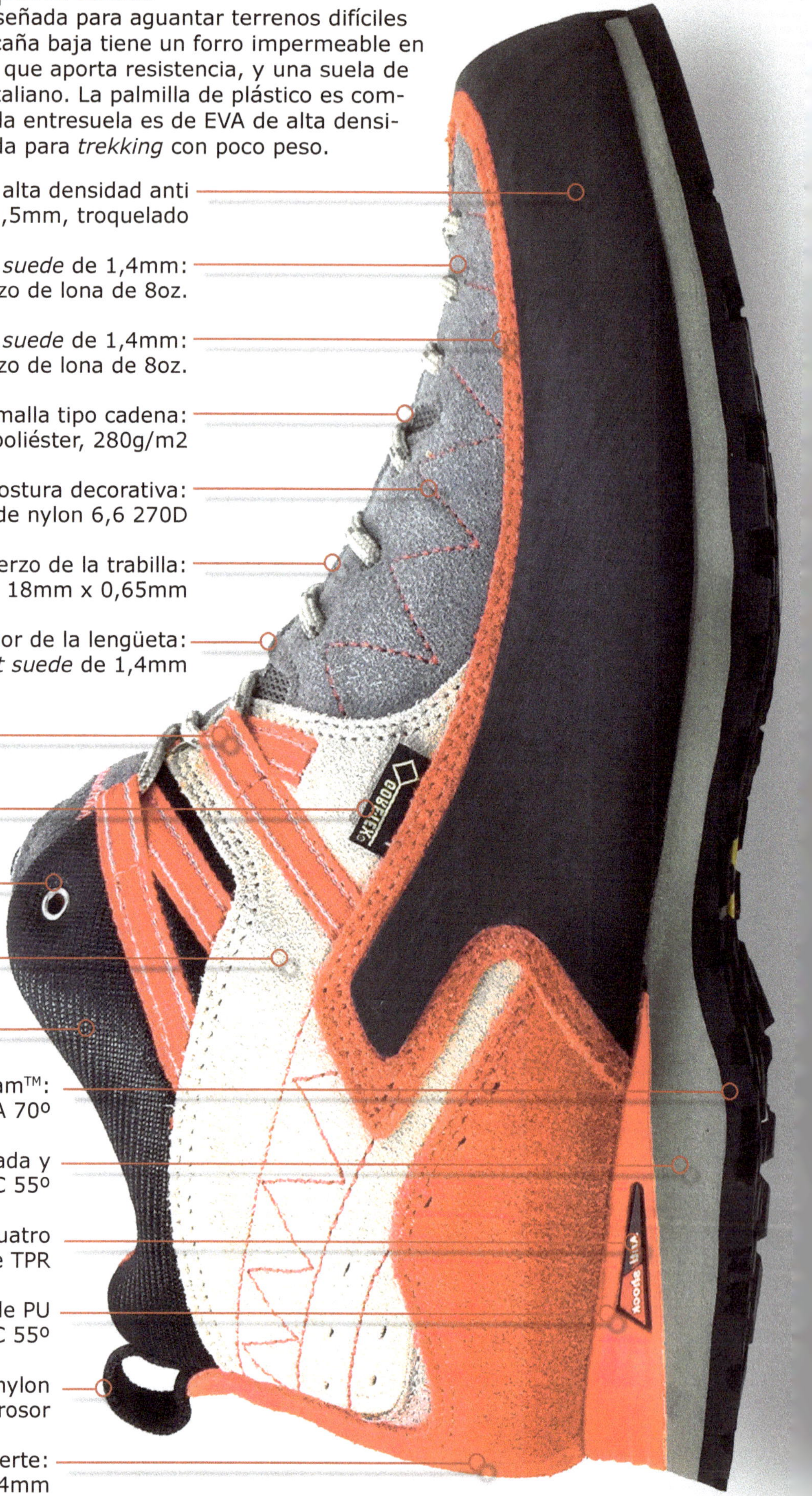

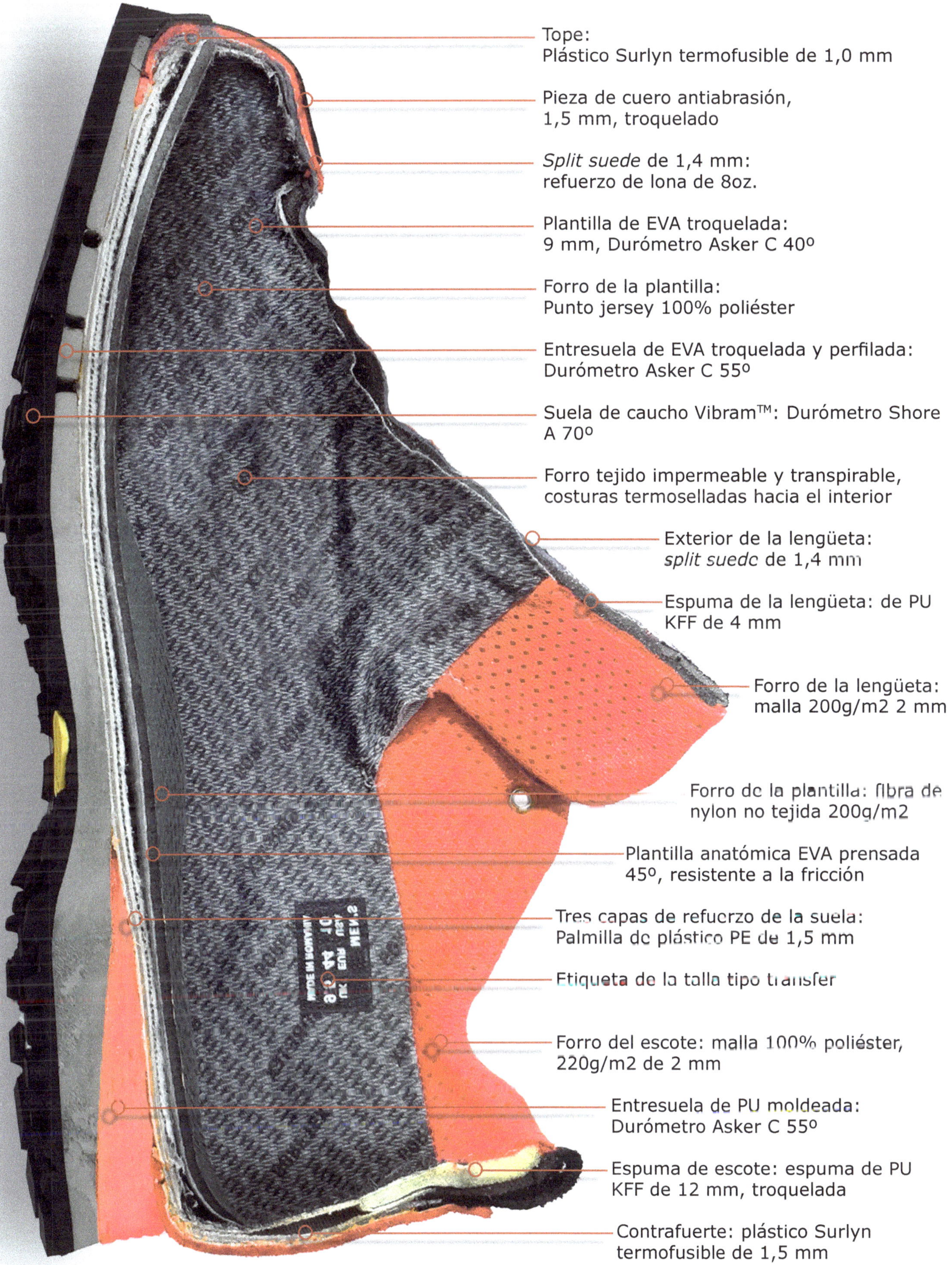
Tope:
Plástico Surlyn termofusible de 1,0 mm
Pieza de cuero antiabrasión,
1,5 mm, troquelado
Split suede de 1,4 mm:
refuerzo de lona de 8oz.
Plantilla de EVA troquelada:
9 mm, Durómetro Asker C 40º
Forro de la plantilla:
Punto jersey 100% poliéster
Entresuela de EVA troquelada y perfilada:
Durómetro Asker C 55º
Suela de caucho Vibram™: Durómetro Shore
A 70º
Forro tejido impermeable y transpirable,
costuras termoselladas hacia el interior
Exterior de la lengüeta:
split suede de 1,4 mm
Espuma de la lengüeta: de PU
KFF de 4 mm
Forro de la lengüeta:
malla 200g/m2 2 mm
Forro de la plantilla: fibra de
nylon no tejida 200g/m2
Plantilla anatómica EVA prensada
45º, resistente a la fricción
Tres capas de refuerzo de la suela:
Palmilla de plástico PE de 1,5 mm
Etiqueta de la talla tipo transfer
Forro del escote: malla 100% poliéster,
220g/m2 de 2 mm
Entresuela de PU moldeada:
Durómetro Asker C 55º
Espuma de escote: espuma de PU
KFF de 12 mm, troquelada
Contrafuerte: plástico Surlyn
termofusible de 1,5 mm

Bota biker con puntera de acero

Esta bota tipo *biker* clásica está diseñada para dar comodidad, seguridad y estilo. Está fabricada en piel resistente, con puntera y anillas de acero, esta bota está lista para la carretera. En el interior se monta con una plantilla de PU vertido de alta gama y un forro aislante de larga duración. La suela es una combinación de goma, EVA y TPR moldeado.

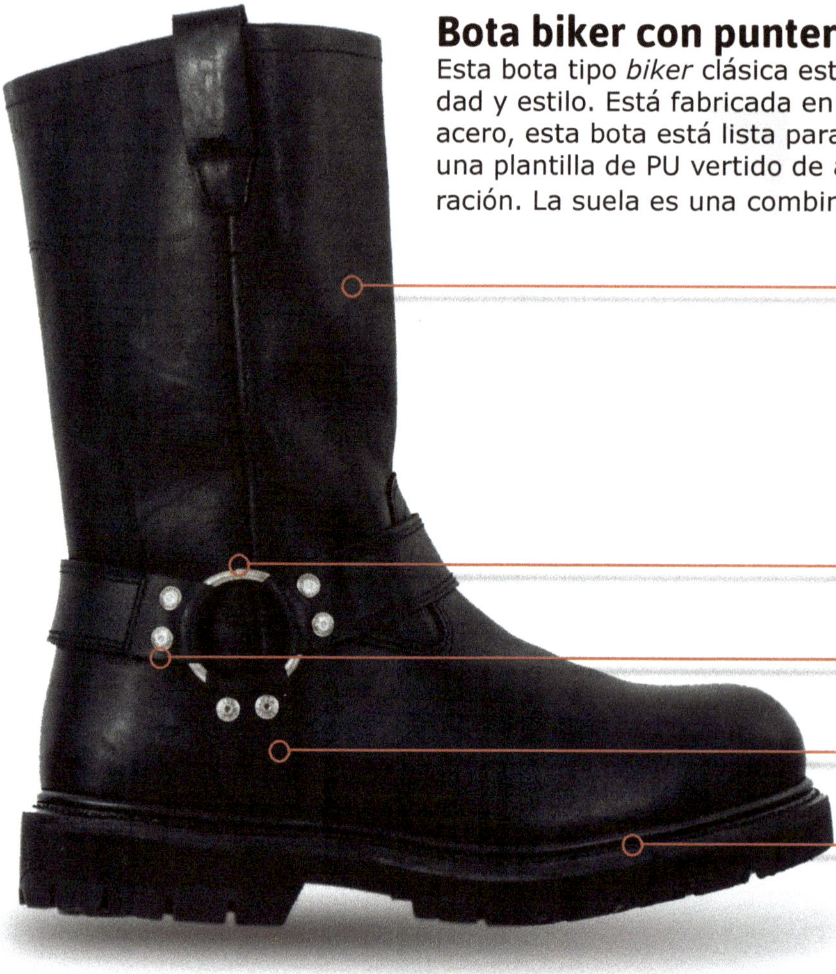

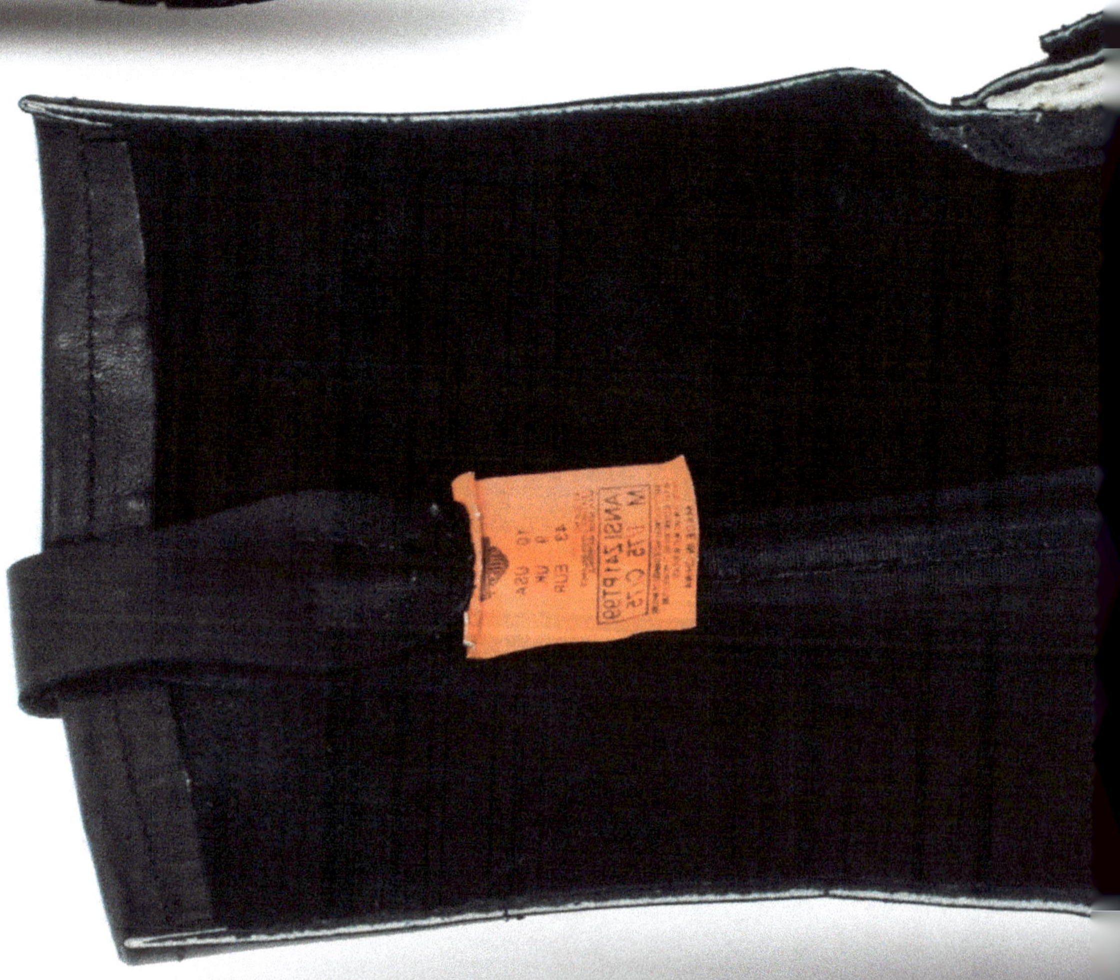

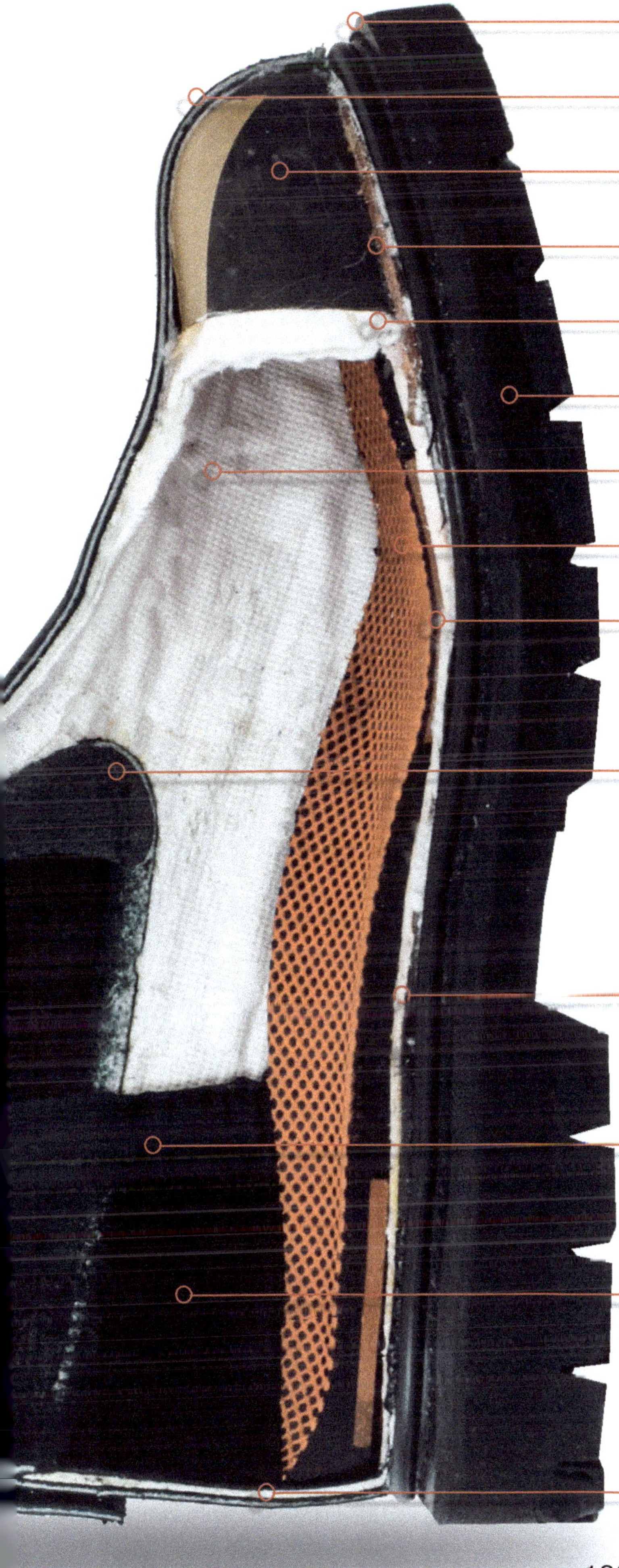
Suela cosido Goodyear: *rand* de plástico PVC extruido
Cuero plena flor de 2,2 mm: curtido al cromo, acabado impermeable
Puntera de seguridad: acero al carbono de 2,3 mm, clasificación ANSI
Palmilla: capa de 3 mm de refuerzo de alta densidad para la puntera de acero
El acolchado de EVA de 1,5 mm protege el pie del borde de la puntera de acero
Entresuela de poliuretano de doble densidad: Durómetro Asker C 50º y 35º
Forro de la pala: doble capa 200g/m2
Forro de la plantilla: Malla calada 100% poliéster
Plantilla de PU de doble densidad: Durómetro Asker C 25 ºy 35º
Cuero plena flor de 2,2 mm: Revés en serraje, curtido al cromo
Palmilla: fibra de papel reforzado de 3 mm, largo completo
Cinta de nylon de 20 mm: Cubre el refuerzo y la costura reforzada
Forro del contrafuerte: PU sintético tipo ante de 1 mm
Contrafuerte: plancha de fibra *chemi-sheet* de 1 mm

Bota tipo cowboy americano

La bota *cowboy* clásica tiene la suela de cuero, un tacón alto forrado en suela para agarrar los estribos, y una caña rígida. Aparte de los elementos puramente funcionales, el fabricante de botas se toma un tiempo extra para hacer las costuras decorativas que hacen de este modelo, una verdadera bota *cowboy*.

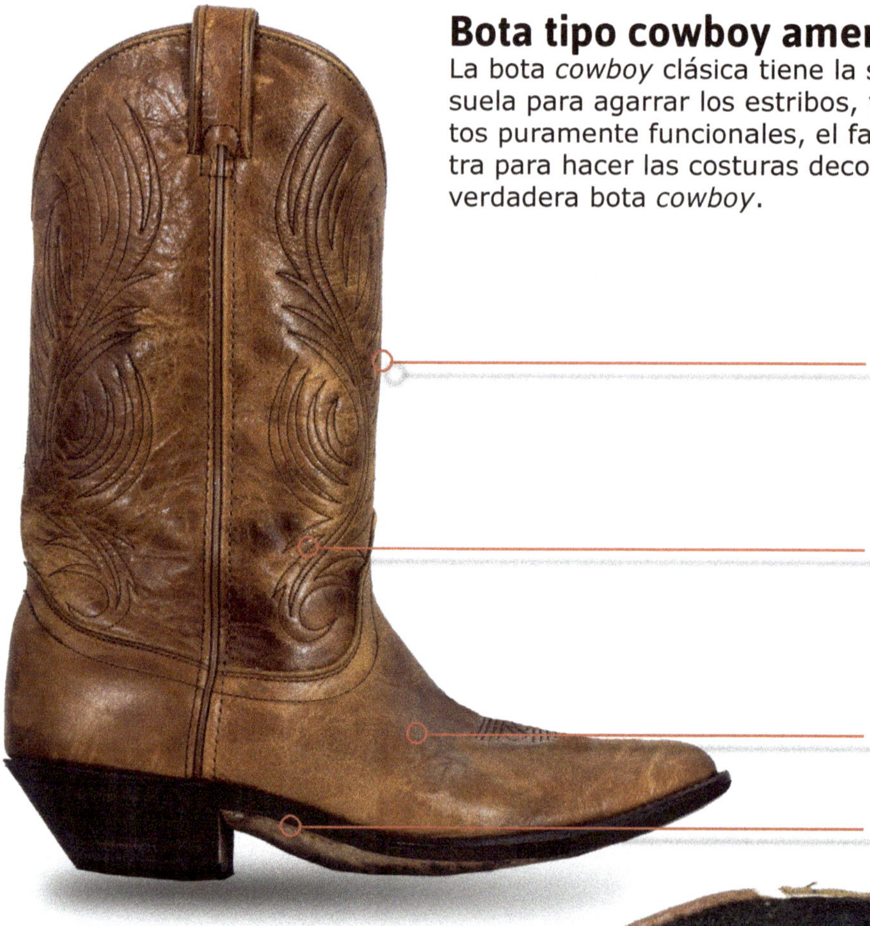

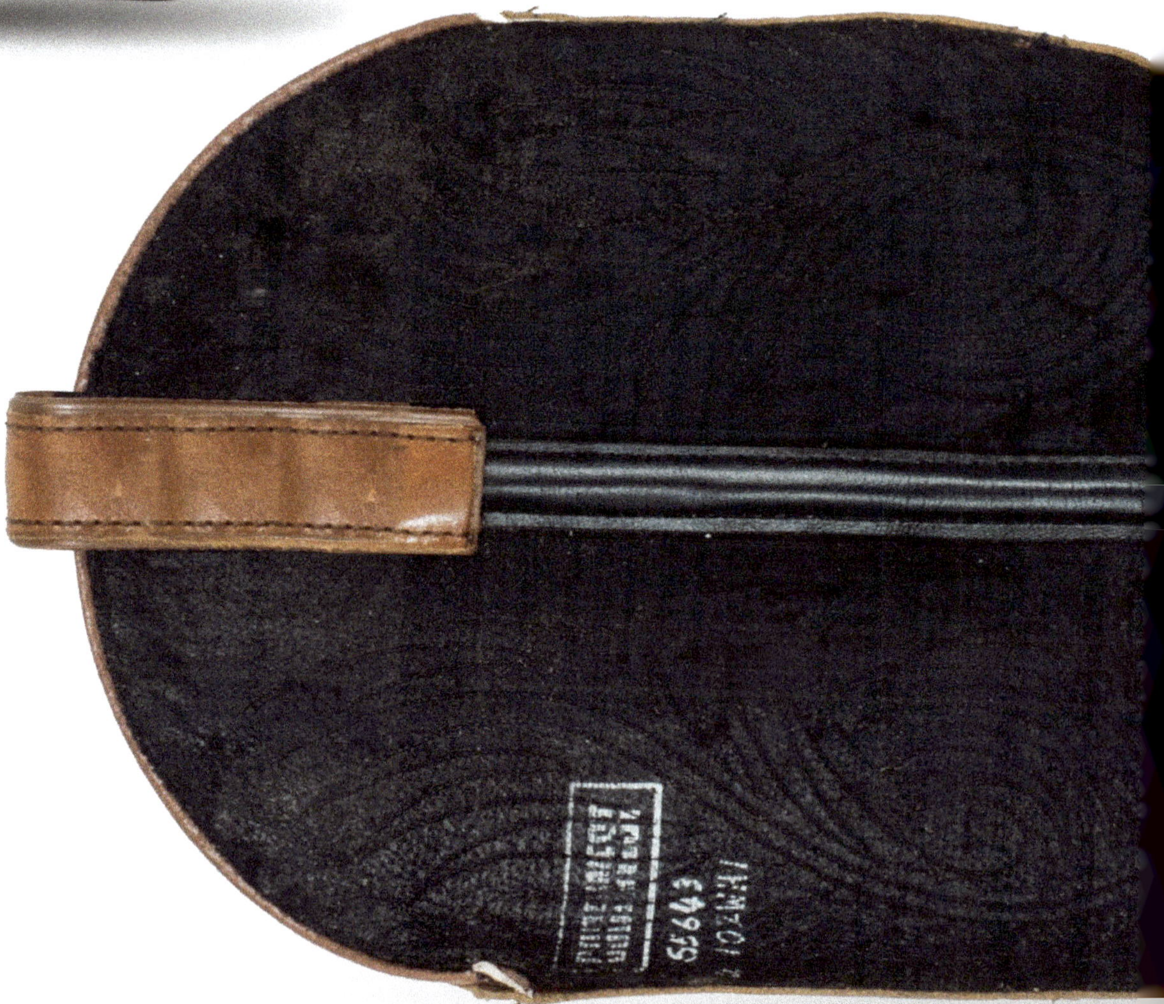

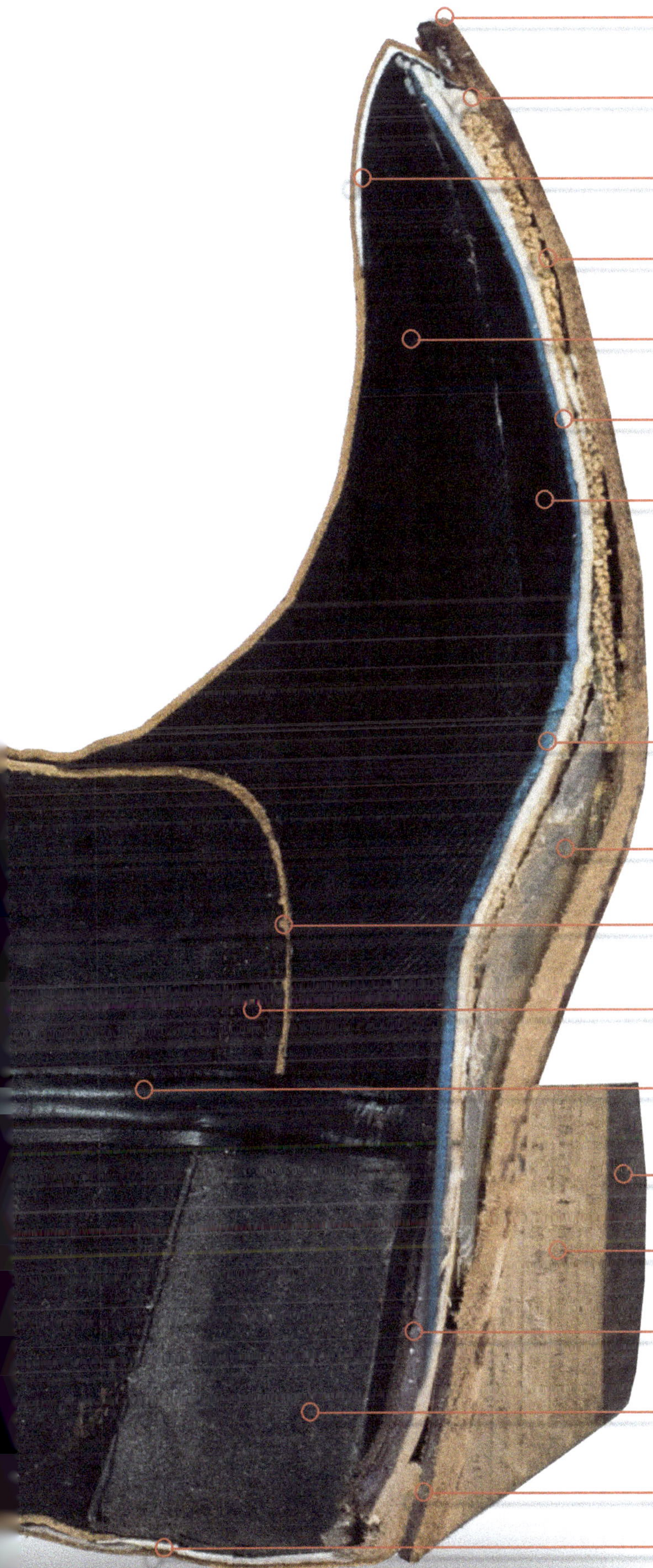
Piel vacuna:
6mm, curtido vegetal
Masilla de madera dura
Tope de 1mm:
lámina de plástico Surlyn biselada
Relleno de corcho y látex
de 5mm para acolchar
Refuerzo de la pala: tejido 100%
poliéster, 230g/m2, pegado al cuero
Palmilla de fibra, 2mm, largo completo
Forro de la plantilla: tejido de poliéster
Acolchado de la plantilla anatómica:
espuma EVA de 2mm
Cambrillón de nylon moldeado por inyección
Cuero plena flor de 1,5mm
Refuerzo de polipiel de 1mm
Cubrecostura de PVC: 20mm de ancho
Tapa de 9mm de goma de alta densidad:
Durómetro Shore A 85º
Tacón forrado suela:
Hecho de estratos de 6mm de cuero
Refuerzo del tacón: palmilla de
2mm de papel
Forro del contrafuerte: tejido no tejido 100%
poliéster, 1,5mm de grosor
Relleno de cuero de 1,5mm
Contrafuerte: Plástico Surlyn de 1mm

Botas de jungla

Adoptado por primera vez en 1942 para su uso en las selvas del Pacífico, este diseño de lona y cuero ha servido a las tropas del ejército hasta bien entrada la década de los 70. Las condiciones sobre el terreno durante el conflicto de Vietnam necesitaron añadir una fina placa de acero. Con muchas actualizaciones y mejoras, las botas de jungla continúan sirviendo a los ejércitos de todo el mundo en la actualidad.

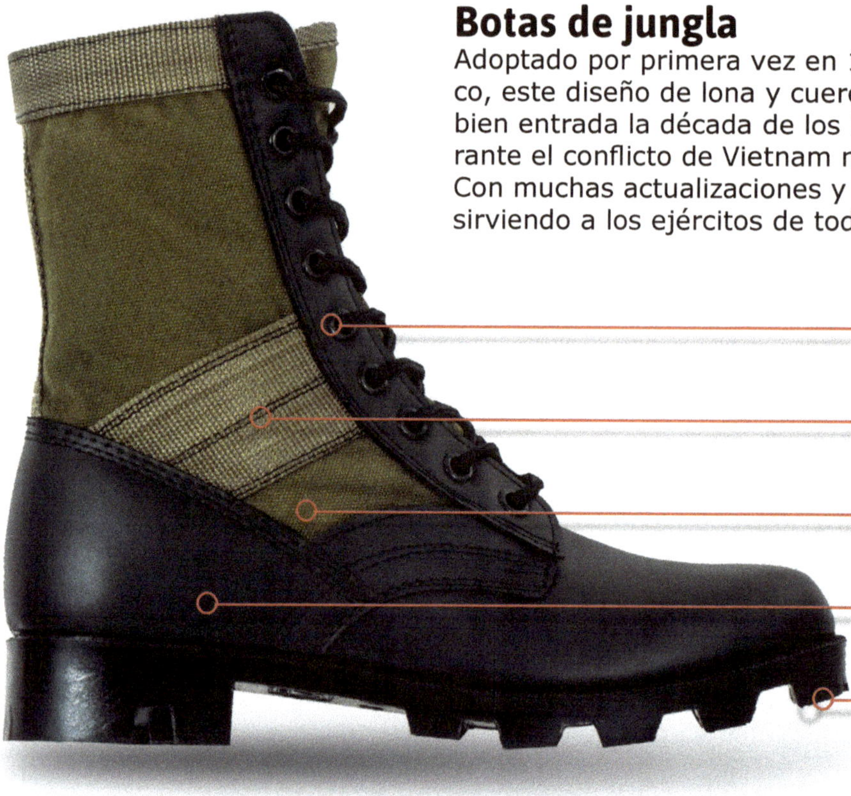

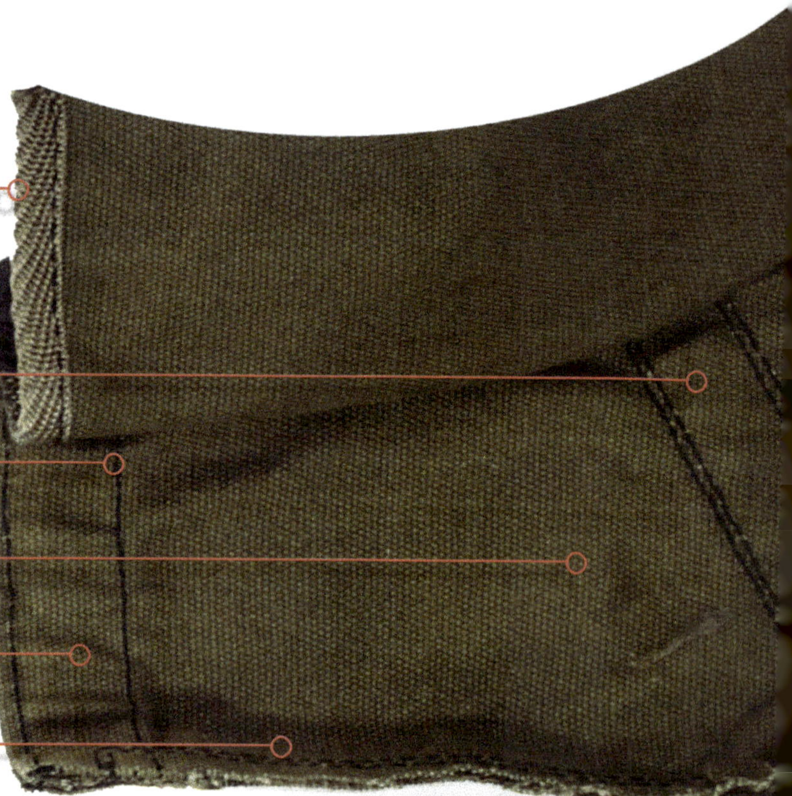

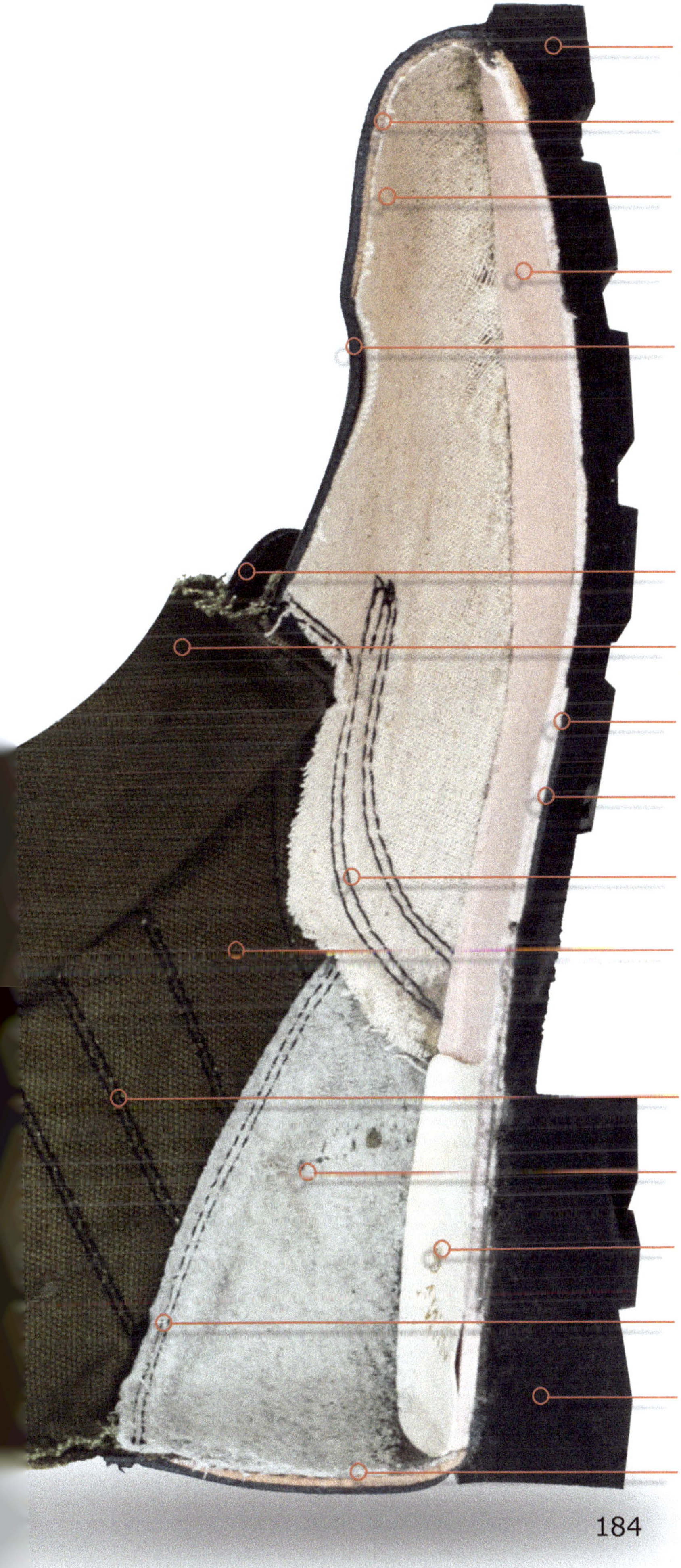
Suela de PU de alta densidad de fijación directa: Durómetro Shore A 50º
Tope: plancha de fibra recubierta de plástico de 1,5 mm
Lona de algodón: 12oz., sin refuerzo y sin teñir
Palmilla: fibra de papel de 2,0 mm, largo completo
Puntera y pala: *Action leather* de 1,8 mm curtido al cromo
Action leather: 1,8 mm, curtido al cromo, forro de polipiel de PVC de 1 mm
Lengüeta y fuelle: lona de algodón 12oz., sin refuerzo
Palmilla: fibra de papel de 1,0 mm, largo de 3/4
Cambrillón de acero: 1 mm de grosor, 15 mm x 110 mm
M10 hilo de nylon de 270D
Lona del corte: 12oz., sin refuerzo
M10 hilo de nylon de 270D
Contrafuerte: *Split suede* de 1,0 mm curtido al cromo
Logotipo serigrafiado: polipiel de 1 mm con refuerzo tejido
M10 hilo de nylon de 270D
Suela de PU de alta densidad de fijación directa: Durómetro Shore A 50º
Contrafuerte: plancha de fibra recubierta de plástico de 1,5 mm

Zapatilla tipo "CVO" o bamba

Fabricado por primera vez en Liverpool en 1830 como calzado de playa, este clásico también se conoce en inglés como *plimsole* o *pumps*. Muy utilizada para educación física en interiores de los centros escolares ingleses durante más de 100 años, el diseño se extendió a todos los rincones del imperio británico. Hoy en día se utiliza como zapatilla casual de verano, este modelo sigue siendo popular en todo el mundo. Su construcción vulcanizada la hace duradera y lavable, aunque no un poco pesada.

Pala: detalle bordado 1oz. Lona de algodón 10oz.

Foxing: caucho vulcanizado de 2,5mm

Piso: suela de 3,5mm Densidad Shore A 60º

Ojetes de acero: 8,5mm de diámetro exterior, 4,0mm de diámetro interior

Cordones: tejidos de 8mm 100% poliéster

Exterior de la lengüeta: detalle bordado 1oz. Lona de algodón 10oz.

Vivo de algodón: doble dobladillo

Vivo de algodón: doble dobladillo

Exterior de la lengüeta: detalle bordado 1oz. Lona de algodón 10oz.

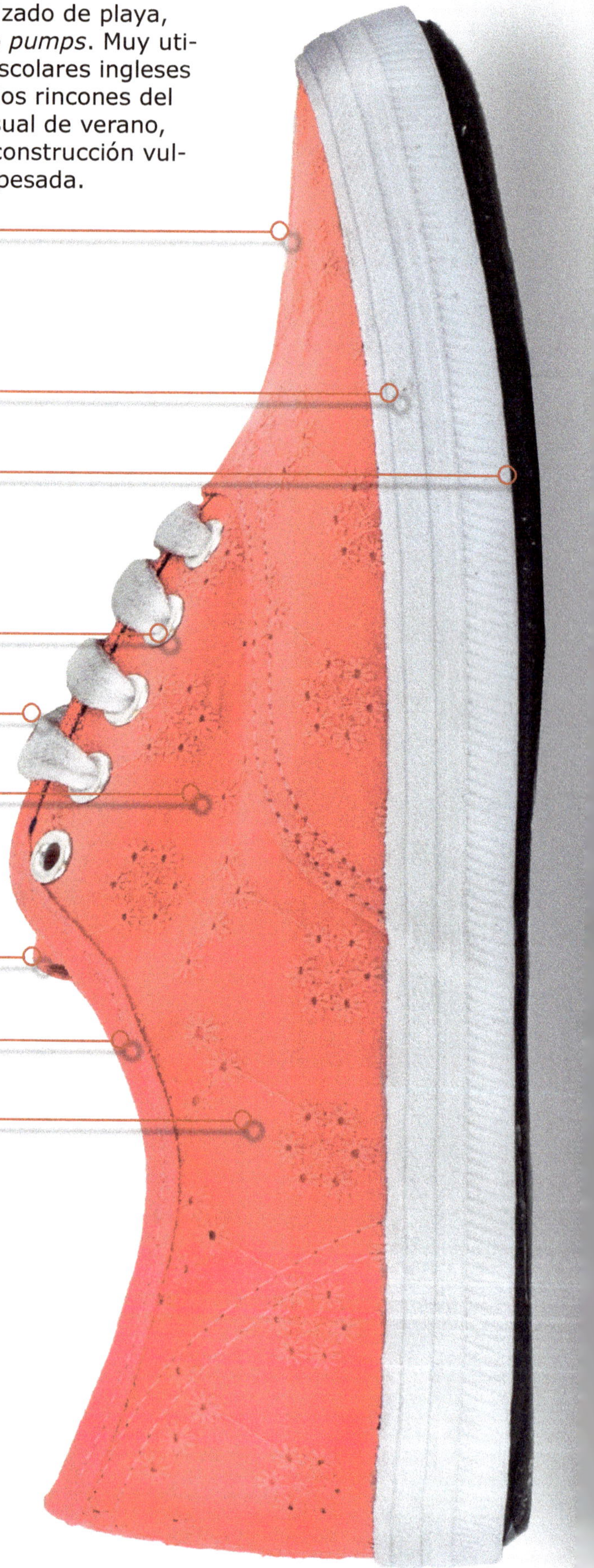

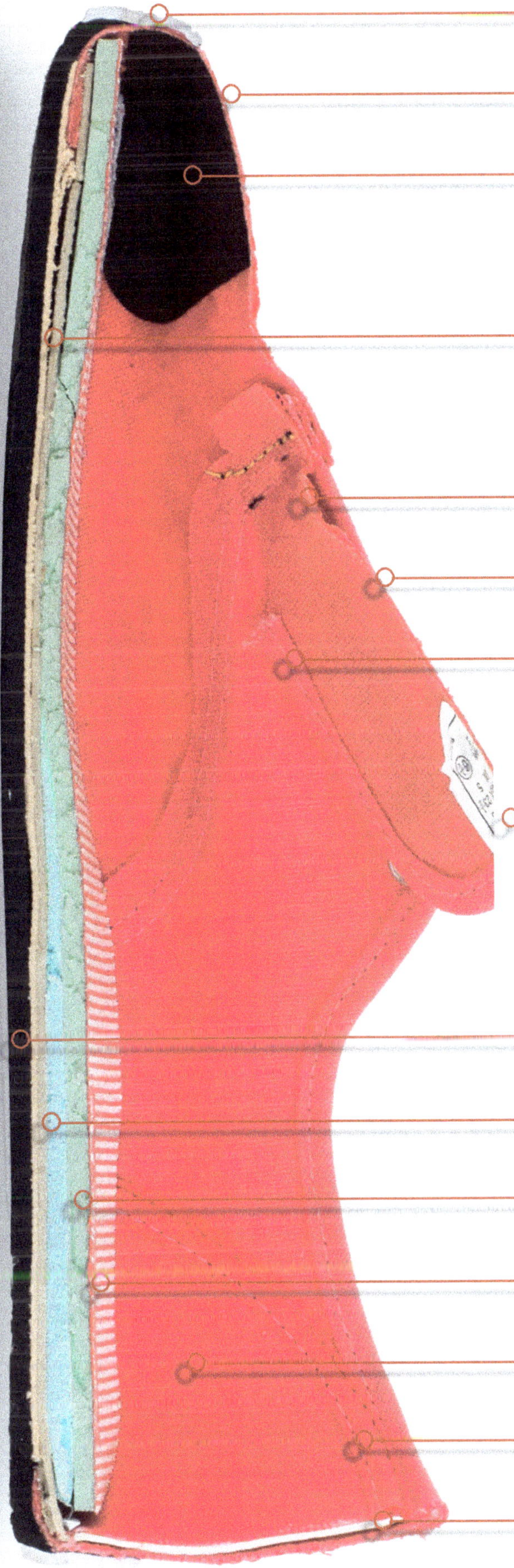

Tope: cinta *foxing* con grabado, caucho vulcanizado de 2,5mm
Detalle bordado 1oz. Lona de algodón 10oz.
Forro de la pala: Lona de algodón de 8oz.
Palmilla: doble capa de 1mm
Forro de la lengüeta: Lona de algodón 10oz.
Exterior de la lengüeta: Lona de algodón 1oz.
Vivo de algodón: doble dobladillo
Etiqueta de la talla tipo transfer
Suela de goma de 3,5mm: suela Densidad Shore A 60º
Cuña de 4mm: relleno de esponja de espuma de látex
Plantilla: Lámina de goma soplada de 5 mm, Densidad Asker C 40º
Forro de la plantilla: lona de algodón de 4oz. Con serigrafía
Forro del contrafuerte: lona de algodón de 8oz.
Vivo del contrafuerte: lona de algodón de 4oz. cinta de 6mm
Contrafuerte: caucho vulcanizado de 1,75mm

Zapato de tacón

Aunque el zapato de tacón alto parece muy simple por fuera, la construcción interna requerida para soportar un tacón de 10 cm puede ser muy complicada. Debajo de la plantilla se pueden ver las capas de palmillas que cubren el cambrillón. La mecha o tubo de acero del interior sostiene el el tacón.

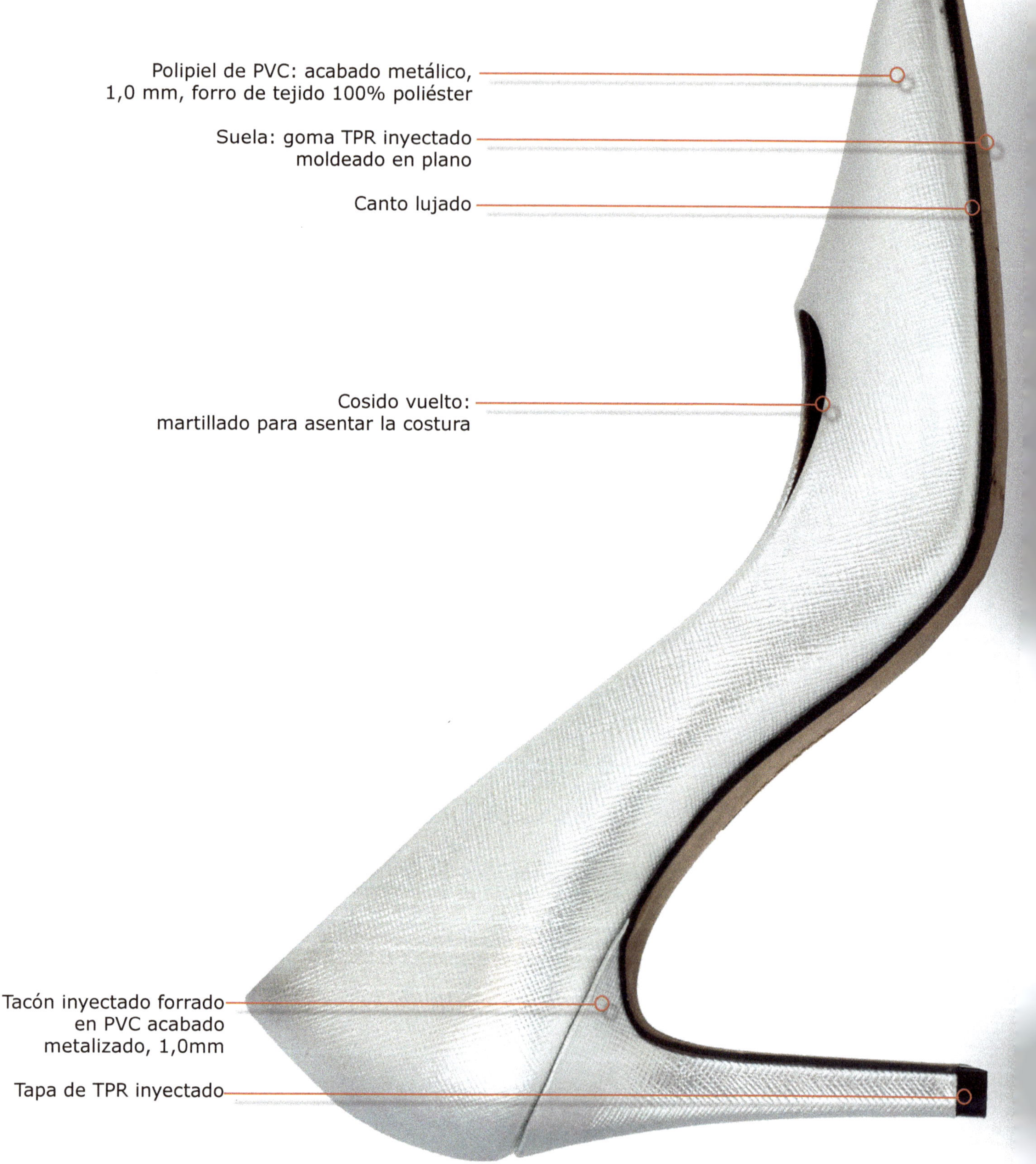

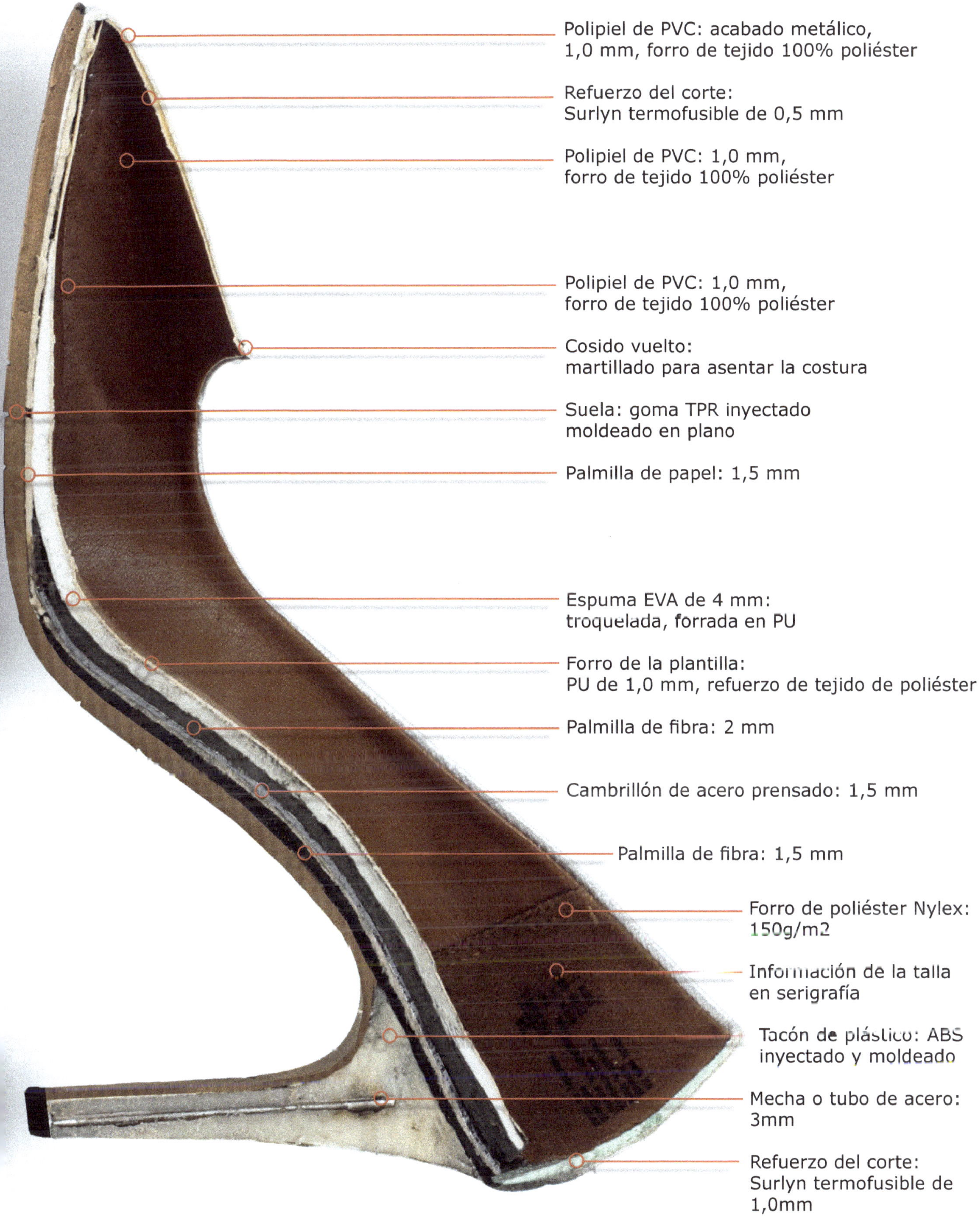
Polipiel de PVC: acabado metálico, 1,0 mm, forro de tejido 100% poliéster
Refuerzo del corte: Surlyn termofusible de 0,5 mm
Polipiel de PVC: 1,0 mm, forro de tejido 100% poliéster
Polipiel de PVC: 1,0 mm, forro de tejido 100% poliéster
Cosido vuelto: martillado para asentar la costura
Suela: goma TPR inyectado moldeado en plano
Palmilla de papel: 1,5 mm
Espuma EVA de 4 mm: troquelada, forrada en PU
Forro de la plantilla: PU de 1,0 mm, refuerzo de tejido de poliéster
Palmilla de fibra: 2 mm
Cambrillón de acero prensado: 1,5 mm
Palmilla de fibra: 1,5 mm
Forro de poliéster Nylex: 150g/m2
Información de la talla en serigrafía
Tacón de plástico: ABS inyectado y moldeado
Mecha o tubo de acero: 3mm
Refuerzo del corte: Surlyn termofusible de 1,0mm

Zapato tipo casual de mujer

Diseñado para la comodidad y un impacto bajo, este modelo casual es blando y ligero como una pluma. La suela de EVA está moldeada en una sola pieza, sin goma. La plantilla es de espuma de PU viscoelástica con cuña de espuma de látex. Este zapato se sentirá muy cómodo en la tienda, pero esa sensación durará solo unos meses debido a su falta de soporte, suela de EVA y plantilla de espuma blanda.

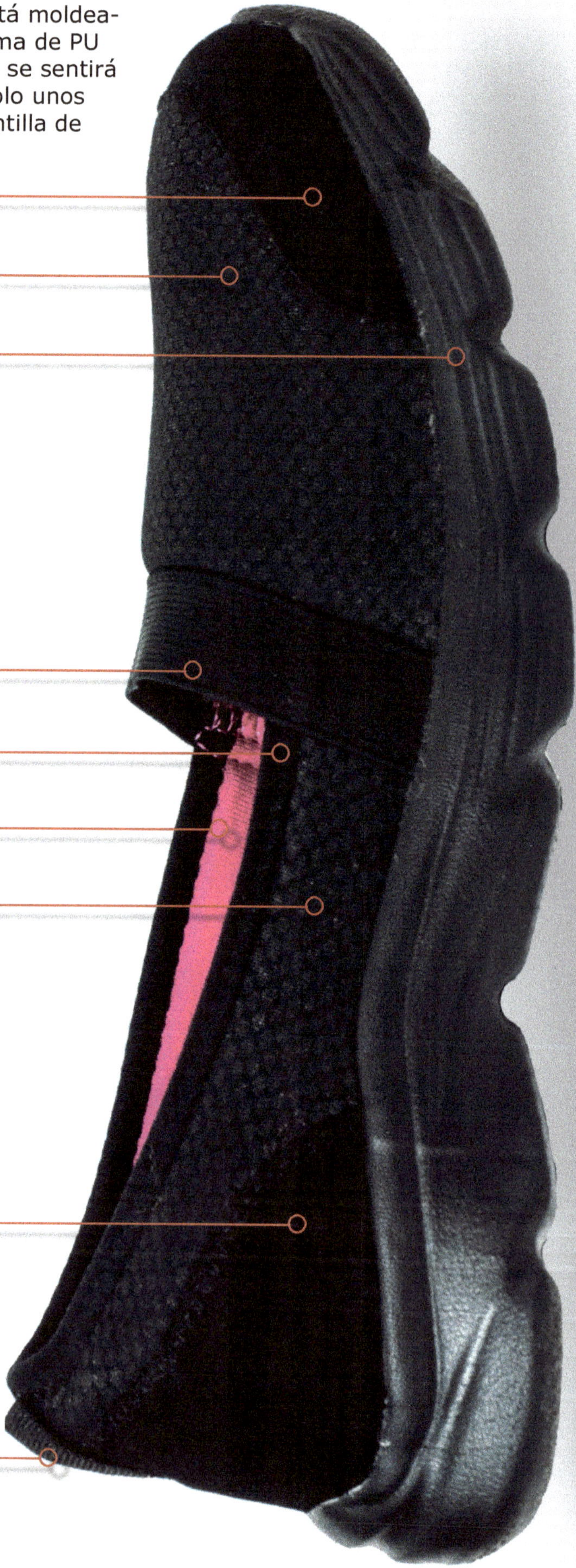

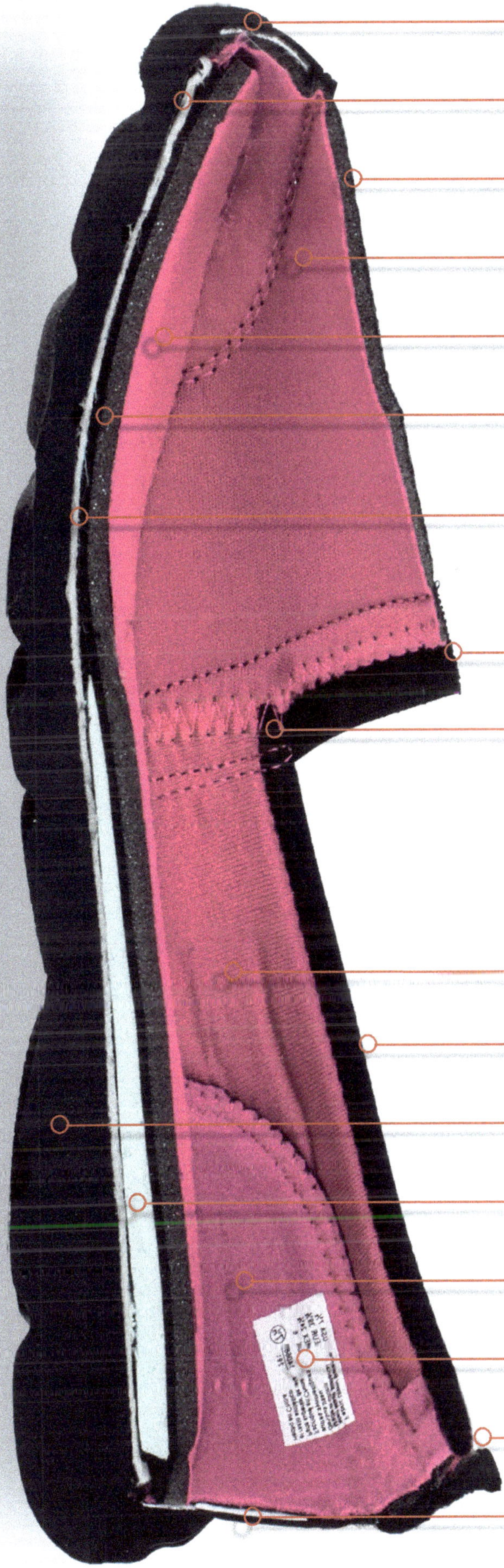

Tope:
Plástico Surlyn termofusible de 0,5 mm
Strobel: cosido con hilo de poliéster reforzado 300g/m2
Pala: malla tipo hexagonal de 120g/m2, 100% poliéster, espuma KFF PU de 3,5 mm
Malla de la pala:
Tejido punto jersey 120g/m2, 100% poliéster
Forro de la plantilla:
Punto jersey 100% poliéster
Plantilla anatómica: espuma viscoelástica Durómetro Asker C 15º de recuperación lenta, 5 mm, troquelada
Forro de la plantilla: EVA troquelada, 1,5 mm, Durómetro Asker C 35º
Cinta elástica: 20 mm, tejido con hilo de poliéster y goma elástica en el interior
Vivo: 10 mm, lycra con costuras en zig zag
Tejido de punto jersey de 120g/m2, 100% poliéster, espuma KFF de PU de 3,5 mm
Vivo: 10 mm, lycra con costuras en zig zag
Entresuela: EVA prensado en caliente Durómetro Asker C 43º
Cuña de espuma de látex de 6,5 mm: Durómetro Asker C 15º
Contrafuerte: tejido de punto acabado cepillado Nylex 200g/m2, 100% poliéster
Etiqueta de la talla tipo transfer
Cinta: 100% nylon, 10 mm, 0,5 mm grosor
Contrafuerte: 1,5 mm, plástico PVC moldeado por inyección

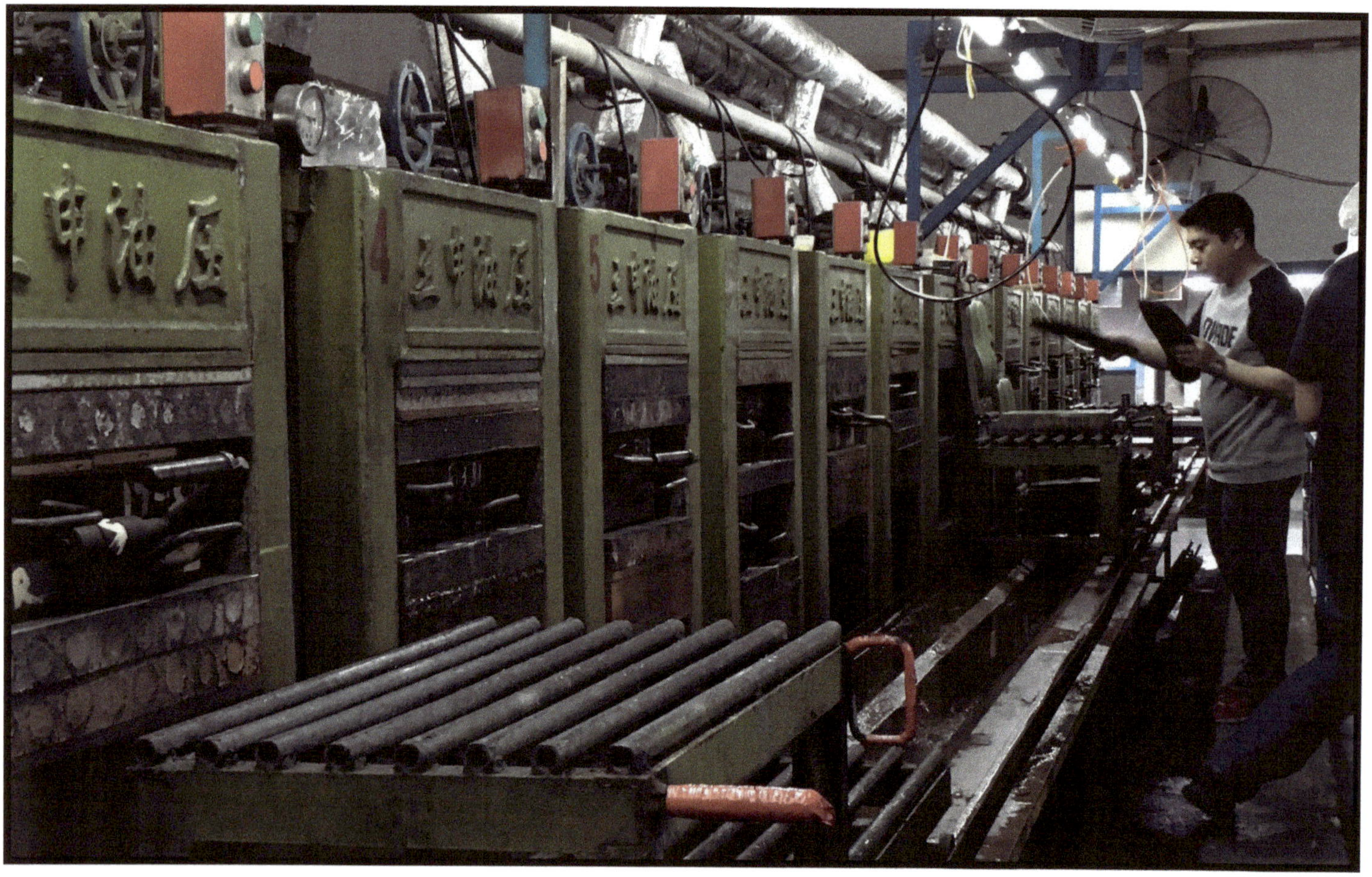

CAPÍTULO 28

PROVEEDORES DE MATERIAL DE CALZADO

Cuero

Asiatan
www.asiatan.com

Wei Tai Leather Co., Ltd.
www.weitai.cn

Auburn Leather
www.auburnleather.com

Sadesa
www.sadesa.com/

Korea Institute of Footwear & Leather Technology
www.kiflt.re.kr/

The Leather Group
www.theleathergroup.com/

PrimeAsia Leather Corporation
www.primeasialeather.com/

Corlam Co Ltd Hong Kong
www.internationalleatherdirectory.com/fullcompanydetails.php?comp_id=corlamco

Wolverine Leathers
www.wolverineleathers.com/

S.B. Foot *Tanning* Co.
www.sbfoot.com/

HELCOR-LEDER-TEC GmbH (Split & *Action leather*)
www.helcor-leder-tec.com/

Pony Leather Corporation
www.pony.com.tw/english/index.aspx

Cuero sintético

Baiksan Co., Ltd
www.baiksan.co.kr

Clarino
www.clarino-am.com/

Nan Ya Plastics Corporation
www.npc.com.tw

San Fang Chemical Industry Co., Ltd.
www.sanfang.com

Yuan Feng Synthetic Leather
www.szyongfeng.com.cn

Material textil
Bu Kwang Textile Co., Ltd.
www.bukwang.com/

Dae Young Textile Co., Ltd.
www.daeryong.co.kr/

Dongguan Boyi Textile Co., Ltd.
www.en.boyi-tex.com

Faytex Corporation
www.faytex.com/fabricbooks.html

Faure Corporation
www.faure-textile.com/en

Ducksan Co., Ltd.
www.ducksan.biz

Yuan Ling Knitting Ind. Co., Ltd.
www.yuanling.com.tw

Cosmo
www.cosmofabric.net

Tiong Liong Industrial Co., Ltd. (fabric, textile manufacturing, dyeing, hi-tech coating, and lamination etc.)
www.tiongliong.com/

Schoeller Textile USA, Inc.
www.schoeller-textiles.com/en/

Kolon International Corp.
www.kolonindustries.com/

Nantex Industry Co., Ltd.
www.nantex.com.tw/en/

Nam Liong Group
www.namliong-group.com

Armortex Fabric
www.namliong.com.tw/tech-textile/category/armortex/

SeaMate Neo-Prene
www.namliong.com.tw/sponge/

Bu Kwang Textile Co., Ltd.
www.bukwang.com/

More Shoeparts
www.aplf.com/en-US/23518/more-shoeparts-co-Ltd.

Winiw
www.shoe-materials.com

Dongguan Fushan Textile
www.fushantex.com

Hilo
American & Efird, Inc
www.amefird.com/

Coats Thread
www.coatsindustrial.com

Suelas
Jones & Vining, Incorporated
www.jonesandvining.com/footwear.h™l

Framas
www.framas.com/en/products/#c48

Vibram
www.vibram.com/

Meramec Group
www.meramec.com

Jiarong Shoes Material Co. Ltd.
www.globalsources.com/si/AS/Jiarong-Shoes/6008827324404/Homepage.html

Eclipse Polymers (EVA and Foamed Rubber Products)
www.eclipsepolymers.com/

Dongguan Zhengyong Industry Co., Ltd.
www.dgyongzheng.cn/

Vibram
www.us.vibram.com/

Skydex (impact and cushioning technologies)
www.skydex.com/

Químicos
Bayer
www.bayer.com/

Sung Woo Chemical Co., Ltd.
www.sungwoochem.co.kr/

Moldes para calzado
Well Progress Plastics
Simon@wellprogress.com

Ting Yi Mould
www.tingyimould.com/

Jiang Men Mold Co., Ltd.
www.jiangmen.com.tw/

Dae Sung Precision Co. /
www.daesungpm.co.kr/

Accesorios de metal
Dae Sung Co., Ltd.
www.daesung.net/

Qing Can Hardware Accessories., Ltd.
www.qingcanwj.com/

Oudi Hardware co.
www.oudihardware.com

Trimmers
www.trimmers-pro.com

Tejido para forros
Trendware
www.trendwaremarketing.com

Cosmo
www.cosmofabric.net

Yuan Ling Knitting Ind. Co., Ltd
www.yuanling.com.tw

Winiw
www.shoe-materials.com

Cordones y adornos
Paiho Group
www.paiho.com

Jun may Label Mfg. Corp.
www.jmlabel.com

Hormas
Jones & Vining, Incorporated
www.jonesandvining.com

Framas
www.framas.com/

The Shoe Last Shop
www.shoe-last-shop.com

Espuma para plantillas
Rogers Corporation
www.rogerscorp.com/

Ortholite
www.ortholite.com

Ultralon Foam
www.ultralon.co.nz

Tablas de montado y palmillas
Bontex, Inc.
www.bontex.com

Texon International
www.texon.com

TecnoGi Spa
www.tecnogi.com/index.php/en/products

Cosmo
www.cosmofabric.net/

Jones & Vining, Incorporated
www.jonesandvining.com

Winiw
www.shoe-materials.com

Logotipos moldeado
Guanglida Apparel Co
www.dgguanglida.com

Equipos de fabricación del calzado
G-Shine Qixin Shoe Making Machine
www.dg-qixin.com

Piezas de material plástico

Duraflex
www.duraflexgroup.com

Nifco Buckle
www.nifcobuckle.com/en/

IWT Nexus
www.global.itwnexus.com

DSM Engineering Plastics
www.dsmep.com

Espumas

Flextech foam
www.flextechfoam.com

Rogers Corporation
www.rogerscorp.com/

Ortholite
www.ortholite.com

Ultralon Foam
www.ultralon.co.nz

Equipos para ensayos del calzado

GoTech
www.gotech.biz

Haida Test Equipment
www.haidatestequipment.com

Asian Test Equipments
www.asiantestequipment.com/footwear-testing-equipment.html

Teclock Durometer testing equipment
www.teclock.co.jp/product-2/

Refuerzos para el corte

Winiw
www.shoe-materials.com

Texon International
www.texon.com

TecnoGi Spa
www.tecnogi.com/index.php/en/products

Libo shoe material
www.libo-shoematerial.com

Agentes para la fabricación de calzado

The Sneaker Factory
www.sneakerfactory.net

Shoe Logics China Footwear Sourcing
www.shoelogics.com

Sun Jadite China Footwear Sourcing & QC
lizzie-chen@163.com

¿Tienes alguna pregunta, comentario, o necesitas ayuda con tu proyecto? Nos encantaría ayudarte.

Visita nuestro blog:
www.SneakerFactory.net
o mándanos un email a:
ask_a_shoe_dog@sneakerfactory.net

www.ingramcontent.com/pod-product-compliance
Lightning Source LLC
LaVergne TN
LVHW070906051026
849558LV00046B/587
9781735883304